中国 2050

低排放发展战略研究：模型方法及应用

Research on China's Low
Emission Strategy in 2050:
Model Method
and Application

中国能源模型论坛·中国2050低排放发展战略研究项目组／编著

中国环境出版集团·北京

图书在版编目（CIP）数据

中国 2050 低排放发展战略研究：模型方法及应用/中国
能源模型论坛·中国 2050 低排放发展战略研究项目组
编著. —北京：中国环境出版集团，2021.4
ISBN 978-7-5111-4442-3

Ⅰ．①中… Ⅱ．①中… Ⅲ．①二氧化碳—排气—
研究—中国 Ⅳ．① X511

中国版本图书馆 CIP 数据核字（2020）第 175345 号

出 版 人 武德凯
策划编辑 张秋辰
责任编辑 金捷霆 黄 颖
责任校对 任 丽
封面设计 岳 帅

出版发行 中国环境出版集团
（100062 北京市东城区广渠门内大街 16 号）
网 址：http://www.cesp.com.cn
电子邮箱：bjgl@cesp.com.cn
联系电话：010-67112765（编辑管理部）
010-67147349（第四分社）
发行热线：010-67125803，010-67113405（传真）
印 刷 北京中科印刷有限公司
经 销 各地新华书店
版 次 2021 年 4 月第 1 版
印 次 2021 年 4 月第 1 次印刷
开 本 787×1092 1/16
印 张 26.25
字 数 450 千字
定 价 128.00 元

专家指导委员会

（按拼音顺序排序）

高世楫　韩文科　何建坤　江　亿　李善同

王　毅　薛　澜　张建宇　周大地

主要作者

陈　莎　陈潇君　戴瀚程　高　霁　高庆先　高　硕

郭李萍　何建武　胡秀莲　黄海莉　姜克隽　李善同

林而达　刘　强　马占云　潘　婕　潘勋章　秦　虎

王海林　张希良　周　胜　朱建华　等

致　谢

感谢 Grantham Foundation 等基金会的支持；感谢中国能源模型论坛秘书处等单位领导的支持；感谢所有参与论坛的单位和个人的贡献。

序

  自工业革命以来，人为活动导致的全球气候变化已经成为人类社会面临的最大威胁，采取有效的应对气候变化行动不仅能带来能源、粮食、环境和人体健康等多重效益，而且能够进一步促进人类社会的繁荣与可持续发展。《巴黎协定》所确立的控制温升不超过 2℃甚至低于 1.5℃的全球长期减排目标越来越得到广泛的共识，能源系统低碳转型和温室气体深度减排正在使传统工业文明的发展理论和评价方法学不能再满足现代生态文明建设和可持续发展的要求，亟须理念和方法体系的创新。

  气候变化是全球公共危机，需要各国通力合作，共同应对。应对全球气候变化，不仅要在有限的碳排放空间约束下制定适合各国国情和发展阶段特征的碳减排目标和可行的低碳发展战略，同时还要全面平衡好社会进步、经济发展、环境保护与可持续发展之间的内在关系。不同领域模型工作者之间的交流与合作，可从不同的维度和视角刻画宏观经济、能源系统、环境质量等各个领域实现低碳转型的路径及"多赢"目标，为相应的政策措施制定提供技术支撑。

  目前，国际上已经针对温室气体减排目标、低碳转型路径、气候变化的影响与损失、减排的成本与效益、国际治理制度建设等内容进行了广泛的研究和探讨，并基于传统经济学理论发展形成了以西方发达国家为主导的模型理论和方法体系。由于各研究机构所属国的国情不同，思想观念和价值取向差异较大，尽管采用相似的方法学和分析模型体系，但各自对不同类型国家发展现状和规律的理解、把握和判断差异较大，在模型运转机理、参数选择、政策设计等主观因素中的参数设置有很大不同，往往所得到的研究结果和结论会产生较大差别。各国在全球应对气候变化目标下实现包容式发展，需要发展和采用各具特色的分析工具和评价方法学，进行战略研究、政策设计和效果评估，为决策和实施提供科学支撑。我国亟须从自身国情出发，加强模型间的交流与合作，推动理论框架、模型体系和分析方法学的发展，以创新的理论和方法学指导我国向绿色低碳发展转型，实现应对全球气候变化与自身可持续发展的"双赢"，更好地发挥中国在全球应对气候变化事务中参与者、贡献者和引领者的作用。

为了进一步促进我国模型发展，2015 年清华大学公共管理学院、清华大学产业发展与环境治理研究中心与美国环保协会北京代表处共同发起成立了中国能源模型论坛，旨在促进国内外能源、经济和环境领域的模型团队交流，共同探讨模型方法学的最新进展与发展趋势，提升国内模型团队开发和应用模型的能力，并搭建模型工作者之间和模型工作者与决策者之间的双交流平台，以提升中国在全球气候变化及相关领域的决策能力和话语权。

本书是中国能源模型论坛组织编写的以 2050 年中长期气候战略为主题的模型方法及应用的专著，以期能为各界人士了解掌握国内外应对气候变化模型方法学的最新前沿动态，启发思路，开拓视野，为我国积极应对气候变化工作提供理论、模型方法学和分析工具的参考与借鉴。

何建坤

2020 年 8 月 20 日

前 言

　　气候变化是全人类当前面临的最大威胁。2015 年签署的《巴黎协定》设定了全球应对气候变化的共同目标，提出到 21 世纪末，全球平均气温较前工业化时期上升幅度控制在 2℃以内，并努力将温度上升幅度限制在 1.5℃以内。为了实现这一目标，《巴黎协定》第 4 条第 19 款和巴黎气候大会 1/CP21 号决定的第 35 段邀请所有缔约方在 2020 年前提交各国的 2050 年"长期温室气体低排放发展战略"。现有的研究表明，《巴黎协定》中各国承诺的到 2030 年的减排努力远不足以实现 21 世纪末 2℃和 1.5℃的温控目标。因此，世界各国都需要重新制定合理但有雄心的减排目标，加大减排力度，大力推进全球能源低碳转型，努力使全球在 2050 年实现"净零排放"。

　　温室气体减排目标的制定和气候政策的出台，需要强有力的模型工具的支撑。欧美大多数发达国家都建立了系统的综合评估模型工具，在其中长期气候政策制定、应对气候变化国际谈判中发挥了巨大作用。美国和欧盟已经提交了各自的 2050 年低排放发展战略，其中，欧洲的绿色新政提出到 2030 年欧盟温室气体将减排 50%～55%，到 2050 年实现碳中和，使欧洲成为第一个实现碳中和的大陆。作为全球最大的温室气体排放国，中国在应对气候变化模型构建发展方面存在一定的不足：很多模型是基于国际主流模型发展而来，在我国的本土化应用方面存在一定的局限性，在指导我国应对气候变化政策制定时的可靠性也不强。因此，加强适合我国国情的模型构建、参数设置、情景分析等方面的能力建设和对话交流，对我国制定卓有成效的中长期应对气候变化政策、促进我国绿色低碳转型、发挥我国在全球应对气候变化中的积极作用以及实现《巴黎协定》的目标具有非常重要的意义。

　　2015 年，以《巴黎协定》的签订为契机，清华大学公共管理学院、清华大学产业发展与环境治理研究中心和美国环保协会（Environmental Defense Fund）北京代表处共同发起成立了中国能源模型论坛。中国能源模型论坛是以模型方法学为基础的学术交流平台，在完成第一主题研究（CEMF01）"中国碳排放达峰多模型比较研究"的基础上，我们重新梳理了国内外有关我国碳排放情景和减排路径分析的最新研究，总结了模型方法学的最新进展与未来趋势，并联合国内外气候变化领域的知名模型团队和专家开展了第二主题研究（CEMF02）中国 2050 低排放发展战略研究的工作。CEMF02 构建了气候变化综合评估框架，以 2050 年为研究主题，采取多模型、多目标和多情景的研究方法，进行低排放发展战略情景及减排路径的分析研究。CEMF02 旨在通过在多个层面，各模型团队之间的互动、沟通和协作，提高研究成果和政策建议的针对性、时效性、可实施性和影响力，提高各模型团队开发和应用模型的能力，为我国政府有关部门制定中长期低排放战略提供政策建议和有效支撑，促进我国绿色低碳和可持续发展。

中国 2050 低排放发展战略研究的模型应用分析结果表明，未来 30 年中国在全球气候变化响应中具有重要影响和作用。从全球视角来看，国家自主贡献目标下实现全球温控 2℃和 1.5℃的长期目标仍面临挑战，要想实现 2℃和 1.5℃温控目标，我国能源系统低碳转型的力度和深度均需加强，而且要关注终端部门减排技术、措施的选择，以期实现部门深度减排目标。另外，深度脱碳路径也需要同时关注非二氧化碳温室气体的排放水平和减排手段。在未来我国的低碳发展和路径选择中，研究者和政策制定者应加强以下几方面的思考：①加快推进我国能源和经济发展的低碳转型，并逐步向零碳经济过渡；②开创一条尽早达到更低峰值的创新型低碳发展道路；③在能源经济转型路径的大背景下看待峰值问题；④建立促进实现低碳转型的管理机制；⑤努力降低单位国内生产总值（GDP）能源强度，促使单位 GDP 碳强度大幅下降；⑥注重低碳发展政策与其他社会经济发展目标的协同。

本书汇集了中国能源模型论坛第二主题研究（CEMF02）中国 2050 低排放发展战略研究的成果，综合了国内主要模型团队在 2050 低排放发展战略研究过程中的模型方法和实际应用案例。全书共分为 13 章，其中：第 1 章绪论，梳理、分析和总结了中国能源模型论坛第二主题研究（CEMF02）中国 2050 低排放发展战略研究中各子课题的主要研究结论，由高硕、胡秀莲、高霁和黄海莉执笔；第 2 章基于历史发展趋势分析，利用可计算一般均衡模型展示了我国迈向 2050 年经济发展的转折变化和主要特征，由何建武和李善同执笔；第 3 章基于全球多区域递归动态可计算一般均衡模型（C-GEM 模型）分析了我国及其他主要国家自主贡献（NDC）承诺目标下的低碳发展路径，由翁玉艳、王海林和张希良执笔；第 4 章以上海市和广东省两大重点经济发展区域为例，在 2030 年实现我国 NDC 目标背景下，从部门层面应用能源-环境-经济可计算一般均衡模型量化分析碳排放交易的经济影响，由戴瀚程、刘晓瑞执笔；第 5 章从全球视角下，基于《巴黎协定》温控目标，应用基于气候变化综合模型——全球变化评价模型（GCAM-TU）分析了我国能源低碳转型路径及其量化影响，由周胜、潘勋章、高霁执笔；第 6 章基于中国能源政策综合评价模型（IPAC），重点分析了全球实现 1.5℃升温目标时我国的碳排放路径，由姜克隽、贺晨旻、陈莎等执笔；第 7 章构建了适合我国交通行业的低排放发展模型，分析了不同情景下各种交通减排政策对未来交通行业排放的影响，由王雪成、欧阳斌、郭杰、凤振华执笔；第 8 章基于我国建筑领域低排放战略模型，分析了我国未来 30 年建筑部门的用能趋势和碳排放状况，由江亿、胡姗、张洋、郭偲悦执笔；第 9 章分析不同排放情景下，到 2050 年我国废弃物领域的温室气体排放趋势，由马占云、高庆先、姜昱聪、任佳雪执笔；第 10 章综合分析了到 2050 年我国农业生产活动的低排放发展路径，由郭李萍、韩雪、李迎雪、云安萍、李明、高霁、程琨执笔；第 11 章分析了我国未来森林碳汇的潜力，由朱建华执笔；第 12 章分析了 2050 年不同低碳发展路径下空气质量改善的效应，由陈潇君、张泽宸、王丽娟、薛文博执笔；第 13 章分析了我国未来不同低碳发展路径下的气候风险，由潘婕、李阔执笔。

本书在研究和撰写过程中，得到了中国能源模型论坛学术委员会全体委员的关心和指导。为了完成这项研究，我们邀请了国内外相关机构的专家学者，就模型构建、参数设置和情景分析等方面进行了深入的探讨，得到了广大专家、学者有建设性、有见地的建议，在此特别感谢曹静、陈玲、段宏波、范英、胡秀莲、刘强、苏斌、谭显春、滕飞、张少辉、朱磊、Oleg Lugovoy（中文人名按姓氏拼音排序）等专家的支持。另外，中国能源模型论坛秘书处的高霁、高硕、管越、黄海莉、潘莎莉、秦虎和张姝怡（按姓氏拼音排序）等老师在课题设计、活动组织和对外宣传等方面做了大量工作，在此也表示衷心的感谢。最后，特别感谢格兰瑟姆基金会（Grantham Foundation）对中国能源模型论坛的慷慨资助。

本书基于不同视角勾勒描绘了我国未来 30 年低碳发展过程中，宏观经济、能源系统、重点行业、重点区域、空气质量和气候风险等领域方面可能的发展路径与技术选择，也是国内首部以 2050 为主题探讨模型方法学在气候变化、能源、环境、经济领域的应用的专著。本书重点关注了模型方法、参数设置和情景分析等方面存在的对模拟结果产生影响的众多因素，从不同视角综合分析了我国中长期温室气体减排目标与路径、能源发展转型路径和非二氧化碳控制技术路径等内容，力图更好地理解和判断我国未来的低碳发展进程。但是，未来社会发展存在着很大的不确定性，特别是 2020 年突发的新冠肺炎疫情对整个世界的发展带来了深远的影响，也对我们的模型研究和情景分析带来了严峻的挑战，并促使我们对未来的预测分析进行更多的思考。本研究的结论和建议仅代表中国能源模型论坛•中国 2050 低排放发展战略研究项目组的观点，不代表所在机构和单位的立场。由于本书涉及领域较广、参与作者较多及研究问题本身的复杂性，难免存在疏漏和不当之处，敬请各位读者批评指正。

著 者

2020 年 8 月 20 日

目　录

第1章
绪　论①

1.1　引言

自工业革命以来，人类活动已经使全球温度平均升温约 1℃。全球气候变化所引起的极端天气事件、海平面上升等问题正威胁着人类和其他物种的生存。2015年，在《联合国气候变化框架公约》第 21 次缔约方大会上，各缔约国达成了具有里程碑意义的《巴黎协定》，旨在"加强对气候变化所产生的威胁做出全球性回应，实现与前工业化时期相比将全球温度升幅控制在 2℃以内；并争取把温度升幅限制在 1.5℃"。

为了实现《巴黎协定》提出的温升控制目标，《巴黎协定》第 4 条第 19 款和巴黎气候大会 1/CP 21 号决定的第 35 段邀请所有缔约方在 2020 年前提交长期温室气体低排放发展战略（Long-term Low Greenhouse Gas Emission Development Strategies，以下简称"低排放发展战略"）。截至 2019 年 9 月末，加拿大、德国、法国、美国、英国、日本、葡萄牙等 13 个缔约方已经向联合国提交了正式文本；欧盟等缔约方也形成了草案。

低排放发展战略是指将经济社会发展和减少温室气体排放有机结合的国家整体发展战略。它既量化地讨论了能源部门的节能和脱碳潜力及其直接成本和间接成本，也刻画了在低排放发展情景下的经济发展、产业结构、就业等问题；它不仅关注能源和工业活动的温室气体排放，同时也着眼于农业活动、废弃物、大气环境等方面的影响。

中国能源模型论坛（CEMF）自 2017 年起开展了 CEMF02 主题研究"中国2050 低排放发展战略研究"，旨在运用综合评估模型框架，利用量化的情景分析

① 本章作者：高硕、胡秀莲、高霁、黄海莉。

手段，为中国低排放发展战略研究提供模型方法和应用实例。CEMF02 主题研究下设 6 个工作小组，分别开展宏观经济、能源系统、农业与土地利用、废弃物、大气环境、气候变化 6 个领域的模型比较和关联研究。CEMF02 主题研究的核心模型组来自国家发展改革委能源研究所、清华大学、北京大学、交通运输部科学研究院、生态环境部环境规划院、中国农业科学院、中国林业科学研究院等机构；研究团队在学术委员会和技术顾问组的指导下，综合运用经济模型、行业模型与综合评估模型，探讨了不同温室气体排放路径下的机遇与挑战。

考虑模型的多样性、模型方法学的差异性、模型所涉及学科的广泛性，CEMF02 主题研究在情景设计时采用了灵活性原则，以国家自主贡献（NDC）情景、2℃温升情景和 1.5℃温升情景为主要情景，但也允许模型组给出差异化的设计。对于难以完成情景的对应行业或部门模型，其情景设计可变通地使用其他形式，如设置为当前政策情景、低排放情景、强化低排放情景等。

本书概要地展示了 CEMF02 主题研究"中国 2050 低排放发展战略研究"项目的成果，旨在通过全面的分析和阐述为国家相关战略的制定提供支撑和依据。

1.2　气候影响：气候模式与应用

由人类活动引起的气候变化是人类生存和发展面临的共同挑战。联合国政府间气候变化专门委员会（IPCC）第五次综合评估报告中展示的四条典型浓度路径（RCPs）中，除 RCP 2.6 情景以外的三个情景（RCP 4.5/RCP 6.0/RCP 8.5）在 21世纪末的全球平均温升都很有可能超过 2℃，并且温升趋势会在 2100 年后继续保持；RCP 2.6 情景中虽然 21 世纪末的全球平均温升可以控制在 2℃以内，但是否能控制在 1.5℃以内仍存在不确定性（表 1-1）。

表 1-1　2081—2100 年全球表面平均温度变化　　　　　　单位：℃

情景	平均温升	置信区间
RCP 2.6	1.0	0.3～1.7
RCP 4.5	1.8	1.1～2.6
RCP 6.0	2.2	1.4～3.1
RCP 8.5	3.7	2.6～4.8

数据来源：《IPCC 第五次评估报告》。

　　在《联合国气候变化框架公约》下，各国通过 NDC 的形式为实现《巴黎协定》提出的 2℃及 1.5℃温升目标而努力。但当前各国 NDC 的力度尚不足以满足 RCP 2.6 和 RCP 4.5 两个相对温和的温升情景的减排要求。因此，以 NDC 为基础，进一步加大减排力度，寻找可行的低排放发展路径，是中国和世界化解气候变化风险的必由之路。

　　2050 低排放发展战略研究项目组以 RCP 2.6 和 RCP 4.5 两个典型浓度路径，应用 GFDL—ESM2M、HadGEM2—ES、IPSL—CMSA-LR、MIROC—ESM-CHEM 和 NorESM1—M 五套全球气候模式，在全球温室气体排放的大背景下对中国的气温变化进行了模拟，对比了 1961—2000 年和 2020—2059 年两个 40 年的气候区间，描绘了在低排放发展模式下中国未来可能需要面对的气候状况。

　　从日最低气温、日平均气温和日最高气温来看，中国全境在两个情景下均呈现出明显的增温趋势，其中北方普遍高于南方。由于温升幅度自北向南递减，南北方的温度差异预计将会减少。首先是日最低气温的增温幅度最大，其次是日平均气温，再次是日最高气温。这意味着多地气温日较差将会减小，夜间温度将会上升，从而影响民众生活和电力供应。模拟结果显示，RCP 2.6 浓度路径下，中国 21 世纪中叶的平均温度至少比 20 世纪后半叶升温 1℃以上；而在 RCP 4.5 浓度路径下，温升幅度可能将再提高约 0.25℃。

　　从夏季日数上看，除青藏高原地区以外，中国各地区普遍会经历更长时间的夏季。其中，盆地、平原及 110°经线以东的人口稠密区未来的夏季日数将增加 20 天以上，给居民生产生活带来不利影响，而云贵高原部分地区的夏季日数更甚，可能增加 70 天以上。从冰冻日数上看，除个别特例以外，中国各地区冰冻日数明显减少，且北方冰冻日数减少幅度大于南方。冰冻日数降幅最大的地区是青藏高原，降幅达到 20 天以上。但需要指出的是，模拟结果显示部分长江以南地区出现了冰冻日数增加的情况，且这部分区域同时经历了夏季日数的增加，这在一定程度上说明该地区可能面对更大幅度的气温波动和更频繁的极端高温和低温天气。

　　总体来说，最温和的典型排放路径下，中国仍将在未来面临气候变化引起的平均气温与最高气温上升、夏季时间延长、极端天气事件多发等方面的挑战，这也再次印证了应对气候变化各项行动的必要性和紧迫性。

1.3　社会经济：可计算一般均衡（CGE）模型与应用

改革开放以来，中国已经从一个低收入国家发展成为中高收入国家，成为一个具有较大国际影响力的发展中大国。过去 40 年间，以"出口导向、工业优先、投资驱动"为特点的中国经济完成了年均超过 9%的高速增长。

党的十九大报告指出，中国经济已由高速增长阶段转向高质量发展阶段。过去 40 年间，支持中国经济高速发展的模式正面临重大挑战。近年来，中国经济发展的内外部环境都发生了重大变化：全球经济增速放缓；大国博弈加剧、竞争更加激烈；国内劳动力供给总量下滑，要素成本提升，低成本竞争优势逐渐减弱；人口老龄化程度加快，高储蓄率、高投资率的发展模式难以为继；城市化发展仍有空间，但速度趋于放缓；技术水平与前沿差距不断缩短，后发优势随之减弱；资源和环境问题日趋严峻，转换经济增长方式的需求日趋紧迫。

全球经济低速增长、大国间持续博弈、国内要素成本攀升等因素将决定过去的"出口导向"的增长模式不再具备条件；人口结构变化、收入水平提高带来的消费结构升级以及资源环境压力的加大等因素将决定着"工业优先"的增长模式不可持续；人口抚养比的快速增长、城镇化发展速度的放缓以及资源环境压力的加大等因素将决定着"投资驱动"的增长模式也难以继续复制。未来 30 年（2020—2050年），发展环境和条件的变化决定着中国必须加快转型，调整以往行之有效的发展模式，形成符合新的发展环境和条件以及现代化国家建设目标的新发展模式。

项目组基于过去 30 年中国经济发展的历史趋势和未来面临的环境，利用国务院发展研究中心开发的 DRCCGE 模型进行了情景分析。DRCCGE 模型是递归动态的可计算一般均衡模型，这一类模型被广泛地应用于中长期经济展望和经济结构研究。它既考虑了包括劳动力、资本和技术进步在内的供给侧因素，也考虑了消费、投资、出口等需求侧因素。DRCCGE 模型将经济体划分为 34 个生产部门，其中农业部门 1 个、工业部门 24 个、服务部门 9 个，同时考虑了 10 组居民家庭和 5 类生产要素。

模拟设定以过去和当前经济发展趋势为基础，同时考虑了要素禀赋、人口、技术进步等方面的一般规律和变化趋势。国际经验显示：要素禀赋方面，经济发展水平的提升带动要素成本和实际汇率的上升，将会导致出口竞争力下降；人口方面，老龄人口抚养比的提高将导致国民储蓄率下降；技术进步方面，后发追赶

国家的技术进步速度都呈现阶梯式下降的趋势。根据历史经验，项目组研判未来
10～15 年（以 2020 年为当前时间点，下同）国际市场对中国产品的需求增速将
比过去 10 年下滑 5～10 个百分点，未来 10～15 年老龄人口抚养比将上升 10 个百
分点左右，未来 30 年全要素生产率年均增长速度将明显低于过去 30 年平均水平，
维持在 2%左右。

　　在以上的假设条件下，项目组应用 DRCCGE 模型的情景模拟分析结果显示，
中国在未来 30 年的经济潜在增长速度将逐步放缓，其中 2020—2030 年将下降至
5%左右，2030—2040 年为 4%左右，并逐步趋近于主要前沿国家历史平均增速水
平。首先，从影响因素上看，人口年龄结构变化引起的国民储蓄率下降是最主要
的驱动力量，与过去 40 年相比，2020—2030 年、2030—2050 年投资实际增速将
分别下滑 4～5 个百分点和 6～7 个百分点，相应导致 GDP 平均增速分别下滑约 3
个百分点和 4 个百分点。其次，技术进步速度和效率提升速度的下滑也是潜在增
速下行的重要原因。全要素生产率的下降将导致未来 GDP 平均增速下滑超过 1
个百分点。此外，由于人口结构变化引起的劳动力供给量下降也对经济增速有所
影响。2020—2030 年就业人数年均增速为-0.5%，2030—2050 年下滑至-0.7%，
由此导致未来 30 年经济增速与过去相比下降 0.2～0.4 个百分点（图 1-1）。

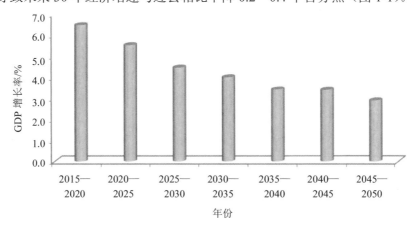

图 1-1　中国 2015—2050 年 GDP 增长率变化模拟分析结果

数据来源：项目组模拟，详见第 2 章。

　　随着未来 30 年人口、要素等经济供给侧动力的根本性变化，中国的经济结构
也将进一步转型，逐步向成熟的经济体靠拢。

　　一方面，未来 30 年的投资率将继续回落，而消费率将不断提升（图 1-2）。情

景模拟显示，中国的投资率将从 2015 年的约 45% 下降至 2030 年的 33%，并进一步下降至 2050 年的 25% 以下。与之相对的是，中国的消费率将从 2015 年的 52% 上升至 2030 年的超过 65% 和 2050 年的超过 75%。投资率和消费率一降一升的发展趋势与成功实现后发追赶的发达国家的发展轨迹一致。

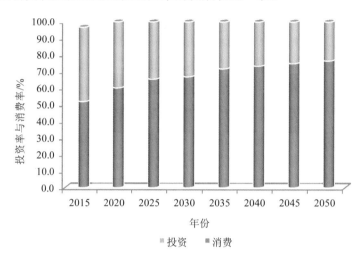

图 1-2　中国 2015—2050 年投资率与消费率变化模拟分析结果

资料来源：项目组模拟，详见第 2 章。

　　另一方面，第一产业和第二产业的比重继续下降，服务业比重进一步上升。农业方面，受恩格尔定律等因素的作用，其比重将延续过去 30 年的下降趋势，从 2030 年的 9.5% 持续下降到 2030 年的 4% 和 2050 年的 2%。工业方面，投资增速的下滑和出口需求的减弱将抑制工业部门的高速增长，第二产业比重将不断下降，从 2015 年的占比 41.6% 下降至 2030 年的 25% 和 2050 年的 20%。与第一产业、第二产业相对的是，消费结构的转型升级和服务业价格的提升使服务业比重持续增加。收入增长、城市化、人口年龄结构的变化都将推动消费结构的转化和消费需求的增长。从消费结构方面看，未来 30 年，农业品和工业品消费将分别下降 3 个百分点和 9 个百分点左右，而服务消费的比例增长较快，年均增长为 1 个百分点左右。从价格方面看，未来服务业价格比制造业价格上涨更快，其中未来 10 年服务业价格增长速度比制造业年均快 2 个百分点左右。在消费结构和价格的共同作用下，服务业的 GDP 占比将从 2015 年的 49% 提升至 2030 年的约 63% 和 2050 年的约 75%（图 1-3）。

　　纵观中国经济未来的发展态势，中国有望在"十四五"期间迈入高收入国家

行列，并在未来 10～15 年成为世界第一大经济体。从前文的分析可以看出，未来
10 年（2021—2030 年）中国经济将继续保持相对较高增长速度，人均 GDP 和国
民总收入（GNI）也将保持相对较高增长速度。同时，随着中国与发达国家发展
差距的缩小，中国与发达国家在生产率水平上的差距也将进一步缩小，从中期来
看，人民币实际汇率可能继续呈现升值趋势。即使未来人民币兑美元实际汇率年
均贬值 2%，中国也将在 6 年后迈入高收入国家行列。从经济总量方面看，中国的
名义 GDP 将在 2030 年前后超过美国，成为全球第一大经济体；到 2035 年，中国
名义 GDP 将达到 57 万亿美元左右，比美国 GDP 高 30% 左右，届时中国 GDP 占
全球的比重将达到 23% 左右。

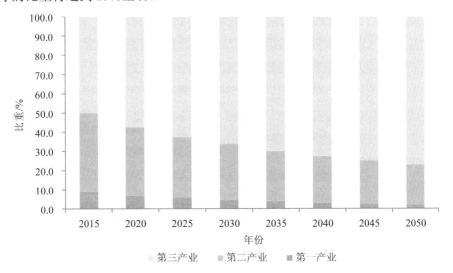

图 1-3　中国 2015—2050 年经济结构变化模拟分析结果

资料来源：项目组模拟，详见第 2 章。

　　总体来看，国内外发展环境的变化使中国经济的转型日趋迫切，"高投资、高
出口、高工业"的传统增长模式将逐渐转变为"更多依靠消费、更多依靠服务业、
更多依靠技术进步"的增长模式，经济将由高速增长转向高质量发展。实现高质
量发展的关键在于综合施策推动中国经济发展方式的成功转型：需要加大创新投
入，创造更好的创新生态，消除要素自由流动的障碍，提高要素和资源的利用效
率；需要促进公共服务的均等化，注重二次分配调节政策，让更多人享受更好的、
更加公平的福利水平，降低收入分配的不公平性，提高发展的包容性；需要提高
能源资源的利用效率，通过市场手段等方式将气候、生态、环境恶化的外部性成

本内部化，提高发展的可持续性。

除 DRCCGE 模型以外，项目组还引用了清华大学能源环境经济研究所开发的中国–全球能源模型（C-GEM 模型）和北京大学能源环境经济与政策研究室开发的 IMED/CGE 模型在全球和省区层面对低排放发展路径下经济影响进行了相关讨论。

1.4　能源活动与工业过程的二氧化碳排放：能源系统模型、综合评估模型和部门模型的应用

与能源活动和工业过程相关的二氧化碳排放是温室气体最主要的排放源，根据国际能源署（IEA）《世界能源展望 2019》发布的数据，2018 年，中国能源相关的二氧化碳排放量为 95.13 亿 t，其中 80.0% 来自煤炭消费，14.5% 来自石油消费，5.5% 来自天然气消费。

项目组利用 GCAM-TU 模型和 IPAC 模型对 NDC 情景、2℃温升情景和 1.5℃温升情景下的二氧化碳排放路径和能源消费路径进行了模拟和讨论。

全球变化评估模型（Global Change Assessment Model，GCAM）由美国西北太平洋国家实验室和马里兰大学共同开发，其开发历程可追溯到 1981 年，主要用于探索人类活动与地球系统之间的联系与响应，可用于完成能源系统、水资源、农业等多个领域的研究工作。GCAM 模型在对能源活动进行研究时，将全球划分为 32 个地区，中国为其中的地区之一。GCAM 模型中能源技术组合确定主要依据于价格及其概率分布，以及技术与替代技术之间的社会偏好水平，规避了能源系统优化模型中"赢者通吃"的问题。GCAM-TU 模型是清华大学能源环境经济研究所在 GCAM 开源模型的基础上，针对中国区域能源系统特点进行改进的本地化版本。GCAM-TU 模型细化了钢铁、水泥、化工、电解铝、造纸等高耗能部门，并基于最新统计数据对行业活动水平、用能情况、排放情况，特别是对电力供应量和电源结构进行了校准。

IPAC 模型由国家发展改革委能源研究所开发，其开发历史可追溯到 1992 年，现已在综合评估模型框架下开发了一系列量化评价工具，以解决包括能源供需、温室气体排放、大气污染等多方面的问题。在本书中，项目组主要应用了 IPAC 模型中的能源系统模块，即 IPAC-AIM 技术模型，以系统成本最小为目标，通过线性优化方式对能源系统中的技术进行选择和组合，从而模拟出给定假设下系统

成本最优的能源技术组合和发展路径。

项目组应用 GCAM-TU 模型分别模拟了 NDC 情景、2℃温升情景、1.5℃温升情景的二氧化碳排放，应用 IPAC 模型模拟了 2℃温升情景和 1.5℃温升情景的排放。

基于 NDC 情景中国政府做出的二氧化碳排放承诺，到 2030 年，中国的二氧化碳排放量将达到峰值，非化石能源比例达到 20%，单位 GDP 碳排放较 2005 年的水平下降 60%～65%。在完成 2030 年既定目标的前提下，这一情景在 2030 年后将保持 2030 年前的减排措施和力度不变。模拟结果显示，这一情景下与能源活动相关的二氧化碳排放水平在 2030 年前仍将有小幅上升，峰值水平约为 105 亿 t；2030—2050 年，与能源相关活动的二氧化碳排放总量持续下降，并在 2050 年下降至模型基年 2015 年的水平。

对于 2℃温升情景和 1.5℃温升情景，项目组分别应用 GCAM-TU 模型和 IPAC 模型进行了平行的模拟与讨论。受到模型假设、模型方法、模型参数等方面差异的影响，同一情景下的模型结果存在一定差异，发现差异产生的原因、探讨差异的结果可以帮助理解发展路径和改进模型方法。

相较于 NDC 情景，2℃温升情景模拟结果显示，其二氧化碳减排速度有显著的提升，特别是在中长期阶段，即 2030—2050 年。从达峰时间上看，2℃情景的二氧化碳排放达峰时间将会提前至 2025 年以前。到 2030 年，能源活动相关的二氧化碳排放量需下降至模型基年（2015 年）的排放水平（GCAM-TU 模型）或更低（IPAC 模型）。到 21 世纪中叶，能源活动相关的二氧化碳排放量在各自 2030 年的基础上继续显著下降，终期排放水平在约 30 亿 t（IPAC 模型）到约 60 亿 t（GCAM-TU 模型）的范围内。与 IPAC 模型相比，GCAM-TU 模型的减排路径更依赖 21 世纪后半叶的减排努力。

与 2℃温升情景相比，1.5℃温升情景的实现需要更加深刻和快速的低碳变革。在 1.5℃温升情景下，两个模型给出的二氧化碳排放达峰年限不但将提前至 2020—2024 年，并且在达到峰值后都需要迅速削减二氧化碳排放量。在 GCAM-TU 模型模拟中，二氧化碳排放水平从 2030 年的约 75 亿 t 快速下降到 2050 年约 8 亿 t；与 NDC 情景下的排放量相比，1.5℃温升情景的排放量仅为前者的 9%。IPAC 模型模拟中，2030 年和 2050 年的能源相关二氧化碳排放量分别为不足 70 亿 t 和不足 2 亿 t，二氧化碳达到近零排放的水平（图 1-4）。

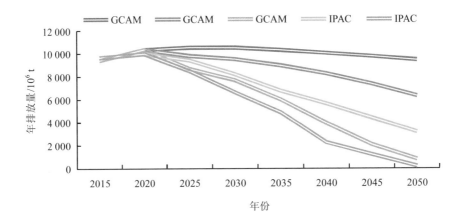

图 1-4   能源相关二氧化碳排放量

资料来源：项目组模拟，详见第 5、第 6 章。

分部门来看，二氧化碳绝对减排量贡献主要来自工业和电力部门。工业和电力部门的减排贡献得益于三个原因：一是它们在模型基年 2015 年排放量和占比很大，两个部门的排放量占比均超过 40%，而交通、建筑两个部门的排放量占比均仅有 8%～9%，绝对排放量仅有 6 亿～9 亿 t；二是相当一部分的工业品需求已经饱和并开始下降，由于需求量下降，相应的用能和排放也随之下降；三是相对于交通和建筑部门分散度大、随机性强的用能模式，工业和电力部门用能具有集中、连续、可控的特点，这使它们更容易应用现有低碳、零碳技术手段，甚至负减排技术手段进行二氧化碳减排（图 1-5）。

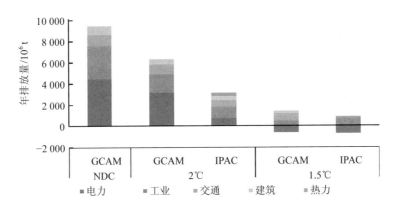

图 1-5   2050 年分部门二氧化碳排放量

资料来源：项目组模拟，详见第 5、第 6 章。

GCAM-TU 模型与 IPAC 模型分别模拟了实现 2℃温升和 1.5℃温升的减排路径，但两个模型在实现同一温升目标的能源消费路径上既有共性也有差异。从一次能源消费量的角度看，两个模型对同一温升情景下的一次能源消费量的模拟结果较为一致，但在能源结构上存在差异。

GCAM-TU 模型模拟的 NDC 情景和 2℃情景在 2050 年的一次能源消费量分别为 55.7 亿 t 和 55.6 亿 t 标准煤，与 IPAC 模型 2℃情景模拟出的 55.3 亿 t 标准煤处于同一水平。在 1.5℃情景的模拟中，两个模型的一次能源消费量具有不同程度的增加，分别为 57 亿 t 标准煤左右（IPAC 模型）和 60 亿 t 标准煤左右（GCAM-TU 模型）。1.5℃情景下一次能源消费量的上升是能源系统中电气化水平提高和可再生能源发电增加的直接结果。在 1.5℃情景下，大量终端用能从直接消费化石能源转向消费电力，特别是可再生能源电力，这一转变推高了发电煤耗法下核算的一次能源消费量。

从一次能源结构上看，2℃温升情景和 1.5℃温升情景中，非化石能源都大幅地替代了化石能源的地位。在 2℃温升情景下，2050 年来自化石能源与非化石能源的一次能源消费量水平相近。而在实现净零排放目标的 1.5℃温升情景中，非化石能源（可再生能源和核能）在一次能源消费中均占据了主导地位，仅有 1/4～1/3 的一次能源消费仍来自化石能源。从两个模型的情景模拟看，GCAM 模型与 IPAC 模型在替代水平上存在一些差异：IPAC 模型与 GCAM 模型相比，非化石能源对化石能源的替代程度更高。在 2℃和 1.5℃温升情景下，GCAM 模型给出 2050 年的化石能源占比分别为 55.9% 和 31.5%；IPAC 模型的模拟结果分别为 48.0% 和 25.0%。具体到化石能源品种来说，在 1.5℃温升情景下，GCAM 模型和 IPAC 模型在煤和天然气上的能源转型消费路径基本一致，两个模型结果的主要差异来源于两者对石油的利用水平不同，前者在 2050 年的石油消费量仍有约 7 亿 t 标准煤，而后者则降至约 2 亿 t 标准煤（图 1-6）。

在终端能源消费方面，中国到 21 世纪中叶的终端用能趋势在不同情景之间存在显著的差异。在 NDC 情景下，2050 年中国的终端能源消费量将比 2015 年有所上升，上升幅度约为 10%，终端能源消费峰值出现在 2040 年前后；在 2℃温升情景下，2050 年中国终端能源消费量与 2015 年的水平基本持平，终端能源消费量的峰值年份提前至 2025—2030 年；在 1.5℃温升情景下，2050 年中国终端能源消费量将比 2015 年水平下降 5%～14%，峰值年份也将进一步提前至 2020—2025 年（图 1-7）。

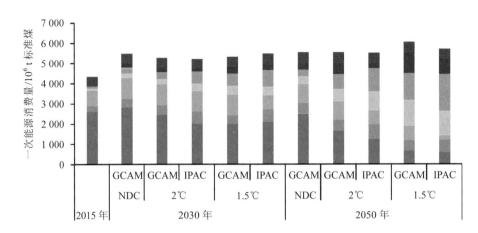

图 1-6   不同模型和情景的一次能源消费量和结构

资料来源：项目组模拟，详见第 5、第 6 章。

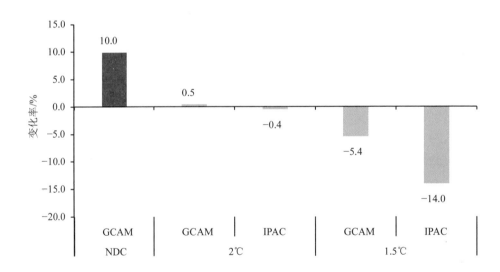

图 1-7   不同模型和情景的终端能源消费量变化率

资料来源：项目组模拟，详见第 5、第 6 章。

同一情景下，特别是 1.5℃温升情景下，不同模型之间 2050 年终端能源消费量的差异主要受终端能源电气化水平的影响。在 1.5℃温升情景下，GCAM-TU 模型和 IPAC 模型的终端能源电气化水平相差 15 个百分点，这导致了前者 2050 年终端能源消费水平比后者高约 2.2 亿 t 标准煤（图 1-8）。

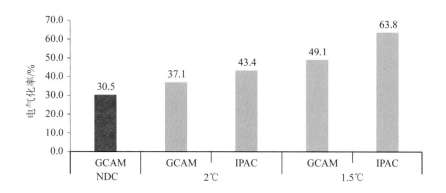

图 1-8 不同模型和情景的终端能源消费电气化率

资料来源：项目组模拟，详见第 5、第 6 章。

在 2℃温升情景下，IPAC 模型与 GCAM-TU 模型给出的 21 世纪中叶终端能源消费量水平基本一致，但两个模型分行业部门的终端能源消费量存在较为明显的差异。IPAC 模型在交通和建筑部门都实现了更大比例的电力化，这使得 IPAC 模型在建筑和交通部门的终端能源消费量比 GCAM-TU 模型的水平更低。同样地，IPAC 模型的交通和建筑部门在 1.5℃温升情景下也拥有相当高的电气化率和更低的能源消费水平，而 GCAM-TU 模型的电气化则着重于能源消费量占比更大的工业部门，在 1.5℃温升情景下，其工业部门电气化率比 IPAC 模型高约 5 个百分点。电气化率的提高使 GCAM-TU 模型工业部门终端能源消费量下降更为明显，并在终端能源消费总量方面填补了其与 IPAC 模型结果之间的差距（图 1-9）。

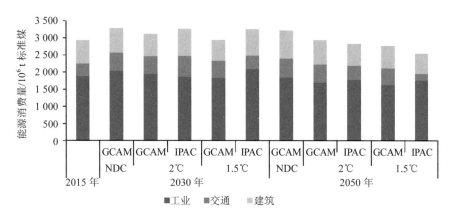

图 1-9 不同温升情景的终端能源消费量和部门结构

资料来源：项目组模拟，详见第 5、第 6 章。

2018 年，中国全社会用电量为 6.8 万亿 kW·h，而随着未来各部门电气化水平的继续提高，中国电力需求在 2050 年预计将达到 12.8 万亿～14.6 万亿 kW·h，即人均用电量约为 10 000 kW·h。在电力生产与消费不断增长的同时，电力生产结构也逐渐向清洁化、低碳化快速转型。从 IPAC 模型和 GCAM-TU 模型模拟的结果看，电力低碳化转型是一个多元化的发展过程。电力系统不再单一依赖于煤电、天然气发电、水力发电、光伏发电、风电、光热发电、生物质能发电、地热发电、核电都占据了相当的份额。

从发电量角度来看，在 1.5℃温升情景下，GCAM-TU 模型和 IPAC 模型模拟的 2030 年非化石能源电量占比分别为约 47% 和 57%，其中前者与《能源生产和消费革命战略（2016—2030）》中提出的"到 2030 年非化石能源发电量占全部发电量的比重力争达到 50%"较为接近。而到 2050 年，GCAM-TU 模型模拟出的 2℃温升和 1.5℃温升情景下的非化石能源电量占比分别为 54% 和 76%，IPAC 模型的模拟结果更分别高达 77% 和 89%（图 1-10）。

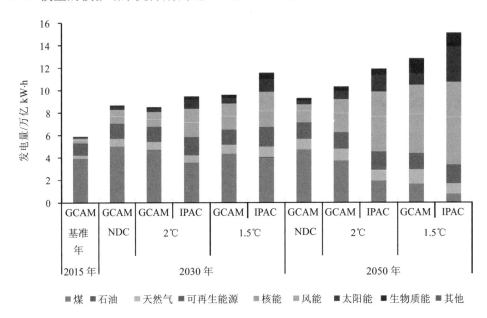

图 1-10   不同模型和情景的发电量结构（分品种）

资料来源：项目组模拟，详见第 5、第 6 章。

从发电装机容量来看，非化石能源装机将逐渐取代化石能源，并成为主力装机。以 IPAC 模型的模拟结果为例，在 2℃温升情景下，2050 年总装机容量约为

40 亿 kW，是 2020 年装机水平的 2 倍；而在 1.5℃温升情景下，2050 年总装机容量约为 60 亿 kW，是 2020 年装机容量的 3 倍。两个温升情景下装机容量差异形成的主要原因是风电和太阳能发电在装机容量结构中的差异。由于 1.5℃温升情景下碳排放预算大幅减少，太阳能和风电等非化石能源电量在更大程度上替代了煤、天然气等化石能源电量。而风电、太阳能发电等间歇性（Intermittent）电源受到天气条件的影响，其利用小时数（容量因子）明显小于其他可调度（Dispatchable）电源，因此在同等发电量水平下，风力发电与光伏发电占比更高的装机组合所对应的装机总容量也更大（图 1-11）。

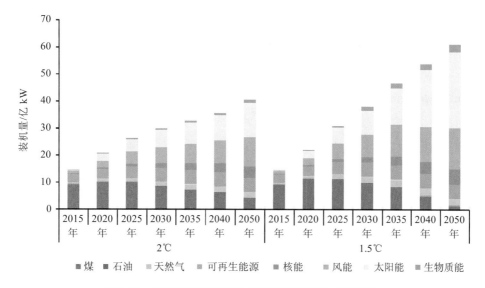

图 1-11 不同温升情景下发电设备装机容量（分品种）

资料来源：项目组模拟，详见第 6 章。

从电力行业碳强度方面来看，1.5℃温升情景下，GCAM-TU 模型和 IPAC 模型的模拟结果都展示出了快速而持续的下降趋势。在两个模型的情景中，2050 年电力行业的碳强度均需达到负排放的水平；而为了实现全社会 2050 年近零排放的目标，电力行业需要提前实现"净零排放"，从模拟结果看，两个模型给出的情景均显示电力行业需要在 2045 年前后实现"净零排放"（图 1-12）。

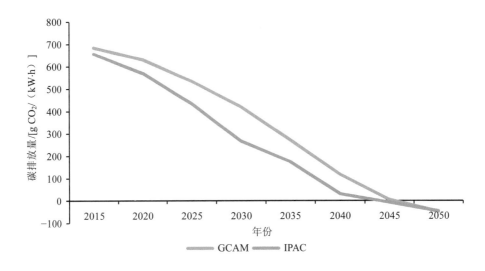

图 1-12　2015—2050 年 1.5℃温升情景下的电力行业碳排放强度趋势

资料来源：项目组模拟，详见第 5、第 6 章。

　　在 2050 年 1.5℃温升情景的模拟中，除大比例使用风能、光能、水能等可再生能源，使用核能等零碳能源以外，碳捕获与封存（CCS）技术以及生物能源+碳捕获与封存（BECCS）技术等低排放和负排放技术的广泛应用也为实现"净零排放"目标提供了实践路径。

　　CCS 技术捕捉燃料燃烧或其他途径产生的二氧化碳，并将其封存在特定地质构造的地层中，最终实现二氧化碳与大气的隔绝。碳捕获与封存技术应用在煤炭发电和天然气发电领域可以有效降低度电二氧化碳排放量。例如，在 GCAM-TU 模型的 1.5℃温升情景中，2050 年约有九成（1.5 亿 kW·h）的煤电发电量和七成（0.8 亿 kW·h）的天然气发电量采用了 CCS 技术以降低二氧化碳排放量。

　　BECCS 技术是指在生物质能利用的基础上搭配使用碳捕获与封存技术。生物能源来源于生物质，它本身是一种可再生能源，燃烧生物质能源产生的二氧化碳排放不会引起大气中二氧化碳总量的增加。在使用生物能源的基础上利用碳捕获与储存对这部分二氧化碳排放进行捕捉和地下封存，可以有效地减少大气中的二氧化碳总量，从而实现二氧化碳的负排放。作为负减排技术的 BECCS 技术在 1.5℃温升情景实现二氧化碳净零排放中发挥着重要的作用。在两个模型中，2℃温升情景下，由于二氧化碳排放预算相对较多，因而 BECCS 的普及率相对较低，2050 年 BECCS 电力约占全部发电量的 1%，而在 1.5℃温升情景中，由于碳预算的压力，2050 年 BECCS 发电量占比将提升至约 10%。

工业方面的二氧化碳排放主要分为两部分：一是作为终端能源消费部门通过化石燃烧产生的排放；二是工业工艺过程产生的排放。就前者而言，综合对比两个能源模型各情景的工业部门模拟结果发现，各情景在节点年份的工业部门终端能源消费量水平比较接近，但相对应的排放量水平差异显著。2050 年各温升控制情景与基年情景相比，煤炭利用占比下降了五至六成，与之对应的是，以电能、热能为代表的二次能源消费占比在 2050 年大幅提升，这一转变促使工业部门的终端排放得以大幅降低（图 1-13）。

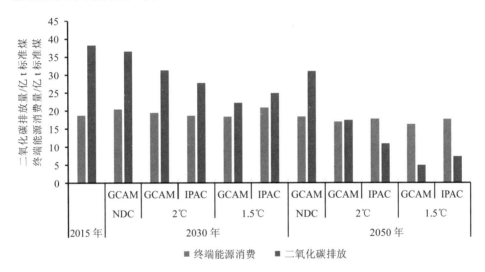

图 1-13　不同模型和情景的工业部门终端能源消费与二氧化碳排放

资料来源：项目组模拟，详见第 5、第 6 章。

另外，在 IPAC 模型的模拟中，项目组还考虑了工业工艺过程的减排路径。具体而言，工艺过程排放的削减主要考虑三方面的因素：一是技术流程的改变；二是 CCS 技术的利用；三是工业品需求量的变化。以钢铁工业为例，通过改变还原工艺、加装 CCS 技术设备等手段，可以有效降低工艺过程的单位排放，而钢铁需求的下降则会进一步降低工艺过程的排放量。从模拟结果来看，在 1.5℃温升情景下，2050 年钢铁、水泥行业 CCS 技术的利用率需要达到约 90%。

对于建筑和交通两个终端部门，项目组在能源系统模型的基础上引入了单行业模型分析进行模拟和对比。

建筑部门增加的单行业模型是由清华大学建筑节能中心开发的中国建筑运行

能耗及排放模型（CBEM 模型）。模型将运行能耗分为四大类进行核算，分别是城镇住宅用能（除北方集中采暖）、农村住宅用能、公共建筑用能（除北方集中采暖）和北方集中采暖用能。在每个能耗类型中，用能核算又进一步细化到了照明、采暖、空调等具体的用能场景和电、热、气、煤等具体的能源品种中，通过自下而上的核算方式计算出建筑运行的总能耗，并借助各种能源的排放因子核算出相应的二氧化碳排放量。

项目组利用 CBEM 模型、IPAC 模型以及 GCAM-TU 模型针对建筑领域的用能及排放共给出了 8 个情景。其中，CBEM 模型提供了政策情景、强化政策情景以及 2℃情景，IPAC 模型提供了 2℃情景和 1.5℃情景，GCAM-TU 模型提供了 NDC 情景、2℃情景和 1.5℃情景。整体来看，各模型对于中国建筑部门到 2050 年的能耗总量判断较为接近，在 2℃温升情景下，各模型给出的能耗总量均在 7.5 亿 t 标准煤左右，在 1.5℃温升情景下，能耗总量则在 6 亿~6.5 亿 t 标准煤（图 1-14）。

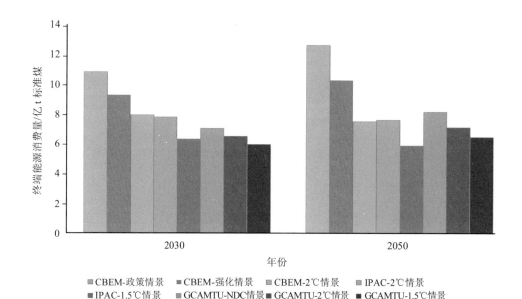

图 1-14　2030 年和 2050 年建筑部门终端能源消费量对比

资料来源：项目组模拟，详见第 5、第 6、第 8 章。

从 2050 年最终的建筑领域总能耗来看，三个模型的 1.5℃情景和 2℃情景下的总能耗均比较接近。其中 GCAM-TU-1.5℃情景能耗约为 6.6 亿 t 标准煤，IPAC-1.5

℃情景能耗约为 6 亿 t 标准煤。对于 2℃情景，CBEM 模型、IPAC 模型和 GCAM-TU 模型给出的建筑部门用能总量分别为 7.6 亿 t 标准煤、7.7 亿 t 标准煤和 7.2 亿 t 标准煤，三者非常接近。此外，GCAM-TU 模型还给出了 NDC 承诺下的发展情景，到 2050 年建筑领域总能耗为 8.3 亿 t 标准煤，CBEM 模型参照各发达国家的建筑领域能耗发展路径，在政策情景下若中国建筑形式及用能习惯向欧美发达国家模式发展，则建筑能耗会大幅增加，到 2050 年超过 12 亿 t 标准煤，若在上述情景基础上加以政策控制（弱于 CBEM-2℃情景），则 2050 年建筑领域用能总量会接近 10 亿 t 标准煤。

从达峰时间上看，IPAC 模型的 2℃情景和 1.5℃情景分别在 2040 年和 2035 年实现建筑领域能耗达峰。CBEM 模型 2℃情景建筑领域能耗在 2020—2030 年基本保持平稳，于 2025 年达峰，在政策情景和强化政策情景下，能耗则持续上升。在 GCAM-TU 模型 1.5℃情景下，建筑领域能耗在 2025 年之前持续下降，之后持续上升。这说明各模型在模拟中对建筑领域能耗发展路径的考虑有所差异。

对于上述各情景下的建筑部门用能和排放来讲，建筑规模、用能强度、能源品种等是其重要的影响因素。特别地，各模型对未来建筑单位平方米用能强度的考虑差异较为明显，其中 CBEM 模型 2℃情景下建筑部门整体的单位能耗约为 10.6 kg 标准煤/m^2，IPAC 模型 1.5℃情景下单位能耗则仅为 6.7 kg 标准煤/m^2。在各模型和情景确定用能强度的过程中，这一参数又受到建筑及系统形式、建筑及设备能效、用能方式与行为等方面的影响。

在建筑及系统形式方面，是采用"自然环境为主、机械系统为辅"的形式还是以机械系统为主，会对公共建筑的单位平方米用能量产生很大的影响。采用全封闭式设计，以及机械通风集中式空调系统的公共建筑能耗强度要远高于我国目前常见的以自然通风分散式空调系统为主的公共建筑能耗强度。

在居民的用能方式方面，"部分时间部分空间"的采暖空调使用模式是目前我国居民的主要用能模式，而在以美国为代表的发达国家，居民主要用能模式则以"全时间全空间"为主，两种不同的使用模式可以造成 10 倍以上的建筑能耗强度差异，因此，如何合理地引导居民的用能习惯，也是影响建筑部门用能强度的重要因素之一。

建筑及家用设备能效也在很大程度上影响建筑用能强度。一方面，目前衣物烘干机、电热马桶圈等高能耗的用电设备在我国的普及率还比较低，这些设备的推广使用会对整体建筑用能有较大影响；另一方面，在不同能效政策下，北方建筑的保温效果以及常见家用电器的用能效率也会影响建筑能耗强度。

交通运输是关系经济、社会、民生的基础性产业和服务性行业。改革开放以来，尤其是 2000 年以来，随着我国经济发展和人民生活水平的提高，出行需求和物流需求快速增长，交通行业用能和二氧化碳排放量也相应上升。数据显示，2005—2018 年，交通行业二氧化碳排放量及其在全社会排放量中的占比都大幅上升，这一时期排放量年均增长量高达约 10%，占比则增加了 1 倍，从 6.1% 增至 12.1%。未来 30 年（2021—2050 年），随着工业化和城市化的完成，货运需求将完成由高速增长向平稳增长再缓慢下降的转变过程，但客运需求仍将保持增长，交通行业的能源消费量和二氧化碳排放量仍面临着相当大的增长压力。

对于交通部门的情景分析，项目组在两个全行业能源模型的基础上引入了交通运输部科学研究院开发的行业模型。该模型包括了客运需求预测子模型、货运需求预测子模型、周转量法碳排放核算子模型和保有量法碳排放核算子模型。根据中国交通领域既有的统计方法、数据和口径，在货运和城际客运方面，其能耗和碳排放的计算应用了周转量法碳排放核算子模型；而在城市客运方面，本研究选取了保有量法碳排放核算子模型。在需求预测模型方面，项目组综合考虑了 GDP、经济结构、人口结构、城镇化率等影响因素，并对比了增长率法、运输强度分析法、弹性系数分析法等多种预测模型。在情景设计中，该行业模型基于未来交通技术种类和水平、新能源汽车推广度、城市出行行为和方式、运输结构调整等多方面的发展趋势和可行性设计了相应的情景参数，以交通行业内从业者的视角对中远期大交通的发展进行了判断，对相应能耗水平和排放水平进行了核算。

从行业模型、GCAM-TU 模型和 IPAC 模型的情景模拟结果来看，模型组之间对于交通行业未来发展路径的思考具有相当大的差异。在 GCAM-TU 模型各个情景的模拟结果中，石油衍生品在未来 20 年间（2021—2040 年）仍是运输活动的主要能源形式。在交通行业模型中，其最深度减排情景下交通行业终端用能中电力的占比约为 33%，这与 IPAC 模型 2℃ 温升情景下的电力占比（31%）相接近，但与 IPAC 模型 1.5℃ 温升情景下的终端能源结构差异巨大，后者 2050 年的交通终端用能中电力占比高达约 85%。

交通部门的终端用能结构差异进一步导致了各情景排放水平之间的巨大差异。例如，IPAC 模型 1.5℃ 温升情景中，由于电力在交通消费约占 85%，其交通行业总二氧化碳排放量不足其他模型情景中交通行业排放的 10%。

模型与情景之间交通能耗利用和排放水平差异的根源是不同模型组在出行需求量、出行方式、交通技术发展等方面差异化的研判。尤其是在交通技术方面，由于目前市场上尚没有技术能完全替代以石油及衍生品作为主要燃料的各类交通工具，公路货运、城际客运、水运、航空等方面的低碳出行方式多处于概念和试验阶段，能否实现研发、量产、推广和技术进步尚为一个未知数，模型组之间在这一判断上的分歧给交通行业的情景模拟带来了相当大的不确定性。

1.5 农业活动的非二氧化碳温室气体排放：部门模型的应用

在能源活动与工业活动以外，农业活动也是维持经济社会发展和人们生活福祉的基础性活动。与能源、工业活动不同，农业活动不直接排放二氧化碳，但作物生长和畜牧养殖过程中会排放以氧化亚氮和甲烷为主的非二氧化碳温室气体。

从农业活动类型来看，农业温室气体排放主要有三个来源：旱地农田耕作、稻田耕作和畜禽养殖。旱地农田耕作排放的温室气体为氧化亚氮，它来自农田土壤氮素循环的硝化和反硝化作用。肥料、土壤含水量、土壤 pH 值、土壤温度、作物类型等因素都会影响旱田的氧化亚氮的排放速率。稻田耕作排放的温室气体以甲烷为主，同时也包括少量氧化亚氮。稻田甲烷排放是土壤中的有机物或有机物料在淹水厌氧条件下分解后的最终产物，影响因素包括淹水时长、土壤有机物量、温度、水稻品种等。畜禽养殖的温室气体排放包括动物肠道中的甲烷排放、畜禽粪便中的甲烷和氧化亚氮排放，其中，反刍动物肠道发酵产生的甲烷是温室气体的主要来源之一。

农业作为国民经济的基础，其活动水平无法如同工业、能源活动一般进行调整，因而，农业温室气体减排的途径为对作物种植和畜禽养殖过程进行低碳管理。考虑农业活动自身的特点，农业部门温室气体模型以排放核算模型为主，各情景之间参数设定的差异主要体现在农田种植及畜禽养殖管理手段的差异，而不强调差异化设置农产品需求量或活动量水平。

旱地排放氧化亚氮的减排主要通过调整化肥结构及品种来实现。缓控化肥和硝化抑制剂的施用可以显著降低氧化亚氮的排放因子。通过将当前广泛使用的速效化肥改为稳定性化肥和缓控释肥，氮肥源的氧化亚氮排放可以得到有效控制。考虑当前国家化肥政策、氮肥施用效果和生态环境目标，从现在到 21 世纪中叶，将中国氮肥使用情景分别设定了当前政策情景、低排放情景和强化低排放情景。低排放情景的速效氮肥水平将逐渐从当前的 95% 降低到 21 世纪中叶的 70%，稳定性氮肥和缓释氮肥各占 15%；强化低排放情景中，速效氮肥将在 2030—2050 年快速被替代，并在 21 世纪中叶退出市场，氮肥施用格局将转化为以稳定性氮肥为主（70%）、以缓释氮肥为辅（30%）。从减排效果上看，通过改变氮肥品种及类型，2050 年低排放情景的旱地温室气体（氧化亚氮）排放量将比当前政策情景减排 4.2%，强化低排放情景的排放量将比当前政策情景减排 14.4%。

稻田温室气体排放既包括由于施用氮肥产生的氧化亚氮，也包括由于稻田淹水产生的甲烷（按全球升温潜势核算，前者约占一成，后者约占九成）。针对稻田氧化亚氮，其减排措施与旱地氧化亚氮的控制手法基本一致。对于稻田甲烷，它是由微生物在稻田淹水时的厌氧条件下发酵所产生，在稻田中施用有机肥也为稻田中产甲烷的微生物提供了充足的养分，从而使得稻田甲烷的排放增加。通过将淹水灌溉模式转化为间歇淹水+覆膜旱作等方式，改变稻田厌氧条件的时长，稻田甲烷产生量可以显著降低。此外，通过施用生物质炭或使用甲烷抑制剂亦可以减少稻田甲烷的排放量，其中生物质炭方法还可以显著增加土壤碳储量并减少氧化亚氮排放。目前，中国稻田采用持续淹水和间歇淹水+覆膜旱作两种方式的各占 50%，在低排放情景下，设置 2050 年持续淹水方法的比例将降为 0，间歇淹水+覆膜旱作方法的比例为 90%，生物质炭和甲烷抑制剂方法分别在 9% 和 1% 的稻田实施。在强化低排放下，设置 2050 年持续淹水方法的比例将降为 0，间歇淹水+覆膜旱作方法的比例将增至 80%，配置生物质炭的稻田面积将增至 20%。综合稻田氧化亚氮和甲烷两个方面的控制手段，在低排放情景和强化低排放情景下，稻田温室气体排放量分别从目前的 2.14 亿 t 二氧化碳当量下降至 1.53 亿 t 和 1.41 亿 t 二氧化碳当量，减排幅度分别为 28% 和 34%。

畜禽养殖的温室气体排放包含动物的肠道甲烷排放和粪便氧化亚氮等排放。肠道甲烷的减排措施主要有四种，即调整饲料精粗比、改变饲料加工方式、改变粗粮类型和使用脂类添加剂。畜禽粪便等废弃物的温室气体减排措施包括酸化沼液、添加微生物菌剂、堆肥垫草及好氧处理等方式。规模化养殖、农户散养、放牧饲养等养殖方式的比例会影响前述各减排措施的排放水平。通过对不同规模饲养方式的占比变化，项目组设计了低排放情景和强化低排放情景两条行动路径，对应的规模化养殖占比在 2030 年分别达到 68% 和 73%，并在 2050 年进一步提高为 75% 和 95%。从综合排放水平方面看，2050 年低排放情景和强化低排放情景分别比当前政策情景下多减排 27.6% 和 37.4%。

　　值得注意的是，在低排放情景和强化低排放情景下，2050 年农业活动的非二氧化碳温室气体排放分别为 5.1 亿 t 二氧化碳当量和 4.5 亿 t 二氧化碳当量，而同期 1.5℃情景下 GCAM-TU 模型和 IPAC 模型给出能源相关二氧化碳排放为约 8 亿 t 二氧化碳和约 2 亿 t 二氧化碳，因此在深度减排的大背景下，与农业活动相关的非二氧化碳温室气体排放在远期会成为重要议题（图 1-15）。

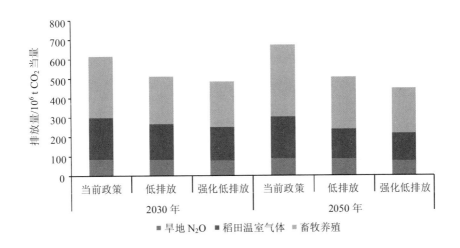

图 1-15　2030—2050 年农业部门非二氧化碳温室气体排放

资料来源：项目组模拟，详见第 10 章。

1.6　农林业碳汇：核算与模型应用

　　碳汇是指通过植树造林、森林管理、植被恢复等措施，利用植物光合作用吸收大气中的二氧化碳，并将其固定在植被和土壤中，从而减少温室气体在大气中浓度的过程、活动或机制。土壤和森林是陆地生态系统中主要的碳库，在降低大气中温室气体浓度、减缓全球气候变暖中，具有十分重要的作用。

　　旱地农田土壤有机碳是陆地土壤碳库的主要组成部分。秸秆还田、施用有机肥、免耕和少耕等农田管理措施可以有效地增加土壤碳含量。项目组利用 DAYCENT 模型和农业统计资料，综合了南北方农田旱地的特征，设置了配施有机肥、秸秆还田、秸秆还田加免耕三种增汇情景。总体来看，在三种情景下对土壤碳汇提升的作用依次增强，到 2050 年，三种情景下中国旱地农田碳储量分别比 BaU 情景增加 0.55 Mt 二氧化碳当量/年、2.15 Mt 二氧化碳当量/年、3.22 Mt 二氧化碳当量/年，分别占当年碳储量的 7%、27.4%、41.2%；同期，中国旱地 2050 年中高减排力度下的年均氧化亚氮排放量为 68.3～86.2 Mt 二氧化碳当量，土壤碳汇可抵消 0.6%～3.2%的氧化亚氮排放（图 1-16）。

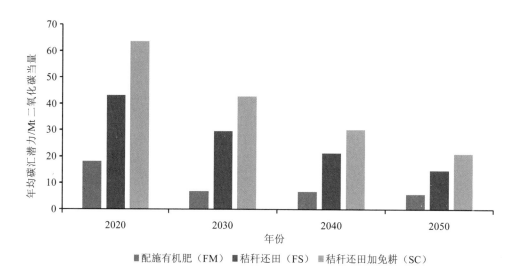

图 1-16　2020—2050 年中国旱地农田未来不同情景下土壤年均碳汇潜力

资料来源：项目组模拟，详见第 10 章。

　　由于稻田土壤施用有机肥会显著增加稻田的甲烷排放，项目组将多余秸秆炭化为生物质炭施入稻田土壤中增加土壤有机碳储量为未来主要增汇措施，假设未被利用的稻田秸秆有一半可通过炭化还田，即到 2050 年设置 9%和 20%的秸秆可通过炭化还田的中等碳汇力度和高碳汇力度，在中等碳汇力度和高碳汇力度，到 2050 年，中等碳汇力度和高碳汇力度情景下稻田土壤固碳量分别为 714.2 万 t 二氧化碳当量及 1 587.2 万 t 二氧化碳当量，增加的碳汇分别能抵消相应力度下稻田温室气体排放总量的 4.7%和 11.3%，稻田施用秸秆生物炭不仅能够减排温室气体，还能增加稻田土壤碳汇，增加的碳汇能够抵消稻田温室气体排放总量，因此需要国家大力发展和扶持秸秆生物炭产业的发展及推广利用工作（图 1-17）。

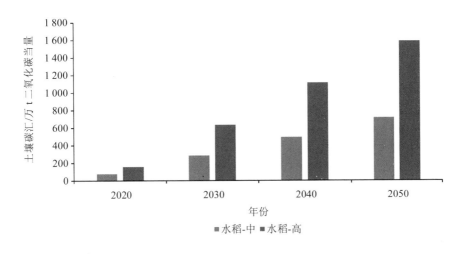

图 1-17　生物质炭施用下稻田土壤碳汇

资料来源：项目组模拟，详见第 10 章。

　　森林是陆地生态系统最重要的碳储存库，森林的固碳功能在全球应对气候变化和减少温室气体排放过程中起着至关重要的作用。中国目前的森林面积达到 2.20 亿 hm^2，森林覆盖率 22.96%；活立木蓄积 190.07 亿 m^3，森林蓄积 175.60 亿 m^3（2014—2018 年）。中国森林资源高速增长的同时，固碳功能也持续增加。2004—2018 年，三次全国森林资源清查结果显示，中国森林植被总碳储量从 78.11 亿 t 增加到了 91.86 亿 t，近 10 年间年均固碳 1.375 亿 t（约合 5.04 亿 t 二氧化碳当量）。项目组在考虑森林面积、林龄、林龄结构变化对森林及林产品碳储量的影响的同时，通过构建各优势树种（组）"蓄积—林龄"生长方程、"生物量—蓄积"相关方程、生物量碳计量参数等，以森林采伐与更新为驱动因子，设置了三种情景并预测了 2010—2050 年森林碳汇的变化。在保持历史水平情景下（$k=1$），未来森林管理和森林经营水平、木材生产和供给能力等均按历史相同水平发展，2011—2050 年中国森林碳储量的年均变化量为 202.1 Tg 二氧化碳当量，且随时间呈先下降后上升的趋势，生物质碳储量占年均变化量的 59.5%。加强森林保护和减少采伐更新情景（$k=2$），未来有更多的森林能进入成熟林和过熟林阶段，这有助于提升中国森林碳储量增长速率，2011—2050 年的年变化量为 242.3 Tg 二氧化碳当量，其中生物质碳储量占年均变化量的 72.9%。而增加森林的采伐更新（$k=-1$），老龄林采伐更新力度加大，森林的林龄结构逐步趋于年轻化，尽管提高了森林的生长速率，但由于采伐量增加，使森林生物质碳储量在 2021—2040 年呈现负增长，至 2041—2050 年才逐步恢复增长。2011—2050 年森林碳储量的年均变化量为 132.5 Tg 二氧化碳当量，其中生物质碳储量年均变化量占 17.4%，该情景下国内木材生产量和供给量将随之增大，木产品碳储量增加量较大（图 1-18）。

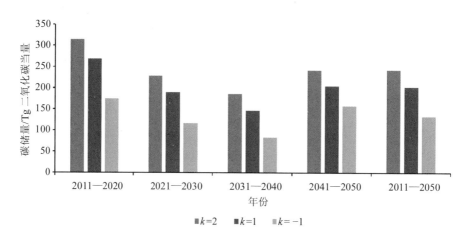

图 1-18   2011—2050 年中国森林碳储量的年均变化量
资料来源：项目组模拟，详见第 11 章。

总之，增加碳汇是减少大气二氧化碳的主要途径，最佳的农林业管理措施可以有效地增加农田土壤和森林的碳库含量，到 2050 年农田土壤每年可以增加 2 697 万 t 二氧化碳当量，森林植被的固碳能力可以达到每年 2.42 亿 t 二氧化碳当量，1.5℃温升情景下 IPAC 模型给出能源相关二氧化碳排放量约为 2 亿 t，森林和农田碳汇完全可以抵消能源相关的碳排放量。因此，未来达到近零或负排放，增加农林碳汇对达到应对气候变化的目标会起到至关重要的作用。

1.7   废弃物领域非二氧化碳温室气体排放：部门模型的应用

在全球温室气体排放源中，废弃物部门的占比约为 3.6%。从温室气体类型看，废弃物领域的主要温室气体是甲烷，此外还有少量的二氧化碳和氧化亚氮。从排放来源上看，废弃物领域的温室气体排放源主要有四个，即固体废弃物填埋过程的温室气体排放、固体废弃物焚烧过程的温室气体排放、固体废弃物生物处理（堆肥）的温室气体排放和污废水处理的温室气体排放。受统计和管理口径的影响，项目组主要对城市生活垃圾、生活污水及工业废水的排放进行了建模。

城市生活垃圾的产生量与经济发展水平、城市化水平、居民生活水平密切相关。项目组依据宏观经济模型对现在到 21 世纪中叶经济社会参数的判断，利用系统动力学模型预测了基准情景下未来城市生活垃圾的填埋量和焚烧量。预计从现在到 2050 年，生活垃圾填埋量的波动不大，始终保持在 1.15 亿 t 左右，生活垃圾焚烧量则会经历先增加再减少的过程，预计 2030 年达到最高值 1.67 亿 t，随后下降至 2050 年的 0.96 亿 t。项目组还根据经济发展水平对生活污水和工业废水排放的化学需氧量（COD）进行了基准情景的预测，2015—2050 年，污废水 COD 排放呈持续下降趋势，生活污水 COD 排放预计从 847 万 t 下降至 234 万 t，工业废水 COD 排放预计从 293 万 t 下降至 74 万 t（图 1-19）。

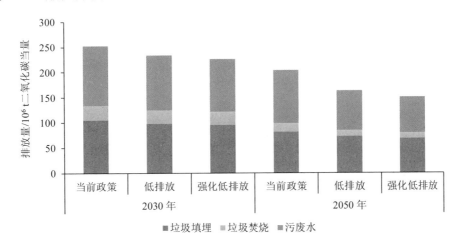

图 1-19　不同情景下废弃物处理领域非二氧化碳温室气体排放

资料来源：项目组模拟，详见第 11 章。

在当前政策情景的基础上，项目组针对更具雄心的气候目标制定了低排放情景和强化低排放情景。低排放情景采用了分类垃圾填埋、终端填埋气发电、垃圾热值改进、烟气处理、好厌氧比例控制、污泥厌氧甲烷回收利用、调控硝化反硝化过程等减排技术。强化低排放情景在低排放情景的基础上，通过加强引导居民垃圾分类行为、完善燃烧技术和烟气处理技术、引进污水零排放技术等手段，进一步加强非二氧化碳温室气体减排力度。

从温室气体排放源分类来看，低排放情景下 2050 年固体废弃物填埋、固体废弃物焚烧和污废水的温室气体排放量分别比当前政策情景下降低 11%、26% 和 26%。强化低排放情景下分别降低 17%、33% 和 32%。在低排放情景和强化低排放情景下，废弃物领域的温室气体排放达峰时间也有不同程度的提前，其中固体废弃物填埋和固体废弃物焚烧的排放峰值年分别由 2030 年和 2029 年提前至 2026 年，生活污水和工业废水的甲烷排放峰值年从 2037 年分别提前至 2033 年和 2031 年，污废水氧化亚氮排放峰值年从 2030 年提前至 2025 年。

总体来看，通过对居民行为的引导和减排技术的利用，废弃物领域的温室气体排放仍有 20%～25% 的减排空间，2050 年总排放量有望从 2.04 亿 t 二氧化碳当量控制到 1.51 亿～1.64 亿 t 二氧化碳当量。

1.8   空气质量改善效应：空气质量模型（CAMx 模型）的应用

为评价低排放发展路径给空气质量改善带来的协同效应，项目组利用前文所述 IPAC 模型给出的 2℃ 和 1.5℃ 温升情景下的污染物排放量，应用 WRF-CAMx 模型对当前至 2050 年的空气质量状况进行了模拟。

CAMx 模型是美国 ENVIRON 公司在 UAM-V 模型基础上开发的综合空气质量模型，它将"科学级"的空气质量模型所需要的所有技术特征合成为单一系统，可用来对气态和颗粒物态的大气污染物在城市和区域的多种尺度上进行综合性的评估。CAMx 模型除具有第三代空气质量模型的典型特征之外，最著名的特点包括：双向嵌套及弹性嵌套、网格烟羽（PiG）模块、臭氧源分配技术（OSAT）、颗粒物源来源识别技术（PSAT）、臭氧和其他物质源灵敏性的直接分裂算法（DDM）等。

在 2℃ 和 1.5℃ 温升情景下，中国能源需求和结构将在未来发生重大变化，大气污染控制措施和温室气体减排手段均不断加强和深化。两种情景下，模型模拟出当前至 2050 年的 SO_2、NO_x 和一次 $PM_{2.5}$ 等各类污染物的排放量，如图 1-20 所示。

根据以上减排情景，以 2015 年的气象条件以及大气污染物排放量为基准，经过 WRF-CAMx 模型模拟，得到 2℃ 温升情景下 2030 年、2040 年、2050 年的全国 $PM_{2.5}$ 年均浓度分别为 21.6 μg/m³、17.1 μg/m³、14.4 μg/m³；1.5℃ 温升情景下全国 $PM_{2.5}$ 年均浓度分别为 20.7 μg/m³、14.9 μg/m³、12.1 μg/m³。模拟结果表明，通过一系列能源结构调整和大气污染物减排措施，在各情景下，中国大部分地区在 2025 年之前 $PM_{2.5}$ 年均浓度将会达标（下降到 35 μg/m³ 以下），但同时也可以看出，在经过初期较大幅的浓度下降后，未来的 $PM_{2.5}$ 年均浓度下降幅度逐步减小，减排难度增大。在 2050 年，2℃ 及 1.5℃ 温升情景均能达到 15 μg/m³ 以下，空气质量都有较大幅度改善，温室气体减排与空气质量改善有着良好的协同效果（图 1-21）。

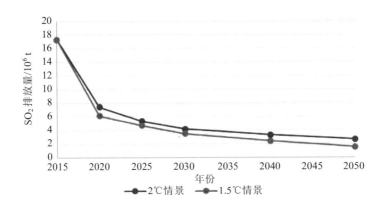

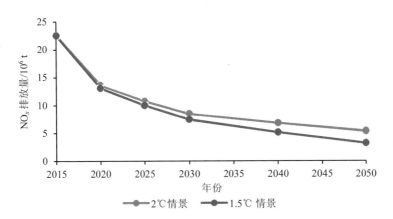

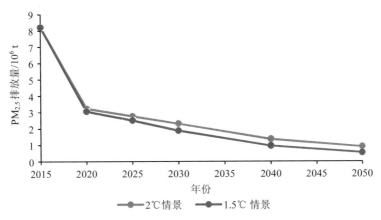

图 1-20 低碳发展情景下的大气污染物排放情况

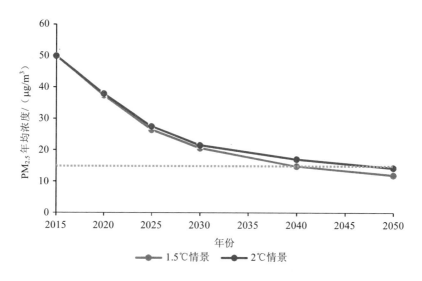

图 1-21   低碳发展情景下的 $PM_{2.5}$ 年均浓度

1.9   主要结论与启示

1.9.1   基于模型应用的归纳与讨论

（1）NDC 目标下实现全球温控 2℃和 1.5℃的长期目标仍面临挑战

《联合国气候变化框架公约》第 21 次气候变化大会通过的《巴黎协定》确定了"将全球平均温升控制在工业革命前的 2℃以内并努力限制在 1.5℃以内"的全球应对气候变化长期目标，确立了全球应对气候变化的新机制。各国将以国家自主贡献为基础，开展各自的减排行动，实现"自下而上"的减排。IPCC 第五次评估报告给出了 2011—2100 年以 66%的可能性实现 2℃温控目标的累计碳排放水平的上限为 11 800 亿 t，下限为 6 300 亿 t。

项目组利用更新和改进后的中国—全球能源模型 2.0（C-GEM 2.0），模拟分析了全球和主要国家 NDC 减排承诺目标下的低碳发展路径，以及各国 NDC 减排力度与 2℃温升控制目标的差距后发现：如果实现 NDC 目标，全球 2040 年碳排放可达到峰值（363 亿 t），但距兑现 IPCC 提出的下限标准仍有差距，若以上限水平为参考标准，仍有部分空间，但是要想在 2030—2100 年的 70 年内将排放量限定在剩余空间内面临一定的挑战，而面对实现将全球温升限制在 1.5℃以内的目标则面临的挑战巨大。

（2）中国在全球气候变化响应中具有重要影响和作用

作为目前世界上第二大经济体和第一大二氧化碳排放国，中国在全球气候变化响应中具有重要影响和作用。为主动应对气候变化挑战，中国发表了《强化应对气候变化行动——中国国家自主贡献》，确定了到 2030 年的自主行动目标：二氧化碳排放 2030 年前后达到峰值并争取尽早达峰；单位国内生产总值二氧化碳排放比 2005 年下降 60%～65%，非化石能源占一次能源消费比重达到 20%左右。

项目组应用 GCAM-TU（全球气候变化综合评价模型—清华版）和 IPAC（中国能源环境政策综合评价模型），以 NDC 作为参考情景，分析了中国实现全球温控 2℃和 1.5℃目标情景下的中国排放和减排路径。研究结果显示，在实现既定经济发展目标的前提下，若要实现 2℃和 1.5℃温控目标，中国的碳排放达峰年需提前至 2020—2025 年，排放峰值量在 100 亿 t 二氧化碳以内。到 2050 年，2℃和 1.5℃目标情景的二氧化碳排放量与 2015 年相比分别下降 60%以内和 90%以上，接近于零排放；2075 年和 2055 年开始负排放。

中国累计二氧化碳排放占全球累计排放量的比重将由 2015 年的 13%提升到 2030 年的 17%，之后会基本稳定在 18%左右。中国二氧化碳减排的贡献，到 2025 年占全球增量减排的比重将达到 33%，2030 年达到 30%左右，2050 年达到 25%左右。

（3）实现 2℃和 1.5℃温控目标，中国能源系统低碳转型的力度和深度均需加强

模型模拟发现，2℃和 1.5℃温控目标情景的二氧化碳减排量中的 80%以上将来自于工业部门和电力部门，因此，必须强化能源系统低碳转型的力度和深度。其中，电力生产深度脱碳是 2℃情景的重要特征之一，到 2050 年要使超过 80%的发电装置实现脱碳。届时，包括可再生能源、核能、太阳能、使用 CCS 的化石能源、采用 BECCS 在内的零碳或负碳能源供给量，占一次能源供给量的比重需达到 50%以上。在 1.5℃情景下，GCAM-TU 模型和 IPAC 模型的模拟结果都表明，若要实现全社会近零排放的目标，电力系统需要提前 5 年达到"净零排放"的水平。

C-GEM 模型分析结果显示，到 2050 年与 NDC 情景相比，实现 2℃目标情景下，电力部门对减排量的贡献占 50%以上；1.5℃目标情景下，2050 年电力部门将达到零排放。IPAC 模型分析结果显示，到 2050 年 1.5℃目标情景下，电力部门将

实现负排放。2019 年年末，国家能源局在联合国气候变化大会的"中国角"发布了《中国 2050 年光伏发展展望》报告。报告预计，到 2025 年和 2035 年，中国光伏发电总装机规模将分别达到 730 GW 和 3 000 GW，而到 2050 年，该数据将达到 5 000 GW。届时，光伏发电将成为中国第一大电源，其发电量将占当年全国用电量的 40%左右，电力部门将比上述模型分析结果提前实现零排放和达到更大幅度的负排放，非化石能源占一次能源的比例有望超过 70%以上。同时，能源结构的低碳化、电气化、清洁化和多元化将大大促进终端用能的低碳化。

（4）减排技术措施是终端部门实现减排目标的重要支撑

减缓二氧化碳排放的技术一直在实践中不断发展，其中许多技术集中在工业、交通和建筑等终端用能部门。情景分析结果表明，工业部门是中国目前和未来减缓二氧化碳排放增长的优先和重点领域。通过持续推广应用先进、高效、低碳排放和成本有效地节能减排技术，如新工艺和新技术、副产品和废弃物回收利用技术、原料和燃料替代以及低成本的 CCS 等技术，到 2050 年工业部门在 2℃温升情景下将贡献 27%的减排量（相对于 NDC 情景的减排）。

交通运输部门将通过提高汽车燃油经济性，推广高效汽油内燃机技术、替代燃料技术和高效柴油内燃机技术，推广应用先进的电动汽车、超高效柴油、混合燃料、氢动力、燃料电池、混合动力、先进柴油汽车，开发利用替代材料和替代能源（如材料轻质化）、可再生能源利用技术、非交通运输的替代方式等，到 2050 年相对于 NDC 情景的 2℃和 1.5℃目标情景下，交通部门将分别贡献 14%和 55% 的减排量。

建筑部门将通过推广节能照明技术、可再生能源利用技术、高效家用电器、先进的采暖系统技术，提高节能建筑标准，加快推广用于供热和制冷的高效热泵技术、太阳能供暖和水加热技术、高标准隔热材料、高效暖通空调系统、氢燃料电池热电联产技术等，到 2050 年相对于 NDC 情景的 2℃和 1.5℃目标情景下，建筑领域将分别贡献 9%和 45%的减排量。

（5）深度脱碳路径需要同时关注非二氧化碳温室气体排放

二氧化碳排放是当前温室气体排放的主体，也是当前全球气候变化行动关注的主要方向。除二氧化碳之外，甲烷、氧化亚氮等气体也在加快全球升温的进程。能源生产、运输、消费活动，农业活动，以及废弃物处理活动等都是非二氧化碳温室气体的重要来源。项目组在本课题框架下讨论了农业活动和废弃物处理领域的非二氧化碳温室气体排放趋势和减排路径。从长期来看，这两个领域的温室气体减排主要以改善和加强管理手段为主，温室气体排放水平可以在一定程度上下降，但无法从根本上抑制温室气体的生成。如果能源活动部门的 1.5℃ 温升路径得以实现，到 21 世纪中叶，非二氧化碳温室气体的排放将可能成为温室气体排放中的主力。

同时，甲烷等温室气体在增温效果上也与二氧化碳不同。以甲烷为例，甲烷的 100 年升温潜势为 28，而其 20 年升温潜势为 84，这说明甲烷排放在近中期的升温效应更明显，对短期的气候影响更为直接。关注非二氧化碳温室气体排放将有助于减轻短时间尺度内的气候变化和温升压力。

1.9.2　对中国低排放发展战略和路径的思考

（1）加快推进我国能源和经济发展的低碳转型和向零碳经济过渡

我国当前研究和制定中长期能源转型战略过程中，需要体现《巴黎协定》的要求，加快推进能源和经济发展向低碳转型的进程。控制能源消费总量，特别是煤炭消费总量，能源结构需要大幅低碳化、电气化、清洁化和多元化，并确保可持续供应。加快确定以太阳能光伏发电、核电以及其他新能源和可再生能源发电等在电源结构中的主导地位，持续提高非化石能源占一次能源消费的比例。

加快转变经济发展方式，调整和优化产业结构，促进社会向低能耗、高附加值行业发展。提高终端用能部门的能源效率，推广应用高效低碳技术，逐步向零碳经济过渡。推动交通能源系统的清洁化和低碳化，以多元化能源结构推动"零排放"；加快运输结构调整，提高运输组织效率；推动交通运输技术进步，发挥技术减排的支撑作用；转变消费观，推动形成绿色低碳交通生产生活方式等政策的实施，实现交通运输领域的低碳发展。合理规划与控制未来建筑规模总量，推广超低能耗建筑。

（2）中国应开创一条尽早达到更低峰值的创新型低碳发展道路

IPCC 第五次评估报告基于对全球温室气体历史排放趋势的回顾发现，亚洲国家现在的排放轨迹很像经济合作与发展组织（OECD）国家 1970 年之前的情况，存在重复发达国家老路的风险，这将给全球带来灾难性的后果。纵观全球二氧化碳排放历史，目前还没有一个经济体能够摆脱随人均 GDP 水平提高，二氧化碳排放水平"先增长后下降"的库兹涅茨曲线现象。考虑后发优势、全球排放空间约束和国内资源环境约束，中国未来必须改变现有发展模式，开创一条比欧美等发达国家和地区更为低碳的、更早达到更低峰值的"第三条"创新型发展道路，力争将实现碳排放达峰年份提前到 2022—2025 年，二氧化碳达峰后继续加大减排力度，为实现全球 2℃和 1.5℃温控目标做出相应的努力和贡献。

要实现持续的、长期的低排放战略目标，需要做好技术、资金、政策、机制和能力建设方面的务实安排，在发展理念、民意基础、政策与制度储备、技术系统储备、创新能力、资本存量与流量、综合与专项能力等方面形成更加厚实的积累。

（3）在转型路径的大背景下看待峰值问题

低碳转型路径是中国制定低碳发展战略的核心问题。IPCC 关于未来转型路径的分析角度、方法和结论都可以为中国未来低碳转型路径的设计提供借鉴。中国要实现低碳发展，需要像 IPCC 指出的那样，首先，实现全方位的巨大转型，从经济发展模式、能源的生产消费方式到土地利用方式都需要转型。应把峰值放在转型路径的大背景下，在路径中看待峰值问题。其次，中国在研究未来峰值时间和峰值水平时应充分考虑不确定性问题。对中国来说，出现峰值的时间和峰值时的排放水平受能源服务需求水平、发展阶段和发展方式、技术水平等多方面因素的影响，具有很大的不确定性。此外，不能孤立地提出峰值，应将峰值时间和水平与相应实现峰值的条件（如经济发展方式、能源服务水平、技术、资金需求、政策需求等）以及实现峰值的影响（宏观经济成本及对其他重点政策优先目标的影响）建立起有机联系。

（4）建立促进实现低碳转型的管理机制

在生态文明框架下，适应新常态和新趋势，以不晚于 2025 年实现碳排放峰值为导向，推进绿色循环低碳转型发展。以约束性指标（碳总量、碳强度、非化石能源消费占比、碳汇）为核心，引领能源节约、可再生能源发展、环境友好，促进经济转型，优化产业结构，形成新型工业化和城镇化模式；同时推动目标体系、体制机制、管理模式、政策措施的全面转型。制定相关时间表、路线图和实施方案，分步骤、分区域、分行业推动实现低碳转型，东部经济发达地区力争率先达到低碳转型，为全国其他地区的低碳发展、转型起到示范和带动作用，推动工业部门提前实现碳排放达峰。制定和完善围绕碳排放总量控制的制度安排和政策体系。

（5）努力降低单位 GDP 能源强度以促使单位能源碳强度的大幅下降

IPCC 基于 KAYA 恒等式分解发现，单位 GDP 能源强度和单位能源碳强度的大幅下降是那些已达到稳定峰值的发达国家实现生产端排放下降的主要因素。考虑中国未来的人口和人均 GDP 仍将持续增加，中国在制定低排放发展战略时，应着力通过调整产业结构和产品结构、延长产业链、提高产品增加值、提高能源效率、调整能源结构以及采用先进减碳技术等措施降低单位 GDP 能源强度和单位能源碳强度。此外，中国在制定未来低排放发展战略时，还应充分考虑技术进步、基础设施的锁定效应和消费行为改变等主要驱动因子对减排的影响。

（6）中国在制定低碳发展政策时应注重与其他社会经济发展目标的协同

应对气候变化的政策范围广泛，对其他社会发展有限目标的协同效益和风险也是全方位的，包括社会、经济、环境等诸多方面。正如 IPCC 所指出的，中国制定未来低排放发展战略时还应充分考虑减排行动的风险以及转型路径与其他社会经济发展优先选项间的关系，包括与社会保障、扶贫、就业、能源安全、粮食安全、局地环境污染、长期竞争力等的关系，通过统筹兼顾、多目标寻优，力争最大化协同效益，最小化风险。

第2章
迈向 2050 年的中国经济①

2.1 引言

　　经过改革开放几十年的发展，中国已经由一个低收入国家发展成为稳固的中高收入国家；由一个对相对落后的发展中国家发展成为一个具有较大国际影响力的发展中大国。近年来，国内外发展环境发生了重大变化，国内很多原来支撑高速发展的环境和条件已经发生根本性转变，国际上相对稳定繁荣的经贸环境已经由日益盛行的保护主义所替代。这些发展环境和条件的变化加大了中国经济未来发展的不确定性。正因如此，中国经济未来的发展趋势日益成为国内外关注的热点，了解中国经济未来可能的发展趋势也是制定相关发展战略和政策的重要基础。

　　党的十九大根据国际和国内环境变化提出，"我国经济已由高速增长阶段转向高质量发展阶段"。而从全球经济发展史来看，中国经济正在经历的这种转型与很多其他后发国家非常类似。那些成功实现后发追赶的国家在实现较长时期的高速增长阶段后也都经历了从中低收入向高收入过渡、从发展中经济体向成熟经济体和从相对落后、传统的国家向现代化国家的关键转型阶段，如日本 20 世纪 70年代后及韩国的 90 年代后。因此，本章试图从历史变化的逻辑视角出发，在总结过去 40 年增长的基础上，分析推动和影响中国经济转型的主要因素以及这些因素未来可能的发展趋势，并在此基础上利用可计算一般均衡模型对未来 30 年中国经济的转型予以模拟分析，最终展示未来 30 年中国经济即将经历的转折变化的主要特征，为相关决策提供研究参考。

---

① 本章作者：何建武、李善同。

2.2　经济展望的基本模型框架

本研究进行长期经济展望采用的是用于模拟结构变化的可计算一般均衡模型。与其他模型不同的是，这里除了考虑供给侧的影响因素外，还着重考虑需求侧的影响因素，并将这两方面的因素综合在一个完整的框架之中（图 2-1）。供给方面的因素主要包括各种生产投入要素以及生产技术的变化，具体来讲，即劳动力、资本和技术进步；需求方面的因素既包括国内的需求，也包括国际的需求，具体来讲包括消费、投资和出口。

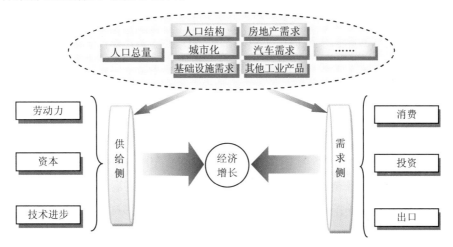

图 2-1　经济增长的影响因素

资料来源：何建武.“十三五”乃至更长时期中国经济增长基本态势[J]. 开放导报，2015（6）。

该模型是在国务院发展研究中心社会发展研究部开发的递推动态中国 CGE 模型的基础上修改更新而成。模型包括 34 个生产部门，城镇、农村各 5 组居民家庭[①]，以及 5 类生产要素（农业土地、资本、农业劳动力、生产性工人、专业人员）。34 个生产部门中包含 1 个农业部门、24 个工业部门和 9 个服务业部门。模型的基年为 2012 年，数据主要来源基于《中国 2012 年投入产出表》编制的 2012 年中国社会核算矩阵。

---

① 按收入水平划分为 5 等分组。

2.3 过去 40 年中国经济高速增长模式

1978—2018 年，中国经济增长模式为"出口导向、工业优先、投资驱动"，GDP 年均增长速度达到 9.4%，这一增速不仅远高于发达国家，还高于其他发展中国家，甚至高于历史上保持持续高增长经济体当时的增速。通过对比不难发现，"出口导向、工业优先、投资驱动"的模式推动了中国经济的持续高速增长。

首先，与东亚其他一些后发国家和地区一样，中国也采取了出口导向型发展战略。从改革开放之初设立经济特区、沿海开放城市，到后来加入世界贸易组织，再到近年来设立自贸区，中国在不断加大对外开放的广度和深度。这为中国经济实现高速增长提供了广阔的市场、丰富的资源、先进的技术和管理经验等重要条件。出口导向型战略极大地促进了对外贸易的快速增长。根据韩国贸易协会的数据，2015 年全球出口市场占有率第一的产品数量排名中，中国位居第一，中国在全球出口市场中拥有最高市场占有率的产品数量达到 1 762 个，接近高于排名第二的德国近 3 倍。对外贸易的快速增长对国内经济的拉动作用也十分明显。OECD-TiVA 数据库的测算结果显示，中国出口创造的国内增加值占 GDP 的总量的比重不断提升，由 1985 年的 16.5%上升至 2000 年的 18.3%，加入世界贸易组织以后更是快速提升至 2008 年的 22.5%（图 2-2）。这与有着同样经历的韩国比较类似，而且远高于美国和欧盟的平均水平，也高于已经步入发达国家的日本。

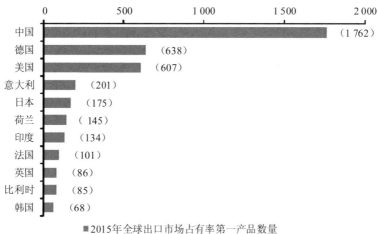

■2015年全球出口市场占有率第一产品数量

（a）

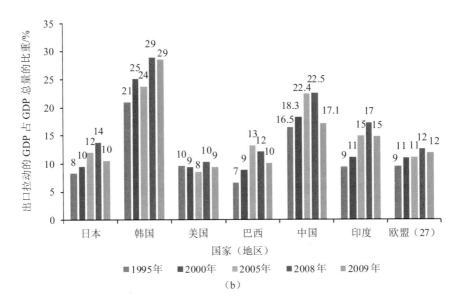

图 2-2　出口市场占有率第一的产品数量、出口拉动作用

资料来源：（a）https://www.hanchao.com/m/news_detail.html?id=31144；（b）OECD-TiVA 数据库，作者计算。

　　其次，中国经济过去几十年的高速增长过程就是一个通过结构变化促进经济增长的过程。正如 Syrquin 所指出的，"经济增长与经济结构两者密切相关。如果不考虑系统性的技术进步、偏好差异，要素可以自由流动，市场可以自行调节，结构变化将成为解释经济增长速度的最根本的因素。"[1] 中国经济过去几十年结构变化的重要动力是，在出口导向型政策以及地区之间围绕 GDP 的锦标赛式竞争和财政激励等共同作用下的"工业优先"的发展模式。这一模式极大地促进了工业部门的快速增长和生产要素不断从低生产率的农业部门向高生产率的工业部门转移，从而推动了整体生产率的提升。根据国务院发展研究中心 2014 年[2]的研究，过去 30 多年 1/5 的劳动生产率增长来自结构变化（尤其是农业劳动力向工业部门的转移）。统计数据显示，1978—2018 年第二产业的劳动生产率提高了 18 倍，远高于农业和服务业；第二产业部门的比重虽然近年来有所下降，但基本都在 39%以上，远高于发达国家和后发国家的追赶时期（图 2-3）。

① Syrquin, M. Structural Change and Developments, International Handbook of Development Economics[M]. Cheltenham, Edward Elgar Publishing, 2008.

② 何建武. 全要素生产率：持续改善配置结构[M]//刘世锦. 中国经济增长十年展望（2014—2023）：在改革中形成增长新常态. 中信出版社，2014.

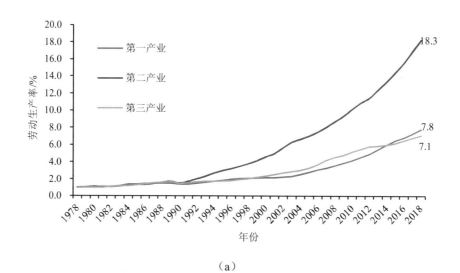

（a）

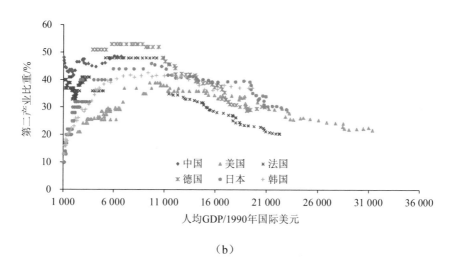

（b）

图 2-3 不同部门生产率的变化及第二产业比重

资料来源：（a）Wind 数据库，作者测算；（b）国务院发展研究中心"工业化与经济增长"项目组数据库。

最后，中国的经济增长与其他的持续高增长国家还有一个共同的特征就是"高储蓄、高投资"。过去 30 多年，在中华民族节俭文化、人口抚养比较低以及政府对公共预算和公共投资的掌控等因素的作用下，中国保持了长期的高储蓄和高投资。过去 30 年中国的投资率平均在 40%左右，近年来更是不断提升，接近 50%。这一水平不仅高于欧美发达国家，也高于有着同样高储蓄传统的日本和韩国。中国过去 30 多年经济增长的动力源泉充分证明了这一"投资驱动"的增长模式。1978—2016 年，中国资本存量的年均增速超过 11%，对 GDP 增长的贡献率超过 50%（图 2-4），是推动经济增长最主要的力量。

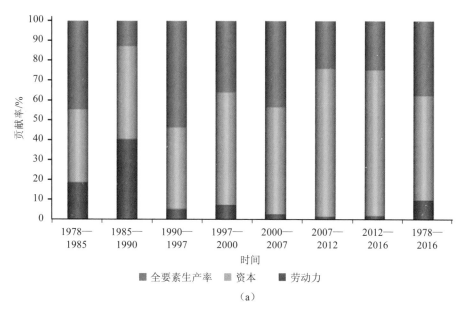

（a）

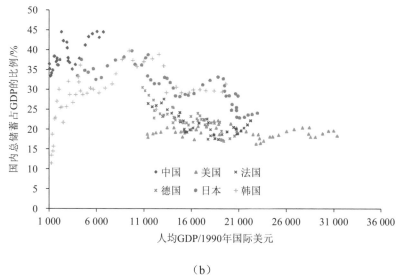

（b）

图 2-4　中国经济增长核算和部分国家的投资率

资料来源：（a）作者测算；（b）国务院发展研究中心"工业化与经济增长"项目组数据库。

2.4　传统的增长模式将越来越不适用于今后 30 年发展环境的变化

从国内外发展的环境来看，许多支撑过去 30 多年中国经济高速增长的条件正在经历根本性的变化，过去 40 年被证明非常有效的增长模式正面临重大挑战。这些变化和挑战将影响中国经济未来 30 年的整体走势。

2.4.1　全球经济将不可能回归过去的高速增长态势，较低增速将成为"常态"

2008 年国际金融危机以来，除 2010 年和 2011 年在主要国家经济刺激政策的带动下全球经济出现短暂性复苏外，全球经济增长一直处于低迷状态，始终没有恢复至危机前的水平。在全球经济持续低迷的背后是全球生产率的减速增长，甚至是负增长。2008 年国际金融危机之后，除短期的刺激带动了仅仅两年的恢复性增长外，全球全要素生产率（TFP）一直处于负增长状态。而且与以往不同的是，发达国家和地区与发展中国家和地区，TFP 表现出了几乎相同的变化趋势。展望未来，多种因素决定全球经济的低速增长将会成为常态。首先，未来 30 年人口总量增长速度的放缓和人口抚养比的快速提升将严重影响全球劳动力的增速，甚至将加速劳动力供给峰值的到来。人口增长的速度将由之前的年均 1.5%以上迅速降至 1%以下；总人口抚养率将一改过去 50 年来的变化趋势，由不断下降的趋势转折为不断上升的趋势，由 2015 年的 52.3%上升到 2035 年的 55.7%。根据联合国的预测，未来劳动年龄人口增长的速度将由目前的年均 1.0%以上迅速降至 2035 年的 0.6%左右。其次，全球物质资本的积累将随着人口抚养比特别是老年人口抚养比的上升而逐渐放慢速度。2014 年，Grigoli 等的研究表明老龄人口抚养比提高 1 个百分点，国家储蓄率将下降 0.99 个百分点。根据联合国的预测，未来全球老龄人口抚养比将从目前的 12.6%上升至 2035 年的 20.2%。随着发展水平的提升，人力资本将较快积累，但仍无法全部抵消物质资本积累速度放缓对经济增长的不利影响。最后，虽然技术进步速度低于以往的可能性不大，但通过结构优化提升效率的空间不断减少。从长期来看，新的重大技术革新终将带领全球经济步入正轨。但是随着越来越多的国家进入成熟经济，越来越多的国家从制造业转向服务业，全球通过追赶实现技术快速进步的国家和地区越来越少，全球经济整体效率提升的速度将继续呈现下滑态势。综合考虑这些因素，全球经济似乎不太可能回归以往几十年的快速增长态势，而且这一观点从近些年全球主要国际机构对全球经济的增长预测也可以得到印证。

2.4.2　全球将越来越呈现多极化趋势，大国博弈将可能更加频繁，竞争将更加激烈

近年来，全球经济格局正在发生重大变化。自 21 世纪初期开始，在发展中国家尤其是在中国经济高速增长的推动下，发达国家与发展中国家的经济力量对比出现了重大逆转，发展中国家比重开始快速上升。2000 年以来，发展中国家经济总量占全球的比重实现了翻番，由 18%左右上升到 2016 年的 36%左右。其中最主要的贡献国就是中国，其 GDP 占全球的比重从 2000 年的 3.6%快速上升至 2016 年的 14.8%，翻了两番。随着中国经济实力、科技实力和国际影响力的提升，作为全球第一大经济体的美国感觉自身的国际地位受到了威胁，试图采取各种举措遏制中国的发展。近期，程度不断升级、范围不断扩展的中美冲突正是大国经济力量对比关系变化导致的"金德尔伯格陷阱"的现实表现。另外，金融危机负面影响迟迟难以消退也引起了全球对于新自由主义思想的反思，当前各种"逆全球化"思潮的涌现正是这种反思之后付诸的行动。展望未来，发达国家与发展中国家力量对比仍将朝着有利于发展中国家的方向转变；全球多极化趋势将更加明显，越来越多的发展中大国将崛起；中美之间全方位的博弈将可能成为常态；中国将逐渐成为全球公共品的重要供给方。对于经济未来的发展而言，这将意味着中国面临的来自各方面的竞争（既有美国等发达国家的压制，也有其他的发展中国家的追赶）将越来越激烈。另外，中国发展的外部环境将不再是外生的，而是中国与全球经济互动的结果。

2.4.3　劳动力总量供给将持续下滑，传统劳动力低成本竞争优势将不会再现

一直以来，丰富的劳动力成为中国经济增长的一个十分重要的支撑条件，然而"十二五"期间这一状况出现了转折性变化。统计数据显示，2012 年我国 15～64 岁劳动年龄人口经历了多年以来的第一次下降。从未来的人口变化趋势来看，根据 2018 年王广州在最新的人口普查资料的基础上所做的预测（图 2-5），中国总人口将在 2030 年前后达到峰值，然后持续下降；15～64 岁劳动年龄人口将一直

呈现下降态势，特别是从"十五五"期间将开始出现加速下降的趋势，下降速度将从目前的年均 0.3% 提高至 0.7% 左右，到 2050 年，15～64 岁劳动年龄人口将比 2020 年下降 20% 左右。

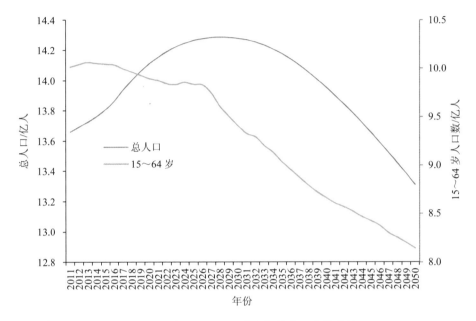

图 2-5　中国总人口、劳动年龄人口变化趋势

资料来源：王广州. 中国人口预测方法及未来人口政策[J]. 财经智库，2018，3（3）。

　　在劳动力总量开始下降的同时，劳动供给的结构也在发生变化。中国的劳动力优势更多地表现为存在大量剩余农村劳动力。正是由于这些劳动力才使得中国制造业部门可以保持长期的低成本优势，同时也正是由于这些劳动力不断从低生产率的农业部门转移至高生产率的制造业部门，才使中国生产率可维持较高的增长速度。然而这种局面已经发生了改变。根据国务院发展研究中心 2014 年的研究，2008 年前后中国已经迎来了"刘易斯拐点"，城镇职工与农民工工资差距开始缩小，劳动力转移潜力已经大大降低。随着劳动力供给总量的变化以及"刘易斯拐点"的出现，劳动力成本将持续不断上升，传统低成本竞争优势越来越难以持续。

2.4.4 人口老龄化程度将快速提升，高储蓄率、高投资的模式将难以维持

人口老龄化不仅影响要素市场的劳动力的供给，而且会通过影响全社会的储蓄率[①]（国民储蓄率），进而影响整个社会的资本积累。除了中华民族的节俭文化以及政府的作用外，中国的高储蓄率与长期保持的低总抚养比的人口年龄结构密切相关。通常老龄人口的储蓄能力要低于青壮年劳动力，因此随着人口老龄化的加重和抚养比的上升，居民储蓄率会下降，政府的公共支出会增加，导致国民储蓄率的整体下降。图 2-6（b）展示了日本自 1960 年以来的人口抚养比和国民储蓄率的关系。整体来看，日本自 1960 年以来的抚养比变化呈现"双 U"型趋势，而储蓄率则大体呈现"双倒 U"的变化趋势。这恰恰反映了人口抚养比与国民储蓄率之间的反向关系。未来中国人口的老龄化将越来越严重，老龄人口抚养比和人口总抚养比都将快速提升（图 2-6）。预计老龄人口（65+）比重和老龄人口抚养比将分别从 2020 年的 12.8% 和 18.3% 上升到 2050 年的 24.5% 和 40.1%。人口抚养比的快速上升将直接影响中国的高储蓄率的持续性，过去长期保持的"高储蓄、高投资"的模式将难以为继。

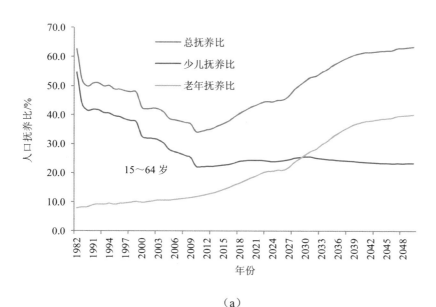

（a）

[①] 影响国民储蓄率的因素还有很多，如经济增长速度、文化习惯等。

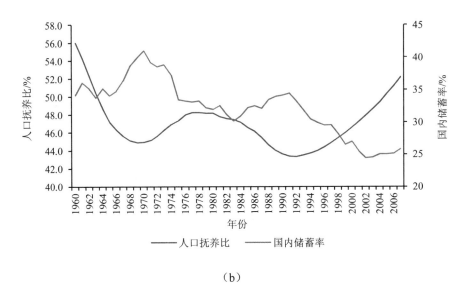

（b）

图 2-6　储蓄率和抚养比

资料来源：王广州（2018），WDI 数据库；（a）为中国 1982—2050 年；（b）为日本 1960—2009 年。

2.4.5　城镇化发展的空间虽然很大，但速度将不断趋于放缓

20 世纪 90 年代以来，中国城镇人口增长速度开始加快，农村人口增速缓慢且在后期出现递减的趋势。21 世纪以来，城镇化的速度进一步加快，年均上升超过 1 个百分点，到 2018 年，城镇化率已经达到 59.58%。尽管如此，中国的城镇化率仍然较低，不仅低于发达国家 80.7%的平均水平，也低于上中等收入国家61.8%的平均水平。而且与主要的发达国家相比，中国的城镇化水平要明显滞后于经济发展水平。图 2-7 给出了部分国家人均 GDP 与城镇化水平。从图中可以看出，中国当前的城镇化水平要比历史上与中国处于类似发展水平的日本、韩国、德国和美国当时的城镇化水平低 5～10 个百分点。这些都表明中国的城镇化仍然存在较大的提升空间。但是从世界各国城镇化的发展历程来看，城镇化大致要经历一个从加速到放缓再到饱和的过程。一般城镇化率达到 60%以后，城镇化率提升的速度将明显放缓；目前人口规模较大的发达国家城镇化率的饱和水平基本为70%～80%（图 2-7）。因此，可以预期，未来中国的城镇化率提升的速度将大幅放缓。

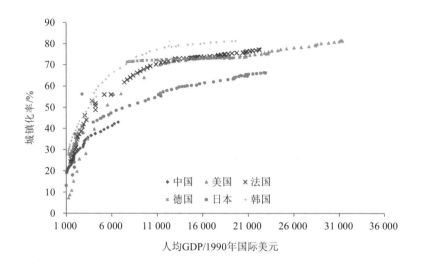

图 2-7　部分国家城镇化率的变化

资料来源：国务院发展研究中心"工业化与经济增长"项目组数据库。

2.4.6　距离技术前沿越来越近，生产率提升的速度将放缓，技术进步将越来越依靠前沿创新

历史发展的经验表明，随着后发经济体发展水平的提升，技术水平越来越接近前沿国家，这些经济体 TFP 的增长速度将呈现阶段性放缓的趋势（图 2-8）。例如，日韩等后发国家在人均 GDP 达到 10 000 国际美元左右时，TFP 都出现由较高增速向较低增速转变。日本在 1960—1973 年经济高速增长的阶段 TFP 年均增长率达到 5.58%，而随后则开始大幅下滑，1973—1980 年 TFP 甚至出现负增长；韩国在 1980—1990 年经济高速增长阶段 TFP 增速接近 3%，之后回落至 1% 以下。对比中国与这些成功的后发追赶经济体，中国正处在经历与这些经济体类似的增长转换阶段，近年来中国 TFP 增速下滑也印证了这一点。同时，这也预示着中国的技术后发优势将逐渐减弱，未来 TFP 增长速度将明显低于过去 30 多年的水平。

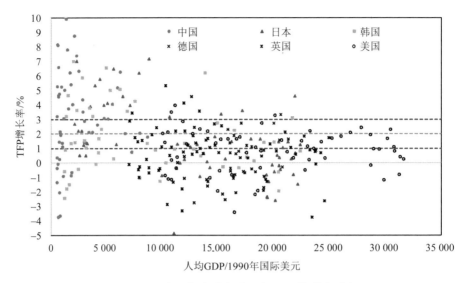

图 2-8　中国与主要发达国家 TFP 的增速对比

资料来源：佩恩表（PWT）9.0。

2.4.7　资源和环境问题日趋严峻，经济增长方式转变的压力越来越大

过去 40 年，中国经济发展过程所采取的增长模式一方面成功地支撑了中国经济长期、高速的增长，另一方面也带来了能源大量消费和污染排放，以及资源环境压力的日趋凸显。根据世界卫生组织的数据，中国 93.2% 的人口生活在 $PM_{2.5}$ 年平均浓度超过世界卫生组织暂定的标准值 35 μg/m³ 的地区，OECD 国家和绝大多数高收入国家这一指标都接近于 0[①]。中国因环境空气污染而导致的死亡率达到 OECD 国家平均水平的近 6 倍，是高收入国家中发展水平最低的四个国家的 3 倍左右。另外，从全球的角度看，气候变化和环境污染越来越成为全球需要面对的紧迫问题。随着中国经济发展水平的提高，国际社会对中国在全球资源和环境问题治理方面承担责任的期望也越来越高。为主动应对气候变化挑战，中国发表了《强化应对气候变化行动——中国国家自主贡献》，确定了到 2030 年的自主行动目标：二氧化碳排放在 2030 年前后达到峰值并争取尽早达峰；单位国内生产总值二氧化碳排放比 2005 年下降 60%～65%，非化石能源占一次能源消费比重达到 20% 左右。这些都预示着中国未来经济增长的成本将越来越大，经济增长方式的转变日益紧迫。

---

① http://hdr.undp.org/sites/clefault/files/2018 statistical annex.pdf.

全球经济的低速增长、大国之间的持续博弈、国内要素成本的不断攀升等因素决定着过去"出口导向型"的经济增长模式不再具备条件；人口年均结构特别是老龄化程度的快速提升、收入水平提高带来的消费结构升级以及资源环境压力的加大等因素决定着"工业优先"的经济增长模式将不可持续；人口抚养比的快速增长、城镇化发展速度的放缓以及资源环境压力的加大等因素决定着"投资驱动"的经济增长模式将难以继续复制。未来 30 年，发展环境和条件的变化决定着中国必须加快经济转型，调整以往行之有效的发展模式，形成符合新的发展环境和条件以及现代化国家建设目标的经济发展新模式。

2.5　经济展望的情景设定

与其他很多经济展望分析研究一样，本研究主要提供未来 30 年的基本情景。具体为，根据中国经济发展的历史趋势和未来面临的客观环境的变化设计相关假定。具体设定如表 2-1 所示。

表 2-1　未来中国经济转型分析的相关假定

序号	具体设定
1	人口总量的变化趋势外生
2	城镇化水平及城乡人口外生，2021—2030 年、2031—2040 年和 2041—2050 年城镇化率年均分别提高 0.8 个百分点、0.5 个百分点和 0.3 个百分点
3	劳动力总量的增长外生，农业土地的供给变化外生
4	各种国内税率保持不变，各种转移支付外生
5	国际收支将逐步调整到收支平衡
6	政府消费增长率外生
7	TFP 外生，假设 2005—2020 年全要素生产率的增长率仍然保持过去 25 年的平均水平，即保持在 2% 左右的水平
8	技术进步的偏向性及中间投入率的变化外生

模拟设定是以过去和当前的发展为基础，并考虑未来最有可能发生的一些变化，包括人口、要素禀赋的变化以及技术进步的一般规律等，从而模拟得到的情景。需要指出的是，基准情景不考虑新的政策变化，即无政策干预情景，主要是

为其他情景提供对比参照。在基准情景中，我们假设由于人口及其结构变化的影响，劳动力供给约束越来越强；同时考虑"刘易斯拐点"已经到来，农村可转移劳动力潜力下降；随着老龄化和人口总抚养比的提升，储蓄率将有所下降；随着中国距离前沿国家越来越近，技术进步的速度越来越低；考虑全球经济仍可能保持一段较长时期的较低增速，国际市场对中国产品的需求增速将有所下降。基准情景中其他一些影响中长期经济增长和结构变化的一些重要设定参见表 2-1，下文将重点介绍与出口、储蓄以及技术进步的速度相关的设定。

国际经验显示，随着经济发展水平的提升，国内要素成本将不断上升（包括汇率的升值），实际汇率都会出现不同程度的升值，出口的国际竞争力也将不断下降。如图 2-9 所示，无论是更早崛起的日本，还是后来追赶的韩国，在与我国处于相同发展阶段时都经历过出口增长速度的不断下滑。日本由 20 世纪 60 年代年均 15% 的增长速度下降到过去 20 多年的 5% 以下；而韩国更是从 30% 下滑到 10% 以下。综合未来全球经济增长的可能趋势以及历史经验，模型假设未来 10~15 年国际市场对中国产品的需求增速比过去 10 年下滑 5~10 个百分点。

生命周期理论很好地解释了人口年龄结构变化与居民储蓄行为变化的关系。大量的研究表明，老龄人口抚养比与居民储蓄率/国民储蓄率存在较强的负相关关系（图 2-10）。Grigoli 等曾在 2014 年的研究指出，老龄人口抚养比提高 1 个百分点，国民储蓄率将下降 0.99 个百分点。模型依据联合国的人口预测，设定未来 10~15 年中国的老龄人口抚养比将上升 10 个百分点左右。模型依据 Grigoli 等研究得到的储蓄弹性对储蓄率的变化进行设定。

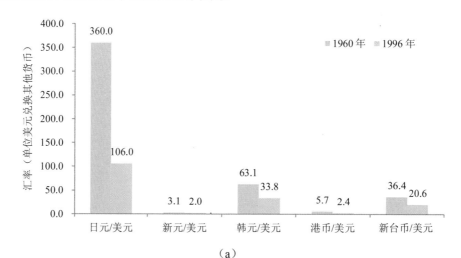

（a）

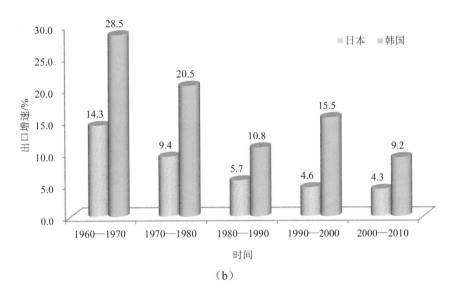

（b）

图 2-9　部分亚洲新兴经济体实际汇率及出口增长率的变化

资料来源：（a）许宪春（2002）；（b）世界银行的世界发展指标（WDI）。

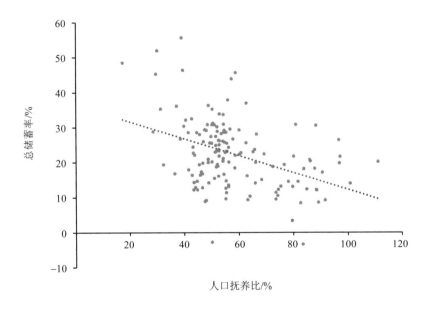

图 2-10　总储蓄率与老龄人口抚养比

资料来源：WDI。

如前所述，随着追赶型国家距离前沿国家越来越近时，这种通过技术的引进和模仿而实现的技术进步的速度也会越来越慢。从图 2-8 给出的不同类型国家 TFP 的增长速度中可以看出，作为全球技术领先者的美国过去的四五十年里，TFP 的平均增长速度都比较低，始终保持在 1%～2%，而后发国家技术进步的速度都呈现阶梯式下降的趋势。根据这一经验，模型假设未来 30 年中国 TFP 年均增长率明显低于过去 30 多年平均水平，维持 2%左右的水平。

2.6   未来 30 年中国经济远景展望：在从传统模式转向新的增长模式的过程中不断趋向成熟经济

基于前面的基本设定，本研究利用介绍的中国可计算一般均衡模型予以模拟。

2.6.1   传统经济增长动力的减弱将导致中国经济增长速度继续放缓，不断趋近主要前沿国家的平均增速

图 2-11 展示了模型模拟的中国未来经济潜在增长速度。从图中可以看出，未来 30 年中国经济的潜在增长速度将逐步放缓，2020—2030 年经济潜在增速将下降至 5%以下，2030—2040 年经济潜在增速将降至 4%以下，并逐步趋近主要前沿国家历史平均增速（图 2-11）。潜在增长速度下滑的背后是经济增长的动力机制在发生变化，而这种变化主要源自传统增长动力的下滑。

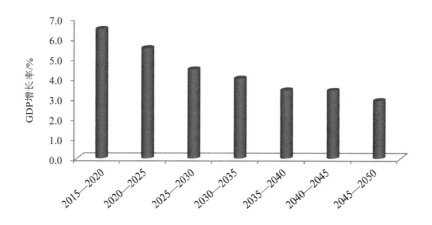

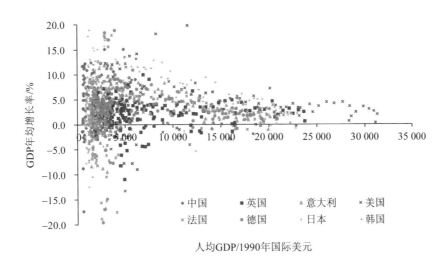

図 2-11　未来 30 年中国经济的潜在经济增速与主要发达国家历史增速

资料来源：作者模拟。

首先，人口年龄结构的变化（主要是人口的老龄化）导致的储蓄率下降是中国经济增长下滑的最主要驱动力量。一直以来，在较低的人口抚养比和节俭文化等因素的作用下，中国保持了长期的高储蓄率，使投资成为推动经济增长最主要的动力。历史数据显示，过去的 40 多年中国资本存量的年均增速超过10%，推动经济增长年均提高近 6 个百分点，对经济增长的贡献超过 50%。然而模拟结果显示，人口老龄化导致的储蓄率的下滑减慢了投资的增速。与过去 40年相比，2020—2030 年和 2030—2050 年投资实际增速将分别下滑 4～5 个百分点和 6～7 个百分点，相应导致 GDP 平均增速分别下滑 3 个百分点和 4 个百分点左右。

其次，技术进步速度和效率提升速度的下滑也是导致中国未来经济增速下滑的重要原因。中国距离技术前沿国家越来越近，技术追赶的速度会不断放缓；各种再配置提升效率的空间也越来越小，依靠出口和外资提升生产率的动力也将有所下降。基于这些因素，模型假设未来中国 TFP 增速与过去 30 多年相比将出现较大幅度的下滑，而且下滑程度呈现扩大态势。模型模拟的结果显示，TFP 的这种下滑将导致未来的中国 GDP 年均增速下滑幅度与过去相比超过 1 个百分点。

最后，人口总量和人口年龄结构的变化导致的劳动力供给量下滑也会拖累中国经济增长。依据王广州于 2018 年的预测，中国劳动年龄人口将继续不断下降。

考虑中国的劳动参与率已经很高，劳动年龄人口的下滑将使未来中国劳动力的供给下滑幅度不断扩大。模型模拟的结果显示，2020—2030 年，就业人数的年均增速将下滑至-0.5%，2030—2050 年将进一步下滑至年均-0.7%。由此导致未来 30 年的经济增速与过去相比下降 0.2～0.4 个百分点。尽管中国已经调整人口政策，推出全面"二孩"政策，但从目前来看，这一政策对生育率影响还较为有限。

从前文的分析可以看出，未来 30 年中国经济供给侧动力结构将发生根本性变化：劳动力数量增速基本长期保持负增长；资本积累的增速不断下降，对经济增长的贡献不断下降；而技术进步对经济增长的贡献稳步提升，并逐步代替资本积累，成为经济增长最主要的支撑力量。

2.6.2　未来 30 年中国经济结构将呈现较大变化，逐步向成熟经济体靠拢

（1）投资率将继续回落，消费率不断攀升

模型模拟的结果显示，未来 30 年延续近年来出现的投资率不断下降、消费率不断上升的趋势。图 2-12 给出未来 30 年的消费率和投资率的变化趋势。从图 2-12 中显示的模拟结果来看，中国的投资率将由 2015 年的 44.5%降至 2030 年的略高于 30%，到 2050 年将继续降至 25%以下。与之相对的是消费率将由 2015 年的 52.5%升至 2030 年的 65%以上，到 2050 年将升至 75%以上。对比可以发现，这一变化趋势与发达国家特别是成功实现后发追赶的发达国家非常一致（图 2-4）。

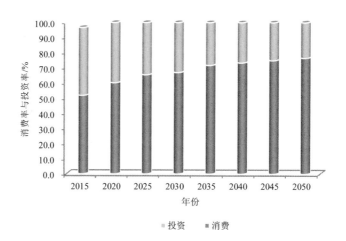

图 2-12　消费率与投资率

资料来源：作者模拟。

　　具体来看，消费率和投资率这种趋势性变化是多方面因素综合作用的结果。其一，如同前面所提到的，人口老龄化等因素导致了储蓄率的下降，限制了投资继续快速增长。其二，劳动者报酬相对资本回报提升更快，为消费的增长提供了支撑。随着劳动力供给总量很快达到峰值并转为不断下降、人口抚养比由下降过渡到上升趋势以及农业可转移劳动力的逐渐减少，也就是随着人口红利的逐渐式微以及"刘易斯拐点"的临近，劳动力工资将较快上升，因此与资本的回报相比，劳动者报酬和居民的可支配收入的增长速度将快于资本回报，从模型模拟的结果来看，劳动者报酬上涨的速度要比资本回报年均高 1 个百分点以上。其三，随着人口老龄化程度的加剧以及收入水平的提高，政府社会保障等公共服务支出增长速度也在加快。模拟结果显示，未来 30 年政府消费占 GDP 的比重将逐步提升，到 2050 年将比 2015 年提高 5 个百分点左右。其四，消费品相对投资品价格上涨更快也使得名义价格显示的消费上升更快。随着劳动力成本的快速上升[1]，服务价格的上涨要明显快于资本品和一般消费品，这使得消费价格的上涨要明显快于投资价格[2]。

　　（2）农业和第二产业比重继续下降，服务业比重将继续加速上升

　　图 2-13 给出了中国未来产业结构的变化趋势。从整体来看，也将继续延续近些年的变化方向。

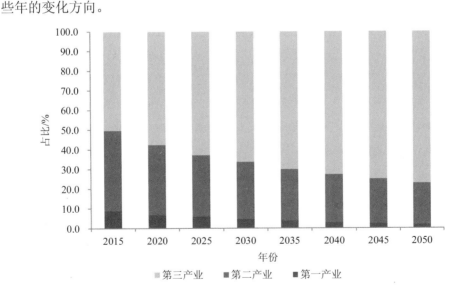

图 2-13　2015—2050 年中国产业结构变化趋势

资料来源：作者模拟。

---

① 在一定程度上表现为巴拉萨—萨缪尔森效应，后文会详细介绍。
② 由于制造业生产率的快速提高，部分资本品的相对价格甚至在不断下降。

第一，恩格尔定律等因素的作用使农业占比将继续下降。恩格尔定律显示，随着收入水平的提升，居民食品消费支出的比重将不断下降。恩格尔系数的下降表明了对于食品消费需求的增长要明显慢于其他消费需求的增长，进而对于农产品消费需求的增长也慢于其他产品和服务。模拟结果显示，未来30年居民消费的恩格尔系数将下降15个百分点以上。与之相伴的是，农业比重将延续过去30多年不断下降的趋势，由2015年的9.5%降至2030年的4%左右，到2050年将进一步降至2%左右。

第二，投资增速的下滑和出口需求的持续低迷将抑制制造业部门的持续高速增长，使得第二产业比重不断下滑。投资品的主要来源是各种建筑以及机器设备和交通运输设备。当投资需求增长速度下滑，这些投资品生产部门以及相应建材等中间投入品生产部门必将首当其冲成为波及的对象。从需求角度来看，导致第二产业增速下滑的另外一个重要原因就是出口需求的增长速度将长期低于过去的增长速度。根据模型的测算，在其他条件不变的情况下，投资需求增长速度下滑1个百分点，第二产业增加值增速将下降 0.3～0.4 个百分点；出口需求增长速度下滑1个百分点，第二产业增加值增速将下降 0.3 个百分点左右。这两方面的共同作用将使第二产业增速不断放慢，其占 GDP 的比重也将从 2015 年的41.6%持续降至2030年的25%左右，到2050年将进一步降至20%左右。

第三，消费结构的升级和服务业价格的更快上升将推动服务业比重持续提升。收入的增长、城镇化水平的提高以及人口的老龄化都将推动消费结构的变化，尤其是服务需求将增长得更快，进而拉动服务业的较快发展。图 2-14 给出了中国未来消费结构的变化趋势。可以看出，未来居民消费中，农产品和工业品消费比重都将下降。具体来看，未来30多年农产品和工业品消费的比重将分别下降3个百分点和9个百分点左右。与之相对的，服务消费的比重增长较快，年均增长1个百分点左右。另外，制造业生产率相对于服务业的更快增长将促使服务业比制造业价格上升得更快。根据模型的模拟，未来10年服务业价格上升的速度要比制造业价格年均快2个百分点左右。这两方面因素的共同作用使服务业占 GDP 比重将不断提高，将由 2015 年的49%提升至2030年的63%左右，到2050年将进一步提升至75%左右。

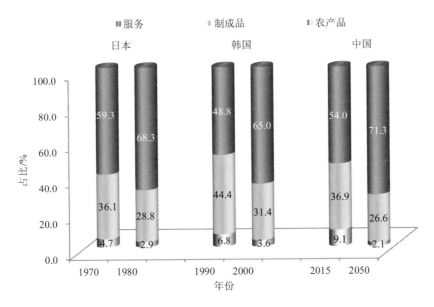

图 2-14　中日韩三国的消费结构

资料来源：日本、韩国的投入产出表；作者模拟。

2.6.3　中国有望在"十四五"期间迈入高收入国家行列

2010 年中国已经成功跨上中等收入国家的门槛，未来中国何时成为高收入国家成为社会普遍关注的焦点。世界银行设定的高收入标准为一个固定标准，一个国家何时跨越高收入国家门槛取决于当前人均国民收入水平及其未来的实际增速。需要注意的是，世界银行设定的高收入门槛线以当年美元计，而将各国本币计价的人均国民收入折算为美元时，采用 3 年平均实际汇率；在判断一个国家未来何时跨越高收入国家门槛时，除了要考察其人均国民总收入（GNI）的增速，还需要考察其实际汇率的变化。

从前文的分析可以看出，未来 10 年中国经济将继续保持相对较高速度增长，人均 GDP 和 GNI 也将继续增长。同时，随着中国与发达国家发展差距的缩小，中国与发达国家在生产率水平上的差距也将进一步缩小，从中期来看，人民币实际汇率可能继续呈现升值趋势。但许多成功的后发国家的经验表明，当追赶到中国目前这一发展阶段时，其本币兑美元的实际汇率升值幅度大幅下降，而且由之前的单向持续升值转变为更大波动性的升值（图 2-15）。与这些经济体类似，

20 世纪 90 年代中期到 2014 年，人民币兑美元的实际汇率整体呈现持续升值，年均升值幅度超过 3%。依据国际经验，未来 5～10 年人民币兑美元的实际汇率继续保持较大幅度升值的可能性较小，在波动中保持微弱的升值趋势将是大概率事件。

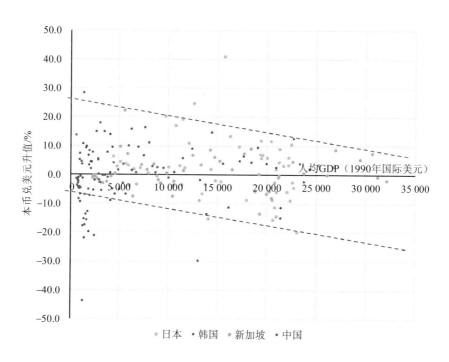

图 2-15　部分后发经济体本币升值幅度

资料来源：WDI。

　　针对汇率变动的不确定性，这里设定三种不同的实际汇率变化：①人民币兑美元实际汇率年均升值 2%；②人民币兑美元实际汇率保持不变；③人民币兑美元实际汇率年均贬值 2%。如果未来 10 年人均 GNI 实际增速为 5%，在人民币兑美元实际汇率年均升值 2% 的情形下，未来 4 年左右中国的人均 GNI 将达到高收入国家门槛；在假定实际汇率不变的情形下，需要 5 年左右的时间达到高收入国家门槛；如果未来实际汇率年均贬值 2%，则需要 6 年左右达到高收入国家门槛（图 2-16）。综合来看，考虑经济增长和汇率变动等的不确定性，中国有望在"十四五"期间迈入高收入国家行列。

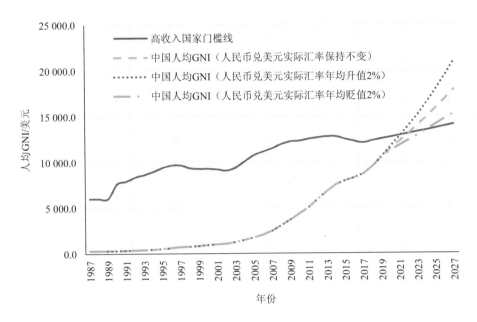

图 2-16　中国人均 GNI 与高收入国家门槛线比较

资料来源：WDI，作者测算。

2.6.4　未来 10～15 年中国经济总量将逐渐赶超美国并保持全球第一大经济体的地位

在本章前面部分对中国经济增长速度展望的基础上，结合我们对美国和全球未来经济的展望，可以对未来中国经济体量进行国际比较。依据前文的分析，2020—2035 年全球（含美国）和美国 GDP 年均增速将分别达到 2.6% 和 2.4%。同时，假设未来的通胀水平与近些年大致相当，且逐渐呈降低趋势；另外，考虑中国经济的追赶过程尚在继续，2020—2035 年假设中国相对于美国实际汇率保持年均 1% 左右的升值水平。基于上述假设可以推断，中国名义 GDP 将在 2030 年前后超过美国，成为全球第一大经济体；到 2035 年，中国名义 GDP 将达到 57 万亿美元左右，比美国 GDP 高 30% 左右，届时中国 GDP 占全球的比重将达到 23% 左右。

2.7　主要结论及启示

本章分析了中国过去 40 年经济增长的动力机制，剖析了可能影响中国未来 30

年经济增长的重要因素，并在此基础上利用中国经济可计算一般均衡模型对未来
30 年中国经济的增长前景进行了模拟。根据前面对于模拟结果的分析可以总结出
如下主要结论和启示。

2.7.1　国内外发展环境的变化使得中国经济的转型日趋迫切

与过去 40 年不同的是，近年来中国经济发展面临的内外部客观发展环境发
生了重大转折性变化。全球人口增速的大幅下滑、抚养比的提升以及主要经济尚
未解决的结构性矛盾等因素制约了全球经济的增长，弱化了中国经济增长的外在
动力；中国国内要素成本大幅提升，传统的低成本竞争优势日渐式微；人口老龄
化程度加快，总抚养比由降转升，高储蓄率、高投资的模式将难以维持；距离技
术前沿越来越近，技术进步的后发优势减弱；要素再配置的空间越来越小，通过
再配置提升效率的速度将不断放慢。这些转折性变化将直接推动中国经济转型。

2.7.2　未来 30 年传统经济增长动力的减弱将导致中国经济增长的速
度继续放缓，不断趋近主要前沿国家平均增速

模拟结果显示，未来 30 年中国经济的潜在增长速度将逐步放缓，2020—2030
年经济潜在增速将下降至 5% 以下，2030—2040 年经济潜在增速将下降至 4% 以下，
并逐步趋近主要前沿国家历史平均增速。人口年龄结构的变化（主要是人口的老
龄化）导致的储蓄率下降是中国经济增长下滑的最主要驱动力量；技术进步速度
和效率提升速度的下滑也是导致中国未来经济增速下滑的重要原因；人口总量和
人口年龄结构的变化导致的劳动力供给量下滑也会拖累中国经济增长。

2.7.3　经济增长的动力模式将由过去"高投资、高出口、高工业"的
增长模式逐渐转变为"更多依靠消费、更多依靠服务业、更多依靠技术
进步"的增长模式

从需求侧来看，随着投资增速的不断下滑，消费将逐渐超越投资成为经济增
长最主要的拉动力量。消费率将由 2015 年的 52.5% 增至 2030 年的 65% 以上，到
2050 年将增至 75% 以上。从供给侧来看，尽管技术进步的速度在不断下降，但其
对经济增长的贡献越来越大，将逐渐赶超资本积累成为经济增长最主要的支撑力
量。从产业层面来看，服务业将真正成为经济增长的第一大贡献产业。未来 30
年服务业占 GDP 比重将不断提高，由 2015 年的 49% 提升至 2030 年的 63% 左右，

到 2050 年将进一步提升至 75% 左右。

2.7.4　未来 5～10 年中国有望稳定迈入高收入国家行列，未来 10～15 年中国经济总量将逐渐赶超美国并保持全球第一大经济体的地位

考虑经济增长和汇率变动等的不确定性，中国有望在"十四五"期间迈入高收入国家行列。基于我们的模拟可以推断，中国名义 GDP 将在 2030 年前后超过美国，成为全球第一大经济体。

2.7.5　实现高质量发展的关键在于综合施策推动中国经济发展方式的成功转型

需要加大创新投入，创造更好的创新生态，消除要素自由流动的障碍，提高要素配置效率，使经济增长的动力由过去的"投资驱动、出口导向和工业优先"转向"更多地依靠技术进步和效率改进，更多地依靠消费的拉动，更多地依靠服务业"，从而提高要素和资源的利用效率。需要促进公共服务的均等化，让更多人享受更好的、更公平的福利水平；注重二次分配调节政策，减少贫困和壮大中等收入群体，降低收入分配的不公平性，提高发展的包容性。需要提高能源资源的利用效率，通过市场手段等收入让环境恶化的外部性成本内部化，提高发展的可持续性。

参考文献

[1]　刘世锦，等. "陷阱"还是"高墙"：中国经济面临的真实挑战和战略选择[M]. 北京：中信出版社，2011.

[2]　李善同，刘云中. 2030 年的中国经济[M]. 北京：经济科学出版社，2011.

[3]　国务院发展研究中心"中长期增长"项目组. 中国经济增长十年展望（2013—2022）：寻找新的动力和平衡[M]. 北京：中信出版社，2013.

[4]　国务院发展研究中心"中长期增长"项目组. 中国经济增长十年展望（2014—2023）：在改革中形成增长新常态[M]. 北京：中信出版社，2014.

[5]　国务院发展研究中心"中长期增长"项目组. 中国经济增长十年展望（2015—2024）：攀登效率高地[M]. 北京：中信出版社，2015.

[6]　何建武. "十三五"乃至更长时期中国经济增长基本态势[J]. 开放导报，2015（6）.

[7] Sandra Poncet. The Long Term Growth Prospects of the World Economy：Horizon 2050 [R]. CEPII，2006.

[8] Wilson D，Purushothaman R. Dreaming with BRICS：The Path to 2050 [R]. Global Economics Paper，2003：99.

[9] John Hawksworth. The World in 2050：How big will the major emerging market economies get and how can the OECD compete [R]. Price water house Coopers，2006.

[10] The World Bank. Global Economic Prospects [M]. Washington，DC：World Bank，2013.

[11] Dale W，Jorgenson，Koji Nomura. The Industry Origins of the US–Japan Productivity Gap [J]. Economic Systems Research，2007，19（3）.

[12] 许宪春. 中国未来经济增长及其国际经济地位展望[J]. 经济研究，2002（3）.

第 3 章
全球能源经济模型和案例分析[①]

3.1 引言

全球多区域递归动态可计算一般均衡（CGE）模型可从全球的视角开展中国与全球低碳减排政策的经济、贸易、能源消费与温室气体排放的影响与评估研究。随着全球能源经济数据库的更新，在原来中国-全球能源模型（C-GEM）的基础上进一步对模型中的结构、分类和假设进行必要的调整，包括根据中国产业划分特点和研究需要综合考虑，将 57 个生产部门重新聚合为 21 个生产部门；根据中国官方能源统计数据对模型能源数据进行调整；根据电力部门发展特点和最新基础数据库的数据特点对电力部门生产技术进行细化分析等，将模型升级为 C-GEM 2.0 版本。基于新模型，开展了国家自主贡献目标下全球低碳发展模拟分析。通过刻画不引入碳价政策下各国未来的发展趋势（REF 情景）和考虑《巴黎协定》中的国家自主贡献目标（NDC 情景），从碳排放量、人均排放、排放强度、边际减排成本、一次能源消费总量与结构以及经济影响六个方面进行了分析。

3.2 模型概述

C-GEM 是 CGE 模型。该模型是在清华大学能源环境经济研究所与美国麻省理工学院全球变化科学与政策联合项目（MIT Joint Program on the Science and Policy of Global Change）共同开展的中国能源与气候项目（CECP）下合作开发的，用于开展中国与全球低碳减排政策的经济、贸易、能源消费与温室气体排放的影响与评估研究。该模型在开发过程中，更加注重对中国以及其他发展中国家的经

---

① 本章作者：翁玉艳、王海林、张希良。

济特性刻画，尤其对发展中国家能耗较高的工业部门以及对能源系统低碳化转型有重要影响的能源技术进行详细刻画。目前，基于该模型已经就"中国低碳能源经济转型路径"、"中国碳排放权交易体系碳配额价格"以及"国际碳市场对实现国家自主贡献目标的作用"等相关问题开展了相关研究。

能源经济 CGE 模型是对一般均衡理论所描述的能源经济系统做出数学化表述，再现了经济与能源系统中产品、服务与要素的流动关系。在一般均衡理论中，经济系统被划分为两个主体（生产者与消费者）和两个市场（产品服务市场与要素市场），如图 3-1 所示。图中的箭头表明产品与服务在全球各个地区经济系统中的流通情况。生产者从要素市场购买生产要素（如劳动力、资本、自然资源及碳排放权），从产品市场购买能源产品与其他中间产品投入，随后通过一定的生产技术将各中间投入品生产为最终国内产品。国内产品一部分出口到国外成为出口品，一部分流入国内市场成为国内市场消费品。国内市场消费品的另一个来源是从其他国家的进口产品。国内市场对于同一种类不同来源（国内生产与进口）的产品采用贸易模型中常用的阿明顿（Armington）异质化假设，即认为国内生产的与进口的同一种产品消费者偏好不同，不能完全替代。国内市场的消费品一部分被消费者最终消费，另一部分则被生产者作为中间投入品在生产环节中消费。

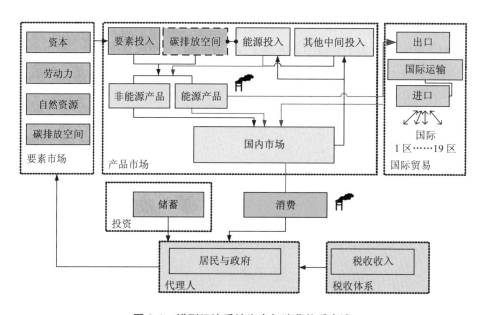

图 3-1   模型经济系统生产与消费关系表述

居民和政府是消费者的主体，所有的要素禀赋归居民所有，所有的税收收入归政府所有。消费者在要素市场上通过租售自己的劳动、资本以及其他自然资源与碳排放权获取收入。消费者根据自身偏好将总收入在储蓄与消费之间进行分配以获得最大效用，储蓄将作为投资流向下一期成为新的资本供给，而消费则流向产品市场形成最终消费。生产者与消费者在理性假设下选择生产与消费水平。产品与要素市场上的每一种产品与要素都有一个初始价格，市场通过反复调节每种产品与要素的价格使所有市场的产品与要素达到供需平衡，实现一般均衡状态。不同国家与地区经济体之间通过国际贸易相互连接，且贸易只存在于产品市场上，资本、劳动力等要素在本模型中假定不能跨区域流动。

模型结构不在此作详细介绍，可查阅相关文献，本章将重点对模型的更新和改进做具体介绍。

3.3　模型搭建和更新工作

随着全球能源经济数据更新，本研究在 C-GEM 模型的基础上进一步更新完善了数据库，并对原模型中的结构、分类和假设进行了必要的调整，升级成为 C-GEM 2.0 版本。在 C-GEM 2.0 中，主要对模型基础数据库进行更新，采用更符合研究需要的聚合方式对模型部门进行重新划分，根据中国官方能源统计数据对模型能源数据进行调整，根据电力部门发展特点和最新基础数据库的数据特点对电力部门生产技术进行细化分析，同时针对中国当前新常态下经济结构转变趋势进行模型分析和刻画，此外也对全球各国和各地区社会经济与能源排放数据进行校核分析。

3.3.1　底层数据库更新

全球多区域的可计算一般均衡模型需要一套完整、详细和可靠的数据来支撑。C-GEM 2.0 采用全球贸易分析项目（Global Trade Analysis Project，GTAP）第九版数据库（GTAP 9）作为基础数据库嵌套在模型内部。有别于第八版数据库（GTAP 8），GTAP 9 为当前最新版本的全球贸易分析项目数据库，涵盖了全球 140 个区域和 57 个部门，既包括经济系统当中各个产业部门的生产、消费和国际间贸易往来等经济数据，也包括与经济价值量相对应的生产、消费和贸易往来等实物量数据。除此之外，该数据库也包含了与经济部门相对应的分部门、分品种的能源实物量和能源价格数据。GTAP 9 包含的最新的各区域投入产出数据、双边贸易数据和能源相关数据的年份为 2011 年，也就意味着整个模型从 C-GEM 的以 2007 年为运行基年升级到 C-GEM 2.0 以 2011 年为运行基年。2007—2011 年，中国经济增长、产业发展、双边贸易、能源消费以及排放状况都发生了巨大变化。以 2007 年为基年的模型已经不能准确反映社会经济发展情况，模型结果会出现较大偏差，降低模型的实用性和准确性。底层数据库的更新是提高模型有效性的前提，也是后续其他更新和改进的基础。

3.3.2　部门与区域划分调整

3.3.2.1　部门聚合

C-GEM 2.0 对 C-GEM 中的部门进行了重新聚合。在模型中，部门的聚合不应该一味地追求部门的细分程度，而应该综合考虑研究问题的需要、数据可获得性和可靠性以及模型计算的复杂程度等多种因素。一定的数据误差有可能因为过细的部门划分而被放大，带来更大的不确定性，并且可能造成模型求解困难。因此，C-GEM 2.0 根据中国产业划分特点和研究需要综合考虑，将 57 个生产部门重新聚合为 21 个生产部门。模型另包含 2 个消费部门：居民消费部门和政府消费部门。C-GEM 包含 20 个生产部门，C-GEM 2.0 与其相比，并不是简单地多分出一个部门，而是：①将原模型中的农业、林业和畜牧业 3 个子部门合并为 1 个大农业部门；②将原模型中单独划分的金属制品部门并入其他工业部门中；③将原模型中的装备制造业部门拆分为交通装备制造业和电子装备制造业；④将原模型中并入其他工业部门的纺织业单独划分为 1 个部门；⑤将原模型中并入其他工业部门的机械制造业单独划分为 1 个部门；⑥将原模型中的其他服务业拆分为公共服务业和房地产业。

C-GEM 2.0 中的部门划分和详细描述如表 3-1 所示。

表 3-1　C-GEM 2.0 部门划分和详细描述

类型	部门	描述
农业部门	农业（AGR）	农林牧渔业
能源生产部门	煤炭（COAL）	煤炭开采和洗选业
	原油（OIL）	石油开采业
	天然气（GAS）	天然气开采业

类型	部门	描述
高耗能部门	成品油（ROIL）	石油加工业
	电力（ELEC）	电力、热力生产与供应业
	非金属（NMM）	非金属矿物制品业
	钢铁（I_S）	黑色金属冶炼及压延加工业
	有色金属（NFM）	有色金属冶炼及压延加工业
	化工（CRP）	化学原料与制品、化学纤维等制造业
其他工业部门	食品加工业（FOOD）	食品、烟酒、烟草等制造业
	采矿业（MINE）	矿物采选业
	电子装备制造业（ELE）	电子装备制造业
	交通装备制造业（TEQ）	交通装备制造业
	机械制造业（OME）	通用/专用设备、电气机械等制造业
	服装制造业（TWL）	纺织、皮革、毛皮等加工制造业
	其他工业（OTHR）	其他工业
建筑部门	建筑业（CNS）	建筑制造
服务部门	交通运输业（TRAN）	交通运输业
	公共服务业（SER）	商业和公共服务业等其他服务业
	房地产业（DWE）	房地产业
消费部门	政府消费（GOV）	政府消费
	家庭消费（HH）	居民消费

3.3.2.2　区域聚合

C-GEM 2.0 保持了原有 C-GEM 模型的区域划分，依据各国（地区）地缘关系、经济发展水平和贸易伙伴关系，首先将全球划分为发达经济体和发展中及欠发达经济体两大类，然后对主要国家/地区进行了单独划分。C-GEM 2.0 区域划分见表 3-2。

表 3-2   C-GEM 2.0 区域划分

发达经济体		发展中及欠发达经济体	
国家/地区	符号	国家/地区	符号
美国	USA	中国	CHN
欧盟	EUR	印度	IND
日本	JPN	俄罗斯	RUS
韩国	KOR	巴西	BRA
加拿大	CAN	南非	ZAF
澳洲	ANZ	墨西哥	MEX
发达东南亚地区	DEA	中东	MES
		欧洲其他地区	ROE
		发展中东南亚地区	SEA
		亚洲其他地区	ROA
		非洲其他地区	AFR
		拉丁美洲其他地区	LAM

3.3.3   中国能源数据处理

为了使模型基年的中国能源数据与中国官方口径保持一致，C-GEM 2.0 利用中国能源平衡表、中国分行业终端能源消费量和中国电力工业统计数据对基年中国能源数据进行了进一步更新和校核。由于中国政府在 2015 年对过往能源统计数据进行了调整，能源消费量尤其是煤炭消费量相较过去的统计数据出现了较大的变动。因此，本研究选取 2015 年出版的《中国能源统计年鉴 2014》（简称《年鉴》）中 2011 年的相关能源数据作为分析的基础。

首先，根据《年鉴》中的"中国能源平衡表（标准量）—2011"表和"工业分行业终端能源消费量（标准量）—2011"表，将除"生活消费"之外的 44 个部门按照 C-GEM 2.0 的部门分类规则聚合为 21 个部门。同时，部分部门需要进行拆分，比如石油和天然气开采业需要拆分为石油开采业和天然气开采业，拆分比例根据 GTAP 数据库中两个行业对各能源品种的消费比例计算。

其次，由于"工业分行业终端能源消费量（标准量）—2011"表和"中国能源平衡表（标准量）—2011"表中各部门的能源消费细分出了各个能源消费品种，例如包含原煤、洗精煤、其他洗煤等。而 C-GEM 2.0 中的能源品种为煤炭、原油、成品油、天然气、电力五类，所以也需要将上述聚合后的 21 个部门的能源消费品种进行分类聚合。该聚合主要针对各行业终端能源消费，涉及的数据为《年鉴》"工业分行业终端能源消费量（标准量）—2011"表以及"中国能源平衡表（标准量）—2011"表的"终端消费量"部分。

再次，针对涉及加工转换的部门，需要对这些部门的加工转换损失量进行处理，避免遗漏或者重复计算。针对煤炭开采和洗选业，需要考虑煤炭洗选、煤制品加工以及炼焦过程中的损失量；针对石油加工业，需要考虑炼油过程中的损失量；天然气开采业还需要考虑制气过程中的损失量；针对发电行业，需要考虑电力、热力生产过程中的损失量等。

最后，将聚合后的各部门分品种能源消费量按照模型运算单位进行转换，即可得到与中国官方口径相一致的模型分部门分能源品种消费量。将该数据读入模型，可以将原始 GTAP 9 中所含中国能源数据进行替换和更新。

3.3.4　方程和函数的处理

模型主要包含生产、消费、国际贸易、排放表达、闭合机制等基本模块。下面进行具体介绍。

3.3.4.1　生产模块

根据不同部门生产投入结构的差异，模型将生产活动分为六大类：①化石能源生产（COAL、OIL、GAS）；②成品油生产（ROIL）；③电力生产（ELEC）；④其他高耗能工业生产（NMM、I_S、NFM、CRP）；⑤农业生产（AGR）；⑥其他生产活动（FOOD、MINE、ELE、TEQ、OME、TWL、OTHR、CNS、TRAN、SER、DWE）。C-GEM 2.0 采用嵌套的固定替代弹性（CES）生产函数对生产行为进行描述，假定各个区域的所有生产部门都处在完全竞争市场下，而且规模报酬不变。

对于地区 r 的生产部门 i，其总产出 Y_{ir} 消耗了包括劳动力 L_{ir}、资本 K_{ir}、资源 R_{ir}（矿产资源、土地等）等要素，同时消耗了来自其他部门 j 的中间产品 $I_{j,ir}$。产出 Y_{ir} 与投入之间的函数关系如式（3-1）所示：

$$Y_{ir} = F_{ir}(L_{ir}, K_{ir}, R_{ir}; I_{j,ir}, \cdots, I_{n,ir}) \tag{3-1}$$

以化石能源生产部门为例，具体介绍如下：

化石能源生产部门生产函数的嵌套结构如图 3-2 所示。顶层嵌套是能源矿产资源投入与非自然资源投入集束的嵌套；下一层是非自然资源投入，包括非能源中间产品投入集束（包括农业、高耗能、服务业等）和资本—劳动—能源投入集束，前者采用里昂惕夫（Leontief）生产函数形式，后者采用柯布-道格拉斯（Cobb-Douglas）生产函数形式，包括能源投入集束与增加值投入集束。能源投入集束是电力与非电能源投入集束（包括煤炭、原油、成品油与天然气等）之间的替代。

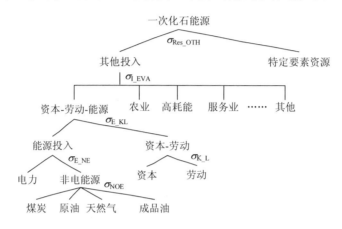

图 3-2　模型化石能源生产函数结构

注：生产函数结构图中不同投入品间以直角线相连表示为 Leontief 组合，各投入品之间替代弹性为 0；以直线相连表示各投入之间替代弹性不为 0，可以相互替代；下同。

其对应区域 r 化石能源生产部门 ff 产出 $Y_{ff,r}$ 的 CES 生产函数表达式如式（3-2）所示：

$$Y_{ff,r} = (\alpha_{ff,r} \cdot R_{ff,r}^{\rho_{r\_oth}} + (1-\alpha_{ff,r}) \cdot \min(M_{1,ff,r}, \cdots, M_{i,ff,r}, E_{ff,r}, V_{ff,r})^{\rho_{r\_oth}})^{1/\rho_{r\_oth}} \quad （3-2）$$

式中，$\alpha_{ff,r}$ —— CES 生产函数 $Y_{ff,r}$ 的份额参数；

$\sigma_{r\_oth} = 1/\rho_{r\_oth}$ —— 资源要素与其他生产投入之间的替代弹性；

$M_{i,ff,r}$ —— 中间产品投入；

$E_{ff,r}$ —— 能源投入；

$V_{ff,r}$ —— 资本与劳动力组合。

$V_{ff,r}$ 组合的生产函数为柯布-道格拉斯函数（$\sigma_{k\_l} = 1$），其函数表达式如式（3-3）所示：

$$V_{ff,r} = L_{ff,r}^{\beta_l} \cdot K_{ff,r}^{1-\beta_l} \quad （3-3）$$

式中，β_l —— CES 生产函数 $V_{ff,r}$ 的份额参数。

此函数结构表明，化石能源的生产量主要由能源资源的供给量决定。能源产量的多少将随着能源资源的供给量变化，但同时也受到包括其他产品投入、资本与劳动力供给以及能源消耗的影响。

本部分以化石能源部门的 CES 生产函数为例对不同层级的函数数学表达式展开介绍，其他部门各层的 CES 生产函数形式与此类似，不再重复介绍。

3.3.4.2　消费模块

模型同样采用嵌套式 CES 生产函数作为消费函数，如图 3-3 所示。与生产函数的嵌套结构类似，消费结构中包含了各种能源以及高耗能产品消费的详细信息。嵌套结构的最高层为储蓄与消费之间的替代关系，采用 2010 年基准数据进行校核。在消费集束中，模型将交通服务与其他产品和服务分离开来单独表述。交通需求包括公共交通需求（如货运、公共客运）与私人交通需求（特指私家车提供的交通服务）。对交通部门需求的单独表述有利于模型对经济发展后私人交通领域用能及相关政策影响进行更为细致的研究。

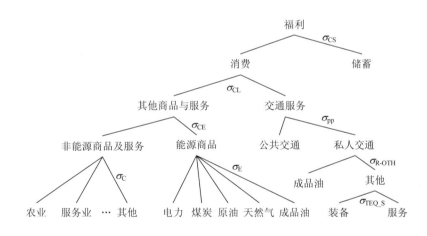

图 3-3　模型消费函数结构

3.3.4.3　国际贸易函数

作为全球模型，模型中 19 个区域之间的生产与消费通过双边贸易进行链接。通过这些贸易链接的详细表述可以追踪一个国家的政策如何对其他国家或地区产生影响。除原油以外的所有其他商品都遵循 Armington 假设，即地区 r 国内生产的产品 $D_{i,r}$ 与从国外进口的同种产品 $IM_{i,r}$，通过 CES 函数聚合成为市场上用于消费的产品 $M_{i,r}$，其数学表达式如式（3-4）所示：

$$M_{i,r} = (\alpha_{i,r} \cdot D_{i,r}^{\rho_{A,i,r}} + (1 - \alpha_{i,r}) \cdot IM_{i,r}^{\rho_{A,i,r}})^{1/\rho_{A,i,r}} \qquad (3\text{-}4)$$

式中，$\alpha_{i,r}$ —— Armington CES 生产函数中变量 $D_{i,r}$ 的份额参数；

$\sigma_{A,i,r} = 1/\rho_{A,i,r}$ —— 国内产品 $D_{i,r}$ 与进口品 $IM_{i,r}$ 之间的替代弹性，$\rho_{A,i,r}$ 为其替代弹性参数。

Armington CES 生产函数的结构如图 3-4 所示。顶层为国内产品与国外进口品之间的替代，第二层为进口品在各来源国之间的替代。考虑到原油在国际市场的充分竞争性，原油在模型中被假设为全球同质品。除双边产品贸易以外，出口关税、进口关税以及国际交通运输在模型中也有刻画。

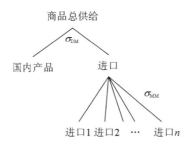

图 3-4   模型中 Armington 函数结构

3.3.4.4   排放表达

目前模型只对化石燃料燃烧过程中产生的二氧化碳气体排放做出描述，其他温室气体与污染性气体以及工业生产过程中的气体排放暂时未进行刻画。二氧化碳排放主要是根据模型中刻画的化石能源消费流向，采用 2006 年 IPCC 国家温室气体清单指南（Guidelines for National Greenhouse Gas Inventories）中所列的化石燃料能源流（包括煤炭、精炼石油和天然气）应用持续排放因子来进行计算。其中，1 EJ 煤炭燃烧的平均排放因子为 94.6 t 二氧化碳，石油为 73.3 t，天然气为 56.1 t。现实情况下，由于不同地区的煤炭、石油与天然气的种类与品质各异，其含碳量与热值都有差别，故而其排放因子也应该是不同的。但在实际研究中，限于当前数据可获得性，本研究简化假设不同地区、不同时间段的排放因子都保持不变。二氧化碳排放流与化石能源消费流相绑定，只要某个地区某个部门在某一时间有化石能源消费就一定有相应量的二氧化碳产生。

3.3.4.5   模型闭合机制

模型采用新古典主义宏观闭合，将政府开支作为外生变量，将投资水平作为内生变量进行决定。所有的产品和要素价格都由模型内生决定，其价格为所有市场供需均衡时的价格水平。均衡价格包括：①资本、土地和其他资源的租赁价格；②劳动力真实工资；③所有产品与服务的价格。在政策模拟中，价格解决方案可能还包括污染或排放许可的价格。

3.4　中国能源经济的描述和刻画

3.4.1　中国经济新常态

中国正在经历经济增长方式的重大变革。如图 3-5 所示，2000 年以来，中国工业化进程逐渐加快，经济高速增长，经济增速逐年上升，最高达到 14.2%，之后开始逐渐下降但仍然维持在 9% 以上。但是，近几年经济增速回落趋势明显，从 2010 年的约 10% 逐步过渡到 7% 左右，由过去的高速增长转向中高速增长。新一届政府决心改变过去依赖资源投入驱动的经济增长模式，提出从需求侧和供给侧两个方面共同促进中国经济增长向价值创造型的可持续发展方式转型。需求侧重点是要扩大消费，降低投资，同时调整需求结构和投资结构；供给侧重点是优化产业结构，不仅包括产业间的结构比例，还包括产业内部高低附加值产品的优化，提高增加值率。

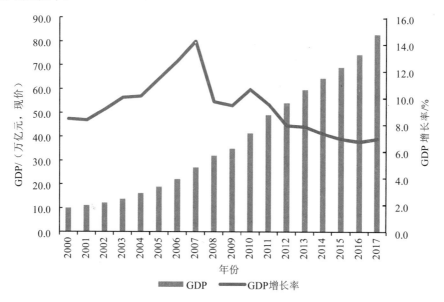

图 3-5　2000—2017 年中国 GDP 增长与 GDP 增速

需求侧和供给侧带来的经济结构变化是影响未来能源消费和二氧化碳排放的关键因素。理论上，能源经济 CGE 模型能够自发地模拟未来经济产业结构的变化。但是，其递归动态的过程具有路径依赖的特点，尽管优化函数可以反映政策驱动下的结构渐变影响，但对于转型经济体短时间内剧烈的结构变动却无法准确反映。在分析未来产业结构调整的研究上，通常采用的方法是研究经济发展阶段与产业结构的关系，或者参照其他国家过去的发展经验进行推测。本研究借鉴欧盟、日本、美国等国家和地区的发展经验，结合中国供给侧结构性改革进程和扩大内需消费等政策措施，对模型动态过程中的生产与消费等结构进行外生动态演变，从而更好地模拟中国经济快速转型的特点。

3.4.2　消费与投资结构分析

伴随经济发展与收入的提高，消费结构与投资结构也会发生变化。罗斯托（Rostow）将一国的经济发展划分为六个阶段，其中第五个到第六个阶段的特点是消费结构以耐用品和劳务服务消费为主转向以"提高生活质量"的服务消费为主，例如，教育文化、医疗保健和文艺旅游等。图 3-6 展示了现实中各个国家食品和服务消费与人均收入的关系。从图 3-6 中可以看出，随着人们生活水平和收入水平的提高，人们对于消费的选择将逐渐从以食品、服饰为主的生存型消费向以服务、休闲为主的享受型消费转变，消费结构将发生较大变化。

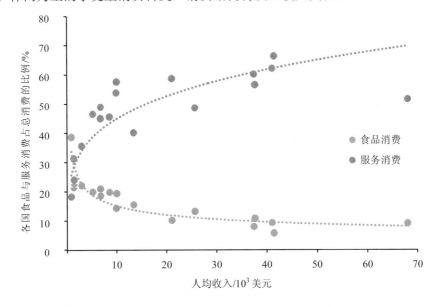

图 3-6　食品和服务消费与人均收入的关系

在模型中，借鉴发达国家消费变化趋势，以发达国家当前的平均消费结构作为中国未来消费结构的目标，然后进行趋势外推，从而模拟中国消费结构转变的过程。图 3-7 展示了中国未来消费结构的演变趋势，可以看到，在消费结构中，农产品和食品在消费中的比例大幅降低，而服务品的消费比例大幅增加。类似地，对于投资结构，服务业投资占比加快增大，农业、建筑业、机械装备制造业等部门的投资占比加快减小（图 3-8）。

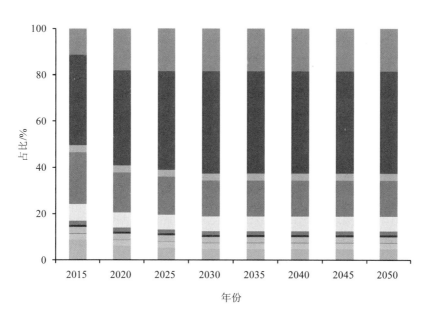

图 3-7 中国未来消费结构演变趋势

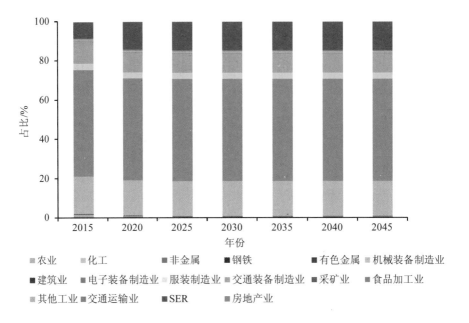

图 3-8   中国未来投资结构演变趋势

3.4.3   投入产出结构分析

从供给侧角度来看，重点是要转变生产方式，减少单位产值中间投入比例，提高增加值率，实现产业升级。本研究对比了中国与发达国家在产业部门内部的生产结构，如图 3-9 所示，以纺织服装及皮革产品制造业、机械装备制造业、建筑制造业和公共服务业为例，展示了中国与发达国家各行业的增加值率。从图 3-9 中可以发现，中国主要工业与服务业产品单位产值的增加值率明显低于发达国家，而高耗能产品作为中间品投入比例明显偏高。例如，机械装备制造业的增加值率相比美国、日本和韩国低 8～18 个百分点，而建筑制造业的高耗能产品投入比美国、韩国和日本高 12～29 个百分点。类似地，本研究在建模时，基于趋势外推的方法，结合中国高耗能部门"去产能"等政策进程，并参照发达国家在相应阶段的增加值率水平和投入产出结构，对中国主要部门的投入产出结构进行动态化调整，外生反映经济快速转型下产业结构的变化。

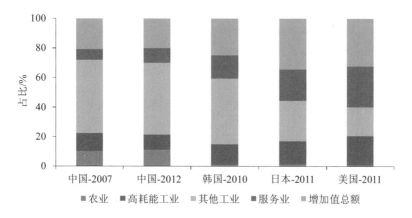

（a）纺织、服装及皮革产品制造业

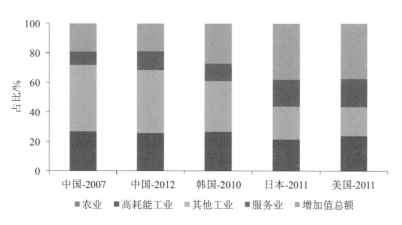

（b）机械装备制造业

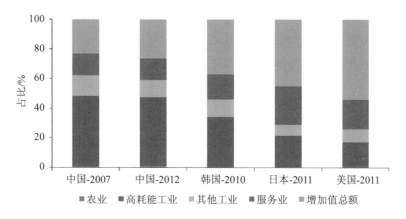

（c）建筑制造业

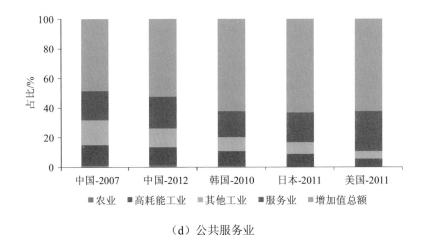

（d）公共服务业

图 3-9   中国与部分发达国家主要部门投入产出结构

3.5   全球能源经济数据校核

为了更好地开展全球各国和各地区未来经济增长、能源消费与排放路径的情景研究，本节对 C-GEM 2.0 的 2011 年和 2015 年社会经济、能源排放数据进行了详细校核，使之更加符合全球各国和各地区当前的实际发展趋势。

3.5.1   社会经济数据校核

C-GEM 2.0 的动态校核建立在稳态假设基础之上，各国（地区）经济增长的速度与劳动力供给和资本供给的增长速度相一致。模型中各国（地区）的劳动力供给受到人口和劳动生产率驱动，得到式（3-5）：

$$L_{r,t} = L_{r,0} \times \left(1 + p_{r,t}\right)^n \times \left(1 + g_{r,t}\right)^n \qquad (3\text{-}5)$$

式中，r —— 区域；

t —— 时间；

$L_{r,t}$ —— 劳动力供给；

$L_{r,0}$ —— 基期劳动力供给；

$\left(1 + p_{r,t}\right)^n$ —— 人口增长；

$\left(1 + g_{r,t}\right)^n$ —— 劳动生产率的增长。

模型 2011 年和 2015 年各国（地区）人口数据来自联合国秘书处经济和社会事务部（United Nations Department of Economic and Social Affairs，UNDESA）发布的《世界人口展望》（2017），并以此计算 2011—2015 年人口年均增速。2011 年和 2015 年各国（地区）GDP 数据来自世界银行数据库，并以此计算 2011—2015 年 GDP 年均增速。依据 2011—2015 年各国（地区）实际的 GDP、人口、GDP 年均增速和人口年均增速，通过调节模型劳动生产率等参数，对 C-GEM 2.0 中各国（地区）2011 年和 2015 年的 GDP、人口、GDP 年均增速和人口年均增速进行校核，校核结果如图 3-10 所示。

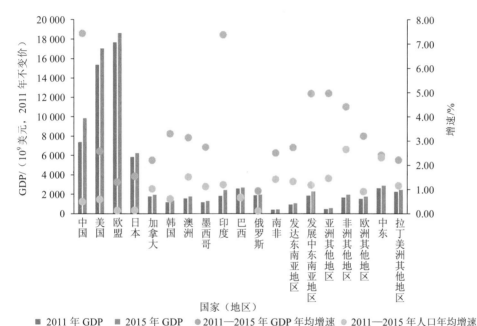

图 3-10　C-GEM 2.0 部分国家和地区 GDP、GDP 增速及人口增速校核结果

如果将欧盟看作一个超级国家，以 2011 年美元不变价核算，那么 2011 年和 2015 年 GDP 总量排名前四的国家（地区）均为欧盟、美国、中国和日本，其总和占全球经济总量的比例分别为 65.9% 和 65.7%。但是从 GDP 增速角度来看，中国无疑是全球经济增长最为迅速的国家，其次是印度，发达国家 2011—2015 年 GDP 年均增速为 1.3%～3.3%，全球平均增速为 3.2%。但是随着中国新常态下经济结构调整不断推进，中国未来 GDP 增速预期会有所下降，而印度则将继续保持较高的增长速度。发展中东南亚地区（SEA）、亚洲其他地区（ROA）和非洲其他

地区（AFR）2011—2015 年 GDP 年均增速分别为 5.0%、5.0% 和 4.4%，均位于全球平均水平之上，这也与这些国家和地区本身 GDP 基数较低有关。

3.5.2 能源排放数据校核

模型 2011 年和 2015 年各国（地区）一次能源消费总量、一次能源消费结构以及二氧化碳排放数据来自 IEA。依据 2011—2015 年各国（地区）实际的一次能源消费总量、结构以及排放数据，通过调整自动能效进步（Autonomous Energy Efficiency Improvement，AEEI）因子、刻画后备技术、调节非化石能源资源量和排放调整因子等方式对各国（地区）能源与排放数据进行校核。

AEEI 因子通常反映在没有政策影响下技术进步、生产与消费结构调整等带来的能源利用效率的提高。AEEI 因子越大，能效提升越快。不同国家（地区）的能效提升潜力不一，单位 GDP 能源消费越高的地区，能效提升潜力越大，AEEI 取值相对较大。C-GEM 2.0 对于基期经济性还不能与传统技术相竞争，但后续随着成本降低逐渐进入市场并扩大市场份额的备用技术进行了单独刻画。通过在 CES 生产函数结构顶层添加特定要素投入、设定成本加成因子以表达后备技术相对传统技术的成本差距，可以模拟后备技术在政策影响下获得经济性优势进而扩大市场渗透率的情况。非化石能源资源是影响非化石能源发电技术的重要因素，按照各国（地区）非化石能源资源潜力评估情况和当前非化石能源利用情况，对各国（地区）核电、水电、风电和太阳能发电相关资源量进行校核，并进而分析各国（地区）非化石能源消费情况。考虑能源使用过程中，部分能源最终并没有实现燃烧而是进入制成品成为产出的一部分。这些制成品包含纳入能源中的碳，但并没有形成二氧化碳排放，因此实际二氧化碳排放相比全部能源消费对应的排放要小。模型针对这种情况设置排放调整因子，从而对各国（地区）排放情况进行校核。

校核结果如图 3-11 所示，图中所示各国（地区）能源消费结果均以电热当量法计算。从图 3-11 中可以看出，中国、美国和欧盟是世界排名前三的能源消费地区，而且中国煤炭消费在一次能源消费中的占比明显高于其他国家。2011—2015 年发展中国家一次能源消费总量仍然呈现上升趋势，而部分发达国家已经出现一次能源消费总量下降的情况。图中红色圆点代表各国 2011 年和 2015 年二氧化碳排放量，毫无疑问中国是全球二氧化碳排放最多的国家。从各国二氧化碳排放（红色圆点）相对其一次能源消费（堆积柱状图）的位置来看，红点相对自身一次能源消费的位置越靠下方，能源系统清洁化程度越高。从各国 2011 年和 2015 年红点相对位置的变化也可以看出各国在 2011—2015 年能源系统清洁化程度的变化。

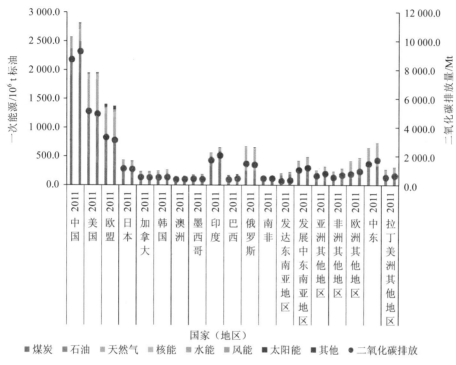

■煤炭　■石油　■天然气　■核能　■水能　■风能　■太阳能　■其他　●二氧化碳排放

图 3-11　C-GEM 2.0 各国（地区）一次能源消费总量、结构与排放校核结果

3.6　案例分析：国家自主贡献（NDC）目标下全球低碳发展模拟分析

《联合国气候变化框架公约》第 21 次气候变化大会通过的《巴黎协定》确定了"将全球平均温升控制在工业革命前的 2℃以内并努力限制在 1.5℃以内"的全球应对气候变化长期目标，确立了全球应对气候变化的新机制。各国将以 NDC 为基础，开展各自的减排行动，实现"自下而上"的减排。随着碳市场被越来越多的国家作为碳减排的重要工具，碳市场在全球应对气候变化进程中的作用更加突出。本章首先分析当前全球和主要国家的低碳发展状况，然后利用更新和改进后的 C-GEM 2.0，模拟全球和主要国家 NDC 减排承诺目标下的低碳发展路径，研究各国 NDC 减排力度与 2℃温升控制目标的差距。在此基础上，提出针对减排缺口的更新方案，并分析评估碳市场在其中的作用以及对各国经济、能源与排放的综合影响。

3.6.1 情景描述

为分析 NDC 目标下各国低碳发展路径，本研究设计了两类情景。其中第一类为参考情景（REF 情景），刻画不引入碳价政策下各国未来的发展趋势。第二类为国家自主贡献情景（NDC 情景），在参考情景之上考虑《巴黎协定》中的 DNC 目标，引入碳价机制模拟各国 NDC 目标下经济、能源与排放的影响。为了实现《巴黎协定》的长期减排目标，各国都应当根据自身情况，尽最大努力实现减排。因此，本研究在设定 NDC 情景时，不考虑部分国家提出的"无条件减排"目标，而只考虑"有条件减排"的最大减排目标，以考察各国在尽最大努力减排时的实施效果以及与 2℃温升控制目标的差距。主要国家的 NDC 减排承诺目标见表 3-3。

表 3-3 主要国家 NDC 减排承诺目标

国家（地区）	NDC 减排承诺目标
中国	二氧化碳排放 2030 年前后达到峰值并争取尽早达峰； 2030 年单位国内生产总值二氧化碳排放比 2005 年下降 60%～65%； 2030 年非化石能源占一次能源消费比重达到 20% 左右
美国	2025 年温室气体排放比 2005 年下降 26%～28%，并努力达到 28%
欧盟	2030 年温室气体排放比 1990 年至少减排 40%
日本	2030 年温室气体排放比 2013 年降低 26%，相当于比 1990 年减少 18%
韩国	2030 年温室气体排放比 BaU 情景排放减少 37%
加拿大	2030 年温室气体排放比 2005 年下降 30%
澳大利亚	2030 年温室气体排放比 2005 年下降 26%～28%
新西兰	2030 年温室气体排放比 2005 年降低 30%
俄罗斯	2030 年人为温室气体排放比 1990 年下降 25%～30%
印度	2030 年单位国内生产总值二氧化碳排放比 2005 年下降 33%～35%
巴西	2025 年温室气体排放比 2005 年减少 37%； 2030 年温室气体排放比 2005 年减少 43%
南非	温室气体排放峰值稳定期在 2025—2030 年，峰值在 398 Mt～614 Mt 二氧化碳当量
墨西哥	2030 年温室气体排放比 BaU 情景排放减少 22%（无条件）或者 36%（有条件）

本研究根据各国提出的 2030 年减排目标（美国为 2025 年）设定未来的排放约束。对于设定绝对量减排目标的国家（地区），如美国和欧盟，通过参考该国（地区）历史排放数据和 2030 年承诺目标为其设定二氧化碳排放上限；对于设定相对量减排目标的国家，如中国和印度，通过分析到 2015 年已经取得的碳强度下降率和 2030 年承诺目标，得到今后该国仍需实现的碳强度下降目标，并依此对该国施以相应的碳强度下降约束。本研究假定 2030 年后各国将延续其 NDC 的减排努力，2030—2100 年将持续实现与 2015—2030 年相同的 GDP 碳强度下降率，以此模拟未来的排放路径。

3.6.2　基本假设

本研究首先针对全球不同经济体未来的经济增长速度做出基本假设。本研究根据世界银行（WB）、国际货币基金组织（IMF）、联合国（UN）、国际能源署（IEA）、经济合作与发展组织（OECD）和欧盟（EU）等对全球各国未来经济增速的预测，形成对全球各国和各地区未来经济增速变化趋势的判断，如图 3-12 所示。对发达国家来说，由于社会经济发展已经较为成熟，经济增长趋于稳定，未来经济增长速度在 1%～3%。中国的经济发展进入新常态，与过去 30 年相比，经济增长速度会出现不断下降的趋势。印度目前仍处于快速发展阶段，预计未来 10 多年的经济增速仍保持上升态势，但 2030 年后也将呈现下降趋势。各国（地区）未来经济增长假定的趋势如图 3-12 所示。

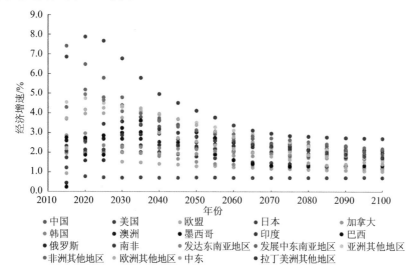

图 3-12　各国（地区）未来经济增速假定

对于未来人口增长，本研究依据 UNDESA《世界人口展望》（2017）中的中等人口情景假设，采用报告中全球 233 个国家和地区 2015—2100 年的人口预测数据，并根据模型区域划分规则对该数据进行国别聚合。根据中生育率情景预测结果，世界人口在 2030 年将达到 85 亿左右，2050 年将达到 97 亿左右，2100 年将超过 110 亿。未来绝大多数人口增长发生在发展中国家（地区），如非洲和印度。此外，中国未来人口增长数据，还考虑了"二孩"政策后的影响，参考了《国家人口发展规划（2016—2030 年）》的研究结果。本研究假定中国总人口在 2030 年前后达到峰值，峰值水平在 14.5 亿左右，此后开始逐渐下降。各国（地区）未来人口增长假定情况如图 3-13 所示。

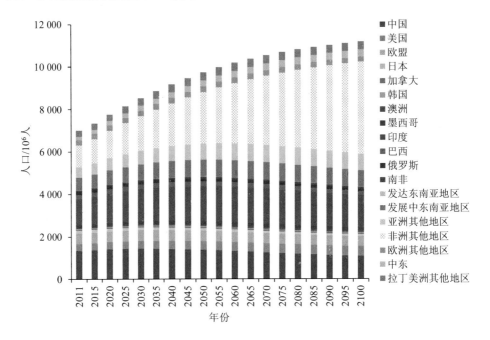

图 3-13　各国（地区）未来人口增长假定

3.6.3　情景模拟结果

3.6.3.1　碳排放量

REF 情景下，全球二氧化碳排放量将持续增长，2030 年达到 406 亿 t，2050 年达到 506 亿 t，2100 年达到 620 亿 t。NDC 情景下，全球二氧化碳排放量在 2030 年达到 354 亿 t，并将在 2040 年前后达到峰值，峰值水平在 363 亿 t 左右，之后开始逐渐下降，到 2050 年下降到 360 亿 t 左右，到 2100 年下降到 298 亿 t 左右。2015—2100 年两种情景下全球二氧化碳排放趋势如图 3-14 所示。

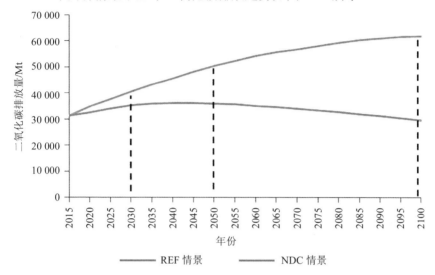

图 3-14　2015—2100 年不同情景下全球二氧化碳排放趋势

可以看出，两种情景下未来全球二氧化碳排放量差别很大。与 REF 情景相比，NDC 情景的二氧化碳排放 2030 年将降低 12.8%，2050 年将降低 28.9%，2100 年将降低 52.0%。

尽管 NDC 情景下的二氧化碳排放相比参考情景已经出现了大幅下降，但是对于实现《巴黎协定》提出的"将全球平均温升控制在工业革命前的 2℃以内并努力限制在 1.5℃以内"的全球应对气候变化的长期目标仍有较大的差距。如图 3-15 所示，REF 情景和 NDC 情景下，2011—2030 年全球累计二氧化碳排放量分别为 7 010 亿 t 和 6 566 亿 t，2011—2050 年全球累计二氧化碳排放量分别为 16 205 亿 t 和 13 779 亿 t，2011—2100 年全球累计二氧化碳排放量分别为 45 056 亿 t 和 30 375 亿 t。而根据 IPCC 第五次评估报告第三工作组的研究，2011—2100 年以大于 66% 的可能性实现 2℃温升控制目标的累计二氧化碳排放量为 6 300 亿～11 800 亿 t（图中红线所标示位置）。由此可知，若以 IPCC 报告的下限值作为参考标准，NDC 情景已无法以大于 66% 的可能性实现 2℃温升控制目标。当然，若以 IPCC 报告的上限值作为参考标准，各国在实现 NDC 目标的基础上仍有部分排放空间，但是想要在余下的 70 年内将排放限定在剩余空间内，挑战巨大。

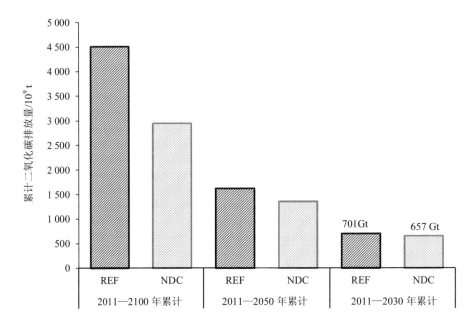

图 3-15　不同情景下累计二氧化碳排放量

3.6.3.2　人均排放

　　未来全球人均排放趋势如图 3-16 所示。REF 情景下，未来全球人均排放量从 2015 年的 4.3 t 逐渐上升到 2030 年的 4.8 t，2050 年达到 5.2 t，2070 年达到 5.4 t，2100 年达到 5.5 t。NDC 情景下，未来全球人均排放呈现持续下降趋势，2030 年

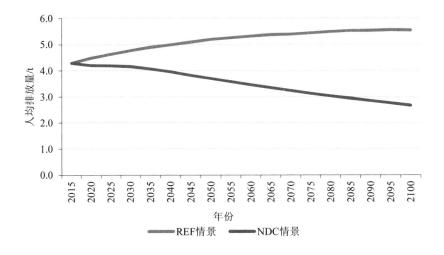

图 3-16　全球未来人均排放变化趋势

下降到 4.2 t，相比 REF 情景降低了 12.8%；2050 年下降到 3.7 t，相比 REF 情景降低了 28.9%；2070 年下降到 3.2 t，相比 REF 情景降低了 40.1%；2100 年下降到 2.7 t，相比 REF 情景降低了 52.0%。

3.6.3.3 排放强度

未来全球 GDP 碳强度变化趋势如图 3-17 所示。REF 情景下，未来全球 GDP 碳强度从 2015 年的 0.40 t/千美元（2011 年美元不变价，下同）逐渐下降到 2030 年的 0.33 t/千美元，2050 年达到 0.25 t/千美元，2070 年达到 0.18 t/千美元，2100 年达到 0.11 t/千美元，碳生产率不断提高。NDC 情景下，未来全球 GDP 碳强度以更快速度下降，2030 年下降到 0.29 t/千美元，相比 REF 情景降低了 12.4%；2050 年下降到 0.18 t/千美元，相比 REF 情景降低了 27.8%；2070 年下降到 0.11 t/千美元，相比 REF 情景降低了 38.6%；2100 年下降到 0.06 t/千美元，相比 REF 情景降低了 50.1%。

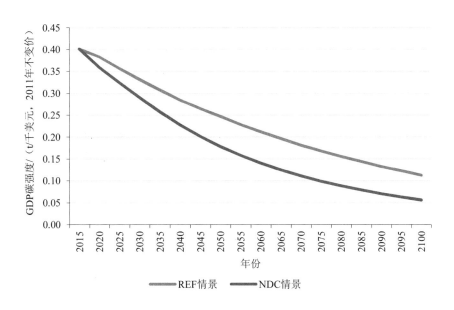

图 3-17 全球未来 GDP 碳强度变化趋势

3.6.3.4 边际减排成本

NDC 目标的实现不会自发完成，需要政策干预，创造动态的激励，也需要付出一定的经济成本。本研究以碳价政策作为所有政策的代表，并以碳价格表示二氧化碳减排过程中的边际减排成本，间接反映各国所需政策力度的大小。同时，为反映各国提出的 NDC 目标的减排力度，这里主要展示 2030 年各国的价格水平。如图 3-18 所示，横轴表示各国 2030 年的边际减排成本，纵轴表示各国 2015—2030 年的 GDP 碳强度年均下降率，圆圈的大小表示各国 2030 年人均排放的高低。横向来看，发达国家的边际减排成本普遍高于发展中国家，集中在 40～80 美元/t，说明发达国家实现 NDC 目标所需的政策力度更大，付出的成本也更高；发展中国家的边际减排成本在 25 美元/t 以内，这与发展中国家具有较高的减排潜力有关。具体地，各国（地区）边际减排成本从大到小依次是：澳洲 76.4 美元/t（2011 年不变价，下同）、美国 72.4 美元/t、欧盟 59.2 美元/t、墨西哥 48.3 美元/t、加拿大 47.5 美元/t、日本 44.5 美元/t、韩国 36.4 美元/t、南非 22.3 美元/t、巴西 12.7 美元/t、俄罗斯 11.3 美元/t、中国 7.3 美元/t 和印度 6.6 美元/t。纵向来看，各国 2015—2030 年的 GDP 碳强度年均下降率在 2%～4%，发达国家的下降率更为集中，大多在 3%～4%。发展中国家由于各国发展阶段不一，具备的减排潜力不同，实现的碳强度下降率存在一定的差异。

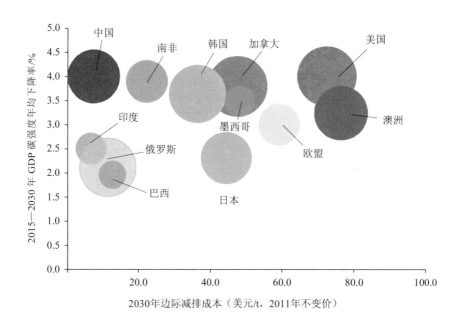

图 3-18　边际减排成本、人均排放与 GDP 碳强度年均下降率

3.6.3.5　一次能源消费总量与结构

全球 REF 情景和 NDC 情景下 2015—2100 年的一次能源消费总量和结构如图 3-19 和图 3-20 所示。为保持各国数据比较的一致性，本节的一次能源消费量均为采用电热当量法计算的数值，并以 t 标准油为单位计算。

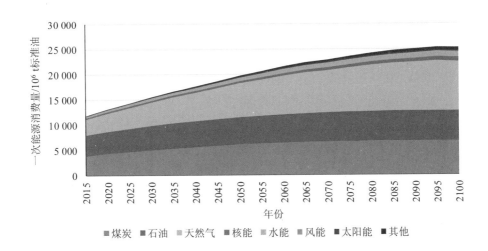

图 3-19　2015—2100 年 REF 情景下全球一次能源消费总量和结构

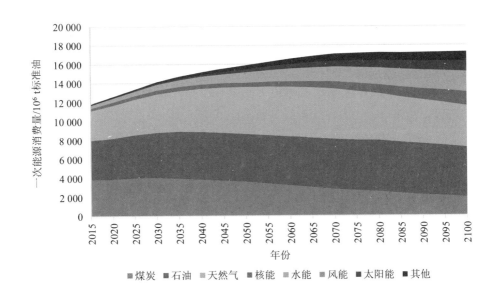

图 3-20　2015—2100 年 NDC 情景下全球一次能源消费总量和结构

　　从总量角度来看，REF 情景下，全球一次能源消费持续上升，一次能源消费总量分别为 2030 年 155.0 亿 t 标准油、2050 年 197.6 亿 t 标准油、2070 年 228.8 亿 t 标准油、2100 年 252.8 亿 t 标准油；NDC 情景下，由于非洲等多数发展中国家（地区）仍处于发展阶段，能源消费需求增长旺盛，全球一次能源消费仍然呈现上升趋势，但是增速明显放缓，一次能源消费总量分别为 2030 年 141.4 亿 t 标准油、2050 年 158.8 亿 t 标准油、2070 年 170.6 亿 t 标准油、2100 年 172.6 亿 t 标准油。与 REF 情景相比，NDC 情景下一次能源消费总量 2030 年降低 9%，2050 年降低 20%，2070 年降低 25%，2100 年降低 32%。可以看出，若各国共同努力实现其 NDC 减排承诺目标合作应对气候变化，全球一次能源消费总量能够实现显著下降，但与实现全球 2℃温升控制目标仍有较大差距。

　　从结构角度来看，在 REF 情景下，煤炭、石油、天然气和非化石能源的比例 2030 年分别为 32%、31%、30% 和 7%；2050 年分别为 31%、27%、34% 和 8%；2070 年分别为 29%、25%、37% 和 9%；2100 年分别为 27%、24%、39% 和 11%。在 NDC 情景下，煤炭、石油、天然气和非化石能源的比例 2030 年分别为 29%、34%、28% 和 9%；2050 年分别为 23%、32%、31% 和 14%；2070 年分别为 17%、31%、31% 和 21%；2100 年分别为 12%、30%、25% 和 33%。可以看出，NDC 目标下，得益于能源的高效利用和非化石能源的大力发展，全球能源系统清洁化转型较为明显。

3.6.3.6　经济影响

　　图 3-21 展示了 REF 情景和 NDC 情景下未来全球 GDP 增长情况。REF 情景下，全球未来 GDP 持续增长，2030 年达到 122.5 万亿美元，2050 年达到 204.7 万亿美元，2070 年达到 313.4 万亿美元，2100 年达到 550.1 万亿美元。NDC 情景下，全球 GDP 在 2030 年达到 121.9 万亿美元，2050 年达到 201.6 万亿美元，2070 年达到 306.1 万亿美元，2100 年达到 529.8 万亿美元。REF 情景下，全球 GDP 年均增速在 2030 年前后达到最高值 3.1%，之后逐渐下降，2050 年为 2.4%，2070 年为 2.0%，2100 年为 1.8%。NDC 情景下的 GDP 年均增速比 REF 情景有所降低。相比 REF 情景，NDC 情景下的 GDP 损失为 2030 年为 0.5%，2050 年为 1.5%，2070 年为 2.3%，2100 年为 3.7%。长期来看，全球要实现 NDC 减排承诺目标，需要付出较高的经济代价。

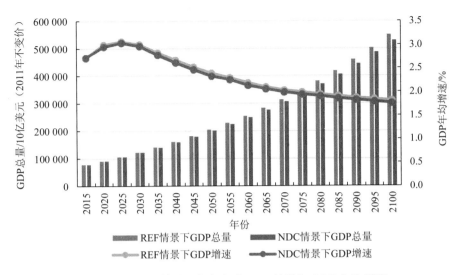

图 3-21　两种情景下未来全球 GDP 总量与 GDP 年均增速

　　图 3-22 和图 3-23 分别展示了 NDC 情景下未来全球和主要国家福利损失变化情况。从图中可以看出，减排政策的实施给全球社会福利带来了一定的负面影响。相比于 REF 情景，NDC 情景下全球福利损失为 2030 年 0.6%、2050 年 1.8%、2070 年 2.7%、2100 年 4.1%。从国别角度来看，2030 年欧盟、美国的福利损失最高，超过全球平均水平；中国、日本和巴西次之，但低于全球平均水平；印度 2030 年的福利损失最低。随着时间的推移，各国（地区）福利损失逐渐增大。到 2100 年，美国的福利损失最大，日本、中国、欧盟、巴西、印度依次降低。整体来看，发达国家的福利损失大于发展中国家，这也与发达国家整体更高的碳价水平相对应。

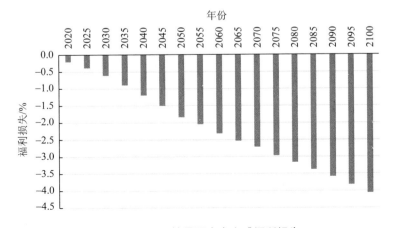

图 3-22　NDC 情景下未来全球福利损失

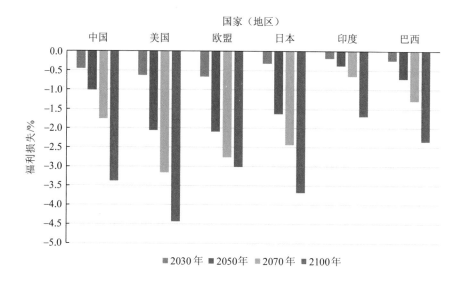

图 3-23　NDC 情景下部分国家福利损失

参考文献

[1]　齐天宇. 全球多区域动态能源经济模型 C-GEM 开发与应用[D]. 北京：清华大学，2014.

[2]　Qi T，Winchester N，Zhang D，et al. The China-in-Global Energy Model[J]. MIT Joint Program on the Science and Policy of Global Change，2014.

[3]　霍健，翁玉艳，张希良. 中国 2050 年低碳能源经济转型路径分析[J]. 环境保护，2016，44（16）：38-42.

[4]　Weng Y Y，Zhang D，Lu L L，et al. A general equilibrium analysis of floor prices for China's national carbon emissions trading system[J]. Climate Policy，2018，18：sup1，60-70.

[5]　Qi T Y，Weng Y Y. Economic impacts of an international carbon market in achieving the INDC targets[J]. Energy，2016，109：886-893.

[6]　Aguiar A，Narayanan B G，McDougall R. An Overview of the GTAP 9 Data Base[J]. Journal of Global Economic Analysis，2016，1（1）：181-208.

[7]　国家统计局能源统计司. 中国能源统计年鉴 2014[M]. 北京：中国统计出版社，2015.

[8]　中华人民共和国国家统计局. 2017 中国统计年鉴[M]. 北京：中国统计出版社，2017.

[9]　United Nations. Department of Economic and Social Affairs，Population Division[J]. World

Population Prospects：The 2017 Revision，2017.

[10] World Bnak Open Data. GDP [EB/OL]. [2017-03-04]. https://data.worldbank.org/indicator/ NY.GDP.MKTP.CD?view=map.

[11] IEA（International Energy Agency）. World Energy Outlook 2017[R]. IEA，Paris，2017.

[12] IPCC（Intergovernmental Panel on Climate Change）. Climate Change 1995：Economic and Social Dimensions of Climate Change：Contribution of Working Group Ⅲ to the Second Assessment Report of the Intergovernmental Panel on Climate Change[M]. Cambridge University Press，1996.

[13] 张旭. 中国分区综合评估模型（REACH）开发与应用[D]. 北京：清华大学，2016.

[14] UNFCCC（United Nations Framework Convention on Climate Change）. Paris Agreement - Status of Ratification [EB/OL]. [2018-06-01]. https://unfccc.int/process/the-paris-agreement/ status-of-ratification.

[15] WB（World Bank）. Global Economic Prospects：The Global Economy in Transition[R]. Washington，DC，2015.

[16] IMF（International Monetary Fund）. World Economic Outlook Update[R]. Washington，2015.

[17] UN（United Nations）. World Economic Situation and Prospects 2015[R]. New York，2015.

[18] IEA（International Energy Agency）. World Energy Outlook 2016[R]. IEA，Paris，2016.

[19] OECD（Organisation for Economic Co-operation and Development）. Economic Outlook No 95 - Long-term baseline projections [EB/OL]. [2017-09-09]. http://stats.oecd.org/Index.aspx? DataSetCode=EO95_LTB.

[20] EU（European Union）. China：Economic Outlook[R]. Belgium，2015.

[21] 国务院. 国家人口发展规划（2016—2030 年）[EB/OL]. 2017. http://www.gov.cn/zhengce/ content/2017-01/25/content_5 163 309.htm.

第4章
上海市和广东省低碳发展报告[①]

4.1 引言

为积极应对气候变化，中国于 2015 年 6 月向联合国气候变化框架公约秘书处提交了应对气候变化国家自主贡献文件《强化应对气候变化行动——中国国家自主贡献》，该文件正式承诺 2020 年和 2030 年单位国内生产总值二氧化碳排放比 2005 年分别下降 40%～45% 和 60%～65%，非化石能源占一次能源消费比重分别达到 15% 和 20% 左右。自上而下类型的行政措施在实现减排目标方面效果有限，我国正在探索基于市场的工具，如碳交易和碳排放限额等，以降低能源和碳强度。我国先后启动了包括广东省和上海市在内的 7 个碳排放交易试点，采用配额交易机制，即对控排企业分配一定的二氧化碳排放额度，允许各企业根据自身的经营状况和实现减排的成本差异，在市场上进行自由交易。经过 7 个试点碳市场几年的试运行，2017 年 12 月，中国碳排放权交易体系正式开始全国统一运行，在发电行业（含热电联产）率先启动，逐步扩大参与碳市场的行业范围，增加交易品种。建立碳排放权交易市场，是利用市场机制控制温室气体排放的重大举措，也是深化生态文明体制改革的迫切需要，有利于降低全社会减排成本，有利于推动经济向绿色低碳转型升级。

本章所用研究方法为北京大学环境科学与工程学院自主开发的能源-环境-经济可持续发展综合评价模型（Integrated Model of Energy，Environment and Economy for Sustainable Development，IMED），IMED 模型是一套针对能源-环境-经济复杂系统分析的综合评估模型系统，适用于研究中国、各区域和全球绿色低碳转型中的一系列关键问题，模型介绍见项目组主页[②]或关注微信公众号

---

① 本章作者：北京大学环境与工程学院戴翰程、刘晓瑞。
② LEEEP 项目组 IMED 模型主页：http://scholar.pku.edu.cn/hanchengdai/imed_general。

LEEEP_Forum。IMED 模型体系聚焦于模拟社会经济运行和能源供需系统，主要包括宏观经济模型（IMED/CGE）和人群健康模型（IMED/HEL），也在不断完善能源技术优化模型和系统核算模型等模块，并有相应的经济、能源、环境、资源数据库作为坚实的数据支撑。通过模型之间的耦合分析，IMED 系列模型体系旨在以系统和定量的方法，在市区级、省级、国家、全球等不同尺度上，模拟能源、环境、经济发展路径，探索经济增长宏观演进规律，刻画不同经济增长方式对资源消耗、能源需求、环境与健康影响及其他环境外部性，并分析转型的成本和效益。具体研究主题包括：中国中长期低碳发展路径和碳限额的经济影响、碳减排对产业竞争力的影响、碳交易和环境税的政策影响、气候变化与空气污染及其减缓政策的健康影响、气候-能源-经济-农业-水关联分析等。研究成果阶段性总结可参见项目组公众号"IMED 研究"栏目。

　　本研究通过应用 IMED 体系中的 IMED/CGE 模型[①]，选取了我国经济活跃、人口密度大以及能源消耗大的上海市和广东省作为案例，构建了上海市和广东省CGE 模型，量化了 2030 年在实现我国 NDC 减排目标背景下，部门层面碳排放交易对上海市和广东省的经济影响。

4.2　IMED/CGE 模型介绍

4.2.1　IMED/CGE 模型概述

　　可计算一般均衡（Computable General Equilibrium，CGE）模型通常是在一个处于均衡态的经济系统中，对某些变量进行一定程度的政策干扰，在该经济系统再次回到均衡态时，评估各个经济变量的变化所产生的影响，政策的目标变量选择可根据需要进行设定。CGE 模型是全面刻画经济发展、能源需求、温室气体及空气污染物排放之间关系的综合评价模型。在国内外被广泛地应用于事前定量评价税收、贸易、能源、温室气体减排等政策的效果和经济影响。

　　本研究定量评估部分所运用的是全球多部门、多区域动态 IMED/CGE 模型（图 4-1）。本模型及其衍生版本近年来被系统地应用于综合评价我国国家层面和省级层面的空气污染减排、人群健康、能源和气候变化应对政策。本模型以各年投入产出表数据为社会经济方面的数据基础，结合能源平衡表，产业统计年鉴数

---

① 模型最新介绍见：http://scholar.pku.edu.cn/hanchengdai/imedcge。

据形成了 CGE 模型所需的基准年数据。模型由 GAMS/MPSGE 建模并用 PATH 算法器求解，以 1 年为步长动态模拟基准年至未来某一目标年（如 2030 年或 2050 年）期间全球各国经济走势、产业结构变化、能源消费及其碳排放趋势。模型的部门划分可根据研究问题和目标的不同而灵活设置，常见的划分方式有：22 部门、25 部门、33 部门和 91 部门。模型将全球划分为若干个地区。国内区域可灵活配置为 30 个省级行政区（港澳台地区、西藏自治区除外）、7 个地区、东中西 3 个地区或任意一个省级行政区，而国际区域可划分为 1 个区、3 个区或 14 个区。

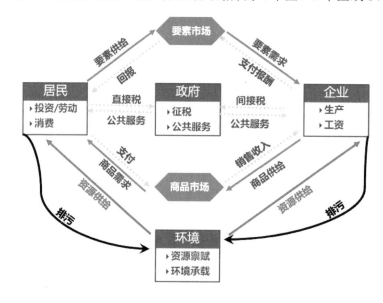

图 4-1　CGE 概念图

资料来源：戴瀚程. IMED 模型体系简介[EB/OL]. http://scholar.pku.edu.cn/hanchengdai/imed_general。

　　模型包括一个生产模块、国内外贸易的市场模块以及政府和居民的收支模块。企业生产行为由常替代弹性生产函数刻画，生产投入品分为物料投入、能源投入、劳动力和资本投入等，模型仅模拟能源消费相关的碳排放，不考虑其他排放源如生产过程排放和土地利用排放。模型的详细技术性介绍参见文献。此外，在模型中设定了相应的人口增长路径与技术进步率（全要素生产率和能效改进参数）。能效参数（单位经济产出所需要的能源投入）设定比较复杂，区分了不同燃料品种、发达国家和发展中国家。固体燃料和液体燃料在发达国家年均效率提高 1%～2%，在发展中国家年均提高 3%～5%；气体燃料在发达国家年均提高 0～1%，在发展中国家年均提高 2% 左右（负号代表发展中国家未来对天然气的消费偏好提高而非效率降低）。用电效率在发达国家年均提高约 0.5%，而发展中国家年均提高 3%左右。总体而言，各国未来能源与二氧化碳排放主要由经济增长速度、能源效率提高速度以及能源的相对价格变化的复杂机制驱动。除此之外，没有考虑各国特定的能源和气候政策，如美国的清洁电力计划。

本章中，上海市和广东省低碳发展报告分别构建了上海市和广东省两区域动态 IMED/CGE 模型，用于分析两地经济、能源和碳排放变化。模型将中国分为上海市和广东省及中国其他地区两个区域，可以更好地模拟不同区域之间经济变化的关联效应。模型的基本框架和一区 CGE 模型大体相同，在此基础上根据研究需要，增加了碳交易模块。

4.2.2　IMED/CGE 模型原理介绍

以下部分介绍 IMED/CGE 模型的生产、最终需求、商品供应与贸易、市场出清、宏观闭合及动态化过程模块。

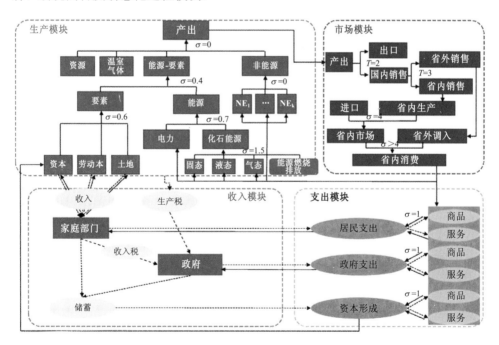

图 4-2　IMED/CGE 整体结构

资料来源：戴瀚程. IMED 模型体系简介[EB/OL]. 2018. http://scholar.pku.edu.cn/hanchengdai/imed_general.

4.2.2.1　生产函数

地区（r）的部门（j），总产出由各投入品嵌套生产而得，包括劳动力、资本、能源（如煤炭、石油、天然气和电力）和物质投入等。某些部门如农业、采煤、采油、采矿等，资源也作为投入品。如图 4-3 和式（4-2）所示，生产行为由一个四层嵌套的 CES 生产函数刻画。在顶层，行业水平的总产出是中间投入品、增加值要素及其他投入的列昂惕夫生产函数组合；第二层，中间投入的复合商品由国内品和进口品 CES 合成，允许进口品和国内商品之间的不完全替代。复合能源投入与增加值也采用 CES 合成；第三层，增加值由基本生产要素通过 CES 生产函数合成，主要包括资本、劳动力、土地等；能源投入由化石能源和电力投入的 CES 合成，化石能源包括固体、液体和气体化石燃料；最底层是化石燃料与污染物排放的组合。在给定的投入品价格[式（4-1）]和生产技术水平[式（4-2）]条件下，生产者选择合适的投入品数据，利润最大化，进而确定生产量。

$$\max: \ \pi_{r,j} = p_{r,j} \cdot Q_{r,j} - \left(\sum_{i=1}^{N} p_{r,i} \cdot X_{r,i,j} + \sum_{v=1}^{V} w_{r,v} \cdot V_{r,v,\ j} \right) - T_{r,j}^{z} \tag{4-1}$$

生产技术水平约束条件：

$$\begin{aligned}
Q_{r,j} = \ &\mathrm{LEO}_{1rj}\{\mathrm{M}_{r,j}, \ \mathrm{R}_{r,j}, \ \mathrm{CES}_{2vae}[\mathrm{CES}_{3va}(K_{r,j}, \ L_{r,j}), \\
&\mathrm{CES}_{3re}(\mathrm{ele}_{r,j}, \ \mathrm{CES}_{4fos}\mathrm{coal}_{r,j}, \mathrm{gas}_{r,j}, \mathrm{oil}_{r,j})]\}
\end{aligned} \tag{4-2}$$

式中，$\pi_{r,j}$——地区 r，j 行业生产部门的利润；

　　　$Q_{r,j}$——地区 r，j 行业生产部门的总产出；

　　　$L_{r,j}$——地区 r，j 行业的劳动力人口数量；

　　　$K_{r,j}$——地区 r，j 行业的资本投入；

　　　$X_{r,i,j}$——地区 r，i 行业部门对 j 行业生产部门的中间投入，包括物质投入 $\mathrm{M}_{r,i,j}$，电力 $\mathrm{ele}_{r,j}$，煤炭 $\mathrm{coal}_{r,j}$，天然气 $\mathrm{gas}_{r,j}$，原油 $\mathrm{oil}_{r,j}$，成品油 $\mathrm{pet}_{r,j}$ 和资源 $\mathrm{RES}_{r,j}$；

　　　$V_{r,v,j}$——地区 r，对 j 行业生产部门的要素投入；

　　　$p_{r,i}$——地区 r 行业生产部门 i 生产产品的价格；

　　　$w_{r,v}$——地区 r 行业生产部门生产要素 v 的价格。

注：土地只作为农业部门的投入，其他资源开采部门如原油、天然气、原煤及矿物开采等部门需要使用资源作为投入；能源转换部门，如炼油、制气中，一次能源被认为是物质投入，不发生燃料；电力部门分为三种火力发电（煤、油、气）和五种非化石能源发电（水力、核能、风能、太阳能、生物质）（图 4-3b）。

模型假设劳动力可在地区内部的部门间自由流动，而不能在地区间流动。资本流动方式遵从 putty-clay 方式，即已有资本不可在部门间或地区间流动，而新增投资可在地区内部部门间自由流动。

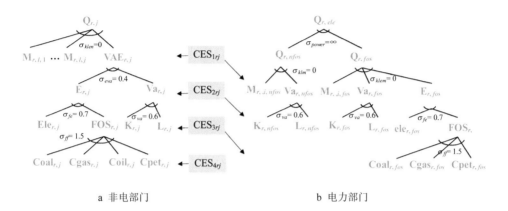

a　非电部门　　　　　　　　　　　　b　电力部门

图 4-3　生产函数嵌套关系

注：σ 投入品替代弹性。 $VAE_{r,j}$、$VA_{r,j}$、 $E_{r,j}$、 $FOS_{r,j}$ 分别为 CES 函数中增加值与能源、增加值、能源与化石能源复合品。

资料来源：戴瀚程. IMED 模型体系简介[EB/OL]. 2018. http://scholar.pku.edu.cn/hanchengdai/imed_general.

4.2.2.2　最终需求

对于消费者，其决策过程表现为选择适当的消费与储蓄结构，同时确定各种消费品在总消费支出中的比例，使消费者在给定预算水平约束下实现其效用函数的最大化。居民和政府分别被模拟为两个不同的最终消费部门。居民、政府和资本形成的最终需求（ DEM_r^d ）由 Cobb-Douglas 效用函数（或需求函数）表征[式（4-3）]。

$$DEM_r^d = A_r^d \cdot \prod_i^N (X_{r,i}^d)^{\alpha_{r,i}^d}, \ d \in (居民、政府和资本形成) \qquad (4-3)$$

式中， DEM_r^d ——最终需求，其中 d 包括居民 p、政府 g 和资本形成 n；

　　　　A_r^d ——生产函数的规模参数；

　　　　$X_{r,i}^p$，$X_{r,i}^g$，$X_{r,i}^n$ ——分别是居民、政府和资本形成的需求量；

　　　　$\alpha_{r,i}^d$ ——生产函数的份额比例。

如式（4-4）所示，居民部门的收入来源是要素供应 $\left[\sum_{v=1}^V \left(w_{r,v} \cdot V_{r,v} \right) + \right.$

$$\sum_j \left(pld_r \cdot Q_{r,j}^{\text{LAND}}\right) + \sum_{s,j} \left(p_{r,s}^s \cdot Q_{r,j,s}^{\text{RES}}\right)\Bigg]$$ 和来自政府的转移支付。税后收入（直接税：T_r^d）

用于储蓄投资（S_r^p）或最终消费（$\sum_i p_{r,i} \cdot X_{r,i}^p$）。居民在收入 [式（4-4）] 和价格

的约束下，通过选择最佳消费商品组合实现效用的最大化。总投资为外生给定 [见

式（4-16）]。

居民收入约束条件：

$$
\begin{aligned}
\sum_{v=1}^{V}(\omega_{r,v} \cdot V_{r,v}) + \sum_j (pld_r \cdot Q^{\text{LAND}}) + \sum_{s,j}(p_{r,j}^s \cdot Q_{r,j,s}^{\text{RES}}) + T_r^{\text{cab}} - T_r^d = \\
\sum_i p_{r,i} \cdot X_{r,i}^p + S_r^p
\end{aligned}
\tag{4-4}
$$

式中，$\omega_{r,v}$——地区 r，对 j 行业生产部门生产产品的价格；

$V_{r,v}$——居民家庭可提供的第 v 种要素禀赋量；

pld_r——土地价格；

$Q_{r,j}^{\text{LAND}}$——部门 j 土地投入；

$p_{r,j}^s$——资源 s 价格；

$Q_{r,j,s}^{\text{RES}}$——部门 j 资源投入量；

T_r^{cab}——碳税收入；

T_r^d——直接税；

$p_{r,i}$——商品价格；

$X_{r,i}^p$——居民需求量；

S_r^p——居民储蓄。

另一方面，政府通过征税作为收入（$T_r^d + \sum_j T_{r,j}^z + \sum_j T_{r,j}^m$），并向社会提供公共

服务（$p_{r,i} \cdot X_{r,i}^g$）[式（4-5）]。碳税收入（T_r^{cab}）作为转移支付返还给居民。

约束条件：

$$
T_r^d + \sum_j T_{r,j}^z + \sum_j T_{r,j}^m = \sum_i p_{r,i} \cdot X_{r,i}^g + S_r^g
\tag{4-5}
$$

一阶条件下可以导出针对居民、政府和资本形成的最优解 [式（4-6）、式（4-7）、

式（4-8）]：

$$X_{r,i}^{p} = \frac{\alpha_{r,i}^{p}}{p_{r,i}} \cdot \left[\sum_{v=1}^{V} \left(w_{r,v} \cdot V_{r,v} \right) + \sum_{j} \left(pld_{r} \cdot Q_{r,j}^{\mathrm{LAND}} \right) \right.$$

$$\left. + \sum_{s,j} \left(p_{r,s}^{s} \cdot Q_{r,j,s}^{\mathrm{RES}} \right) - S_{r}^{p} - T_{r}^{d} \right] \tag{4-6}$$

$$X_{r,i}^{g} = \frac{\alpha_{r,i}^{g}}{p_{r,i}} \cdot \left(T_{r}^{d} + \sum_{j} T_{r,j}^{z} + \sum_{j} T_{r,j}^{m} - S_{r}^{g} \right) \tag{4-7}$$

$$X_{r,i}^{n} = \frac{\alpha_{r,i}^{n}}{p_{r,i}} \cdot \left(S_{r}^{p} + S_{r}^{g} + \varepsilon \cdot S_{r}^{f} \right) \tag{4-8}$$

式中，$X_{r,i}^{p}$，$X_{r,i}^{g}$，$X_{r,i}^{n}$——分别是居民、政府和资本形成的需求量；

　　　$\omega_{r,v}$——地区 r，对 j 行业生产部门生产产品的价格；

　　　$V_{r,v}$——居民家庭可提供的第 v 种要素禀赋量；

　　　pld_{r}——土地价格；

　　　$Q_{r,j}^{\mathrm{LAND}}$——部门 j 土地投入；

　　　$p_{r,j}^{s}$——资源 s 价格；

　　　$Q_{r,j,s}^{\mathrm{RES}}$——部门 j 资源投入量；

　　　T_{r}^{d}——直接税；

　　　S_{r}^{p}——居民储蓄；

　　　$T_{r,j}^{z}$——部门 j 生产税；

　　　$T_{r,j}^{m}$——商品 j 进口税；

　　　S_{r}^{g}——国际净收支（政府）；

　　　S_{r}^{f}——国际净收支（资本）；

　　　ε——汇率；

　　　$p_{r,i}$——商品价格；

　　　$\alpha_{r,i}^{d}$——生产函数的份额比例。

4.2.2.3　商品供应和区域贸易

　　市场模块表示商品的消费流向，供给本地消费或调出口，结构如图 4-4 所示。生产模块中完成生产后，需根据生产商品的国内外价格，决定总产出中用于出口和内销的份额，以追求利润最大化。假设国内总产出中用于出口的产品和用于国内销售的产品具有不完全转换弹性，依据相应的弹性参数，用常转换弹性（CET）函数描述国内总产出在出口和国内销售之间的分配比例。对于进口需求量，采用 Armington 假设，即进口商品和国内生产的商品具有不完全替代性，用 CES 函数合成为复合商品[式（4-9）和式（4-10）]，该复合商品在国内需求包括居民、政府、投资和中间投入需求间进行分配。

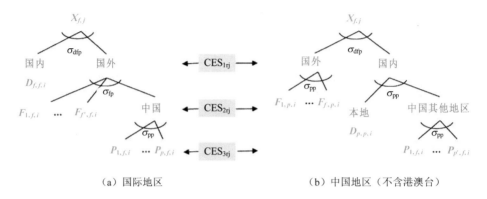

（a）国际地区　　　　　　　　　（b）中国地区（不含港澳台）

图 4-4　本地生产、国内其他地区生产和进口商品复合函数

注：σ 替代弹性。
资料来源：戴瀚程. IMED 模型体系简介[EB/OL]. 2018. http://scholar.pku.edu.cn/hanchengdai/imed_general.

向国外市场供应（f）：

$$X_{f,i}=\mathrm{CES}_{s1}\left\{D_{f,f,i},\ \mathrm{CES}_{s2}\left[F_{1,f,i},\cdots,\ F_{f',f,i},\ \mathrm{CES}_{s3}(P_{1,f,i},\cdots,\ P_{p,f,i})\right]\right\}$$

（4-9）

向中国国内市场供应（p）：

$$X_{p,i}=\mathrm{CES}_{s1}\left\{F_{1,p,i},\cdots,\ F_{f,p,i},\ \mathrm{CES}_{s2}\left[D_{p,p,i},\ \mathrm{CES}_{s3}(P_{1,p,i},\cdots,\ P_{p',p,i})\right]\right\}$$

（4-10）

式中，$D_{f,f,i}$——世界其他地区生产的商品；

　　$P_{p,f,i}$——中国生产且出口至世界其他地区的商品；

　　$F_{f,p,i}$——世界其他地区生产且进口至中国的商品；

　　$D_{p,p,i}$——本省生产且销售至本省的商品；

　　$P_{p',p,i}$——其他省份生产的商品。

不同类型商品的价格有所区分。其中一类是用本国货币计价的商品价格 p_i^{e} 和 p_i^{m}；另一类是用国外货币计价的商品价格 p_i^{We} 和 p_i^{Wm}。它们的相互关系如式（4-11）和式（4-12）所示：

$$p_i^{\mathrm{e}} = \varepsilon \cdot p_i^{\mathrm{We}} \qquad (4\text{-}11)$$

$$p_i^{\mathrm{m}} = \varepsilon \cdot p_i^{\mathrm{Wm}} \qquad (4\text{-}12)$$

式中，p_i^{We}——以国外货币计价的出口价格；

　　p_i^{e}——以国内货币计价的出口价格；

　　p_i^{Wm}——以国外货币计价的进口价格；

　　p_i^{m}——以国内货币计价的进口价格。

此外，假设国际收支均衡（即指进出口净额和国外储蓄之间平衡）受名义汇率、外国净储蓄和价格指数的变动影响[式（4-13）]：

$$\sum_i p_i^{\mathrm{We}} \cdot E_{r,i} + S_r^f = \sum_i p_i^{\mathrm{Wm}} \cdot M_{r,i} \qquad (4\text{-}13)$$

式中，$E_{r,i}$——出口；

　　$M_{r,i}$——进口。

4.2.2.4　市场出清

模型的均衡约束条件包括要素市场均衡、商品市场均衡、国际收支均衡及投资储蓄均衡四类。商品市场中必须满足商品的总供给等于总需求，总供给包括本地供给量与进口量，总需求包括中间投入的总需求、家庭消费的总需求、政府消费总需求、固定投资总需求等，同时考虑存货的变动。

商品市场出清见式（4-14），某一产品的产量等于中间投入、居民消费、政府消费、资本形成、向国外出口和向省外调出，以及存货变动：

$$Q_{r,i} = \sum_d X_{r,i}^{\mathrm{d}} + \sum_f F_{r,f,i} + \sum_p P_{r,p,i} - \sum_f F_{f,r,i} - \sum_p P_{p,r,i} - \mathrm{STK}_{r,i} \qquad (4\text{-}14)$$

式中，$Q_{r,i}$——某地区 r 某一产品 i 的产量；

　　$X_{r,i}^{\mathrm{p}}$，$X_{r,i}^{\mathrm{g}}$，$X_{r,i}^{\mathrm{n}}$——分别是居民、政府和资本形成的需求量；

　　$\sum_f F_{r,f,i}$——国外出口量；

　　$\sum_p P_{r,p,i}$——省外调出量；

　　$\mathrm{STK}_{r,i}$——存货变动。

要素市场见式（4-15），总的要素供应（$V_{r,v}$）等于每个部门的要素投入（$v_{r,v,j}$）之和：

$$V_{r,v} = \sum_j v_{r,v,j} \tag{4-15}$$

式中，$V_{r,v}$——总要素供应；

$\sum_j v_{r,v,j}$——某部门要素投入。

4.2.2.5　宏观闭合

市场均衡对于供求关系平衡具有重要意义，主要包括商品市场均衡、要素市场均衡、政府预算均衡、国际市场收支均衡和储蓄—投资均衡等。商品市场均衡是指各个部门不同种类商品的总供给需求平衡；要素市场均衡包括劳动力市场均衡与资本市场均衡；政府预算均衡是指政府的总收入支出平衡，用政府储蓄或者赤字来实现政府预算的均衡，政府储蓄是政府收入与消费支出的差额；国际收支均衡是指进出口净额和国外储蓄之间平衡，名义汇率、外国净储蓄和价格指数的变动都可以影响该平衡；储蓄—投资均衡是指总储蓄量与总投资量保持均衡，总储蓄量是指政府、居民、企业和国外储蓄的总和，其中，政府储蓄是指政府收入和消费支出的差额，企业和居民储蓄则是按照固定的比率得到，外国储蓄则是外生给定的固定值。CGE 模型的宏观经济均衡主要包括政府预算均衡、国际收支均衡与储蓄—投资均衡。

在宏观闭合规则方面，目前 CGE 模型常用的宏观闭合规则主要有以下四种：①凯恩斯闭合，凯恩斯闭合不要求劳动力市场和商品市场同时达到均衡，其前提是劳动力和资本大量闲置，生产要素劳动和资本的供应不受限制，就业率成为内生变量，完全由需求单方面决定，要素的价格也是固定的。②新古典主义宏观闭合，其特征是假定投资不是自由给定的，投资是内生变量，并且应等于计划的储蓄，投资与储蓄的均衡是有模型外的利率调节机制来实现。③约翰森闭合规则，其假定总投资水平外生给定，就必须把政府消费作为内生变量，或者通过外部财政政策即政府预算盈余或赤字来使得投资和储蓄均衡。④新凯恩斯闭合，其假设如果投资水平和政府消费外生给定，那么要素市场的优化条件将无法实现，即实际工资不等于劳动力边际产出，而是通过收入分配机制使得投资和储蓄均衡。

在此模型中，闭合规则是政府储蓄（S_r^g）、总投资和国际收支（S_r^f）是外生固定，而汇率（ε）是内生变动的。

4.2.2.6　动态过程

此模型以 1 年为步长递归动态计算，如下列公式所示，下一期的资本存量[式（4-16）和式（4-17）]、劳动力[式（4-18）]、土地、自然资源、效率参数[式（4-19）]、化石能源开采成本与上一期的相应参数紧密关联。

资本存量累积过程：

$$\text{TI}_{r,t+1} = \sum_j \text{CAPSTK}_{r,j,t} \cdot \left[\left(1 + g_{r,t+1}\right)^T - \left(1 - d_r\right)^T \right] \qquad (4\text{-}16)$$

$$\text{CAPSTK}_{r,j,t} = \left(1 - d_r\right)^T \cdot \text{CAPSTK}_{r,j,t-1} + T \cdot I_{r,i,t} \qquad (4\text{-}17)$$

式中，$\text{TI}_{r,t}$——总投资外生给定；

$I_{r,j,t}$——各部门分配到的新增投资，基于各部门的资本回报率决定；

$\text{CAPSTK}_{r,j,t}$——资本存量累积，过程见式（4-17）；

d_r——折旧率，5%；

T——时间步长，1 年。

劳动力、土地和自然资源：

$$V_{r,v}^t = V_{r,v}^{t-1} \cdot (1 + gr_{r,v}^t) \qquad (4\text{-}18)$$

式中，$V_{r,v}^t$——初级要素（v）如劳动力、土地和自然资源；

$gr_{r,v}^t$——相应增长率。

效率参数：

IMED/CGE 模型区分新增资本的新技术和资本存量的已有技术的技术效率是不同的。对新增资本而言，其能源效率、土地生产率和全要素生产率为外生给定的情景，而对已有的资本存量，其效率 $\text{EFF}_{r,\text{par},j}^{\text{ext},t}$ 是上一期的资本存量效率（$\text{EFF}_{r,\text{par},j}^{\text{ext},t-1}$）和上一期新增资本效率（$\text{EFF}_{r,\text{par},j}^{\text{new},t-1}$）的加权平均，如式（4-19）所示：

$$\text{EFF}_{r,\text{par},j}^{\text{ext},t} = \frac{\left(\text{EFF}_{r,\text{par},j}^{\text{ext},t-1} \cdot \text{CAPSTK}_{r,j,t-1} + \text{EFF}_{r,\text{par},j}^{\text{new},t-1} \cdot I_{r,j,t-1} \right) \cdot \left(1 - d_r\right)^T}{\text{CAPSTK}_{r,j,t}} \qquad (4\text{-}19)$$

式中，$\text{EFF}_{r,\text{par},j}^{\text{ext},t}$——已有资本存量效率；

$\mathrm{EFF}_{r,\mathrm{par},j}^{\mathrm{ext},t-1}$——上一期资本存量效率；

$\mathrm{EFF}_{r,\mathrm{par},j}^{\mathrm{new},t-1}$——新增资本效率。

4.2.2.7 碳排放交易

为了更好地探究碳交易政策,在传统的 CGE 模型中增加了一个可以在部门层面实施碳交易政策的碳排放权交易模块。如图 4-5 所示,C_1 和 C_2 为部门对碳配额的需求曲线。图中横轴表示部门的配额量,纵轴表示该部门的边际减排成本。CGE 模型确定初始均衡点 A 和 B,部门 1 和部门 2 的碳影子价格分别为 P_1 和 P_2($P_1 < P_2$)。当允许碳交易时,部门 1 趋向于在碳市场中购买 ΔQ_2 的碳配额,部门 2 趋向于向碳市场出售 ΔQ_2 的碳配额。从而到达新的平衡点(A' 和 B'）使碳市场出清,如式(4-20)和式(4-21)所示。

碳排放权卖出量等于买入量：

$$\Delta Q_1 = \Delta Q_2 \tag{4-20}$$

买方支出等于卖方收入：

$$\Delta Q_1 P' = \Delta Q_2 P' \tag{4-21}$$

相应地,当更多的行业参与碳排放交易时,必须满足上述条件,如式(4-22)和式(4-23)所示。

$$\sum_s \Delta Q_s = \sum_b \Delta Q_b \tag{4-22}$$

$$\sum_s \Delta Q_s P' = \sum_b \Delta Q_b P' \tag{4-23}$$

式中,s,b——分别为碳交易市场上的卖方和买方；

ΔQ——碳交易量,t；

P——碳影子价格。

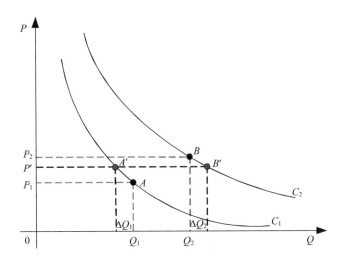

图 4-5　部门间碳排放权交易机理

资料来源：戴瀚程. IMED 模型体系简介[EB/OL]. 2018. http://scholar.pku.edu.cn/hanchengdai/imed_general.

4.2.2.8　数据

投入产出表是构建社会核算矩阵（Social Accounting Matrix，SAM）的重要数据来源。IMED/CGE 模型中，国内数据为中国国家和各省投入产出表以及能源平衡表，目前国内每 5 年进行一次全国投入产出表调查核算，迄今为止共发表了 5 份投入产出表。而国际经济数据为 GTAP6 和 IEA 的国际能源平衡表。本次上海和广东报告用到的是 2007 年上海、广东和全国投入产出表。

由于一般的 CGE 模型中各个部门均以价值量为单位，而实际需求的能源消耗及二氧化碳排放则是以实物物理量的形式。为了将价值量转换成实物量，则需参考能源平衡表中的数据，得到当年能源消耗的实物量。由于能源平衡表中各个部门的消费数据与投入产出表中的价值量不一致，但是根据当年能源消费总量与当年能源消费价值量得出不同能源的平均价格是一致的。因此求出每一种能源品种当年的平均价格，就可以根据投入产出表转换成各个部门能源消费及二氧化碳排放。

由于统计口径差异，能源平衡表和投入产出表中各部门能源消费不一致，一般认为能源平衡表中的物质量信息更为可靠。为解决这一问题，本研究基于各部门能源消费比例，并根据能源消费数据合并分解，使之与投入产出表中的行业分类对应一致，再利用最小二乘法和交叉熵法[式（4-24）至式（4-27）]调整并重新平衡了投入产出表。

此外，模型还需要能源价格和二氧化碳排放系数（IPCC 推荐方法），并将所有价格都调整到基准年。

最小化：

$$\varepsilon = \sum_{en,i} (Shr_{en,i}^{IOT} - Shr_{en,i}^{EBT})^2 \tag{4-24}$$

约束条件：

$$Shr_{en,i}^{IOT} = \frac{EN_{en,i}^{IOT}}{TCON_{en}^{IOT}} \tag{4-25}$$

$$Shr_{en,i}^{EBT} = \frac{EN_{en,i}^{EBT}}{TCON_{en}^{EBT}} \tag{4-26}$$

$$\sum_i EN_{en,i}^{IOT} \cdot P_{en} = \sum_i EN_{en,i}^{EBT} \tag{4-27}$$

式中，ε——目标误差；

en——能源商品（煤、气、油、电）；

i——部门划分；

$Shr_{en,i}^{IOT}$——IOT 里的各部门能源消费比例，%；

$Shr_{en,i}^{EBT}$——EBT 里的各部门能源消费比例，%；

$EN_{en,i}^{IOT}$——IOT 里的各部门能源消费，美元；

$EN_{en,i}^{EBT}$——EBT 里的各部门能源消费，PJ；

$TCON_{en}^{IOT}$——IOT 里的总能源消费，美元；

$TCON_{en}^{EBT}$——EBT 里的总能源消费，PJ；

P_{en}——能源价格，美元/PJ。

4.3　上海市低碳发展报告

4.3.1　研究背景

上海市是我国经济活跃、人口密度大且能源消耗大的城市之一，其人口占全国总人数的 1.4%，但是其煤炭、石油、天然气消费分别占全国总消费的 2.2%、8.4% 和 3.8%（表 4-1）。为了推进经济社会低碳转型发展，上海市人民政府于 2012 年发布了《上海市节能和应对气候变化"十二五"规划》，规划中提出到 2020 年，上海力争实现传统化石能源消费总量的零增长，能源利用效率主要指标达到国际先进水平，人均能源消费量和碳排放量基本实现零增长，单位生产总值二氧化碳排放量比 2005 年下降 40%～45%。

上海碳排放交易市场自 2013 年 11 月正式启动，覆盖 190 家企业，占上海市排放总量的 57%，参与部门包括纺织、造纸、炼油和炼焦、化工、水泥、其他非金属、钢铁、有色金属和电力等工业部门，航空运输、火车站等非工业部门，以及港口、机场、酒店、商场和金融公司等。上海试点碳交易市场与其他试点市场不同之处在于考虑合理增长和企业先期节能减排行动，按各行业配额分配方法，一次性分配试点企业 2013—2015 年各年度碳排放配额，试点期间，试点企业碳排放配额不可预借。

表 4-1　2007 年上海市社会经济能源指标概览

指标	数值	占全国比例/%
人口/万人	1 858	1.4
地区生产总值/亿元	12 188.8	4.9
人均地区生产总值/元	66 367	354
进口/亿美元	1 924	20.1
出口/亿美元	3 285	27.0
煤耗/PJ	1 211.4	2.2
石油消耗量/PJ	1 192.5	8.4
天然气消耗量/PJ	101.6	3.8

资料来源：2008 年中国统计年鉴；2008 年中国能源统计年鉴。

本研究将探讨影响不同行业交易行为的关键因素，重点回答以下三个问题：①未来 10 年内上海市碳排放交易可以在多大程度上降低碳减排成本？②交易价格和交易量将是多少？哪些行业将成为碳排放交易市场的主要买家，以及哪些行业将成为主要卖家？③上海碳排放交易体系对部门层面的经济产出和就业有何影响？影响碳市场的关键因素是什么？

4.3.2　数据与情景设置

4.3.2.1　数据

该模型需要的数据包括 2007 年上海市和中国其他地区的投入产出表、能源平衡表、不同化石燃料的碳排放因子及 2007 年煤炭、石油和天然气的能源价格。

4.3.2.2　情景设置

为探究碳限制（CAP）和碳交易对上海社会经济发展的影响，本研究设置了三个情景：基准情景（Business as Usual，BaU）、碳排放限额（Carbon Cap，CAP）和碳交易情景（Emission Trading Scheme，ETS）。

在 BaU 情景中没有设置碳排放限额。其中，GDP、人口等社会经济假设增长速度按照"十二五"、"十三五"规划和 2030 年中长期规划设置。2007—2020 年、2020—2030 年上海市 GDP 年均增长率分别为 7.7%、4.9%。2007—2020 年、2020—2030 年人口年增长率分别为 1.26%、0.25%。

在 CAP 和 ETS 情景中，社会经济参数设置同 BaU 情景。此外，上海市和中国其他地区碳强度在 2007—2020 年下降 45%，这与"十二五"规划中 19% 的减排目标和哥本哈根自主减排目标 2005—2020 年下降 45% 的减排目标相一致；在 2007—2030 年碳强度下降 65%，以实现我国国家自主贡献目标。假设各参与碳排放交易部门的排放量在 2020 年和 2030 年分别比 BaU 情景下减少 18% 和 28%，其余排放限额限制在所有不参与碳排放交易部门，以使得总排放量与减排目标一致。可再生能源占中国一次能源消费的比重将在 2020 年达到 15%，2030 年达到 21%，与我国 NDC 目标相一致。在 CAP 情景中不允许碳排放权交易；在 ETS 情景中排放交易只允许在 ETS 参与部门之间进行，排放约束与 CAP 情景相同（表 4-2）。

表 4-2　模型关键参数设置

情景	GDP 增长率/%	人口增长率/%	可再生能源占比/%	排放限额	碳排放交易
BaU	2007—2020 年：7.7% 2007—2030 年：6.5%	2007—2020 年：1.26% 2007—2030 年：0.84%	10%	无排放限额	不允许
CAP	同 BaU	同 BaU	2020 年为 15% 2030 年为 21%	到 2020 年，每个参与 ETS 的部门排放量相对于 BaU 情景减少 18%，到 2030 年减少 28%	不允许
ETS	同 BaU	同 BaU	同 CAP	同 CAP	允许

此外，由于不同部门之间的碳配额分配方案和可再生能源是决定各个部门减排成本的关键因素，因此我们对两种碳配额分配方案和一种可再生能源进行敏感性分析。

4.3.3　模型结果与分析

4.3.3.1　碳排放与碳强度

由图 4-6 可以看出，在 BaU 情景下，上海市 2020 年的二氧化碳排放总量将比 2007 年的 1.942 亿 t 增加 70%，2030 年比 2007 年增加 102%。根据 CAP 和 ETS 情景的参数设置，2020 年、2030 年排放量将分别减少 15%、26%。2007 年上海的碳强度为 1.2 kg/美元，远低于全国的平均水平（1.7 kg/美元）。在 BaU 情景下，上海 2020 年的碳强度将比 2007 年降低 35%，2030 年将比 2007 年降低 52%，但这还不足以实现我国"十三五"规划和 NDC 目标。而在对 ETS 参与部门实施碳排放上限后，2020 年碳排放强度将下降 44%，2030 年将下降 64%，达到 NDC 目标。

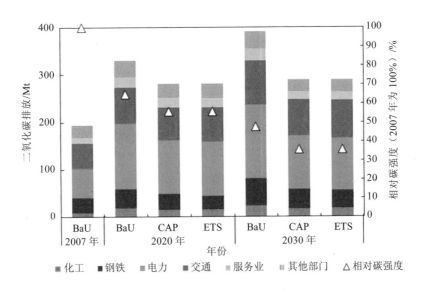

图 4-6　不同情景下不同部门的碳排放及碳强度

2007 年上海市约 76% 的碳排放来自电力（32%）、交通（28%）和钢铁（16%）3 个部门。此外，服务业占 6%，化工占 5%，其余部门共占 13%。到 2020 年，BaU 情景下所有行业的排放量都将增加。2007—2020 年，电力行业的排放量将翻一番，对整体增长贡献最大，占总排放量的 42%。与其他部门不同的是，上海市电力部门现阶段发电效率较高且可再生能源发电有限，因此进一步降低碳强度难度较大。在 BaU 情景下，电力行业的碳强度在 2020 年和 2030 年的下降幅度非常有限，分别为 1% 和 8%，如果没有任何碳约束政策，甚至会上升。在 2020 年和 2030 年，交通部门的排放占比将下降到 22%，钢铁行业的排放占比将下降到 12%。在碳排放限额政策情景下，所有部门的排放量都低于 BaU 情景。在 BaU、CAP 和 ETS 情景下，各部门碳排放占比相似，这是因为碳排放限额是平均分配给 ETS 参与部门的，各部门之间的交易量相对较小。在 ETS 情景中，碳排放权交易对大部分行业的排放影响在±4%以内。但是水泥和炼油行业的排放量显著增长了 12%，钢铁行业通过排放交易在 2030 年减少 7%。

4.3.3.2　碳减排成本

在 CAP 情景下，当对 ETS 参与部门实施碳排放限额时，CGE 模型会计算得到一个碳价，这一碳价被认为加强约束实现所需减排的边际成本。如图 4-7 所示，碳减排成本在 ETS 各参与部门之间并不相等。航空运输和炼油炼焦行业在 2030 年的碳减排成本分别为 308 美元和 258 美元/t 二氧化碳。相反，2030 年碳减排成本最低的钢铁行业为 33 美元/t 二氧化碳，其他非金属部门为 46 美元/t 二氧化碳，降低碳排放要相对容易得多。由于碳排放上限越来越严格，即到 2030 年每个参与 ETS 的部门排放量相对于 BaU 情景减少 28%，以及随着可再生能源价格上涨和低碳技术可获得性降低等不利的内生因素，2020—2030 年，平均碳减排成本几乎将翻一番，从 53 美元/t 二氧化碳增至 87 美元/t 二氧化碳。此外，值得注意的是，钢铁、水泥和造纸部门的碳减排成本将比其他部门增长更快。

一个部门的碳减排成本是由多种因素决定的，可分为外生因素和内生因素两类。外生因素与碳限额供给与需求之间的关系有关。碳排放上限越严格，碳价就会越高，反之亦然。如果配额超过了需求（在 BaU 情景中表现为排放量），那么碳价将为零。而内生因素是相对复杂的，包括技术、能源结构、能源价格、能源效率等。由于参与 ETS 的部门到 2020 年排放量相对于 BaU 情景减少 18%、到 2030 年减少 28%，这些部门的外生因素是相同的，因此碳价变化主要取决于内生因素，可表示为 BaU 情景下自主碳排放强度降低率。如图 4-7 所示，当部门碳排放强度降低得更多时，如钢铁和化工部门，其碳减排成本往往相对较低，因为其采用有效的减排技术相对容易，在 CGE 模型中表现为资本替代能源。但电力部门是一个例外，在 BaU 情景下其碳强度甚至增加，而其碳价相对较低。原因在于上海市的电力部门不像其他部门那样可以相对容易地采用更先进的发电技术，而必须依赖于需求的下降从而减少发电量（2030 年发电量降低 20%）。

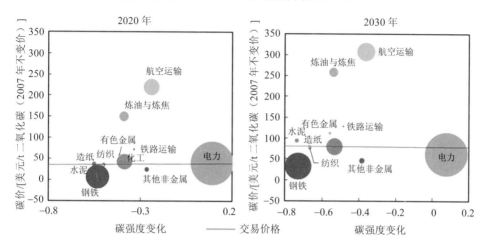

图 4-7　BaU 情景下的碳减排成本与碳强度降幅

（圆圈大小表示 BaU 情景下的排放量，红线表示 ETS 情景下的碳交易价格）

4.3.3.3　碳排放交易：碳价和交易量

经济学理论中，同一种商品价格不同时就会发生交易。如图 4-8 所示，在实施碳交易政策后，参与交易的各部门可以在碳市场上自由买卖碳交易权，并形成一个统一的碳价，边际减排成本高于碳价的部门会成为市场中的买方，反之则为卖方。在所有参与碳排放交易体系的部门之间的碳价格达到均衡之前，CGE 模型中的交易不会停止。在 ETS 情景下，如果允许排放权交易，均衡交易价格将在 2020 年达到 38 美元/t，2030 年达到 69 美元/t。碳交易价格的上升意味着上海市碳减排成本的增加。

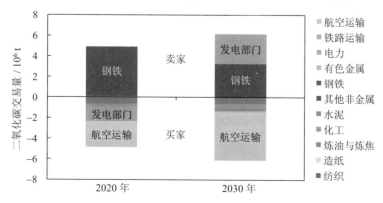

图 4-8　在 ETS 情景下不同部门的交易量

2020 年交易总量为 490 万 t 二氧化碳，随着碳市场流动性的增强，在 2030 年交易量将增加到 620 万 t 二氧化碳（图 4-8）。其中，钢铁、航空运输和电力部门在碳交易市场中最为活跃。各个部门在碳市场的部门角色取决于它们相对于交易价格的碳减排成本。到 2020 年，碳减排成本最低的钢铁部门是碳配额的主要卖家，碳配额卖出量达到 460 万 t 二氧化碳（占总交易量的 95%）。相比之下，碳减排价格较高的部门往往是买家，如航空运输、电力、炼油炼焦、化工等部门。航空运输部门买入 250 万 t 二氧化碳，电力部门买入 140 万 t 二氧化碳，是碳配额的两个主要买家。其中，电力部门成为买家有两个主要原因：一是上海有限的资源禀赋阻碍了电力部门碳减排成本的下降，由于缺乏水电和核电，当地大多数发电厂都是燃煤火力发电厂；二是现阶段上海的燃煤电厂发电效率处于世界领先水平，因此节能潜力有限。到 2030 年，随着中国其他地区可再生能源的发展，一方面上海可以从其他省市购买更多低碳电力，电力部门的碳减排成本可能会低于交易价格，电力部门将会转变为主要卖方；另一方面，纺织和造纸部门可能会从碳配额卖家转变为买家，航空运输业买入了大量碳排放权，钢铁部门 2030 年的碳配额卖出量低于 2020 年。

4.3.3.4　宏观经济影响

碳减排政策将对上海宏观经济产生影响（图 4-9），大部分指标均呈下降趋势，其中对居民消费影响最大，其在 2020 年和 2030 年分别下降 5.8% 和 5.7%；对于政府支出影响最小，其在 2020 年增长 0.8%，2030 年下降 0.5%。由于碳排放上限政策，GDP、国际贸易、省际贸易等指标均将下降 1%～4%。在 ETS 情景下，也就是允许进行碳排放权交易时，所有宏观经济指标（尤其是居民消费）都将有一定程度的回升。例如，上海市 2020 年的 GDP 损失将从 1.0% 减少到 0.9%，2030 年从 1.7% 减少到 1.6%，相当于 2020 年和 2030 年 GDP 损失分别比 CAP 情景减少 34 亿美元和 2 亿美元。

4.3.3.5　产出影响

在 CAP 情景中，当对参与 ETS 的部门设置排放限额时，2030 年大部分行业的经济产出将受到不同程度的损失（图 4-10），其中钢铁部门（20.4%）损失最大，其次为电力部门（15.6%）和炼油炼焦部门（13.7%）。由于 2030 年碳排放上限更加严格，总产出损失将从 1.9% 增加到 2.6%。值得注意的是，碳排放限额政策并不是对所有部门产出都产生负面影响，如有色金属（2.7%）、水泥（2.5%）和其他制造业（0.9%）甚至会略有增长，这是由于这些行业可以相对容易地进行技术升级、更换旧生产设施或转变能源种类以满足排放上限。同时，由于低碳转型要求这些部门的生产效率也会有所提高。

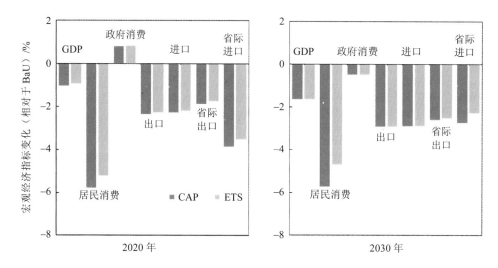

图 4-9　2020 年和 2030 年相对于 BaU 情景 CAP 和 ETS 对于宏观经济的影响

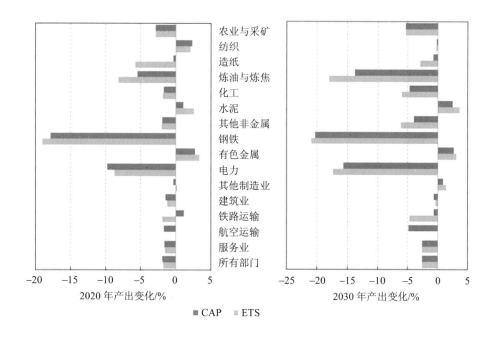

图 4-10　2020 年和 2030 年相对于 BaU 情景 CAP 和 ETS 对于部门产出的影响

在 ETS 情景中，通过碳排放交易可以降低总产出损失，但是对于各个部门的影响不同。建筑业、航空运输等部门总产出损失降低，水泥、有色金属、其他制造业等部门产出甚至增加。但是，2030 年炼油炼焦部门（碳配额买方）的产出损失将从 13.7% 增加到 18.0%，铁路运输业将从 4.8% 增加到 6.0%；对于主要的碳配额卖方，即钢铁和电力部门，其产出损失也将增加。

4.3.3.6　就业影响

参与 ETS 的部门共创造就业岗位 119.5 万个，占上海就业总量的 13%。然而，碳排放上限政策将影响整个劳动力市场。如图 4-11 所示，CAP 和 ETS 情景中的行业就业变化与图 4-10 中的产出变化基本一致。到 2030 年，CAP 情景下总就业人数将减少 44 439 人，ETS 情景下就业人数将减少 42 406 人。就业人数最多的前两大行业——服务业和其他制造业受到的影响最大，在 2030 年 CAP 情景下，这两大行业分别减少 92 825 个就业岗位、增加 47 881 个就业岗位。

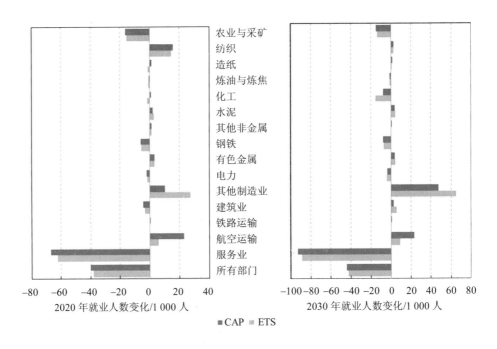

图 4-11　2020 年和 2030 年相对于 BaU 情景 CAP 和 ETS 对于就业的影响

与 CAP 情景相比，ETS 情景下 2020 年、2030 年总就业人数分别增加 1 945 人、2 033 人。就业增长最快的 3 个行业是：其他制造业（+17 598）、服务业（+3 787）和建筑业（+3 306）。相反，就业人数减少最多的两个行业是：航空运输（−14 031）

和化工（−7 439）。总的来说，2020 年和 2030 年碳排放上限对行业就业的影响类似，虽然排放交易市场创造了一定的就业机会，但还是远远低于基准情景下的就业人数。

4.3.4　讨论

4.3.4.1　敏感性分析

社会经济假设、可再生能源发展水平和不同的碳配额分配方案等多种因素可能会对上述主要结果造成一定影响。为了评估模型结果对这些因素的敏感性，我们额外设置了 5 种情景进行敏感性分析（表 4-3）。在情景 1 和情景 2 中，我们将 GDP 增长率分别提高和降低了 10.1% 和 8.4%；情景 3 假设中国无法实现可再生能源占比目标；在情景 4 和情景 5 中，我们设置了两种不同的碳配额分配方法：RAT 法指假设各 ETS 参与部门的碳强度较基准年下降速率相同（到 2020 年为 45%，2030 年为 65%）；SHR 法指 2020 年和 2030 年各部门排放总量控制比例与 2009—2011 年平均水平持平。

表 4-3　敏感性分析中 2030 年 ETS 情景下主要结果的变化

情景名	CO_2 排放/%	碳交易价格/%	碳交易量/%	主要买方	主要卖方	GDP 损失/%
高 GDP	10.1	16.6	6.3	航空运输	钢铁部门	3.9
低 GDP	−8.5	−13.8	−5.0	航空运输	电力部门	−7.2
低可再生能源	0	26.9	51.8	航空运输 电力部门	钢铁部门	33.2
等速率减排	−2.0	80.0	616.7	航空运输	钢铁部门	0.7
等份额减排	0	−2.8	268.6	化工业 航空运输	钢铁部门 电力部门	0.04

表 4-3 展示了由于这些因素的变化，本研究的主要结果即碳排放量、碳交易价格、交易量及 GDP 损失是如何变化的。结果表明，碳排放对 GDP 增速最为敏感，变化幅度与 GDP 变化幅度相似。除 SHR 分配方法外，碳交易价格对所有外部冲击均较为敏感。GDP 增速的提高、可再生能源占比的降低及碳排放分配机制 RAT 的不公平，都会显著提高碳交易价格。然而有趣的是，碳交易量受 GDP 增

速的影响较小，但受可再生能源发展和碳配额分配方案的影响要大得多。中国可再生能源占比的降低，将导致上海电力行业的碳交易量增加，不公平的碳上限分配方案将更加严重地扭曲碳市场，导致碳交易量大幅增加。卖方或买方的角色也受到可再生能源占比和分配方案的影响。在大多数情况下，航空运输部门是主要的买家，但是由于不同的碳分配方法，电力和化工部门将成为主要的买家。钢铁部门通常是主要的卖方，但在 GDP 增速较低和 SHR 分配方法情景下，电力部门将成为主要卖方。此外，GDP 损失对可再生能源发展最为敏感。较低的可再生能源占比将大大增加实现 NDC 目标的总成本。值得注意的是，一旦允许碳交易，在 RAT 和 SHR 情景下，初始碳配额分配方法对于 GDP 损失影响不大。

4.3.4.2 政策建议

上海市所有部门中，电力部门二氧化碳排放量最大，在碳减排中发挥着至关重要的作用。但是，由于上海市没有水电和核电，可再生能源发电能力非常有限。上海对燃煤火力发电的依赖程度高于其他地区。电力部门很难进一步降低碳强度。然而，随着可再生能源发电占比在国内其他地区不断增加，通过购买其他地区的电力，电力部门将在 2030 年成为碳配额卖方，进而使得电力部门的碳强度下降。类似地，在全国碳排放交易体系中，增加可再生能源的占比有助于降低电力部门的碳排放配额买入量。

敏感性分析表明，各部门碳配额的分配方式是决定碳交易价格、交易量及碳交易角色的关键因素。本研究中 2020 年和 2030 年的配额分配是基于中国的碳强度减排目标，并且假设各部门具有相同的碳减排速度。这种分配方法避免了过度分配，分配方式简单透明，但是没有考虑各个部门未来的排放量。目前上海碳排放交易市场采用的"历史法"与"基准法"相结合的方法可能会面临分配过度宽松的问题，导致企业进行市场交易的动力不强，进而影响到碳价和交易量。因此合理制定配额总量和分配方案至关重要，需要进一步完善相关规范制度、核算体系及监管机构等。

上海市石化、精细化工和高附加值钢铁等 6 大产业为支柱产业。然而随着碳交易政策的实施，这些行业将遭受经济产出损失。目前上海市正在积极推进产业升级，目标是打造一个具有全球影响力的科技创新中心，鼓励高科技公司发展。虽然部分制造业仍将留在上海，但重点将从传统制造业转向以知识投入为核心的智能制造产业。此外，上海作为国家金融之都，服务业，特别是金融企业（如银行、保险公司和证券代理公司）将进一步发展。此外，还会进一步增加对设计导向型企业、教育和咨询企业的投资。这种产业结构的变化将不可避免地影响当地劳动力市场。因此，上海市政府需为当地居民提供人才培训等，使他们能够通过学习相关知识和技能来适应新的岗位要求，以及通过人才引进，招聘合适对口的人才。

此外，本研究中，由于额外的碳减排成本，电力价格大幅上涨（到 2030 年将上涨 50%），通过降低总电力需求可以实现大幅碳减排。然而我国的电价是由政府控制的，政府监管额外的碳成本无法转嫁给消费者，因此为了更好地发挥碳交易政策的减排效果，需要对能源行业进行市场化改革。

我国经济发展过程中，碳市场会受到政府的干预。国有企业是上海的主要排放者，也是碳市场的主要参与者。这种情况将不可避免地使上海的碳市场受到各种非市场的行政和强制性干预。因此，实际的碳交易价格可能远低于模型模拟结果：2013—2014 年，平均交易价格仅为 6.3 美元/t，2014—2015 年，由于经济低迷，可能会进一步下降。欧盟—欧洲排放交易体系（EU-ETS）的碳价就曾经出现下降的情况，2008 年下半年，由于欧洲经济萧条导致碳排放降低，碳价从 29 欧元/t 降至 8 欧元/t。此外，碳排放交易体系规定条例的变动也会影响到碳价，如欧盟第二阶段的补贴，就曾导致碳价回升。此外，2013—2014 年的二氧化碳排放量为 200 万 t，还不到模型 2020 年结果的一半。在试点阶段达到碳排放交易量规模之前，更应重视规范排放者行为。在建立国家碳排放交易体系的下一阶段，政策制定者应全面考虑碳排放交易体系的影响因素。

4.3.4.3　与其他研究对比

本研究的碳交易价格低于 Zhou 等的研究结果（2020 年 499 元/t），但高于广东省（约 140 元/t），主要原因在于广东省的碳减排率较低（包括电力部门）。Wang 等认为，由于非化石能源的大规模发展，降低了电力部门的碳影子价格，电力部门在 2017 年后从碳排放权的买方变成了卖方。此外，Zhang 等研究中碳交易体系导致上海的福利损失为 0.5%。但在本研究中，上海市 2020 年的福利损失为 5.2%，2030 年为 4.7%。

4.3.4.4　不足与展望

本研究中只考虑了直接排放，也就是说电力部门的所有排放都归于电力部门，也没有考虑进口电力的间接排放。然而事实上，7 个试点中所有排放交易体系都将与电力相关的排放分配给了电力部门和终端使用部门，还包括嵌入进口电力中的间接排放。在下一步的研究中，我们将通过合理分配电力排放，以及覆盖嵌入进口电力中的排放，来提高结果的稳健性。本研究在假设所有行为都在已知均衡价格下同时进行的前提下，讨论了碳排放交易的可行性，这意味着存在一个信息透明的公开平台，但现实可能并非如此。下一步研究工作还需要进一步分析碳排放交易中的不确定性。

4.3.5　结论

本报告采用两区 CGE 模型，对上海市碳排放权交易政策的经济影响进行了评价。模型分析结果表明，在本研究假设的有碳排放限额但不允许碳交易的情况下，航空运输和炼油炼焦部门的减排成本相对较高，而钢铁部门的减排成本较低。因此，在碳排放权交易情景下，航空运输业将是最大的买家，而钢铁和电力部门将是最大的卖家。2020—2030 年，由于更严格的碳限额设置，均衡交易价格从 2020 年的 38 美元/t 上升到 2030 年的 69 美元/t。2020 年和 2030 年的碳排放量将分别为 4.9 亿和 6.2 亿 t 二氧化碳。为了实现中国的 NDC 目标，碳排放交易情景下上海的 GDP 损失（2.2%）将低于 CAP 情景下的 GDP 损失（2.3%），碳排放交易可以减少对各部门产出和就业的负面影响。此外，碳交易价格和交易量对不同的配额分配方案非常敏感。

4.4　广东省低碳发展报告

4.4.1　引言

中国正处在工业化、城镇化快速发展阶段，是当今世界上最大的二氧化碳排放国，2015 年碳排放占全球总碳排放的 29.6%。2009 年，在哥本哈根举行的联合国气候变化大会上，中国承诺到 2020 年单位 GDP 的碳排放较 2005 年下降 40%～45%。我国于 2015 年 6 月向联合国气候变化框架公约秘书处提交了应对气候变化国家自主贡献文件《强化应对气候变化行动——中国国家自主贡献》，该文件正式承诺 2020 年和 2030 年单位国内生产总值二氧化碳排放比 2005 年分别下降 40%～45% 和 60%～65%，非化石能源占一次能源消费比重分别达到 15% 和 20% 左右。

为了完成减排目标，地方政府不仅是实现碳减排的重要环节，也是碳减排工作的重要管理者和实施者。由于各省的经济发展阶段、技术水平、产业结构和能源结构不尽相同,如何合理配置各省减排目标和探索经济有效的区域分配方案是一个至关重要的问题。碳配额分配方式将直接影响到各部门的减排成本、碳交易行为和社会经济成本。

广东省作为中国的经济引擎之一,2007 年地区生产总值占国内生产总值的11.6%(表 4-4),该地区的能源和气候政策将对我国整体温室气体减排产生较大影响。广东省是我国 7 个碳交易试点省市之一。2012 年年底,广东碳排放交易试点正式启动,电力、水泥、石化、钢铁四大部门被首先纳入碳交易体系,涵盖了 202 家企业。截至 2017 年年末,广东碳配额累计成交量为 6 500 万 t,交易金额达 2.22 亿美元,分别占全国总量的 31%和 32%,成为世界第三大碳交易市场。

表 4-4　2007 年广东省社会经济能源指标概览

指标	数值	占全国比例/%
人口/万人	9 449	7.4
地区生产总值/亿元	31 084.4	11.6
人均地区生产总值/元	33 151.4	156.5
进口/亿美元	2 501.7	26.7
出口/亿美元	3 683.9	29.3
消费/亿美元	1 560.1	11.9
一次能源消耗/万 t 标准煤	17 344.1	5.7
耗电量/TW·h	200.21	9.3

资料来源:2008 年中国统计年鉴;2008 年中国能源统计年鉴。

碳价是整个碳市场的关键指标,它将直接影响到碳市场所发挥的碳减排作用和各个部门的生产决策。本研究通过应用 IMED/CGE 模型构建了两区(广东省为一区,中国其他地区为一区)CGE 模型,并模拟了广东省和中国其他地区的碳交易市场,探讨碳价的决定因素和影响机制。

同时,大多数关于碳市场社会经济影响的研究都将碳市场政策作为一个整体来研究对排放和经济的总体影响。但是,碳排放交易体系包含许多因素,其机制非常复杂。本研究将碳市场政策的影响分为碳排放上限政策的影响和基于碳排放上限政策的碳交易政策的影响两部分,旨在阐明碳市场的运作方式。本研究主要关注两个问题：①决定碳价的因素和机制是什么？②碳排放交易对于碳排放、生产成本、部门产出和宏观经济的影响有多大？

4.4.2　数据与情景设置

4.4.2.1　数据

该模型需要的数据包括 2007 年广东省和中国的投入产出表、能源平衡表、不同化石燃料的碳排放因子及 2007 年煤炭、石油和天然气的能源价格。

4.4.2.2　情景设置

为探究碳排放上限、碳交易及不同的碳配额分配方式对广东省社会经济发展的影响，本研究设置了 5 个情景。

根据是否有减排政策分为基准情景与政策情景两类。其中基准情景（Business as Usual，BaU）既不考虑碳排放上限，也不考虑碳交易；政策情景包括碳排放限额（Carbon Cap，CAP）和碳交易（Carbon Cap-and-trade，ETS），CAP 和 ET 情景满足 NDC 目标，即 2030 年碳强度相对于 2005 年下降 65%。

在此基础上，根据碳配额不同的分配方式，进一步将 CAP 和 ET 情景分为 SHR07 和 SHRBaU。SHR07 指各个部门的初始配额是根据 2007 年基准年历史数据中排放量的比例分配的，是一种相对静态的分配方式，类似于历史法。SHRBaU 指每个部门的初始配额是根据 BaU 情景下每年预测数据中排放量所占的比例来分配的，是一种动态分配方法，考虑了各部门未来的排放情况（表 4-5）。

表 4-5　模型关键参数设置

编号	情景名	情景分类	排放限制	碳排放交易	碳配额分配方式
情景 1	BaU	BaU	无	不允许	无
情景 2	CAP SHR07	CAP	有碳排放限制，与 NDC 目标一致	不允许	SHR07
情景 3	CAP SHRBaU				SHRBaU
情景 4	ET SHR07	ET		允许	SHR07
情景 5	ET SHRBaU				SHRBaU

4.4.2.3　术语解释

在本报告中，除非特别声明，否则所有 Δ 符号都表示从政策情景（CAP/ET，SHR07）到相应的基准情景（BaU，SHRBaU）的百分比变化。例如，在 SHRBaU

的分配方案下 $\Delta GDP = \dfrac{GDP_{CAP} - GDP_{BaU}}{GDP_{BaU}}$。

资本替代率（CSR）指资本相对能源的比率，表示能源与资本之间的替代关系，其表示形式为 $CSR = \dfrac{Capital\ Input}{Energy\ Input}$。

碳强度（CI）表示单位产出的碳排放量，其表达式为 $CI = \dfrac{Carbon\ Emission}{Output}$。

碳排放上限直接成本（Carbon price Direct Cost of Cap，DCC）是指碳排放上限政策造成的直接成本，其计算方式为 $DCC = \dfrac{Carbon\ Price \times Carbon\ Emission}{Output} = Carbon\ Price \times Carbon\ Intensity$。碳排放上限政策造成的其他成本称为碳排放上限的间接成本（Indirect Cost of Cap，ICC）。直接成本（DCC）与间接成本（ICC）之和为生产成本（Production Cost，PY）。

4.4.3　模型结果与分析

4.4.3.1　碳价

（1）碳排放配额分配方法

在相同的碳减排目标下，SHR07 和 SHRBaU 方案的初始分配总量是相同的。各部门具体的碳配额比例如图 4-12 所示，电力部门和不参与碳排放交易的部门获得了最多的碳配额，SHR07 情景下分别为 38.2%、25.4%，SHRBaU 情景下分别为 38.0%、29.7%；焦炭、铁路运输部门、纺织业配额最少，SHR07 情景下分别为 0.05%、0.12%、0.90%，SHRBaU 情景下分别为 0.09%、0.12%、0.36%。SHRBaU 与 SHR07 相比，碳配额的绝对数量除焦炭、电力部门和铁路运输部门基本不变外，其余部门的碳配额比例均发生了一定的变化。不参与碳排放交易的部门、石油部门、航空运输业分别增加了 4.34%、2.33%、1.85%，而非金属业、金属冶炼业、化工业和造纸业分别降低了 3.66%、1.68%、1.27% 和 1.20%。

在 SHR07 和 SHRBaU 两种碳排放配额分配方案下，各部门的碳排放量如图 4-13 所示。在 BaU 情景下，广东省 2007 年二氧化碳排放总量为 4.02 亿 t，到 2030 年将增加 342%，达到 17.77 亿 t。在 CAP 和 ET 情景下，2030 年的排放量将比 BaU 情景减少 47%。2007 年广东省的碳强度为 0.31 kg/美元，远低于全国的平均水平（1.7 kg/美元）。在 BaU 情景下，广东省碳排放强度在 2030 年将下降 16%，不能实现我国所承诺的 NDC 目标，而在 CAP 和 ET 情景中，2030 年相对于 2007 年的碳排放强度降低 60%以上，可以实现 NDC 目标。

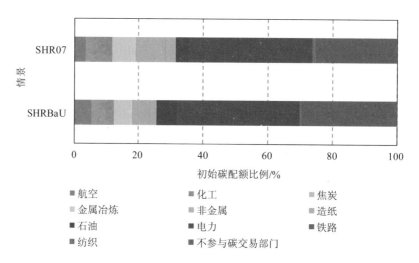

图 4-12　2030 年 SHR07 和 SHRBaU 情景下不同经济部门的初始碳配额比例

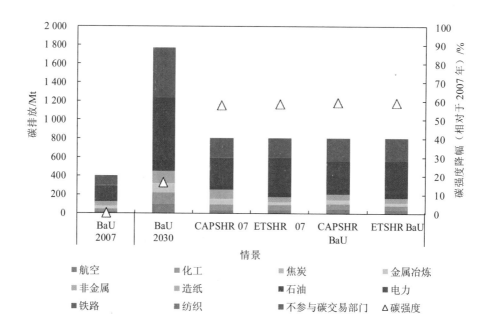

图 4-13　2007 年和 2030 年各情景下各部门的碳排放量和碳强度

　　图 4-13 还显示了各个部门的具体排放量。2007 年，广东省碳排放总量有 25%
来自不参与碳交易的部门，可以看出广东省在拓展碳市场方面潜力巨大。61% 的
碳排放量来自 4 个参与碳交易的部门：电力部门（37%）、非金属（9%）、化工（8%）
和金属冶炼（7%），其他部门的碳排放比例不超过 4%。到 2030 年，BaU 情景中
所有部门排放都将增加。其中，电力部门比 2007 年排放增加 356%，占 2030 年总
排放量的 38%，但是 2030 年电力部门碳强度比 2007 年下降 26%，减排潜力巨大。
通过调整能源结构，推广节能电器，广东省可以实现更多的发电减排。

　　由于碳排放限制政策，CAP 和 ET 情景中的行业排放均低于 BaU 情景。当允
许碳交易后，各部门之间的交易与其自身碳排放的比率不是很高（平均为 17%）。
焦炭（30%）、金属冶炼（28%）和航空（26%）部门的碳交易量占碳排放量的比
例很大，而石油部门的比例相对较小（6%）。

　　碳配额分配方式决定了碳价的高低，分配给一个部门的碳配额越多，它的边
际减排成本就越低，减排压力就越小，反之亦然。图 4-14 通过对比 SHR07 和
SHRBaU 情景可以看出配额变化与碳价变化之间的关系，这两个情景唯一的区别
在于各部门碳配额数量的不同，因此我们只需要算出各部门在一个情景下相对于
另一个情景碳配额的变化及由此导致的碳价变化，便可知道碳配额的改变对碳价
的边际影响。以 CAP SHR07 和 CAP SHRBaU 情景为例，图 4-14 中横、纵坐标
分别表示各部门 CAP SHRBaU 下的碳配额和碳价相比于 CAP SHR07 情景的变化。
从图中可以看出，CAP SHRBaU 情景下碳配额相比 CAP SHR07 下增长幅度越大，
碳价下降幅度越大，二者成线性共变的关系。

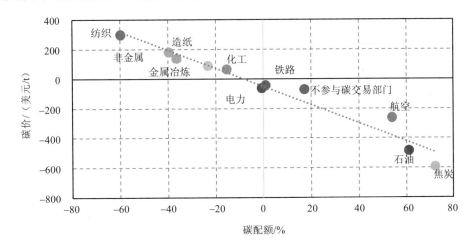

图 4-14　2030 年 CAP SHRBaU 相对于 CAP SHR07 情景下碳配额变化与碳价变化间的关系

　　碳配额的多少反映了部门减排压力的大小，它对所有部门的影响机制相似。碳配额越少的部门减排压力越大，这将会影响到部门的技术进步选择，技术进步在 CGE 模型中是利用资本替代能源实现的，我们可以用资本替代率（Capital Substitution Rate=Capital/Energy，CSR）来反映技术进步的程度，碳减排压力越大就要求部门有更大的技术进步速度。CSR 增长幅度越大，碳强度下降比例越高，这样就实现了通过减少碳配额来倒逼部门转型，进而降低碳排放的目的。与此同时，由于各部门碳减排的边际减排成本是递增的，所以当碳强度下降幅度越大，部门边际减排成本就越高，减排就越困难[图 4-15（a）]。最终，碳配额通过 CSR、碳强度影响到了碳价的高低。

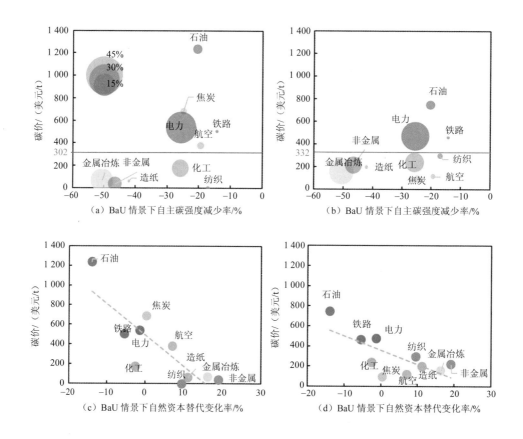

图 4-15　BaU 情景下自主碳强度减少率和自然资本替代变化率

注：（a）（b）2030 年 CAP SHR07 和 CAP SHRBaU 情景中的碳价与 BaU 情景中 2007—2030 年自主碳强度降低率（圆圈大小表示碳配额大小，红线为对应 ET 情景中的交易价格）；（c）（d）2030 年 CAP SHR07 和 CAP SHRBaU 情景中碳价与 BaU 情景中 2007—2030 年自然资本替代变化率（虚线为拟合曲线）。

在所有部门中石油部门扮演了一个相对不同的角色，由于该部门本身就是一个能源密集型的部门，部门的生产特点决定了石油部门需要大量的原油等能源投入，无法用资本来替代能源投入。

（2）减排潜力

碳配额方式对各部门碳价的影响具有同质性，而在给定碳配额方式后，碳价主要受到各部门间异质性的影响，这一异质性主要体现在各部门减排潜力的不同，这一特征可以由碳强度自然下降率（在 BaU 情景下各部门 2030 年相比 2007 年碳强度下降的幅度）来指征，它反映了各部门在 BaU 情景下减排潜力的大小。如图 4-15（a）（b）所示，各部门碳强度自然下降率越大，其在 CAP 情景下需要额外降低的碳强度就越低，其碳价的上升幅度就越小。

碳强度下降主要是由技术进步带来的，所以碳强度自然下降率实际上反映了各部门 BaU 情景下技术自然进步率。如图 4-15（c）（d）所示，技术的自然进步率越大，部门的碳价越低，二者具有线性共变的关系。

4.4.3.2　碳排放上限的影响

（1）部门生产成本

这部分讨论没有碳交易政策情景下碳排放限额的影响。在碳排放限额政策下，由于对各部门的碳排放总量进行了约束，各部门除了付出基本的劳动、资本、能源等生产成本外，还需要额外为碳排放付出成本，这一成本可称为 DCC，它的大小由碳强度和碳价的乘积决定，其中碳价代表了边际减排成本。DCC 描述了碳排放限额政策下部门单位产值增加所需要的直接成本。与 DCC 相对应，反映碳排放限额政策对于生产成本变化还存在着潜在间接影响，这部分变化称为 ICC（Indirect Cost of Cap）。

如图 4-16（a）（b）所示，生产成本与 DCC 正相关，呈现显著的线性关系，这表明 DCC 对于部门生产成本上升起决定性作用，而 ICC 则对于总生产成本影响相对较小，仅对个别部门有显著影响，如 CAPBaU 情景下仅有石油部门略微偏离了回归直线。

ICC 的产生主要是由于技术进步所需要的资本投入增加，以及上游行业生产成本上升导致原材料价格的上涨。当存在碳排放限额时，各部门面临着日益增长的减排压力，需要通过技术进步来降低碳排放强度。而技术进步需要加大资本投入来降低能源投入，进而达到降低碳排放强度的目的，这将一定程度上提高部门的生产成本。除了资本替代率变化带来的成本提升外，各部门上游部门的成本提升也是间接成本重要的组成部分。如图 4-16（c）（d）所示，参与碳交易的所有 10 个部门的生产成本相比基准情景均有所上升，上升幅度多集中在 50%~100%，而作为能源供应的电力部门的成本上升达到了 250% 以上，这将进一步使得其他各部门能源投入成本增加。

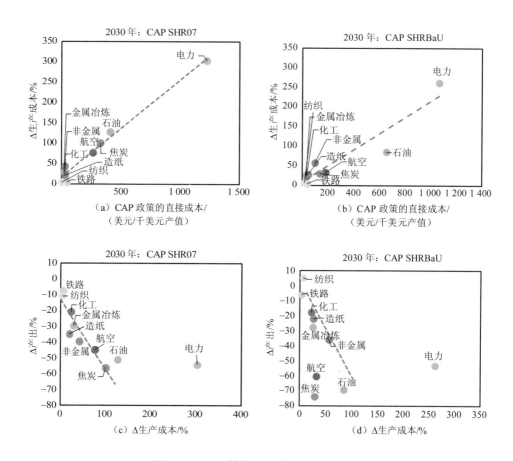

图 4-16　CAP 情景直接成本和生产成本

注：（a）（b）在 2030 年 CAP SHR07 与 CAP SHRBaU 情景下生产成本（Production Cost，ΔPC）相对于碳排放上限造成的直接成本（Direct Cost of Cap Policy，DCC）的变化（横坐标：$\Delta PC = \dfrac{PC_{CAP} - PC_{BaU}}{PC_{BaU}} = \dfrac{DCC + ICC}{PC_{BaU}}$，反映每 1 000 个单位的产出所需要的额外生产成本；纵坐标：$DCC = Carbon\ Price \times Carbon\ Intensity$，表示相对于 BaU 情景部门减排成本的变化）；（c）（d）在 2030 年 CAP SHR07 与 CAP SHRBaU 情景下产出相对于生产成本的变化。

（2）部门产出

各部门的生产成本均有不同程度的上升，而成本的上升会拉高产品的市场价格，减少市场需求，从而减少部门产出。如图 4-16（c）（d）所示，生产成本与部门产出呈负线性关系。而电力部门不同于其他行业，其作为全社会提供公共服务的基础部门，供给弹性较小，需求相对刚性。因此，即使生产成本大幅增加，发电量也并未发生断崖式下跌。

4.4.3.3　碳交易市场的影响

（1）碳价与碳排放权交易量

在实施碳交易政策后，参与交易的各部门可以在碳市场上自由买卖碳交易权，并形成一个统一的碳价，边际减排成本高于碳价的部门会成为市场中的买方，反之则为卖方。如图 4-17 所示，由于不同碳配额分配下各部门的边际减排成本和市场碳价的大小关系不同，各部门在两个情景下的角色也不完全一致。

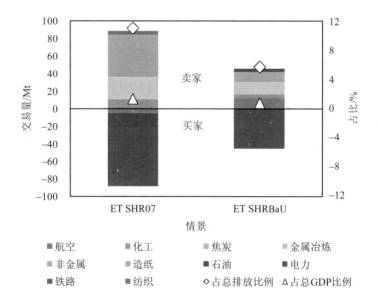

图 4-17　2030 年 ET SHR07 和 ET SHRBaU 情景下碳交易量及交易额分别占总排放和 GDP 的比重

在 ET SHR07 情景下，碳交易总量达到 8 830 万 t，占总碳排放的 11.0%，碳价为 302.1 美元/t，碳交易额达到 267 亿美元，占 GDP 的 1.3%；电力部门（6 720万 t）、石油部门（1 590 万 t）为最主要的买方，非金属业（3 500 万 t）、金属冶炼

（2 580 万 t）和造纸业（1 260 万 t）为最主要的卖方。

在 ET SHRBaU 情景下碳市场规模明显缩水，碳交易总量为 4 560 万 t，占总碳排放的 5.7%，碳价为 332.2 美元/t，略高于 ET SHR07，碳交易额达到 152 亿美元，占 GDP 的 0.77%；电力部门（4 540 万 t）为最主要的买方，航空业（1 190 万 t）、金属冶炼（1 450 万 t）和非金属业（740 万 t）为最主要的卖方。

（2）部门的响应

在 CAP 情景下，部门为达到碳配额目标实现碳减排有两个选择：减少产出或者技术进步，而在 ET 情景下，部门有了第三个选择：购买碳排放权。因此，碳市场的出现使得部门需要在这三种减排手段中进行权衡取舍。如图 4-18 所示，横纵坐标将所有部门分在不同的象限，代表了部门在碳交易情景下不同的减排选择。第一象限的部门碳配额相对宽裕，无须通过减少产出、买入碳排放权来减少排放；第二象限的部门通过减少产出来减排；第四象限通过买入碳排放权来减排。

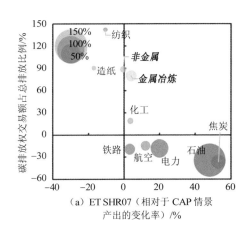 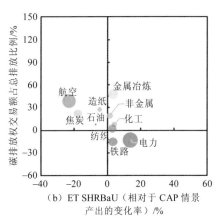

图 4-18   2030 年 ET SHR07 和 ET SHRBaU 情景下的各部门对于碳交易的响应

注：横坐标表示与 CAP 情景相比的产出变化率；纵坐标表示交易碳配额占碳排放总量的比例；圆圈大小表示与相应的 CAP 情景相比资本替代率的变化（ΔCSR）；粗体斜体名称表示 ΔCSR 为正，意味着技术进步，反之亦然。

对比 ET SHR07 和 ET SHRBaU 情景下部门在图 4-18 的分布可以看出，ET SHR07 中 5 个部门选择通过购买碳排放权来减排，4 个部门通过技术进步来减排，3 个部门通过减少产出来减排；而在 ET SHRBaU 情景下有 2 个部门通过碳交易来减排，4 个部门通过技术进步来减排，4 个部门通过减少产出来减排。碳市场和技术进步在减排中发挥了重要作用。

（3）部门生产成本和社会总成本

碳排放限额政策给每个部门带来了额外的生产成本，同时也为全社会带来了额外的成本，而碳交易政策可以通过交易碳排放权的方法降低各部门和全社会的减排成本，从而使经济利益进行重新分配。如图 4-19 所示，横坐标为实施碳交易政策后（2008—2030 年）CAP 情景下增加值的变化，反映了部门通过生产的收益；纵坐标为实施碳交易政策后（2008—2030 年）各部门通过买卖碳排放权的收支情况，正值代表卖出碳排放权获得的收益；气泡大小代表部门在 ET 情景下各部门碳排放权交易量占生产排放量的比重。

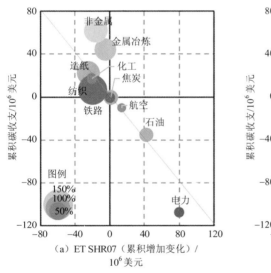
（a）ET SHR07（累积增加变化）/
10⁶ 美元

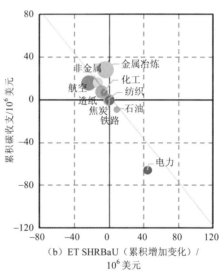
（b）ET SHRBaU（累积增加变化）/
10⁶ 美元

图 4-19　2030 年从 CAP 情景到 ET 情景累计碳交易收益与累计增加值变化

注：横坐标表示 2008—2030 年 CAP 与 ET 情景增加价值的差额之和；纵坐标为 2008—2030 年碳市场买卖碳配额收入之和；气泡大小表示在 ET 情景下，碳排放交易量占各部门总排放量的比例；虚线为 45°角平分线，角平分线上的点表示横坐标和纵坐标之和为零，即碳交易的收入和支出抵消了由碳限制政策引起的收入和支出，虚线上方代表正数，下方代表负数。

横纵坐标将所有的部门分成了四个象限，所有部门都集中在第二和第四象限，它反映了部门的收支情况。第二象限的部门边际减排成本相对较低，通过卖出碳排放权获得碳收益，但减少了产出带来的增加值；第四象限的部门边际减排成本相对较高，买入碳排放权付出成本，但增加了产出带来的增加值。这与之前的结论一致。碳市场机制实现了双赢的局面，一方面减排较多的部门可以卖出碳排放权获得额外的收入，得到激励；另一方面碳减排成本较高的部门可以相对较低的市场价格买入碳排放权，而不用自己花更高的成本去减排，这样降低了部门的生产成本。

图 4-19 中的直线为 45°角平分线，点在线上的部门表明这两项收支相抵，碳交易带来的收支抵消了碳限额带来的收支，点在线上方的部门代表两项收支和为正，下方则为负。由图 4-19 中可以看出，大多数部门均位于 45°线附近，并未出现较大的偏离，这表明在碳交易政策下，各部门的收益受损情况差别相对较小，碳市场机制通过允许买卖碳排放权的收支来均衡各部门之间产出变化幅度不同带来的差异，较大程度地减轻了碳限额政策对经济的影响。

综合上述两点我们可以看到，碳交易市场对于减少碳排放限额政策对市场的扭曲有积极作用，相比于无碳交易的 CAP 情景，ET 增加了低碳部门的收入，鼓励了产业进行绿色转型和碳减排；对于碳密集部门而言，它们可以从市场上以更低的价格买入碳排放权，从而减少其生产成本，降低价格，增加产出，同时增加了生产者和消费者的福利，减少了社会的无谓损失，降低了产出波动带来的负面影响，也避免了经济利益过多流入政府对市场和经济的不利影响。

由图 4-19 还可以看出，SHR07 和 SHRBaU 两种不同分配策略对于碳市场的影响具有非常明显的差异。SHR07 情景下各部门在 ET 情景下各部门碳排放权交易量占生产排放量的比重（图中表现为气泡大小）较 SHRBaU 要大得多，尤其是纺织业，达到了 142%，远超过自身生产所需的碳排放，而 SHRBaU 情景下明显比例要小得多。这是因为 SHR07 是依照基准年的排放比例分配碳排放权，没有考虑到未来各部门碳排放增长的潜力，造成一些部门碳排放权相对过剩，可以大量售出从中获益。相比较而言，SHRBaU 以 BaU 情景下碳排放比例为基准，考虑未来的增长潜力，碳排放的分配相对均衡，所以没有出现碳交易量过高的现象。

碳交易政策可以降低碳排放限额的不利影响，本质上是实现了不同部门之间利益的重新分配，其中碳配额的分配方式在碳限额和碳交易的影响中起着非常重要的作用。通过对比 CAP SHR07 情景下和 CAP SHRBaU 情景下各部门的收支可以看出，SHRBaU 情景下的分配方式无论是对部门收益总的影响还是各部门分别的影响，都要远远小于 SHR07 情景下的影响。也就是说，相比 SHR07 情景下的分配方式，SHRBaU 情景下的分配方式显著地降低了由于碳交易政策带来的额外收益和损失，将政策本身对于各部门的影响异质性降低，避免了政策所导致的经济剧烈的波动。

4.4.3.4 宏观经济影响

（1）部门产出

由于碳限额政策对各部门的碳排放有限制，各部门的产出相对于 BaU 情景均有不同程度的变化。这种变化对于加快产业转型有积极作用。由于碳密集型（碳强度高）和能源密集型（技术进步潜力低，边际减排成本高）部门碳强度和边际减排成本相对较高，这就导致减排政策对于这些部门的影响较大，成本上升幅度和产出减少幅度较大。这将会降低碳密集部门的竞争力，推动产业低碳化、绿色化。如图 4-20 中深色条形所示（其代表了 CAP 情景相对于 BaU 情景的变化，反映了 CAP 政策带来的部门产出的变化），航空运输业、焦炭业、石油部门、电力部门四个部门产出减少幅度最大，而纺织业和铁路运输业减少幅度相对较少，这会进一步加快产业结构的调整，减少碳密集型和能源密集型产业。

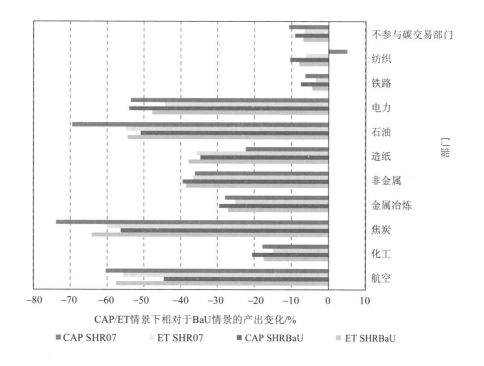

图 4-20 2030 年不同情景下各部门产出相对于 BaU 情景的变化

此外，不同的碳配额方式对于产出也有着重要影响，分配给一个部门的碳配额越多，其边际减排成本越低，成本上升越小，产出降低更少，更具有竞争力，反之亦然。如图 4-20 所示，SHRBaU 情景下的分配方式相对于 SHR07 情景下的分配方式，对纺织产业和造纸产业更不利，对于石油、金属冶炼、焦炭和航空业更为有利。

在 CAP 政策的基础上，碳交易机制通过加入对减排的激励机制，改变了各部门之间的行为，从而对部门的产出造成影响。通过比较同种颜色不同深浅的柱子的长度，可以看到 ET 政策带来的部门产出的变化。在加入碳市场后，ET SHR07 情景下纺织和造纸部门产出相对于 CAP SHR07 情景分别下降了 11% 和 13%，ET SHRBaU 情景下航空和焦炭相对于 ET SHRBaU 分别下降了 13% 和 8%，这些部门的共同特点是边际碳减排成本相对于其他部门较低，在碳市场中这些部门更倾向于卖出碳排放权获得收益，而非通过生产来获益，所以它们的产出都减少了。与此相反，ET SHR07 情景下石油、焦炭、电力部门有着较高的边际碳减排成本，在碳市场中倾向于买入碳排放权，通过扩大生产来获益，ET SHRBaU 情景下也是如此，电力和铁路部门由于有较高的边际减排成本，在碳市场中往往通过买入碳排放权扩大生产来获益，所以它们的产出增加，除石油部门（ET SHRBaU 情景下石油部门碳价最高，但产出下降）以外。

此外，不同的碳配额方式也将影响 ET 对于各部门产出的影响。如图 4-20 所示，ET SHR07 情景下产出相对于 CAP SHR07 大幅下降的是纺织和造纸部门，产出大幅上升的是石油、焦炭、电力部门，而 ET SHRBaU 情景下情况则大不相同，相对于 CAP SHRBaU 产出下降的是电力、铁路、造纸和石油部门，其余部门产出均有小幅上升。造成这种差异的原因是不同碳配额方式下部门减排压力的大小不同，碳配额越多，边际碳减排成本越低，减排压力越小，越倾向于在碳市场中成为卖方，反之亦然。

（2）宏观经济指标分析

碳限额政策的目的是克服碳排放带来的负外部性，达到全社会的最优均衡，由于对市场有扭曲，所以不可避免地会影响宏观经济的发展。碳限额政策与碳税起作用的方式相似，通过对市场进行干涉，使得社会中各主体的利益分配发生了变化。这一政策将增加政府收入，减少生产者和消费者的福利，同时也增加了社会的无谓损失。碳限额政策导致的额外增加的生产成本将由消费者和生产者共同承担。这种对市场的扭曲将使原本流向消费者和生产者的利益流向政府，不利于经济发展。如图 4-21 所示，在碳限额（CAP SHR07 与 CAP SHRBaU）情景下，GDP、消费、进出口分别下降了 9%～10%、16%～19%、3%～7%。

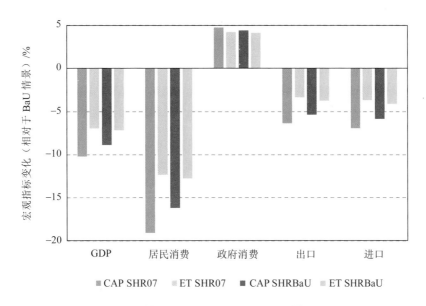

图 4-21　各情景下宏观指标相对于 BaU 情景的变化

同样，不同的碳配额方式对于宏观指标也有着重要影响。如图 4-21 所示，CAP SHRBaU 方式相对于 CAP SHR07 方式而言，整体对于宏观经济指标的影响更小，减少了 GDP、消费、进出口相对于 BaU 情景下的损失，同时也减少了政府的支出。尽管碳配额政策对于经济发展不可避免地会产生一定副作用，但碳减排是社会发展的必然趋势，而且从全社会的角度考虑，其收益是大于损失的。

碳交易可以降低碳排放限额对宏观经济的不利影响，在图 4-21 中，通过比较同种颜色深色柱子与浅色柱子的差值，可以看到 2030 年 ET SHR07（ET SHRBaU）相对于 CAP SHR07（CAP SHRBaU）各宏观指标的变化，它反映了碳交易对于宏观经济的影响。我们可以看到，碳交易对于经济的作用恰好与碳排放限额相反，它减少了政府支出，增加了 GDP、消费、进出口。但是由于碳交易影响的幅度不如碳排放限额的影响大，所以碳交易的作用是削弱碳排放限额对于经济的不利影响。碳交易是以更小代价实现同等减排目标的有力手段。

4.4.4　讨论

4.4.4.1　政策建议

碳配额分配方法在碳市场中扮演着非常重要的角色。本研究主要考虑两种代表性的分配方案，SHR07 和 SHRBaU。模型结果表明，两种方案对碳市场的影响存在较大差异。采用不同的碳配额分配方法，同一行业的碳价差可达近 600 美元/t。根据基准年排放量的历史比例分配碳排放限额的 SHR07 分配法是非常不平衡的，与 SHRBaU 分配法相比，SHR07 分配法下碳交易量占总排放量的比例更大。由于考虑到了未来的增长潜力，SHRBaU 分配法相对均衡，显著降低了碳排放限额和碳交易政策对部门产出的负面影响，有助于避免经济的大幅波动。因此，在分配碳排放限额时，要考虑到未来部门碳排放的增长潜力。同时，由于各部门技术进步潜力不同，在制定碳配额分配方法时也应考虑碳减排潜力的异质性。

4.4.4.2　与其他研究对比

对于广东省不同时期的碳价格，Wang 等在研究中发现 2030 年的碳价（302～332 美元/t）值远远高于 2020 年（38 美元/t）。这与本研究有很大不同，这是因为：首先，这两项研究的社会经济假设不同，本研究中假设广东省发展较快，碳排放需求较大；其次，碳减排目标也是不同的，本研究旨在达到 NDC 减排目标，该目标比哥本哈根承诺的目标更严格。

与上海的碳价相比，广东的碳价和 GDP 损失（7%～7.2%）相对较高。Wu 等应用 CGE 模型评估了碳交易对于上海市碳价格和宏观经济的影响，研究结果表明 2030 年碳价约为 69 美元/t，GDP 损失为 1.6%～1.7%。Yu 等研究发现，2030 年上海的碳价格为 147～161 美元/t，GDP 损失为 3.4%，略高于 Wu 等的研究。造成碳价和 GDP 损失差异的原因是广东和上海的工业和经济结构差异很大。上海地区的产业多是资本密集型的商业、金融和信息产业，而广东主要是机械、家用电器、汽车、建材和冶金等能源密集型制造业，产业结构的差异加大了广东省的减排难度。

4.4.4.3　不足与展望

本研究只讨论了碳排放上限和碳交易对广东省的影响，但这不足以将结论简单推广到其他试点，还需要对其他试点进行更多的研究才能得到更普适的结论。2017 年年底，中国碳排放权交易体系正式开始全国统一运行，考虑到不同区域之间的碳交易，有必要进一步研究碳市场在全国范围内的影响。此外，也有一些学者呼吁在中国征收碳税，这两项政策之间的相互作用，以及在中国已经建立碳市场的情况下、征收碳税是否合理，是值得进一步探讨的议题。

4.4.5　结论

碳价主要取决于碳配额数量和部门减排潜力的大小两个因素。一方面，碳配额越少的部门减排压力越大，这些部门往往通过技术升级来降低碳强度。由于边际减排成本是递增的，降低碳强度越大的行业面临的边际减排成本越大，这最终将导致碳价格上涨。碳限额对不同经济部门碳价格的影响基本上是线性的、同质的。另一方面，在同样的碳分配方法下，碳价主要受各部门减排潜力的影响，各部门减排潜力差异较大。具有较高自然资本替代率的行业在基准情景下具有较高的碳强度自然下降率，说明这些行业具有较大的减排潜力，其碳价格将低于其他行业。各部门减排潜力对碳价格的影响是不均匀的。

　　碳市场的影响可以从碳排放上限和碳交易两个方面展开分析。碳排放限额是控制碳排放总量、实现 NDC 目标的一项非常有效的措施，但它会给行业带来额外的生产成本（直接成本和间接成本），将会减少部门产出并给整个社会带来额外的负担。这种效应近似线性。如果实行碳交易政策，不仅可以降低整个社会的碳减排成本，还可以促进经济结构的绿色转型，为减排、低碳绿色生产和技术进步提供一种激励机制，增加低碳行业的竞争力等。此外，碳交易政策重新分配了各部门之间的经济利益，缩小了碳限额政策在不同部门之间造成的不平等。并且各部门可以通过在碳市场上出售碳排放权获得收益，抵消碳限额带来的产出损失，这将大大降低碳限额政策对宏观经济的负面影响。

　　碳排放限额政策可以促进产业转型，鼓励发展低碳产业，降低碳密集型产业的竞争力。但这将不可避免地对市场造成扭曲，进而对宏观经济产生不利影响。例如，总产出、国内生产总值、消费、进出口分别减少 13%、9%、18% 和 6% 左右，大大超过政府消费支出（5%）的增幅。相反，碳交易可以减少碳限额对宏观经济的不利影响，此时国内生产总值、消费、进出口将分别减少 3%、2.5%、5%、2.4% 的损失。

参考文献

[1] 国家发展和改革委应对气候变化司. 强化应对气候变化行动——中国国家自主贡献[R]. 2015.

[2] Wang P，et al. Achieving Copenhagen target through carbon emission trading: Economic impacts assessment in Guangdong Province of China[J]. Energy，2015，79（79）：212-227.

[3] 国家发展改革委，全国碳排放权交易市场建设方案（发电行业）[R]，2017.

[4] Shanghai Municipal People's Government，Shanghai 12th five-year-plan on enegy saving and

climate change. 2012，Shanghai Municipal People's Government.

[5]　Wu L，H Qian，Li J. Advancing the experiment to reality：Perspectives on Shanghai pilot carbon emissions trading scheme[J]. Energy Policy，2014，75：22-30.

[6]　National Bureau of Statistics of China（NBS），China Energy Statistical Yearbook 2008[M]. Beijing：China Statistics Press，2008.

[7]　National Bureau of Statistics of China（NBS），Input-output tables of China 2007[M]. Beijing：China Statistics Press，2011.

[8]　China Electric Power Yearbook Editorial Board，China Electric Power Yearbook 2008[M]. Beijing：China Electric Power Press，2008.

[9]　Zhang D，et al. Emissions trading in China：Progress and prospects[J]. Energy Policy，2014，75：9-16.

[10]　Shanghai Municipal People's Government. Opinions on accelerating the construction of a science and technology innovation center with global influence[EB/OL]. [2015-11-20]. http://www.shanghai.gov.cn/shanghai/node2314/n32792/n32874/n32876/u21ai1016468.html.

[11]　Jotzo F，Löschel A. Emissions trading in China：Emerging experiences and international lessons[J]. Energy Policy，2014，75：3-8.

[12]　Teng F，Wang X，Zhiqiang LV. Introducing the emissions trading system to China's electricity sector：Challenges and opportunities[J]. Energy Policy，2014，75：39-45.

[13]　Jotzo F. Emissions trading in China：Principles，design options and lessons from international practice. 2013，Centre for Climate Economics & Policy，Crawford School of Public Policy，The Australian National University.

[14]　Shanghai Environment and Energy Exchange，Shanghai carbon market report（2013-2014）. 2015.

[15]　Liu L，et al. China's carbon-emissions trading: Overview，challenges and future[J]. Renewable and Sustainable Energy Reviews，2015，49：254-266.

[16]　Zhou S. Economic and Environmental Impacts of the Shanghai Carbon Emission Trading：Based on CGE Model Analysis（in Chinese）[J]. Advances in Climate Change Research，2015，11（2）：144-152.

[17]　Wang P，et al. Achieving Copenhagen target through carbon emission trading：Economic impacts assessment in Guangdong Province of China[J]. Energy，2015，79：212-227.

[18]　Zhang D，et al. Quantifying regional economic impacts of CO_2 intensity targets in China[J]. Energy Economics，2013，40：687-701.

[19] Ermolieva T，et al. Carbon emission trading and carbon taxes under uncertainties[J]. Climatic Change，2010，103（1-2）：277-289.

[20] Muntean M，Guizzardi D，Schaaf E，et al. Fossil CO_2 emissions of all world countries - 2018 Report[M]. Luxembourg：Publications Office of the European Union，2018.

[21] Tian X，et al. The effects of household consumption pattern on regional development：A case study of Shanghai[J]. Energy，2016，103：49-60.

[22] Wu R，et al. Achieving China's INDC through carbon cap-and-trade：Insights from Shanghai[J]. Applied Energy，2016，184：1114-1122.

[23] Yu Z，et al. A general equilibrium analysis on the impacts of regional and sectoral emission allowance allocation at carbon trading market[J]. Journal of Cleaner Production，2018，192：421-432.

[24] Dai H，et al. Green growth：The economic impacts of large-scale renewable energy development in China[J]. Applied Energy，2016，162：435-449.

[25] Dai H，et al. Assessment of China's climate commitment and non-fossil energy plan towards 2020 using hybrid AIM/CGE model[J]. Energy Policy，2011，39（5）：2875-2887.

[26] Dai H，et al. The impacts of China's household consumption expenditure patterns on energy demand and carbon emissions towards 2050[J]. Energy Policy，2012，50（special issue）：736-750.

[27] Dong H，et al. Pursuing air pollutant co-benefits of CO_2 mitigation in China：A provincial leveled analysis[J]. Applied Energy，2015，144：165-174.

[28] Xie Y，et al. Economic impacts from $PM_{2.5}$ pollution-related health effects in China：A provincial-level analysis[J]. Environmental Science & Technology，2016，50（9）：4836.

[29] Wu R，et al. Achieving China's INDC through carbon cap-and-trade：Insights from Shanghai[J]. Applied Energy，2016.

[30] Wang P，et al. Achieving Copenhagen target through carbon emission trading：Economic impacts assessment in Guangdong Province of China[J]. Energy，2015，79（79）：212-227.

[31] Cheng B B，et al. Impacts of carbon trading scheme on air pollutant emissions in Guangdong Province of China[J]. Energy for Sustainable Development，2015，27：174-185.

[32] Cheng B B，et al. Impacts of low-carbon power policy on carbon mitigation in Guangdong Province，China[J]. Energy Policy，2016，88：515-527.

[33] Dai H，et al. Closing the gap? Top-down versus bottom-up projections of China's regional

energy use and CO$_2$ emissions[J]. Applied Energy，2016，162：1355-1373.

[34]　Armington P S. A Theory of Demand for Products Distinguished by Place of Production（Une théorie de la demande de produits différenciés d'après leur origine）（Una teoría de la demanda de productos distinguiéndolos según el lugar de producción）[J]. Staff Papers，1969，16（1）：159-178.

第 5 章
GCAM 及在中国能源低碳转型中的应用[①]

5.1 引言

气候变化问题是全球性的重大环境科学问题。研究表明，目前《巴黎协定》中全球各国自主贡献（Nationally Determined Contribution，NDC）承诺努力，难以实现 21 世纪末全球平均温度控制在 2℃甚至 1.5℃之内的温升控制目标。实际上，要实现《巴黎协定》目标，2030 年全球二氧化碳排放缺口高达 1.2～1.7 Gt。因此，世界各国都需要大幅提高减排目标，加大减排力度，尽早实现全球排放峰值，大力推进全球能源低碳转型。

中国在全球应对气候变化中发挥积极的建设性作用。在《巴黎协定》中，中国政府 NDC 承诺目标为，2030 年二氧化碳排放达到峰值且将努力早日达峰，单位国内生产总值（GDP）二氧化碳排放比 2005 年下降 60%～65%，非化石能源比例占 20%等。改革开放以来，随着经济的快速发展，工业化和城镇化进程不断加快，人民生活水平的不断提高，中国能源消费和二氧化碳排放持续增加。2018 年，中国能源消费总量达到 46 亿 t 标准煤（发电煤耗计算），二氧化碳排放总量 100 亿 t 左右，居世界第一，分别占全球能源消费和二氧化碳排放比例的 23%和 27%。因此，中国能源低碳转型和二氧化碳减排，对全球实现《巴黎协定》目标具有非常重要的作用。

中国经济已经从改革开放以来的高速增长期进入中高速增长的"新常态"模式。新常态下，经济增速放缓、经济结构优化升级，经济发展从要素驱动、投资推动向创新推动转变。经济发展与能源生产、消费密切相关，能源、电力系统在

① 本章作者：周胜、潘勋章、高霁。

新的经济发展模式下将会呈现出区别于改革开放以来的新特征。在经济发展前期阶段，粗放式发展模式使环境承载能力已达到或基本接近上限；高强度的二氧化碳排放加重温室效应；大量污染物排放导致全国性尤其是经济发达地区的严重雾霾污染。因此研究新常态下中国未来碳排放情景及能源转型之路是当务之急。

针对《巴黎协定》下的中国 NDC 目标的实现，国内外相关机构对中国能源低碳转型、能源消费和二氧化碳排放路径进行了大量研究。研究表明：中国碳排放峰值年份不确定性范围主要集中在 2020—2035 年，峰值排放水平集中在 100 亿~120 亿 t 二氧化碳排放区间，其中，2030 年达峰的各个情景的排放均值为 110 亿 t 二氧化碳。排放峰值年份越推迟，排放峰值水平越大，每推迟 5 年达峰，中国二氧化碳排放峰值水平将增加 10 亿 t 二氧化碳左右。实现 NDC 目标的措施包括深度脱碳和能源系统优化、电力供应低碳化、碳排放权交易（ETS）、可再生能源配额制等。

但是，以上研究存在的问题，主要包括三个方面：①主要针对中国 NDC 目标年（2030 年）前后中国的能源消费和二氧化碳排放，缺少远期特别是 2050 年前后中国的能源消费和二氧化碳排放相关信息；②NDC 目标的实现，主要基于中国单个区域模型而不是全球视角，即在外生的碳约束条件下，如何实现中国 NDC 达峰目标，难以与《巴黎协定》中全球温升目标（2.0℃或者 1.5℃）直接联系起来，难以量化中国温室气体减排努力在全球实现《巴黎协定》温升目标中的贡献；③缺乏为实现 2℃温升目标和 1.5℃温升目标下，中国能源低碳转型的详细信息，如能源结构、减排规模、非化石能源比例、减排成本等。

针对以上几个问题，本研究在全球视角下，从能源供应和能源需求两个方面，针对《巴黎协定》温升控制目标，重点研究中国能源低碳转型路径及其量化影响，对学术界和政策制定者都具有重要的参考价值。具体体现在：①构建三种排放情景（NDC 情景、2℃温升情景和 1.5℃温升情景）；②量化分析三种情景下的中国能源消费总量、能源消费结构、温室气体排放、减排规模和减排来源等；③为实现《巴黎协定》全球温升目标，量化分析中国能源低碳转型的温室气体减排贡献等。

5.2　模型及方法学

本研究采用 GCAM 模型清华大学版本（GCAM-TU），研究不同情景下的中国碳排放路径及能源转型之路。

5.2.1　GCAM-TU 模型简介

GCAM（Global Change Assessment Model）是一个全球气候变化综合评价模型，包括能源、农业和土地利用、水资源和简单气候系统四大模块，如图 5-1 所示。其中能源模块全球分为 32 个地区，中国为其中的一个地区。该模型已经被广泛用于全球层面和区域层面的能源消费和二氧化碳排放相关研究，是 IPCC 历次报告的主要综合评价模型之一。该模型为开源模型，可以公开下载获得（http://www.globalchange.umd.edu/models/gcam/）。GCAM 模型是一个长期动态递归的部分均衡模型，运行区间为 2010—2100 年，每 5 年为一个计算步长。能源系统模块是模型的核心，详细刻画了不同类型的能源类型，从开采、加工、转换、分配到终端消费等环节，考虑了能源系统中已有成熟的、处于研发和示范的各种技术。该模型在中国能源系统低碳发展研究方面得到较为广泛的应用，包括能源系统、电力部门、工业部门、建筑部门、交通部门等领域内能源消费和二氧化碳排放。

图 5-1　GCAM 分区示意

资料来源：http://www.globalchange.umd.edu/models/gcam/。

在 GCAM 5.1（release version）基础上，GCAM-TU 模型对中国区域能源系统做了大量改进。包括更细致的工业部门结构分解、更多的服务和技术类型、更本土化的参数设置和假设。其中工业部门进行钢铁、水泥、化工、电解铝、造纸等高耗能行业细化，便于更加合理地模拟中国工业部门快速发展和产业转型过程中的能源结构变化及其对二氧化碳排放路径的影响如图 5-2 所示。基于中国最新统计数据，重新校准 2015 年和 2020 年与能源和二氧化碳排放的相关数据。使得与 2015 年实际情况和 2020 年估算相一致，从而更好地反映中国目前能源消费、排放现状和近期预期。该模型所有参数和数据是公开透明的。

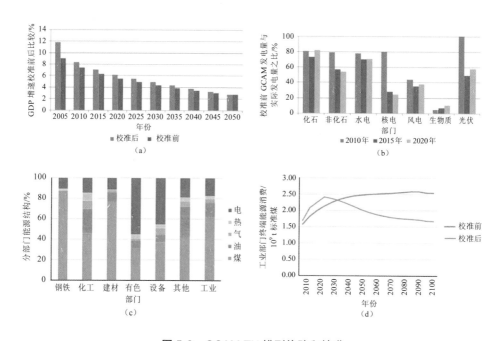

图 5-2　GCAM-TU 模型修改和校准

GCAM-TU 修改和校准如图 5-2 所示。其中图 5-2（a）基于国内的最新研究对 GDP 增速进行重新校准，以便更加符合对中国未来经济发展趋势的判断。图 5-2（b）基于电力统计数据对对电力供应总量和供应结构进行重新校准。其中，原模型中的核电、风电、光伏和生物质发电在基准年与实际情况差别较大。现有 GCAM 模型中，终端能源需求部门的工业部门除了水泥行业外，其他所有工业部门集成为一个部门，相对简单。考虑中国大量的高耗能行业，并且行业规模在全球都占相当大的比例（接近 50%），并且在中国经济转型和产业结构调整过程中，都会对中国地区的能源消费和二氧化碳排放产生较大影响。GCAM-TU 版本中,工业部门细分为 7 个行业,包括 5 个高耗能部门(钢铁、水泥、化工、有色金属、造纸),以及设备制造业、其他工业,如图 5-2(c)所示。如果不细分工业部门,模型中的工业部门能源结构只能按照工业部门平均能源结构(煤、油、气、电和热)进行描述。工业部门细分后能更加合理地描述中国工业部门行业特点和产业转型过程中的能源结构变化情况,以及对于二氧化碳排放路径的影响。另外,结合 2015 年的中国工业部门实际能源消费情况和中国 2030 年排放达到峰值的目标要求,对工业部门的能源消费趋势进行重新调整和校准。在短期内,校准前后差别不大。但从长期来看,中国能源消费和排放总量将对全球排放和温室气体影响产生较大影响,如图 5-2(d)所示。

GCAM 模型由大量相互关联的复杂的计算公式和相关参数构成,其中最重要的为能源技术选择计算公式。

在满足相同的能源服务需求下,各种能源技术市场比例(S_k),即利用该能源技术的市场份额,通过 logit 模型确定,具体如下:

$$S_k = \frac{b_k \times c_k^{r_p}}{\sum_{j=1}^{N}\left(b_j \times c_j^{r_p}\right)} \tag{5-1}$$

式中,c_k——能源技术 k 的平准化成本,包括初始投资、运行成本、燃料价格、技术寿命、贴现率、税收等因素;

b_k——能源技术 k 的权重系数,即社会偏好程度,能够反映公众或者政策者对该技术的偏好和认可程度,即愿意以多大的意愿来购买该能源技术产出,该参数通过历史数据或者基准年数据校准得到;

r_p——logit 指数,该参数反映了能源成本或者能源价格变化对该技术市场份额的影响,也称价格弹性系数。

式(5-1)说明,竞争市场的能源技术市场份额主要依靠成本及其概率分布范围,以及该技术与其他替代技术相比较的社会偏好因素。这种技术选择模型,可以避免传统成本最小化模型中的"赢者通吃"的局限性。

5.2.2　未来情景设置

研究表明,影响中国碳排放和能源低碳转型的主要因素包括:人口、GDP、产业结构、能源结构和能源技术进步等因素。其中 GDP 和单位 GDP 能源强度与调整经济增长模式和优化产业结构密切相关。在不影响 GDP 发展速度的前提下，为全面反映中国能源低碳转型及其对实现《巴黎协定》温升控制目标的减排贡献。本章设定 3 个未来情景，即国家自主贡献情景（NDC）、2℃温升情景（T20）、1.5℃温升情景（T15）。

NDC 情景：考虑《巴黎协定》下的全球 NDC 承诺国际背景，中国承诺到 2030 年前后二氧化碳排放达到峰值且将努力早日达峰，非化石能源比例占 20% 等目标。2030 年以后，减排力度和减排措施保持不变。在该目标下，中国推进新常态下经济发展，产业结构升级和优化，产业部门推进实施一系列低碳政策措施。其中，工业部门向低碳和高附加值行业转换；能源结构得到优化、能源技术进步明显、采取适度的应对气候变化的政策和措施。

T20 情景：考虑《巴黎协定》下全球温升 2℃的控制目标，通过提高能源效率和调整产业结构，控制能源消费总量，特别是煤炭消费总量；能源结构向低碳化、电气化、清洁化和多元化转化。加快转变经济发展方式，进一步调整和优化产业结构，促进社会向低能耗、高附加值行业发展。建筑部门提高能效和推广低碳技术；交通运输部门向清洁、高效、低碳的运输体系变化。采取中度应对气候变化的政策和措施。

T15 情景：考虑《巴黎协定》下全球温升 1.5℃的控制目标，通过进一步提高能源效率和调整产业结构，进一步降低能源需求和能源消费总量，大幅度降低煤炭消费需求。燃煤比例大幅度下降，而非化石能源比例大幅度上升，能源结构需要大幅度低碳化、电气化、清洁化和多元化。电力比例大幅度增加，终端能源消费向电气化和低碳化转变。工业部门能耗比例明显下降，建筑和交通部门能源消费增速缓慢。低碳电力（核电、可再生能源、CCS 和 BECCS）比例大幅度增加。应对气候变化的政策和措施力度大幅度增加。

5.2.3　主要参数与假设

主要参数包括宏观经济参数（人口、GDP 和产业结构）和能源系统相关参数（能源总量、能源结构、能源效率）的现状和未来发展趋势，考虑到部分数据不可得，本章给出相关数据的估算方法和估算结果，其他参数主要来自 GCAM 5.1（release version）默认值。

5.2.3.1　人口、GDP 和产业结构

中国未来人口数量保持低速增长并即将达到峰值，在中短期内，人口进入平

台期并缓慢下降阶段。2015 年，中国人口为 13.75 亿人，预计到 2025 年达到峰值 14.10 亿人，然后缓慢下降，到 2050 年，中国人口为 12.70 亿（UN，2017，低情景）。考虑 2050 年前，我国人口基本趋于稳定，影响我国能源消费和二氧化碳排放增长的首要因素是经济的增长和经济结构的变化。

从 2009 年开始，中国已成为世界第二大经济体，2015 年中国 GDP 总量为 11 万亿美元（现价），占全球 GDP 比例为 15%左右，人均 GDP 上升到 8 000 美元（WB，2018），进入中高收入国家行列。自 2011 年起，中国经济增速开始放缓，我国经济增长率将逐步降低，从原来年均约 10%的高速增长转向个位数的中高速增长。研究表明，预计 2016—2020 年经济增速为 6%～7%，2020—2025 年为 5%～6%，2025—2030 年为 4%～5%，2030—2040 年为 3%～4%，2040—2050 年为 2%～3%。

经济产业结构调整向高端低碳产业发展，经济发展从原来的规模速度型增长，向质量效益集约型增长转变。预计到 2030 年第三产业比例将达到 60%，第二产业比例将降到 35%。第二产业内部结构也将发生变化，向低能耗、低排放和高附加值方向发展，产业结构得到优化。

5.2.3.2　基准年能源系统参数重新校准

GCAM 5.1（release version）的基准年为 2010 年，主要来源于 IEA 和 OECD 数据，该数据的中国区域大体上与中国官方统计数据一致。但是，2015 年（本研究的基准年），模型数据和中国实际数据存在一定差别。比如，GCAM 模型中，与实际数据相比，一次能源和终端能源低 8%左右，天然气低 34%，电力低 11% 等。特别是电力部门分燃料类型（气电、水电、核电、风电、光伏和生物质发电）的发电量，分别与实际发电水平低 20%～80%。对 2020 年，与国内最新研究结果相比，模型中的一次能源消费低 6%～10%，发电量低 10%～20%。考虑能源消费总量和能源结构对二氧化碳排放的影响，在该研究中需要对相关数据进行重新校准，使得与 2015 年实际情况和 2020 年的最新估算相一致，从而更好地反映中国目前能源消费和排放现状和近期预期，如图 5-2 所示。

5.2.3.3　能源消费和二氧化碳排放未来趋势的判断

从全球来看，尽管世界各国的 NDC 减排承诺不足以实现《巴黎协定》目标，到 2100 年，全球升温为 2.6～4.3℃，全球排放比 2℃目标高 4.5～9.2 GtC。但是，在 NDC 情景下，全球总体排放到 2030 年仍然比参考情景低 10%～20%。其中，全球主要排放国家和地区（欧盟、日本、中国、印度、俄罗斯等）都进行了绝对减排、相对减排、碳强度减排等形式承诺。如到 2030 年碳排放绝对量，欧盟比 1990 年下降 40%；日本比 2013 年下降 26%；俄罗斯比 1990 年下降 25%～30%；2030 年碳排放强度，中国比 2005 年下降 60%～65%；印度比 2005 年下降 33%～35%；2030 年碳排放量比参考情景，印度尼西亚减排 29%～41%；韩国下降 37%；墨西哥下降 30% 等。

从中国区域来看，随着经济增速的放缓，我国能源消费将进入长期低速增长阶段。2001—2005 年能源消费（发电煤耗）平均年增长速度为 12.3%，2006—2010 年为 6.7%，2011—2015 年为 3.6%，2016 年为 1.4%，2017 年为 2.9%，2018 年为 3.3%。2015 年以来，中国能源消费增速明显下降，这一低速增长将是一个长期趋势。主要原因在于，目前我国高耗能行业基本上已经达到峰值，工业部门能耗整体进入饱和期，建筑和交通部门尽管继续增长，但能源消费占比相对较少。

从中国分部门来看，工业部门在我国未来能源消费和排放路径中，起着决定性作用。我国目前钢铁、水泥等行业严重产能过剩，人均产量高于欧美日等发达国家，人均建筑面积基本上已达到欧盟和日本人均建筑面积。因此，我国钢铁、水泥等高耗能产品需求已经趋近饱和，产量基本上在 2015—2020 年将达到峰值，预计到 2030 年，我国高耗能产品产量下降 10%～30%。对建筑部门来说，尽管人均建筑面积大幅度增加的可能性较小，但随着人民生活水平的不断提升，建筑部门能源服务需求和单位面积建筑能耗将持续增长。对交通部门来说，随着经济增速换挡及经济结构调整，我国客运货运交通运输需求增长明显放缓。但随着城镇化发展及人民生活水平的提高，我国居民机动车拥有量迅速增加。从千人汽车保有量来看，我国远低于发达国家水平，还有较大增长空间。对电力部门来说：我国未来的电力需求将持续增长，电力供应结构也越来越多样化、低碳化，燃煤发电比例逐渐下降，水电、核电、风电、光伏等非化石发电技术得到较大的发展。

因此，要实现《巴黎协定》2℃或者 1.5℃温升控制目标，能源系统转型起着至关重要的作用。能源系统低碳转型的两个关键点：提高供应侧能效和低碳能源技术比例（推广核电、可再生能源技术和天然气比例）、提高需求侧终端部门电气化比例和减少终端能源需求。

5.3　中国能源低碳转型中的应用

应用 GCAM-TU 模型，基于上述情景设置和关键参数，不同情景下的中国能源低碳转型路径及其影响如下。

5.3.1　全球平均温升和大气二氧化碳浓度

中国能源低碳转型路径与全球应对气候变化温升控制目标和减排努力密切相关。不同的全球温升控制目标，未来的全球温室气体排放路径显然不同。针对《巴黎协定》温升控制目标，全球平均温升路径如图 5-3 所示。另外，从全球范围来看，全球平均温升、全球辐射强迫路径和大气中二氧化碳浓度变化路径和趋势，基本上是一致的。

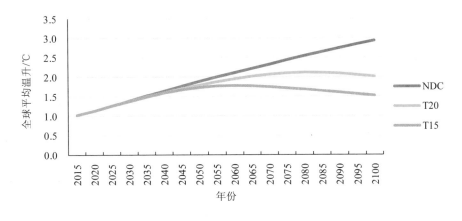

图 5-3　全球平均温升路径

其中，2100 年的全球温升及其对应的辐射强迫目标和二氧化碳浓度汇总见表 5-1。

表 5-1　不同情景下 2100 年温升和二氧化碳浓度目标

情景模式	辐射强迫/（W/m²）	全球平均温升/℃	CO₂ 浓度/ppm
NDC	5.12	2.94	608
T20	3.02	2.00	423
T15	2.14	1.50	360

5.3.2　中国未来二氧化碳排放路径

中国与能源相关的二氧化碳排放，2015 年为 9.4 Gt 二氧化碳（10 亿 t 二氧化碳）。到 2030 年，NDC 情景、T20 和 T15 情景分别为 10.53 Gt、9.51 Gt 和 7.69 Gt

二氧化碳，比 2015 年分别增加 12%、增加 1% 和减少 18%；到 2050 年，3 种情景下二氧化碳排放分别为 9.45 Gt、6.31 Gt 和 0.81 Gt 二氧化碳，比 2015 年分别增加 1%、减少 30% 和减少 90%；到 2100 年，3 种情景下二氧化碳排放分别为 4.91 Gt、−1.78 Gt 和 −1.92 Gt 二氧化碳。其中 T20 和 T15 情景下，2075 年和 2055 年开始负排放。因此，要实现 1.5℃温升控制目标比实现 2℃温升控制目标，中国二氧化碳零排放需要提前 20 年左右，中国二氧化碳达峰时间需要在 NDC 情景（2030 年）提前到 2025 年或者 2020 年，如图 5-4 所示。到 2050 年，中国二氧化碳排放需要比 NDC 情景大幅度减少 30% 或者 90%。这无疑给中国的能源系统低碳转型带来巨大的挑战。

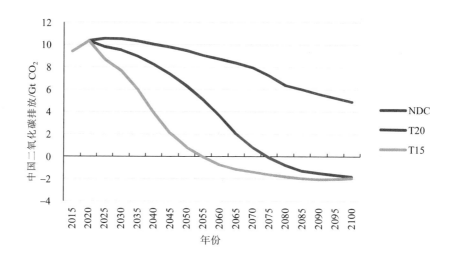

图 5-4   中国未来能源相关的二氧化碳排放路径

从二氧化碳累计排放来看，如图 5-5 所示，1990 年以前，由于经济发展水平较低，工业不发达，能源消费较少，中国与能源相关的累计二氧化碳排放较少，1899—1990 年，中国累计二氧化碳排放为 46 Gt 二氧化碳，占全球比例 6.3% 左右，远低于中国人口占全球比例。1990 年以后，随着中国的经济和工业的快速发展，能源消费及其二氧化碳排放快速增加，到 2015 年，中国累计二氧化碳排放为 186 Gt 二氧化碳，占全球累计排放比例增加到 13.2%。到 2030 年，3 种情景下，累计排放分别为 340 Gt、334 Gt 和 324 Gt 二氧化碳，占全球比例分别为 17.2%、17.1% 和 16.8%。到 2050 年，3 种情景下，累计排放分别为 541 Gt、497 Gt 和 405 Gt 二氧化碳，占全球比例分别为 19.4%、18.9% 和 17.6%。到 2100 年，累计排放分别为 900 Gt、540 Gt 和 339 Gt 二氧化碳，全球占比与 2050 年基本相同。
因此，从累计排放来看，与 NDC 情景相比，T20 和 T15 情景到 2050 年累计二
氧化碳排放分别减少 10%和 30%；到 2100 年累计二氧化碳排放分别减少 40%
和 60%。

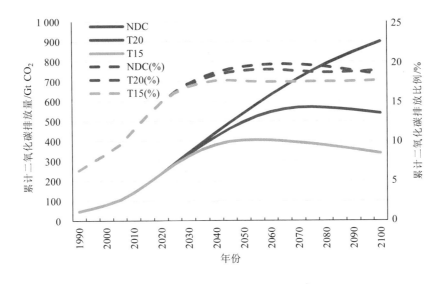

图 5-5　中国累计二氧化碳排放及其全球占比

研究表明，2050 年后的二氧化碳排放和能源消费存在较大的不确定性，目前
国内外更多关注 2050 年前的二氧化碳排放和能源消费，特别是 2030 年和 2050
年。因此，下文中主要针对 2050 年及之前的相关结果进行分析和展示。

5.3.3　一次能源消费

随着经济增速的放缓，我国能源消费将进入长期低速增长阶段。从绝对量来
看，中国一次能源消费 2015 年为 4.02 亿 t 标准煤（10 亿 t 标准煤，电热当量），
随后增速放缓，2030 年达到峰值，3 种情景下分别为 4.80 Gt、4.56 Gt 和 4.31 Gt
标准煤，比 2015 年分别增加 20%、13%和 7%。2030—2050 年，3 种情景下，一
次能源消费总量基本不变或者缓慢下降阶段。需要指出的是，为了达到全球 2℃
或者 1.5℃温升目标，需要减少一次能源消费。与 NDC 情景相比，到 2050 年，
T20 和 T15 情景的中国一次能源消费分别减少 9%和 16%左右。

从能源消费结构来看，为实现《巴黎协定》温升控制目标，中国能源消费结

构需要大幅度低碳化、清洁化和多元化，如图 5-6 所示。2030 年前，中国一次能源消费结构在 3 种情景下都仍将以燃煤消耗为主，比例超过 50%，但燃煤比例逐渐降低，与此同时，非化石能源比例逐渐增加。2015 年，中国煤炭消费比例为 66%，到 2030 年，燃煤比例分别下降到 58%、54% 和 46%；到 2050 年，燃煤比例分别进一步下降到 53%、39% 和 17%。与此同时，天然气比例从 2015 年的 7% 上升到 2030 年的 9%～11%、2050 年的 11%～13%。而非化石能源（核能和可再生能源）比例从 2015 年的 6%（电热当量）增加到 2030 年的 11%、13% 和 20%，2050 年进一步增加到的 16%、27% 和 52%。也就是说，T20 和 T15 情景下，到 2050 年，中国燃煤比例大幅度下降，而非化石能源比例大幅度上升。

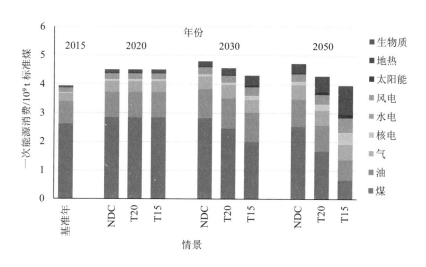

图 5-6   不同情景下一次能源消费-分燃料类型

5.3.4   终端能源消费

消费总量：中国终端能源消费，与一次能源消费相似，终端能源消费总量到 2030 年前后基本达到峰值，2030—2050 年为平台期。具体来说，2015 年为 2.85 Gt 标准煤，到 2030 年分别缓慢增加到 3.37 Gt、3.18 Gt 和 2.94 Gt 标准煤，分别增加 19%、12% 和 3%。2030—2050 年基本持平。

燃料类型：2015—2050 年，主要表现为燃煤比例逐渐下降，油气比例缓慢增加，电力比例大幅度增加，终端能源消费向电气化和低碳化转变，如图 5-7 所示。2015 年，煤、油、电为主要的终端能源，占比分别为 39%、26% 和 21%。到 2050

年，燃煤比例下降到 24%、14% 和 6%，电力大幅度增加到 29%、36% 和 49%，天然气增加 2～4 个百分点，燃油比例增加 5～9 个百分点。其中燃油比例增加较快的原因在于交通部门的燃料消费增加较快。

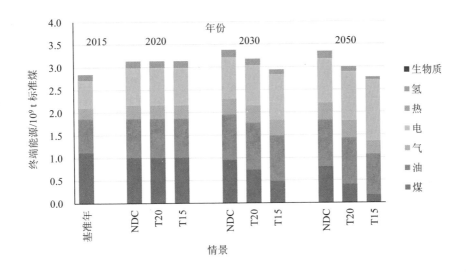

图 5-7   不同情景终端能源消费-分燃料类型

分部门：工业部门能源消费总量占绝对地位，终端能源比例维持在 60%～70%，但所占比例逐渐下降，从 2015 年的 70% 逐渐下降到 2050 年的 60% 左右，如图 5-8 所示。2020 年前后达到峰值，能源消费总量为 2.2 Gt 标准煤左右。由于技术进步和能源效率提高，产业结构调整和升级势。工业部门内部的产业结构将由目前的重化工行业向低能耗、高附加值产业结构转变，产业结构将得到优化。建筑部门能源消费，在终端能源消费占比为 16%～24%，消费规模为 0.5 Gt～0.8 Gt 标准煤，2050 年前持续而缓慢增加，不会出现峰值。T20 和 T15 情景增加速度相对较慢，年平均增速小于 1%。交通运输能源需求仍将持续增长，到 2050 年，交通运输部门能源消费由 2015 年的 0.38 Gt 标准煤增加到 0.49 Gt～0.56 Gt 标准煤，增加幅度为 30%～50%。交通部门年平均增长速度略高于建筑部门增长速度。到 2050 年中国人均交通能源消费量达到欧盟、日本等 2015 年消费水平。

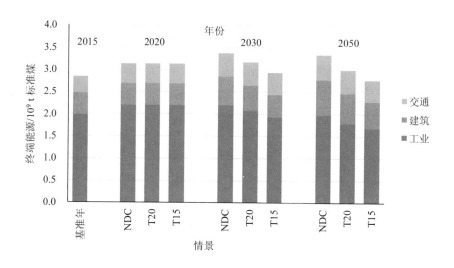

图 5-8　不同情景分部门终端能源消费

5.3.5　电力供应

我国电力需求将持续增加，电力结构逐渐低碳化。

电力供应总量：2015 年，我国电力供应量为 5.86 万亿 kW·h；到 2030 年，将增长到 8.50 万亿～9.6 亿 kW·h，增长幅度为 45%～65%；2050 年达到 9.28 万亿～12.81 万亿 kW·h，增长幅度为 60%～120%，如图 5-9 所示。该结果与相关研究结果类似。从人均电力需求来看，2015 年，我国人均电力需求 4 300 kW·h，相当于 OECD 国家 2015 年人均电力需求的 50%。到 2050 年，我国 2050 年人均电力需求分别为 7 300 kW·h、8 100kW·h 和 10 000 kW·h。其中 2030 年，T20 情景的电力需求略低于 NDC 情景，原因在于，由于碳减排力度的大幅度增加，终端电力需求减少。

电力结构：2030 年前，火电仍然维持在主导地位，所占比例超过 50%，但比例缓慢下降，从 2015 年的 71% 缓慢下降到 2030 年的 65%、63% 和 52%。到 2050 年，火电比例进一步下降到 60%、44% 和 16%。其中 T20 和 T15 情景下，由于碳减排力度大幅度增加，低碳电力比例大幅度增加。到 2050 年，核能比例由 2015 年的 3% 增加到 11%、17% 和 27%；可再生能源电力（不含水电）比例由 2015 年的 6% 增加到 12%、23% 和 39%；水电比例由 2015 年的 19% 下降到 16%、14% 和 11%；CCS 电力比例由 2015 年的 0% 增加到 1%、7% 和 28%。在 T20 情景下，2050 年

BECCS 电力比例约为 1%，但在 T15 情景下，BECCS 比例大幅度增加到 10%左右。也就是说，为了达到全球 1.5℃温升控制目标，BECCS 技术需要进行大规模开发和推广，到 2050 年低碳电力 CCS 和非化石电力比例大幅度提高到 90%以上。

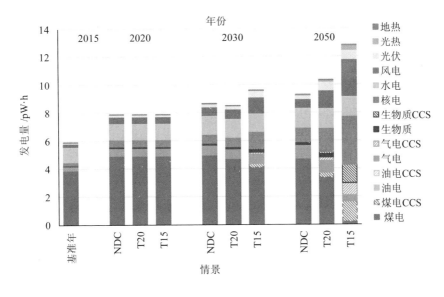

图 5-9   电力供应结构

5.3.6   减排规模及其减排途径

与 NDC 情景相比，要实现《巴黎协定》的 2℃温升或者 1.5℃温升控制目标对应的 T20 和 T15 情景下，我国二氧化碳减排规模巨大。从减排规模来看，到 2030 年，T20 和 T15 情景的减排规模分别为 1.0 Gt 二氧化碳和 2.8 Gt 二氧化碳；到 2050 年，减排规模分别为 3.1 Gt 二氧化碳和 8.6 Gt 二氧化碳。可以看出，T15 情景下的二氧化碳减排规模是 T20 情景的 3 倍左右，减排力度和减排难度远大于 T20 的减排力度。

部门减排来源：T20 和 T15 情景减排主要来自工业部门和电力部门，占总减排规模的 80%～90%，其中工业部门和电力部门各占一半。建筑部门的减排贡献为 6%～16%，交通部门减排贡献为 5%左右，如图 5-10 所示。

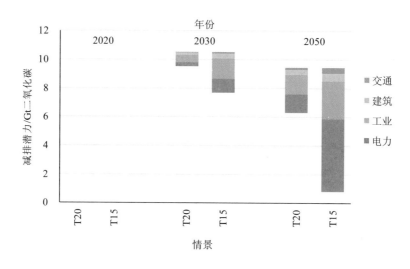

图 5-10   中国减排规模及其减排来源

燃料类型减排：T20 和 T15 情景减排主要来自燃煤的大幅度减少，2050 年减少比例为 34% 和 74%（含燃煤 CCS 技术消耗量），石油消费减少 4% 和 24%，天然气消费增加 3% 和 4%（含天然气 CCS 技术消耗量）。与燃煤相比，天然气更加清洁和低碳。另外，CCS 技术的发展会进一步减少化石燃料二氧化碳排放。因此，低碳能源供应和低碳技术在 T20 和 T15 情景下得到较好发展和广泛应用。

5.3.7   对全球减排的贡献

中国二氧化碳减排贡献以中国的二氧化碳减排规模除以对应的全球减排规模来表示。中国减排规模对全球减排贡献：T20 和 T15 情景 2025 年约为 33%，2030 年约为 30%，2050 年约为 25%。考虑到中国的累计排放始终不超过全球累计排放的 20%，中国的全球减排贡献努力，特别是近期的减排努力，远高于其所对应的累计排放水平。随着时间的推移，中国减排全球贡献逐渐下降，并逐渐趋于全球平均减排贡献（图 5-11）。

以碳价表征的减排力度：T20 情景下（2℃温升目标），2025 年碳价为 23 美元/t 二氧化碳（2015 年），每年以 5% 的速度增加，到 2050 年，碳价为 77 美元/t 二氧化碳。而 T15 情景下（1.5℃温升目标），碳价为 224 美元/t 二氧化碳，约为 T20 情景的 3 倍。其含义表明，为实现全球 1.5℃温升目标，全球碳减排力度和减排成本远大于实现全球 2℃温升目标。

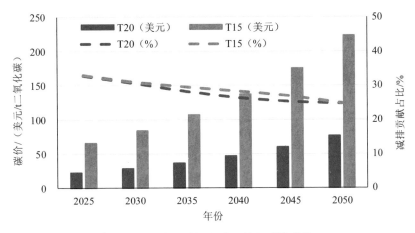

图 5-11　中国减排全球贡献和减排碳价

5.3.8　关键指标分析

NDC、T20、T15 三种情景下的关键指标分析。

5.3.8.1　GDP 碳强度

单位 GDP 碳排放强度（t 二氧化碳/1 000 美元，2015 年价），2015 年为 1.0 t 二氧化碳/1 000 美元左右。到 2030 年，3 种情景下分别下降到 0.49、45 和 0.36 t 二氧化碳/1 000 美元，下降幅度分别为 51%、55% 和 64%。到 2050 年，3 种情景下分别下降到 0.29、0.19 和 0.03 t 二氧化碳/1 000 美元，下降幅度分别为 71%、81% 和 98%。其中 T15 情景下，碳强度大幅度下降，2050 年碳排放强度接近于近零，如图 5-12 所示。

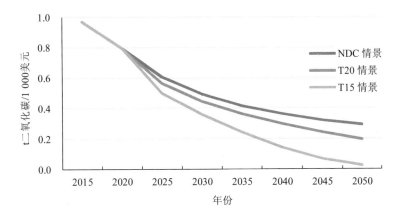

图 5-12　不同情景下单位 GDP 碳排放强度

5.3.8.2　人均碳排放

人均碳排放（t 二氧化碳/人），2015 为 6.85 t 二氧化碳/人。到 2030 年，3 种情景下分别为 7.57、6.85 和 5.54 t 二氧化碳/人，分别为增加 10%、持平和下降 20%。到 2050 年，3 种情景下分别为 7.42、4.96 和 0.64 t 二氧化碳/人，与 2015 年相比，分别为增加 8%、下降 30% 和下降 90%。其中 T15 情景下，人均碳排放强度大幅度下降，人均碳排放不到 1 t 二氧化碳，如图 5-13 所示。

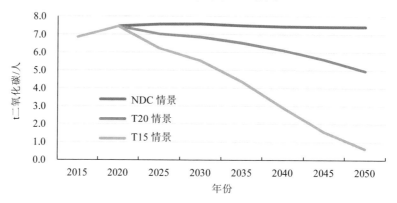

图 5-13　不同情景下人均碳排放

5.3.8.3　电气化程度

电气化程度，即终端能源中的电力和天然气占比。2015 年，终端能源中电力占比为 21%，天然气占比为 9%。到 2050 年，天然气占比缓慢增加到 11%~13%，增加 2~4 个百分点。而 3 种情景下电力比例分别增加到 29%、36% 和 49%（电热当量）。因此 T20 情景和 T15 情景，特别是 T15 情景，电力比例大幅度增加，如图 5-14 所示。

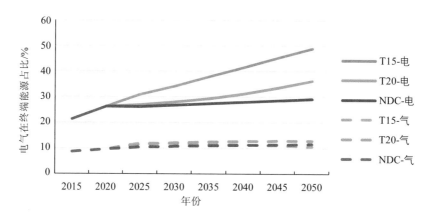

图 5-14　不同情景下电力和天然气在终端能源占比

5.3.8.4　非化石能源比重

一次能源非化石能源比例（发电煤耗），2015 年为 14%。到 2030 年，3 种情景下分别增加到 20%、22% 和 32%。到 2050 年，分别增加到 24%、39% 和 64%。NDC 情景下，非化石能源比重增加缓慢。在 T20 情景，特别是在 T15 情景下，由于气候政策力度的大幅度增加，非化石能源比重大幅度增加，化石能源中的 CCS 等低碳技术也得到大幅度推广，如图 5-15 所示。

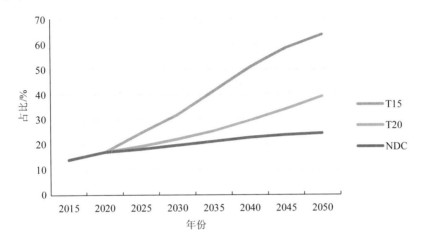

图 5-15　不同情景下非化石能源占比

5.4　主要结论与政策建议

从全球视角下，以《巴黎协定》国家自主贡献（NDC）为基础，以实现全球 2℃ 和 1.5℃ 温升控制目标为出发点，应用 GCA-TU 模型，重点模拟和量化分析了我国低碳转型下的能源消费和二氧化碳排放路径、减排规模和全球减排贡献等，并量化分析了与能源和碳排放相关的关键指标未来发展趋势，包括 GDP 碳强度、人均碳排放、电气化程度和非化石能源比例等。

研究发现：为实现 2℃ 温升和 1.5℃ 温升目标，中国的能源系统低碳转型面临巨大的挑战。与 NDC 情景相比，中国二氧化碳排放达峰时间需要从 2030 年提前到 2025 年甚至 2020 年。到 2050 年，中国二氧化碳排放需要大幅度减少 30% 或者 90%；二氧化碳累计排放减少 10% 和 30%。

为实现 2℃ 温升和 1.5℃ 温升目标，中国二氧化碳减排规模巨大。

（1）按减排总量：2050 年分别为 3.1 Gt 二氧化碳和 8.6 Gt 二氧化碳。

（2）按部门：80%以上的减排途径来自工业部门和电力部门。

（3）按燃料类型：主要来自燃煤的大幅减少，2050 年减少比例为 34%和 74%（含燃煤 CCS 技术消耗量）。

（4）按中国减排努力对全球减排的贡献：到 2025 年，中国减排对全球贡献约为 33%，2030 年约为 30%，2050 年约为 25%。考虑到中国累计排放全球占比始终不超过 20%，中国的全球减排努力，特别是近期的减排努力，远高于其所对应的累计排放水平。

（5）按碳价表征的减排力度：为实现全球 2℃温升目标，到 2050 年，碳价为 80 美元/t 二氧化碳左右。而为实现 1.5℃温升目标，碳价约为 2℃温升目标情景的 3 倍。因此，为实现全球 1.5℃温升目标，全球碳减排力度和减排成本远大于实现全球 2℃温升目标。

因此，为实现《巴黎协定》温升控制目标，中国需要控制能源消费总量，特别是煤炭消费总量，能源结构需要大幅度低碳化、电气化、清洁化和多元化。加快转变经济发展方式，调整和优化产业结构，促进社会向低能耗、高附加值行业发展。优化交通运输结构和运输需求，推广超低能耗建筑。与 NDC 情景相比，到 2050 年，中国一次能源消费将减少 10%～20%。燃煤比例大幅下降到 17%～39%（含燃煤 CCS），天然气比例稳步上升，非化石能源比例大幅度上升到 27%～52%。电力需求和电力比例将持续增加，低碳电力（核电、可再生能源、CCS 和 BECCS）比例大幅度增加到 56%～84%。另外，为了实现全球 1.5℃温升控制目标，BECCS 技术需要进行大规模开发，2050 年 BECCS 电力比例将从 2℃情景下 1% 左右大幅度增加到 1.5℃情景下 10%左右。

参考文献

[1]　国家统计局. 中国统计年鉴[M]. 北京：中国统计出版社，2018.

[2]　国家统计局. 中国能源统计年鉴[M]. 北京：中国统计出版社，2018.

[3]　国家统计局. 2018 年国民经济和社会发展统计公报[M]. 北京：中国统计出版社，2019.

[4]　国家发展改革委. 中国能源生产和消费革命（2016—2030）[R]. 2016.

[5]　中国工程院. CO_2 减排目标与峰值目标落实机制研究[R]. 2016.

[6]　清华大学. 我国温室气体排放峰值研究[R]. 2015.

[7] 能源研究所. 中国尽早实现二氧化碳排放峰值的实施路径研究项目组. 中国碳排放尽早达峰[M]. 北京：中国经济出版社，2017.

[8] 齐晔，张希良. 中国低碳发展报告[M]. 北京：社会科学文献出版社，2018.

[9] 姜克隽，贺晨旻，庄幸，等. 我国能源活动 CO_2 排放在 2020—2022 年之间达到峰值情景和可行性研究[J]. 气候变化研究进展，2016，12：167-171.

[10] 马丁，陈文颖. 基于中国 TIMES 模型的碳排放达峰路径[J]. 清华大学学报（自然科学版），2017，57：1070-1075.

[11] 王海林，何建坤. 交通部门 CO_2 排放、能源消费和交通服务量达峰规律研究[J]. 中国人口·资源与环境，2018，28：59-65.

[12] Corinne L Q，Robbie M A，Pierre F，et al. Global Carbon Budget 2018，Earth System Science Data，10，1-54，2018，DOI：10.5194/essd-10-2141-2018.

[13] Dong F，Hua Y F，Yu B L. Peak Carbon Emissions in China：Status，Key Factors and Countermeasures-A Literature Review[J]. Sustainability，2018，10.

[14] Grubler A，Wilson C，Bento N，et al. A low energy demand scenario for meeting the 1.5℃ target and sustainable development goals without negative emission technologies[J]. Nat Energy，2018，3（6）：515-527.

[15] He J K. Situation and measures of China's CO_2 emission mitigation after the Paris Agreement[J]. Frontiers in Energy，2018，12：353-361.

[16] He J K. Global low-carbon transition and China's response strategies[J]. Advances in Climate Change Research，2016，7：204-212.

[17] Lee S，Unnada C，Hector P，et al. An economic assessment of carbon tax reform to meet Japan's NDC target under different nuclear assumptions using the E3ME model[J]. Environmental Economics and Policy Studies，2018，20：411-429.

[18] Liu Q，Gu A ，Teng F，et al. Peaking China's CO_2 Emissions：Trends to 2030 and Mitigation Potential[J]. Energies，2017，10.

[19] Liu Z，Guan D B，Scott M，et al. Steps to China's carbon peak[J]. Nature，2015，522：279-81.

[20] Lugovoy O，Feng X Z，Gao J，et al. Multi-model comparison of CO_2 emissions peaking in China：Lessons from CEMF01 study[J]. Advances in Climate Change Research，2018，9：1-15.

[21] Mu Y Q，Wang C，Cai W J. The economic impact of China's INDC：Distinguishing the roles of the renewable energy quota and the carbon market[J]. Renewable & Sustainable Energy Reviews，2018，81：2955-2966.

[22] Mu Y Q，Wang C，Cai W J. The economic impact of China's INDC：Distinguishing the roles of the renewable energy quota and the carbon market[J]. Renewable & Sustainable Energy Reviews，2018，81：2955-2966.

[23] Pan X，Chen W，Clarke L，et al. China's energy system transformation towards the 2℃ goal：Implications of different effort-sharing principles[J]. Energy Policy，2017，103：116-126.

[24] Pan X，Wang H，Wang L，et al. Decarbonization of China's transportation sector：In light of national mitigation toward the Paris Agreement goals[J]. Energy，2018，155：853-864.

[25] Qi T Y，Weng Y Y. Economic impacts of an international carbon market in achieving the INDC targets[J]. Energy，2016，109：886-893.

[26] Rogelj J，Michel den Elzen，Hoehne N，et al. Paris Agreement climate proposals need a boost to keep warming well below 2 degrees C[J]. Nature，2016，534：631-639.

[27] Zhou S，Page Kyle G，Sha Y，et al. Energy use and CO_2 emissions of China's industrial sector from a global perspective[J]. Energy Policy，2013，58：284-294.

[28] Zhou S，Wang Y，Yuan Z Y，et al. Peak energy consumption and CO_2 emissions in China's industrial sector[J]. Energy Strategy Reviews，2018，20：113-123.

[29] Zhou S，Wang Y，Zhou Y Y，et al. Roles of wind and solar energy in China's power sector：Implications of intermittency constraints[J]. Applied Energy，2018，213：22-30.

[30] Boden T A，Marland G，Andres R J. Global Regional and National Fossil-Fuel CO_2 Emissions. DOI 10.3334/CDIAC/00001_V2010，2014.

[31] UNFCCC，Intended Nationally Determined Contributions（INDCs），2019.

[32] United Nations. Department of Economic and Social Affairs，Population Division（2017）[J]. World Population Prospects：The 2017 Revision，DVD Edition.

[33] WB，https://data.worldbank.org/indicator，2018.

[34] Wu R，Dai H C，Geng Y，et al. Achieving China's INDC through carbon cap-and-trade：Insights from Shanghai[J]. Applied Energy，2016，184：1114-1122.

[35] Wang S J，Li C F，Yang L Z. Decoupling effect and forecasting of economic growth and energy structure under the peak constraint of carbon emissions in China[J]. Environmental Science and Pollution Research，2018，25：25255-25268.

[36] Yang X，Teng F，Wang X，et al. System optimization and co-benefit analysis of China's deep de-carbonization effort towards its INDC target[J]. 8th International Conference on Applied Energy，2017.

[37]　Yu S W，Zheng S H，Li X. The achievement of the carbon emissions peak in China：The role of energy consumption structure optimization[J]. Energy Economics，2018，74：693-707.

[38]　Zhang W，Pan X. Study on the demand of climate finance for developing countries based on submitted INDC[J]. Advances in Climate Change Research，2016，7：99-104.

[39]　Yu S，Eom J Y，Zhou Y Y，et al. Scenarios of building energy demand for China with a detailed regional representation[J]. Energy，2014（67）：284-297.

第 6 章
中国 2050 年能源转型及路径分析①

6.1 引言

　　2015 年签署的《巴黎协定》，确定了全球实现升温 2℃ 的目标，并尽力做到升温不超过 1.5℃。各国在《巴黎协定》中承诺的减排目标并不能实现这些升温目标，而会导致升温达到 3℃。习近平总书记提出了人类命运共同体的理念，治理提升全球环境，推进气候变化进程，是人类命运共同体的关键一环。在减排进程中，我国已经是全球的引领者，每年新增可再生能源、核电占据全球近一半，全球森林绿化中国占据了 40%，成为温室气体减缓的践行引领者。根据我们的研究，如果要支持全球升温控制在 2℃ 之内，我国的二氧化碳排放量需要在 2025 年之前达到排放峰值，之后到 2050 年下降 65% 左右。2025 年之前达峰可以体现在我国国家自主贡献中"尽早达峰"里面。达峰之后的减排途径非常关键。

　　我国是《巴黎协定》的签署国，因此实现全球升温目标也是我国的目标。然而我国针对《巴黎协定》升温目标下我国的减排途径的研究还很有限，目前需要更多针对巴黎协议目标下我国能源转型和减排路径的研究。

　　2018 年启动的 IPCC 第六次评估报告，其重点为：一是升温 2℃ 和 1.5℃ 目标下的减缓途径是否可行，二是如何采取政策措施实现以上减缓途径并展示政策可行性。目前国际上几个重大研究项目就在针对实现减排途径的可行性进行分析。在 IPCC 1.5℃ 升温特别报告已经给出了可行性的指标框架，包括 6 个维度，即地球物理（排放途径要能够实现升温目标）、环境生态（生态服务和资源可供性）、技术、经济、社会文化、制度机制。

　　根据 IPAC 模型的研究，如果要实现全球 1.5℃ 升温目标，我国需要在 2020

---

① 本章作者：姜克隽、贺晨旻、陈莎。

年前后达峰，到 2050 年实现近零排放。本章将介绍 IPAC 模型针对该改路径的研究结果，以期支持实现减排路径的可行性分析。

6.2　IPAC 模型方法

6.2.1　IPAC 模型的研究历程

　　IPAC 是由能源研究所开发的对中国的能源和环境政策进行综合评价的模型。1992 年，能源研究所开始在能源模型开发与应用方面进行了长期研究。1994 年之后，开始与国际上一些知名研究机构就能源与气候变化模型进行长期合作，已经开发完成了各自有不同的特点和政策分析功能的一组模型。2000 年以来开始有针对性地构建我国能源环境综合评价模型，到 2018 年已经形成一个综合评价模型框架，也称之为中国能源环境综合政策评价模型（IPAC）。模型自 2000 年模型构建完毕之后，IPAC 模型组参与了大量的支持政府规划和相关的政策研究，包括我国多种温室气体排放情景研究（国家发展改革委）、2015 年我国能源消费总量控制目标研究（国家能源局）、我国能源快速转型途径研究（国家能源局）、2050 年我国能源发展战略研究（中国工程院）、我国国家自主贡献目标研究（国家气候变化专家委员会）、"十三五"规划能源、气候变化目标研究（国家发展和改革委规划司）等。除此之外，IPAC 模型组也参与了全球能源和排放情景研究，从全球减排、能源资源分布、技术进步等方面分析我国的能源需求和供应。IPAC 模型组目前已经成为国内外领先的能源和温室气体排放研究小组。由于能源研究所的职责，IPAC 模型组参与了许多和能源、气候变化、大气雾霾相关的政策评估进程，如燃油税、碳税、碳交易、技术政策等。IPAC 模型目前已经涵盖的基本所有模型研究方法，可以答复不同的政策问题。IPAC 能源模型目前是国内外最为复杂的能源模型分析工具之一，而且已经和政策制定者有大量的交流，模型结论比较容易为政策制定者所理解。该模型组也参与了国际上几个模型比较项目，研究结果被 IPCC 数次报告引用。

6.2.2　IPAC 模型框架和主要模型

　　IPAC 模型包括四部分：①社会经济与能源活动模块，主要分析社会经济发展条件下能源的需求和供应，同时得到能源的价格；②能源技术模块，对中短期能源使用过程中的能源利用技术进行不同条件下的应用分析，在不同技术构成条件下得到能源的需求量。能源技术模块中的能源需求量对社会经济与能源活动模块中的中、短期能源需求量进行修正，使宏观经济模型中的能源分析能够更好地反映中、短期能源活动；③土地利用模块，对土地使用过程中的排放活动进行分析，其主要包括农业粮食生产、畜牧业生产、森林管理和生物质能源生产过程中的排放活动；④工业过程排放模块，主要分析各种工业生产过程中的排放活动。IPAC模型的构成如图 6-1 所示。IPAC 模型可以预测至 2100 年，前 50 年的分析较为详细，每 5 年一个时间段，后 50 年为 25 年一个时间段。

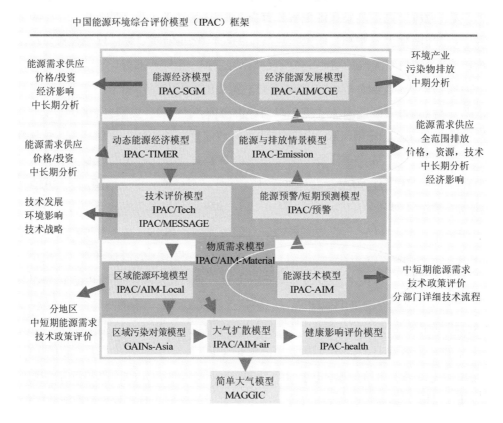

图 6-1　IPAC 模型结构

IPAC-CGE 模型在 IPAC 模型中用来分析各种政策对社会经济的冲击作用，其可以较好地分析经济政策对社会经合减排的总体影响。IPAC-CGE 模型是在IPAC-SGM 模型基础上扩展得到的。IPAC-SGM 模型是在与美国太平洋西北实验室就 SGM 模型合作的基础上建立的。IPAC-SGM 模型主要用于能源和经济活动引起的温室气体（GHG）排放，其经济学原理为可计算一般均衡。模型考虑全部经济部门的活动，建立起各部门间的相互影响和联系，体现技术进步对经济发展的影响，在全球范围研究所有重要温室气体的总排放问题，因而全面、系统和综合是其追求的目标。IPAC-SGM 可预测多种情景设定下由人类经济活动引起的 GHG 排放，并进行相应的政策分析。由于化石燃料的燃烧是 GHG 的主要排放源，因此，SGM 对能源活动进行着重分析。

IPAC-Emission 模型是 IPCC 排放情景专门报告（SRES）中使用的 AIM-Linkage 模型进行扩展后得到的。这个模型将社会经济发展、能源活动和土地利用活动结合起来，形成全范围的排放分析过程。模型中的社会经济与能源活动模块是以美国西北太平洋国家实验室开发的 ERB 模型为基础扩展而得到的。能源技术模块则是利用了能源所气候变化对策评价研究组与日本国立环境研究所共同开发的 IPAC-AIM/技术模型。土地利用模块是对美国西北太平洋国家实验室开发的 AGLU 模型进行修改扩充得到的。IPAC-Emission 模型是一个全球模型，包括九个国家及地区，分别是：美国、西欧与加拿大、亚太 OECD 国家、经济转型国家、中国、中东、其他亚洲发展中国家、非洲、拉丁美洲。这些区域可以改变，在进行改变时其相应数据应同时修正。

IPAC-AIM/技术模型的目的是对能源服务及其设备的现状和未来发展进行详细描述，对能源消费过程进行模拟，模型包括了 55 个部门，涵盖了近 800 种技术（表 6-1）。

表 6-1　IPAC-AIM/技术模型

序号	行业	部门	子部门
1		粮食生产	
2		水稻	
3	农业	畜牧业	
4		林业	
5		渔业	
6		煤矿开采	
7		石油天然气开采	
8	工业	其他矿山	
9		钢铁	

序号	行业	部门	子部门
10	工业	有色	铝冶金
11			铜
12			铅锌
13		建材	水泥
14			玻璃
15			石灰
16			砖瓦
17		石化	乙烯
18			化纤
19			塑料
20		化工	合成氨
21			化肥
22			纯碱
23			烧碱
24			电石
25			有机化学品
26			其他化学品
27		造纸	
28		纺织	布料
29			印染
30			制衣
31		其他机械制造	
32		其他工业	
33		建筑业	
34		发电	
35		供热	
36		煤炭加工	
37		炼焦	
38		炼油	
39	交通	货运	
40		客运	
41	服务业		

序号	行业	部门	子部门
42	城市居民		
43	农村居民		
44	废弃物	城市生活垃圾填埋	
45		建筑废弃物堆放	
46		生活垃圾发电供热	
47		建筑废弃物回收	
48	煤化工	煤制油	
49		煤制气	
50		轻烃	
51	污水处理		
52	非能源活动大气污染物排放行业	建筑工地	
53		道路排放	
54		农田氨排放	
55		餐饮排放	

IPAC-AIM/技术模型主要计算未来各种情景下各能源部门的分品种能源需求量，进而计算出二氧化碳的排放量。它的一个重要作用是评价不同的技术对策对技术引进和温室气体减排的影响。IPAC-AIM/技术模型采用最小成本法进行分析，即具有所设置的各种成本最小的技术能够被选中以提供能源服务（模型框架如图 6-2 所示）。模型中采用了线性规划方法，使模型能够分析一些复杂能源使用过程，从工艺系统的观点进行分析，而不是单个的技术。在模型分析中，各种参数的设置可以采取不同的标准与方法，使分析涵盖的范围扩大。如技术运行过程中的各种投入组成了技术的运行成本，这种投入可以根据不同情况包括能源投入、原料投入及劳动力投入等其他投入，使技术成本分析更接近实际情况。

IPAC-AIM/技术模型的技术选择标准比较简单，这使其分析结论能够比较容易理解，进而能够被使用者接受，以更好地支持决策过程。

在 IPAC 模型的各个子模型之间，目前采取软连接方法，即一个模型的输出结果可作为另一个模型的输入。在 IPAC-Emission 排放模型中的几个子模型之间实现了硬连接。

本研究中我们采用 IPAC 模型中的 3 个模型进行分析，即 IPAC-CGE 模型、IPAC-Emission 全球排放模型，以及 IPAC-AIM/技术模型。3 个模型的关联如图 6-3 所示。

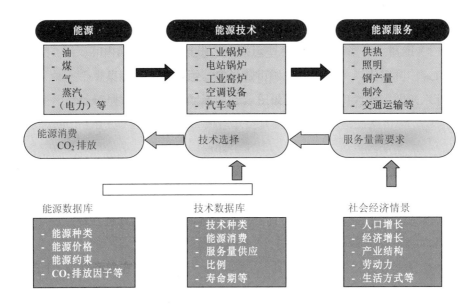

图 6-2　IPAC-AIM/技术模型框架

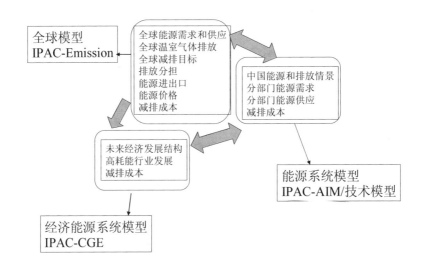

图 6-3　IPAC-CGE、IPAC-Emission 全球排放和 IPAC-AIM/技术模型间关联

IPAC-AIM/技术模型的技术选择过程如下：

（1）技术已到寿命期的情况

利用的技术已达寿命期时，为了适应服务量的需求，必须决定引进传统的技术，还是引进成本高但节能的技术，为此对技术引进初期成本节能所产生的燃料费节省额进行比较，选择更合算的一方。

另外，随着服务需求增大，如果仅仅用现在运行中的设备，生产就跟不上需求，因此和新设置（技术）的情况一样进行传统设备和节能设备的选择。

$(F_A + E_A) < (F_B + E_B)$ →选择技术 A

$(F_A + E_A) \geqslant (F_B + E_B)$ →选择技术 B

F——全年固定费用；　　　　　E——全年燃料费用；

A——技术 A（传统设备）；　　B——技术 B（节能设备）。

（2）还未到达技术寿命期

这时的技术选择方法：对于现有技术来说，替换技术有两种情况：

技术种类不同的技术（必须全部替换）。

技术阶段不同的技术（仅需部分改良）。

（3）技术种类不同的技术

对现在运转中的技术的燃料费、替代技术的固定费用和燃料费之和进行比较，如替代技术经济上合算，则将运转中的技术全部替换。

$(E_A) \leqslant (E_B + E_B)$ →现在运转中的技术，继续运转

$(E_A) > (F_B + E_B)$ →换成替代技术

F——全年固定费用；　　　　　E——全年燃料费；

A——技术 A（运转中的设备）；　B——技术 B（替换设备）。

对现在运转中的技术的燃料费、技术改造设备的固定费用增加部分（改良费用）和燃料费之和进行比较，如替代技术在经济上合算，则对现在运转中的技术进行部分改良。

进行改良时，技术使用年数仍继承改良前的技术使用年数。

$E_A \leqslant [(F_B - F_A) + E_B]$ →现在运转中的技术，继续运转

$E_A > [(F_B - F_A) + E_B]$ →运转中的技术加以改良

F——全年固定费用；　　　　　E——全年燃料费；

A——技术 A（运转中的设备）；　B——技术 B（替换设备）；

$F_B - F_A$——改良费用。

在使用这种选择后，如果引进一定的技术促进对策（如碳税和补贴），技术选择会有所变化，结果使能源消费量、二氧化碳排放量发生变化。例如，引进碳税，使能源价格上涨，节能使燃料成本下降，促使引进价格较高的节能技术。引进补贴，使节能技术的初期成本降低，也促进节能技术的引进。技术对策的选择可以根据不同情况进行选择并用模型分析其效果。

在居民生活及服务业中，一个服务设备同时提供几种服务，或产业部门有可能同时生产多种节能设备，在上述情况下，二者选一的选择，不一定能保证设备的最佳组合。为了使几种服务技术最有效地提供多种服务，确定技术的组合，可以应用线性规划方法开发技术的最优选择模块。

这种自下向上型模型有其优点，也有其不足之处。不足是无法将技术分析与经济发展很好的联系起来，也无法分析对策的间接成本，同时该模型不是项目评价分析工具，不能很好地反映产品效益对技术引进的影响。

在研究分析中，包括的温室气体有：CO_2、CH_4、N_2O、NO_x、CO、HFC、$PHFC$ 和 SF_6 为主进行研究，同时考虑 SO_2 的排放。根据数据可获得性和模型方法论，排放源主要包括能源活动中的排放，工业生产过程中的排放，土地利用过程中的排放，以及垃圾排放等。

本研究的分析区间为 2005—2050 年，将着重分析我国未来在能源、气候变化决策，5 年规划，以及谈判过程中的关键年份。

6.3 IPAC 模型的 1.5℃温升情景

6.3.1 《巴黎协定》升温目标

2015 年的巴黎气候变化大会上，提出了到 2100 年全球温升控制在 2℃以下。同时欧盟和小岛国共同提出了全球 1.5℃温升的目标，这些目标最终作为《巴黎协定》的正式目标提出。自此，全球实现将温升控制在 2℃以下，以及努力实现 1.5℃温升目标开始作为国际气候变化合作的政治目标，进入政府政策制定的视野之内。

本研究将分析我国实现全球温升控制在 2℃，以及 1.5℃目标下减排情景，研究实现这些目标的能源转型路线图，分析其可行性，提出我国可能的减排途径。

主要研究内容包括扩展 IPAC 模型以适应针对温升控制在 2℃和 1.5℃目标下减排情景的分析，评估已有的全球研究，识别关键技术和途径，定量分析我国在全球实现该目标下碳预算中的减排情景，评估减排成本及对现有政策的冲击和转型的需要，分析其可行性，给出未来的减排途径，并给出我国的应对升温 2℃ 和 1.5℃ 目标下的战略。

6.3.2　研究方法框架

6.3.2.1　总体方法

本研究将在 IPAC 模型组前针对中国减排情景的基础上，强化各种对策来分析实现升温 2℃ 和 1.5℃ 目标下碳预算而得到。因此情景的基础假设与前期中国的减排情景基本维持一致，包括人口、城镇化率、经济发展、产业结构等（相关研究报告和论文）。在此基础上，进一步强化节能、可再生能源、核电发展、碳捕获和存储技术（CCS），特别是大规模生物质能发电的 CCS，实现电力的零排放以至负排放，大力促进终端用能的电力化，实现整个能源体系到 2050 年实现深度减排，以及近零排放。

研究中利用 IPAC-AIM/技术模型进行情景的定量分析。

6.3.2.2　全球碳预算和中国排放空间的确定

IPCC 的第五次评估报告和 1.5℃ 温升特别报告给出了两个目标下的全球碳预算。但是目前针对温升 1.5℃ 目标下全球碳预算下到国家的分配的研究还很有限，特别是针对国别的研究就更少。

在我们的研究中，引用了 IPCC 第五次评估报告第六章中的针对排放分担的准则的研究，得到一个大致的结论（主要由于多个准则下中国的减排需求不同），即 2030 年已经出现减排，2050 年和排放峰值相比下降 65% 以上。同时，也采用了能源所项目组参与的 CD-LINK 项目的结果，即 2011—2100 年，中国的碳预算为 2 900 亿～3 100 亿 t，可以实现 2℃ 温升目标（大于 66% 的可能性）。

对于 1.5℃ 温升目标，在此选取欧盟 H2020 项目下的 ADVANCE 研究项目的结果作为我们分析的基础。ADVANCE 项目是目前最有影响的针对全球 1.5℃ 目标进行的研究项目，其研究结果已经被 IPCC 1.5℃ 特别报告初步选入，作为全球实现控制升温 1.5℃ 目标下的碳预算。图 6-4 给出了这个研究项目的全球碳预算。由图 6-4 可以看出，全球能源活动从 2011 年开始的碳预算为 2 500 亿 t 二氧化碳左右，按照目前的排放程度来看，将在 7～9 年内用完。但是如果采用大规模的负排放技术，如生物质能+CCS 技术，以及生物圈碳汇，使之达到 6 500 亿 t 二氧化碳，则全球的碳预算可以放宽到 9 000 亿 t 二氧化碳。

图 6-4 为目前 IPCC 1.5℃特别报告数据库中全球各个模型组针对该目标下排放途径研究结果。其中典型排放途径 RCP 1.9℃是针对 1.5℃目标研究的排放情景，由图 6-4 可以看出，在 2050—2060 年全球进入零排放，之后进入负排放阶段。

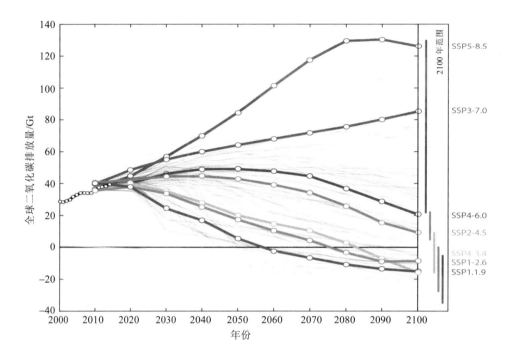

图 6-4 全球不同温升目标下的减排情景

注：共享社会经济途径情景（SSP）包括 SSP1 可持续路径（Sustainability），SSP2 中间路径（Middle of the Road），SSP3 区域竞争路径（Regional Rivalry），SSP4 不均衡路径（Inequality）和 SSP5 化石燃料为主发展路径（Fossil-fueled Development）。图中针对共享社会经济途径情景（SSP）的框架，针对不同的辐射强迫水平给出的排放情景：SSP1-1.9（SSP1-RCP1.9）、SSP1-2.6（SSP1-RCP2.6）、SSP4-3.4（SSP4-RCP3.4）、SSP2-4.5（SSP2-RCP4.5）、SSP4-6.0（SSP4-RCP6.0）、SSP3-7.0（SSP3-RCP7.0）和 SSP5-8.5（SSP5-RCP8.5）。

根据 ADVANCE 项目针对区域碳预算的研究结果。1.5℃目标下中国碳预算为 2 900 亿~3 200 亿 t 二氧化碳。由于全球的排放在 2050—2060 年达到零排放，因此排放分担也相对比较简单。在此研究中我们采用 3 200 亿 t 二氧化碳作为中国的碳预算，考虑中国的经济发展，在 2050 年实现近零排放。

6.3.2.3 研究时间段和关键行业

本研究期为 2010—2050 年。考虑未来要实现近零排放，最为核心的部门为电力、交通、建筑、化石燃料利用量大的工业部门，如钢铁、水泥等。

由于 BECCS 的实现在中国存在一些障碍，IPAC 模型开始纳入空气直接碳捕获技术（DCC）。

6.3.3　定量分析主要参数设计

6.3.3.1　社会经济参数

中国未来经济发展、人口发展模式与国家发展目标比较接近。经过多年研究评估之后，这个发展模式采用多数研究共同的结论，这是一种目前为大多数人所认同的经济发展模式，但这里也较多考虑了近期一些比较乐观的经济预测。

中长期的发展目标实施国家经济发展的三步走目标，即在 2050 年中国经济达到目前发达国家水平。在这种模式下，由于国内外市场环境的变化，中国产业结构面临调整、重组，加之加入 WTO 后，中国产业更加充分的国际化。到 2020 年，中国将成为国际制造业中心，出口为拉动经济增长的重要因素。考虑中国经济快速发展，2030 年之后，GDP 的主要支持因素则变为内需增长为主，国际常规制造业的竞争力由于劳动力成本快速上升而下降。通过采取一系列行之有效的措施，经济结构不断改善，产业结构逐步升级，先进产业的国际竞争力日渐增强，使中国经济仍能在不断调整中以较为正常的速度发展，估计 2015—2030 年，中国经济保持年均 6% 的增长速度。

近期我国经济进入新常态，但我们的经济模型研究认为我国的经济发展仍然处于良好状态，经济速度之所以降低是由于过去 10 年对一些行业的无效投资减弱了经济投入的回报。但这是一个短期现象，在用数年消解完无效产能之后，现在经济政策正确性可确保投资走入应该去的行业，那么我国的经济在未来还会恢复到良好增长态势。

但是目前的讨论也很多，考虑经济发展的不确定性，经济发展参数见表 6-2。

表 6-2　经济增长情景

	2015 年	2020 年	2025 年	2030 年	2035 年	2040 年	2050 年
GDP/亿元	685 505	948 053.2	1 286 764	1 665 869	2 075 976	2 525 742	3 528 535
第一产业	61 009.95	79 636.47	100 367.6	121 608.5	147 394.3	174 276.2	229 354.8
第二产业	280 371.5	350 779.7	437 499.9	516 419.5	622 792.8	732 465.3	987 989.8
第三产业	344 123.5	517 637.1	748 896.9	1 027 841	1 305 789	1 619 001	2 311 190
结构/%	2015 年	2020 年	2025 年	2030 年	2035 年	2040 年	2050 年
第一产业	8.9	8.4	7.8	7.3	7.1	6.9	6.5

结构/%	2015 年	2020 年	2025 年	2030 年	2035 年	2040 年	2050 年
第二产业	40.9	37	34	31	30	29	28
第三产业	50.2	54.6	58.2	61.7	62.9	64.1	65.5
增长率/%	2010—2015 年	2015—2020 年	2020—2025 年	2025—2030 年	2030—2035 年	2035—2040 年	2040—2050 年
GDP	11.4	7.9	6.7	6.3	5.3	4.5	4.0
第一产业	1.9	9.9	5.5	4.7	3.9	3.9	3.4
第二产业	8.7	6.8	4.6	4.5	3.4	3.8	3.3
第三产业	7.7	16.4	8.5	7.7	6.5	4.9	4.4

　　人口发展情景主要考虑近期的几个主要规划和研究数据。政府继续对中国人口增长的控制。农村人口生育状况也在不断改善，计划外生育有所减少，中国人口基本按照目前的构架向前发展。随着中国经济的不断发展和人们生育观念的逐步改变，以及人口高峰到来后面临负增长局面，政府有意识地放宽对人口增长的限制，间隔生育措施逐步实施，使中国的人口数基本维持在一个较低水平。这里主要采用了国家卫健委的人口发展情景，并利用 IPAC-人口模型进行了分析。在这种人口发展情景下，2030—2040 年中国人口达到高峰，约为 14.7 亿人，2050年下降到 14.6 亿人。各时期的人口情况见表 6-3。

表 6-3　人口和城镇化

	2005 年	2010 年	2020 年	2030 年	2040 年	2050 年
人口/10^6 人	1 308	1 360	1 410	1 450	1 450	1 430
城镇化率/%	43%	49	63	70	74	79
城市人口/10^6 人	562	666	907	1 029	1 088	1 138
每户人口/人	2.96	2.88	2.80	2.75	2.70	2.65
户数/10^6 户	190	222	288	337	365	380
农村人口/10^6 人	745	694	533	441	382	302
每户人口/人	4.08	3.80	3.50	3.40	3.20	3.00
户数/10^6 户	183	190	181	160	152	144

利用 IPAC-人口模型对人口的年龄分布进行了分析，主要用于劳动力供应和消费模式研究。考虑到未来中国妇女分年龄段的生育率，在收入增高的情况下会下降，此处采用了日本目前的生育率作为中国 2030 年的生育率。

近期卫健委的研究结果是中国人口峰值为 14.5 亿人，而 IPAC-人口模型的研究结果是 14.7 亿人。主要原因是该模型采用了更低的婴儿死亡率，以及预期寿命达到 100 岁。

研究采用了比较高的城镇化率，除了考虑一般的城镇化进程外，并在分析中研究了农业生产所需要的劳动力人口数，以及相应的农村人口。我国的土地资源山地较多，生产条件与美国相比，大规模机械化农业生产条件较差，相对需要较多的农业生产劳动力。这样相应匹配的农村人口会达到 15%左右，考虑一定的冗余度，最终我国的城镇化率达到 80%甚至更高是可以的。

（1）工业

从 IPAC 模型对未来经济结构转型的分析中看出，2030 年时工业仍占据 GDP 中的重要位置，而且工业是能源消费的主要行业，因此在中长期情景中需要对工业进行详细分析。特别是由于高耗能工业占据工业能源消费的 70%左右，在此着重对工业的高耗能行业进行分析，描述未来 30～50 年的工业部门情景。详细的工业部门分析一直是能源情景研究中一个比较薄弱的方面，过去一般采取与行业专家讨论的方式得到未来高耗能行业的发展，即高耗能产品产量。由于部门中也缺乏深入的研究，导致偏差较大，也是以前能源需求预测不准的主要原因。为了进一步认识未来工业行业的发展，更好地对未来高耗能行业和其他行业的趋势进行分析，本研究采用了 3 种分析方法，以更好地提供分析数据，不仅为本研究提供模型输入参数，也为其他研究提供研究方法和数据的讨论提供基础。

本研究采用的方法包括以下 3 种：

① IPAC-CGE 模型对部门的未来经济发展进行分析，从总体经济发展角度解析部门发展，分析高耗能行业的产品产量。利用 IPAC-CGE 模型得到各工业部门的增加值，在这些部门中，可以直接用于计算产品产量的仅有钢铁部门。建材部门的产品比较少，而且有占据优势的产品，因此也可以采取增加值和产品产量相关分析方法得到其产量。IPAC 模型组在 2011 年开始利用模型分析我国的高耗能产品产量。采取的方法是利用需求和出口驱动，分析我国达到发达国家或者进入大康生活水平的情况下，我国对基础设施建设的需求，以及我国支持经济发展前提下出口水平，进而利用实物量的投入产出关联分析对高耗能产品的需求。分析

了我国最终需要的建筑面积、交通道路、交通设施、市政设施等方面对钢铁、水泥等的需求。同时也分析了机械制造业、汽车制造业、造船业等大宗钢铁和其他高耗能产品需求的行业发展。

②产品使用途径分析方法，类似投入产出分析方法，也可以说是第一种方法的一种延伸。如钢铁需求量的预测，通过分析其下游行业的发展确定对钢铁的需求量。对于钢铁、水泥、玻璃、砖瓦、石灰、铜、铝、合成氨、乙烯、化肥、烧碱、纯碱等的情景分析采用了此方法。

③参考行业分析以及行业专家讨论，项目组参与了各个行业发展的讨论，充分听取行业专家的意见及建议并纳入我们的研究中。

根据以上研究方法得到的研究结果如表 6-4 所示，表中给出了主要高耗能产品产量情景。

表 6-4　2005—2050 年主要高耗能产品产量

产品	2005 年	2010 年	2014 年	2020 年	2035 年	2050 年
粗钢/亿 t	3.55	6.27	8.13	8	6.9	5.5
水泥/亿 t	10.6	18.68	24.9	23	18	12
玻璃/亿重量箱	3.99	5.8	8.31	8.5	7.8	6.5
铜/万 t	260	479	795	850	830	750
电解铝/万 t	851	1 695	2 438	3 500	3 000	2 600
铅锌/万 t	510	—	1 005	1 100	950	800
纯碱/万 t	1 467	—	2 525	2 700	2 550	2 400
烧碱/万 t	1 264	—	3 063	3 100	2 900	2 700
纸和纸板/万 t	6 205	9 270	11 785	12 000	13 000	12 000
化肥/万 t	5 220	—	6 876	7 100	6 500	6 300
乙烯/万 t	756	—	1 696	3 400	3 600	3 300
合成氨/万 t	4 630	—	5 699	5 700	5 600	5 000
电石/万 t	850	—	2 447	2 600	2 450	2 300

我们认为表 6-4 中的研究结果符合我国社会经济发展的需求。"十一五"以来高耗能产品快速发展，加速了我国基础建设达到最终需求目标的时间，就是说原来需要 30～50 年建设的时间，现在仅需要 15～30 年就可以实现。特别是每年基础设施建设量的峰值，原来我们分析有可能在 2020—2025 年实现，现在看来，很

有可能在"十二五"末就能实现。

（2）建筑

结合城镇化率，全国实现大康生活以后的生活需求，分析了未来我国的建筑面积。这些设定和相关产品产量，如钢铁、水泥、玻璃等的需求密切相关（表 6-5）。

表 6-5　建筑面积情景设计

建筑类型	2005 年	2010 年	2020 年	2035 年	2050 年
城镇住房建筑面积/亿 m²	146.713 32	202.86	335.664	471	512
农村居住面积/亿 m²	217.7	232.3	202.5	162	133
全社会建筑面积/亿 m²	364.4	435.1	538.1	633	645
其他建筑的比例/%	10	13	19	26	28
建筑总面积/亿 m²	485	588.0	657	855	896
年均增长速度/%	—	3.9	2.4	1.8	—

城镇居民未来能源服务量需求与城镇居民人口和人均居住面积增加，居民收入水平提高，能源消费结构及消费观念变化，耗能家用器具普及率及其能耗效率提高和能源价格、耗能器具的价格等因素有关。

我国城镇居民未来服务量预测的主要依据有以下几点。

①食品结构与炊事习惯不会有显著变化，炊事用能增加不会过多。但由于热水需求量剧增，将使热水用能大幅度增长。炊事用能燃气化率和各类灶具的效率将有所提高。

②人均住房面积的增加和采暖区的扩大，将导致采暖的居民户数增加；室温提高及采暖期延长；燃气热电联产及效率高的集中供热比重增加，锅炉供暖效率提高；户用天然气取暖器将进入居民家庭，小火炉供暖比重逐渐缩小。

③家用电器数目增加及使用时间及频率增多；节能型家电将进入市场；居民对空调器的需求日益增长；在照明方面将大力推广效率高的荧光灯及高效节能灯。

④考虑对减少温室气体和大气环境污染物排放及改善室内环境等因素，未来居民生活用能源的结构将得到改善。

随着收入的增长，居民对居住室内舒适度的要求将不断提高。对于北方居民来说，延长采暖时间、保持冬季室内的舒适温度、增加夏季空调使用时间等将成为基本需求；对于气候过渡地区及南方居民来说，增加冬季采暖、延长夏季空调使用时间等将成为一般需求。同时居民生活中更多采用节能电器和可再生能源。

城市居民的主要情景参数见表 6-6。

表 6-6   城市居民情景参数

服务指标	服务量		
	2020 年	2030 年	2050 年
居民户数/10^6 户	288	336	380
采暖比例/%	42	44	48
采暖强度指数（2000=1）	1.35	1.5	1.6
采暖时间指数（2000=1）	1.33	1.36	1.4
50%及以上采暖节能建筑比例/%	20	45	65
百户空调拥有量/台	130	180	260
空调强度指数（2000=1）	1.3	1.4	1.6
空调利用时间指数（2000=1）	1.6	1.8	2.2
冰箱拥有率/（台/百户）	100	120	130
冰箱平均容量/L	250	310	390
冰箱效率/（kW·h/d）	0.8	0.8	0.7
洗衣机拥有率/%	100	100	100
每周洗衣机利用次数/次	5.4	8	8
电视机拥有率/%	180	220	290
电视机平均功率/W	320	300	280
每台电视机每天观看时间/h	3.5	3.2	2.9
照明节能灯普及率/%	100	100	100
每户照明灯数（40W 荧光灯标准照度）/个	14	21	27
热水器拥有率/%	100	100	100
太阳能热水器拥有率/%	18	25	33
百户电炊具拥有率/%	130	140	260
电炊具每天利用时间/min	12	30	50
其他家电容量/W	1 500	1 800	1 900
其他家电每天利用时间/min	50	80	100

考虑农村居民收入上升，以及农村居民居住模式为独体建筑为主，达到同样用能服务水平需要比城市居民的用能需求要多。2030 年以后，农村居民收入水平达到小康，家用电器基本完全普及，用能服务强度与城市相比相差不大。农村居民情景参数见表 6-7。

表 6-7　农村居民技术参数

服务指标	服务量		
	2020 年	2035 年	2050 年
居民户数/10^6 户	152	124	101
采暖比例/%	42	44	45
采暖强度指数（2000=1）	2.1	2.7	2.8
采暖时间指数（2000=1）	1.5	1.7	1.8
50%及以上采暖节能建筑比例/%	15	43	65
百户空调拥有量/（台/百户）	45	100	190
空调强度指数（2000=1）	2	2.7	2.9
空调利用时间指数（2000=1）	1.7	2.0	2.1
冰箱拥有率/（台/百户）	70	96	99
冰箱平均容量/L	220	313	380
冰箱效率/（kW·h/d）	0.86	0.75	0.7
洗衣机拥有率/（台/百户）	78	96	100
每周洗衣机利用次数/次	4	8	12
电视机拥有率/（台/百户）	130	193	230
电视机平均功率/W	270	267	260
电视机每天观看时间/h	3.5	3.1	2.6
照明节能灯普及率/%	70	100	100
每户照明灯数（40W 荧光灯标准照度）/个	10	19	22
热水器拥有率/%	70	1	100
太阳能热水器拥有率/%	48	83	90
百户电炊具拥有率/%	55	53	100
电炊具每天利用时间/min	8	35	56
其他家电容量/W	1 000	1 450	1 900
其他家电每天利用时间/min	30	68	90

建筑业能源需求预测的主要驱动因子是建筑面积和所提供的能源服务。建筑业根据用途一般分为商业、教育、政府、医院、金融等建筑类型。表 6-8 为服务业技术参数。

表 6-8　服务业技术参数

服务指标	情景		
	2020 年	2035 年	2050 年
服务业建筑面积/亿 m^2	146	269	340
采暖比例/%	34	39	41
采暖强度指数（2000=1）	1.4	1.6	1.7
采暖时间指数（2000=1）	1.2	1.3	1.4
50%以及上采暖节能建筑比例/%	30	69	80
复印机拥有率/%	12	15	18
计算机拥有率/%	55	66	70
计算机使用时间强度指数（2000=1）	1.3	1.6	1.7
电梯拥有率/%	16	19	20
其他电器平均容量/（kW/10 m^2）	1.2	1.5	1.6

（3）交通

根据城市发展相关研究和规划，未来年份城市分布将走向大型化，到 2050 年将有人口超过 200 万以上的大型城市 150 个，承担人口超过 5.4 亿人。超过 200 万以上人口的城市均适合建设轨道交通。超过 500 万以上人口的城市应以轨道交通为主，承担城市人口出行的相当比重。超过 100 万以上人口的城市以公共交通为主。小城市则以个体交通为主，包括小汽车和自行车出行。机动车拥有量和交通周转量情景见表 6-9、表 6-10。

表 6-9　机动车拥有量

单位：万辆

	2005 年	2010 年	2020 年	2030 年	2040 年	2050 年
汽车总量	3 160	6 836	19 538	39 672	56 372	60 524
乘用车	2 132	4 869	16 330	35 376	50 314	53 117

	2005 年	2010 年	2020 年	2030 年	2040 年	2050 年
货车	1 027	1 967	3 208	4 296	6 058	7 407
小汽车	1 919	4 589	15 970	34 866	49 594	52 217
家庭小汽车	1 100	3 589	14 770	33 466	47 994	50 617
其他小汽车	819	1 000	1 200	1 400	1 600	1 600
小巴	131	162	202	275	374	450
大型客车	82.308 033 5	117.6	158.4	234.6	345.6	450
小型客车	214	280	360	510	720	900
摩托车	6 582	9 947	10 942	12 036	12 036	11 434

表 6-10　交通周转量

单位：亿人·km²/t·km²

	2005 年	2010 年	2020 年	2030 年	2040 年	2050 年
客运周转量	3 446	5 954	9 931	16 005	21 323	31 841
货运周转量	9 394	14 598	21 699.9	29 160.8	40 621.7	48 526.8
公路客运周转量	2 628	4 796	7 946	12 688	15 441	20 795
铁路客运周转量	606	790	1 125	1 468	1 898	2 453
航空客运周转量	204	360	853	1 842	3 977	8 585
水运客运周转量	7	7	7	7	7	7
公路货运周转量	2 251	3 601	6 922	10 820	19 538	22 864
铁路货运周转量	2 073	2 746	4 083	5 688	7 924	11 040
航空货运周转量	8	12	29	70	184	482
水运货运周转量	4 954	8 029	12 419	18 318	27 026	39 885
管道	109	209	657	1 556	3 359	6 607

（4）电力系统

在模型分析中，电力需求主要由需求侧计算得到。但在此主要讨论电力供应侧，特别是电力供应的模式。

考虑到中国未来技术创新的工业制造业发展，展望中国的技术和产业发展将引领全球的技术发展。对于电力系统来说，未来是走向核电，还是可再生能源，是依赖大规模全球范围的电网，还是以储能为主，仍需探讨。

长期来看，核电还会扮演比较重要的角色，即使全球出现了一些去核电的倾向，但是以中国为主导的核电生产大国仍在不断地扩展新一代核电技术。2017 年，中国将有 2~4 套第三代核电机组投产进入运行。同时，第四代核电机组在中国和其他国家也进展顺利，2020 年，中国山东的第四代核电机组将投入运行。长期来看，核聚变技术将是解决能源的最终方案，但核聚变技术将在 2050 年之后才有可能进入商业化运行。

考虑中国的技术发展及对能源技术的投入，一些重大技术很有可能在中国的主导下得到发展，并改变全球的走向。在一些主张弃核的国家，可以展望这些国家的核电技术发展不会有太大的进展。但是如果中国及其他仍然要发展核电的国家，未来有可能把核电技术发展到足以淘汰可再生能源的程度。中国国家电网主导要搞超级电网，而德国专家则认为以后不需要电网，一切都依靠微网和储电。

在 IPAC 模型的 2℃和 1.5℃情景分析中，倾向于采用一个中间路线，未来零排放的电力系统，从考虑能源安全供应的角度来看，最佳方案可能是核电、生物质能发电作为基荷发电，水电及近海风力田作为腰荷发电，风电荷光伏作为峰荷。由于跨区域间的电量调度并不大，有一些特高压超导电网，但是区域电网为主。

6.3.4   情景结果分析

6.3.4.1   碳排放

在利用 IPAC-AIM/技术模型分析之后，得到能源排放情景，图 6-5 给出了 1.5℃、2℃情景下能源活动二氧化碳排放量，图 6-6 给出了 1.5℃情景下分部门二氧化碳排放量。由图 6-6 可以看出，2015 年之后二氧化碳排放量基本不再增长，2020 年之后开始大幅度下降。2020 年后每年下降量在 3.84 亿 t 二氧化碳，大于 2014—2016 年每年 2.4 亿 t 减排量。2011—2050 年累积二氧化碳排放量为 2 300 亿 t。

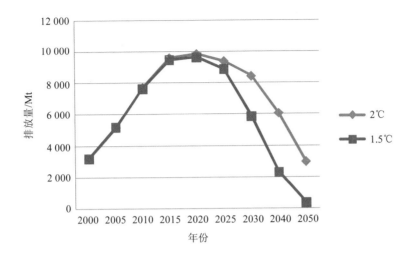

图 6-5　不同情景下能源活动和工艺过程二氧化碳排放量

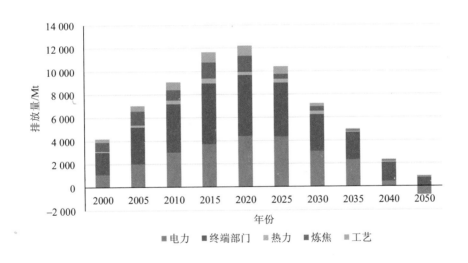

图 6-6　1.5℃情景下分部门二氧化碳排放量

6.3.4.2　能源情景

（1）一次能源需求量

一次能源情景见图 6-7 和图 6-8。未来一次能源发展体现出两个重要特征。一是能源增长缓慢，一方面是经济结构调整所致，另一方面是能源效率仍旧是一个重要的贡献因素。二是能源结构调整明显，1.5℃情景下 2050 年可再生能源占一次能源35%，核电占33%，天然气占14%，煤炭14%，石油5%。

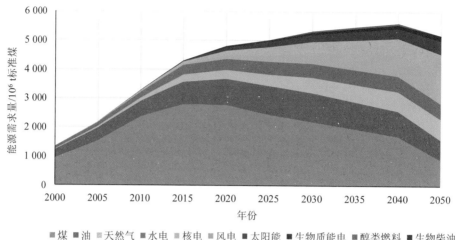

图6-7　2℃情景下一次能源需求量

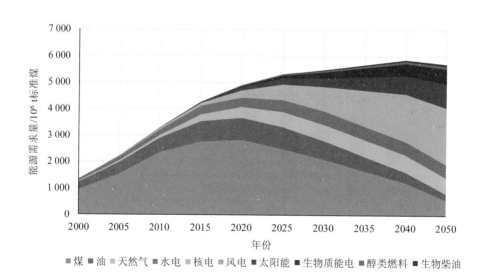

图6-8　1.5℃情景下一次能源需求量

（2）终端部门

终端部门的能源需求见图 6-9～图 6-16。所有终端部门的特征是电力化，大力促进电力的使用，减少化石能源的直接使用。

由于经济结构调整和节能技术的普及，以及将终端能源结构更多转向电力，未来我国将进入一个低能源需求增长阶段。2020—2030 年，终端能源消费量增长速度降低 0.7%～1.4%，2020 年前后有可能达到峰值，之后缓慢下降。

终端能源消费量达峰的主要因素除了总体需求和另外两个情景类似外，核心的是电力需求在终端部门中的比例提高，总共也走向高端制造业，更多的工业增加值来自电子产品制造、机械制造、交通设备制造，以及与城市消费相关的行业如食品加工业、医药制造业等。随着生产线自动化水平不断提升，用电水平也随之提高。

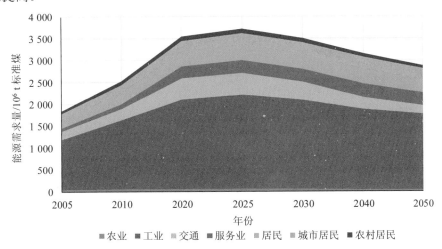

图 6-9　分行业终端能源需求量

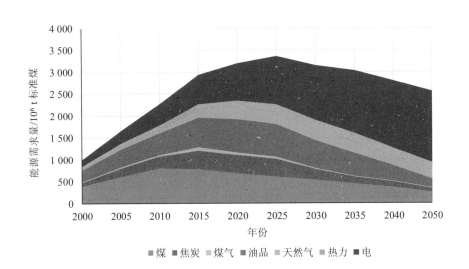

图 6-10　分品种终端能源需求量

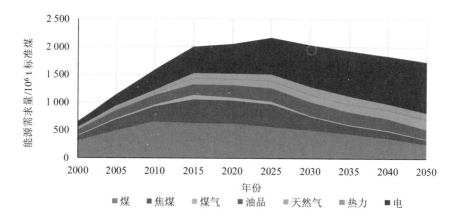

图 6-11　工业终端能源需求量

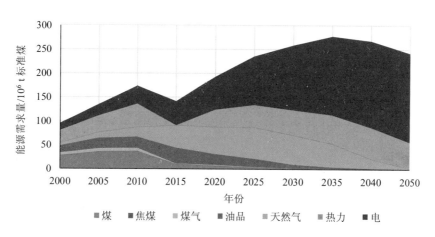

图 6-12　城市居民能源需求量

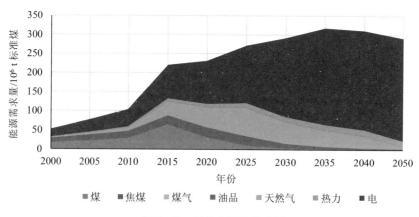

图 6-13　服务业能源需求量

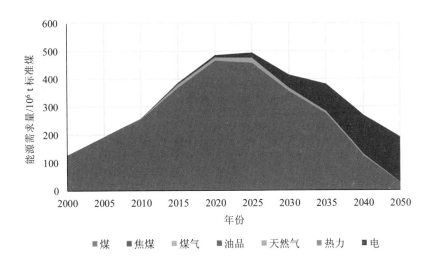

图 6-14　交通能源需求量

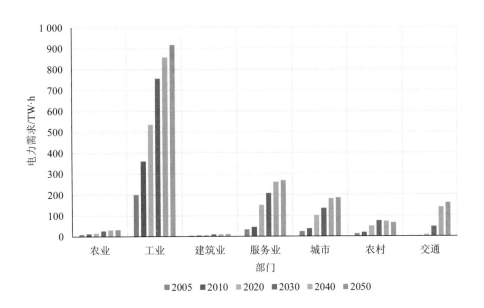

图 6-15　分行业电力需求（1.5℃情景）

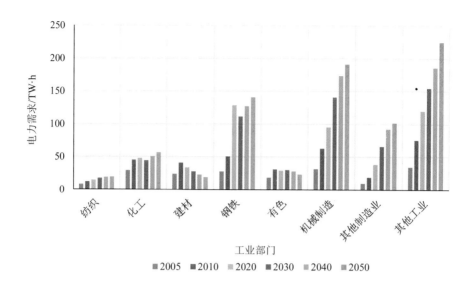

图 6-16　工业各部门电力需求量

（3）电力和其他供应部门

电力部门 1.5℃温升的情景分电源发电量见图 6-17。由于未来终端能源逐渐走向电力化，2030 年之后电力需求出现进一步扩大，2050 年将达到 14.6 万亿 kW·h，全国人均 10 000 kW·h 左右。发电装机容量达到 50 亿 kW。与 2℃温升情景相比，核电维持一致，主要的变化是生物质能发电大幅增加，其他可再生能源大幅增加，煤电和气电下降。

到 2050 年非化石能源占据了发电装机容量的 80% 以上。非化石发电量也占据了近 80%。非化石能源发电量要从目前的 25% 左右，到 2050 年增长到近 80%。这就需要可再生能源和核电的大力发展。

由图 6-18 可以看出，2020 年之后，每年风力发电装机容量需要增加到 3 000 万 kW，光伏发电装机容量要达到 2 500 万 kW 以上，2030 年之后分别上升到 5 000 万 kW 和 6 000 万 kW 以上。随着风力发电和光伏发电技术的不断进展，该目标是可以实现的。根据专家判断，2025 年之前可以做到平价上网，这样就有可能在未来每年新增的装机容量可达到 1 亿 kW 以上（图 6-19）。

关于核电，尽管目前还存在一些争议，但是从能源系统角度来看，核电仍然是最为安全和清洁的发电方式之一，因此可以大力推进。特别是在新的堆型（如三代堆）开始良好运行之后，会有一个大的发展阶段。研究认为，我国可以连续

20 年每年投建 10～14 台核电机组,达到美国建堆高峰的水平。这样我们仍旧采
用前期研究中的到 2050 年核电达到 4 亿 kW 以上的装机水平,同时维持高利用小
时数。

　　对于煤电,会出现装机过剩,但是可以考虑将煤电的角色转变为支撑可再生
能源发展的调峰方式,同时给予煤电调峰电价,维持煤电的盈利水平,支撑煤电
的平稳转型。

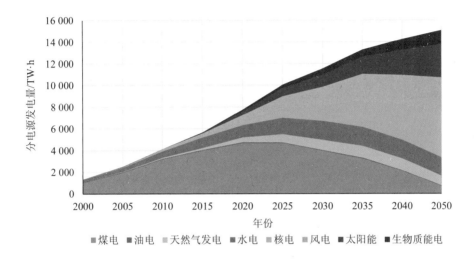

图 6-17　1.5℃情景下分电源发电量

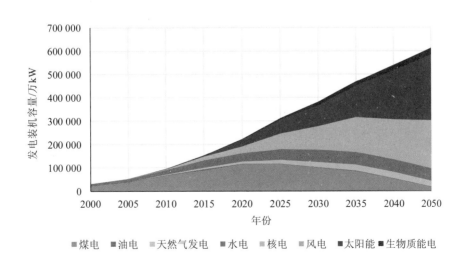

图 6-18　发电装机容量

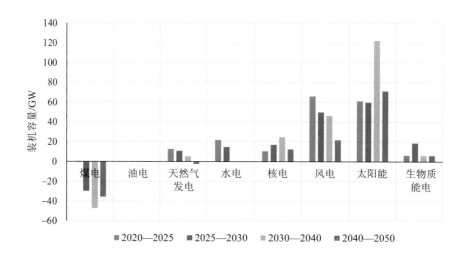

图 6-19　2020—2050 年装机容量变化

分部门煤炭消费量的变化见图 6-20。

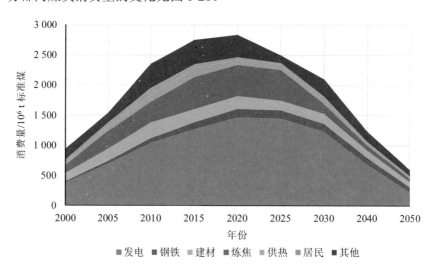

图 6-20　分部门煤炭消费量

6.3.4.3　工艺过程排放

水泥和钢铁等工艺过程二氧化碳排放见图 6-21。由于减排需求，工艺过程的二氧化碳排放量也需要大幅度下降。一方面水泥熟料和钢铁的高炉生产量由于需求的下降而大幅度下降，但特点不同。由于化石燃料消费下降，电炉渣等副产品的产出明显下降，因此熟料水泥比明显上升。钢铁则由于废钢的产出不断提高，高炉钢的比例下降到 2050 年的 42%。

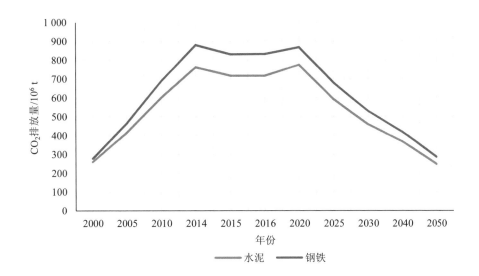

图 6-21　水泥和钢铁工艺过程 CO_2 排放

同时水泥和钢铁生产需要采用 CCS 技术。CCS 技术在水泥和钢铁行业的利用更有竞争力。图 6-22 给出了水泥和钢铁行业的 CCS 利用率。

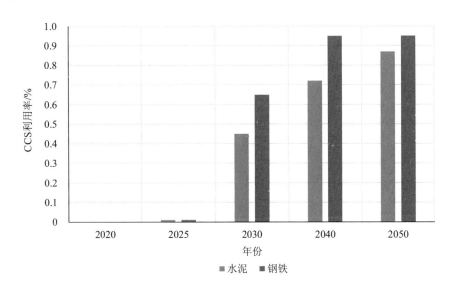

图 6-22　水泥和钢铁行业的 CCS 利用率

6.4　实现深度减排和净零排放下能源转型的关键因素

依据 IPAC 模型的研究，在 2025 年之前达到二氧化碳排放峰值是有其可行性的。为了进行这样的分析，我们利用 IPAC-AIM/技术模型，在已有的强化低碳情景下，进行进一步的可再生能源利用、CCS、节能等因素，看是否可以做到在强化低碳情景下 2025 年之前达到二氧化碳排放峰值。

我国发展低碳经济已经有了很好的社会环境和政策导向。我国政府宣布 2020 年单位 GDP 二氧化碳排放相比 2005 年下降 40%～45% 的国内行动目标。中国可以做得更好，一方面需要在今后两个五年计划内继续推行现有节能、可再生能源和核电政策，并努力推进低碳发展，提倡低碳交通和生活方式。另一方面，可以通过技术、碳金融、碳市场等国际合作，获得更多的外部支持。

近两年可再生能源技术的快速进步，为实现我国的 2℃情景提供了强有力的支持。2018 年，风机成本下降到了 3 200～3 500 元/kW，光伏发电装机成本下降到了 6 000 元/kW，使得在沿海地区一些风力发电成本已经可以和燃煤发电相竞争。在终端用户侧，有些光伏发电成本也已经具有成本竞争性。我国 2020 年可再生能源发展的目标不断被提高，从 2006 年计划的 2020 年风电装机 3 000 万 kW，到 2008 年 8 000 万 kW，2010 年 1.5 亿 kW，2020 年达到 2.4 亿 kW。根据目前风力发电的发展格局，尽管目前在风电入网遇到了一些困难，但根据工程院相关研究的结论，这些困难随着电网建设和纳入风电的规划进一步完善，会较快得到解决。因此到 2020 年，甚至有可能发展到 2.5 亿～3 亿 kW 的装机容量。对于光伏发电也是同样发展规模。

因此在 2℃情景中，进一步提高了 2050 年可再生能源的利用目标。模型考虑未来可再生能源和化石燃料发电技术成本下降的学习曲线效应，到 2020 年之前，随着化石能源成本不断上升，以及对环境外部性的内部化，可再生能源已经全面对化石能源发电具有成本竞争性。模型中，到 2050 年，风力发电装机容量达到 8.6 亿 kW，光伏发电装机容量达到 10.4 亿 kW。同时模型中还进一步加入了太阳能热水、采暖的应用。模型也考虑了大量分布式可再生能源利用技术，如太阳能空调、光伏发电采暖等技术。这些目标在目前看来是容易实现的。

模型中同时考虑了 CCS 技术。由于非化石能源的进一步扩大，在 2℃情景中，燃煤发电装机容量从强化低碳情景 2020 年的 7.6 亿 kW 和 2050 年 6.3 亿 kW 分别下降到 7.1 亿 kW 和 5.7 亿 kW；到 2050 年将有 4.1 亿 kW 的煤电使用 CCS 技术，此时燃煤发电将以整体煤气联合循环发电系统（IGCC）为主。

同时低碳发展的建设，由于国家经济实力的快速发展而得以全面实现。到 2020 年、2030 年和 2050 年我国 GDP 总量从 2010 年 40.3 万亿元上升到 130 万亿元、290 万亿元和 520 万亿元（按照现价计算）。由于技术成本的下降，即使按照现价计算也下降明显。因此，未来可以用于低碳发展的投入远远大于目前国内主要研究机构采用的模型研究中对低碳投入的需求。充足的资金投入可以在低碳交通、建筑方面全面实现低碳发展的需求，实现更低的二氧化碳排放量。

其他环境政策的影响。关于大气雾霾的国家政策，很有可能把实现二氧化碳排放峰值的时间再次提前。国家设立的 $PM_{2.5}$ 的目标，最为主要的政策是减煤措施和控制煤炭消费总量。根据到 2014 年我国各省已经公布的行动计划，煤炭消费量增长的趋势已经明显得到遏制。2014 年煤炭消费量基本和 2013 年持平，2015 年开始明显下降。尽管 2017 年和 2018 年煤炭消费量有所反弹，但是我们预计煤炭仍然处于下降通道。即使有所反复，2013 年出现的煤炭消费量持续上升的格局一去不复返了。根据以上分析，2020 年之前煤炭消费量会达峰，之后进入下降通道。

如果"十三五"即 2020 年的能源总量控制目标为 48 亿 t 以下，考虑天然气会达到 3 600 亿 m^3，风电和光伏达到 25 亿 kW 以上上述装机目标，这样的话，能源活动二氧化碳排放有可能在 2020 年或者后几年达到峰值，峰值为 98 亿 t 以下。

在模型分析中，也纳入了针对温室气体减排的政策分析，包括碳定价。碳定价的两种体现方式是碳税和碳交易。2℃和 1.5℃温升情景研究中评估了碳税和碳交易的作用，以及征收实施碳税的关键因素。如果要实现我国在 2020—2022 年达到能源活动二氧化碳排放峰值，碳定价政策就非常重要。相对来讲，在我国实施碳税政策会更有效。

6.5 结论

2℃温升目标下的能源转型是可以实现的。目前的政策环境已经能够支持这样的转型的实施。

通过对 IPAC 情景的研究可以看出，1.5℃温升的情景也是可以实现的，但是需要即刻采取很多激进的政策，实现我国二氧化碳的尽快减排和大幅度减排。从目前的政策方向看，我国已经有这样的基础。

1.5℃温升情景表明，我国二氧化碳排放量需要在 2015—2020 年达到峰值，2020 年后进入快速下降阶段。2020 年之后每年下降量在 3.84 亿 t 二氧化碳，大于 2014—2016 年每年 2.4 亿 t 减排量。

由于经济结构调整和节能技术的普及，以及将终端能源结构更多转向电力，未来我国进入一个低能源需求增长阶段。2020—2030 年，终端能源消费量增长速度降低 0.7%～1.4%，2020 年前后有可能达到峰值，之后缓慢下降。

未来一次能源发展体现出两个重要特征。一是能源增长缓慢，一方面是经济结构调整所致，另一方面是能源效率仍旧是一个重要的贡献因素；二是能源结构调整明显，2050 年可再生能源占一次能源 35%，核电占 33%，天然气占 14%，煤炭占 14%，石油占 5%。

我国未来的战略目标已经清晰，构建生态文明，打造美丽中国，实现我国大气环境全面改善，支持全球气候变化减缓目标，成为全球有竞争力的经济、技术国家。能源系统是其中最为关键的行业之一。能源系统的转型对上述目标的实现有着重大影响，需要更加明确未来的政策路径。

强有力的落实能源革命战略，坚定不移地控制能源消费增长，加大清洁能源的发展，大力推进我国实现能源转型。

强化节能力度，在已有的大力推进节能的成效上，推进节能标准、低能源低碳消费，开发节能技术。

不再安排任何新建燃煤电站，IGCC 电厂除外。这样可以让燃煤电站自然淘汰，有序实现煤炭工业的转型。

全面发展低能耗、低排放建筑，采用国际最先进建筑标准，使低能耗、低排放建筑在近期占据新建建筑的主要部分。到 2020 年全部新建建筑符合低能耗、低碳建筑要求。

根据不同城市规模，大力发展轨道交通、公共交通，以及构建慢行绿色交通体系。促进电动汽车发展，构建适合电动汽车发展的基础设施。到 2030 年国内全部城市实现低碳交通体系。

在 2020 年之前尽早采取经济财税政策，如碳定价政策，促进节能和清洁能源发展。我国长期采取政令措施，效果已经大大弱化，需要转向以财税为主的政策体系，推动能源转型。

大力促进可再生能源发展，提供各种政策支持，包括补贴、配额制等。以使可再生能源到能够在未来几年实现较高装机目标。

大力推进核电发展，每年达到 1 500 万 kW 的新增装机规模，2050 年达到 4 亿～4.5 亿 kW 装机规模。

制定我国能源发展的路线图，推动能源转型的逐步落实，设计平稳转型规划，避免能源转型带来的对经济和就业的负面影响，在国家可以接受和制度安排的条件下实现转型。

要注重对化石能源的投资，在全球已经走向低碳能源的格局下，煤炭、石油在 2050 年之前会大幅度减少，导致其价格长期处于低位，目前对煤炭和石油的投资风险极大，如对煤化工、国外油田的投资等，国家需要明确的政策进行控制。

在未来能源消费增长缓慢，清洁能源大力发展的格局下，能源基地的安排需要重新考虑，特别是对某些依赖能源的地区，需要重新考虑其经济发展格局，避免一个区域过度依赖化石能源，而未来可能出现重大转变带来的区域问题。

参考文献

[1]　Jiang K，Hu X，Matsuoka Y，et al. Energy Technology Changes and CO_2 Emission Scenarios in China[J]. Environment Economics and Policy Studies，1998，1：141-160.

[2]　Jiang K J，Tsuneyuki M，Toshihiko M，et al. Long-Term Emission Scenarios for China[J]. Environment Economics and Policy Studies，1999，2：267-287.

[3]　胡秀莲，姜克隽. 温室气体减缓技术评价[M]. 北京：中国环境科学出版社，2002.

[4]　Hu X L，Jiang K J，Zheng S. China's iron and steel industry A study on technology transfer to mitigate greenhouse gas emission[J]. Asia Pacific Tech Monitor，March- April，2000.

[5]　Zhu S L，Jiang K J，Analysis of Technical Options for Mitigating CO_2 Emission from Urban Transport System：A Case Study for Beijing[J]. International Journal of Environment and Pollution（IJEP），2003，19（5）：483-497.

[6]　Jiang K J，Hu X L. Emission scenario of non-CO_2 gases from energy activities and other sources in China[J]. Ser. C Life Sciences，2005，48（1）：1-10.

[7]　Jiang K，H. Xiulian. Energy Demand and Emission in 2030 in China：Scenarios and Policy Options[J]. Environment Economics and Policy Studies，2006，7（3）：233-250.

[8]　姜克隽，胡秀莲. 中国能源税体系设想[J]. 绿叶，2007（7）：26-27.

[9]　姜克隽，胡秀莲，庄幸，等. 中国 2050 年的能源需求与 CO_2 排放情景[J]. 气候变化研究

进展，2008（5）：296-302.

[10] 姜克隽，胡秀莲，庄幸，等. 中国 2050 年的能源需求与 CO_2 排放情景[M]//2050 中国能源和碳排放课题组. 中国 2050 能源和碳排放报告. 北京：科学出版社，2009.

[11] 姜克隽. 低碳社会在中国：机遇与挑战[R]. 2008.

[12] 姜克隽. 低碳社会，我们的未来[J]. 中国煤炭，2008（12）：9-11.

[13] Jiang K，Hu X，Zhu S. Multi-Gas Mitigation Analysis by IPAC，Volume Multi-Greenhouse Gas Mitigation and Climate Policy，Issue Special Issue #3[J]. The Energy Journal，2006：425-440.

[14] 姜克隽，张树伟，邓义祥. 行业部门减排目标方法在中国电力部门应用分析[M]//李善同. 环境经济与政策. 北京：科学出版社，2010.

[15] 姜克隽. 碳市场：哥本哈根之后的展望[J]. 西部论丛，2010（10）：16-17.

[16] 姜克隽，庄幸，贺晨旻. 全球升温 2℃以内目标下中国能源与排放情景研究[J]. 中国能源，2012（2）：14-17.

[17] 庄幸，姜克隽. 我国纯电动汽车发展路线图的研究[J]. 汽车工程，2012，34（2）：91-97.

[18] 姜克隽. 我国低碳发展与碳市场[J]. 中国科技投资，2012（8）：29-33.

[19] 姜克隽. 能源总量控制已成必然[J/OL]. [2012-09-1]. www.china-nengyuan.com/news/33624.html.

[20] Jiang K J，Zhuang X，Miao R，et al. China's Role in Attaining the Global 2 Target[J]. Climate Policy，2013，13（1）：55-69.

[21] Jiang K J，Hu X L. Emission scenario of non-CO_2 gases from energy activities and other sources in China[J]. 中国科学 C 缉（英文版），2005（Z2）：955-964.

[22] Jiang K J. Secure low-carbon development in China[J]. Carbon Management，2014，3（4）：333-335.

[23] 姜克隽，贺晨旻，庄幸，等. 我国能源活动 CO_2 排放在 2020—2022 年之间达到峰值情景和可行性研究[J]. 气候变化研究进展，2016，12（3）：167-171.

[24] 姜克隽，贺晨旻. 我国需要尽快推进碳定价[J]. 开放导报，2016（3）：28-31.

[25] Jiang K J，Zhuang X，Chen M H，et al. China's low-carbon investment pathway under the 2℃ scenario[J]. Advances in Climate Change Research，2016（7）：229-234.

[26] Jiang K J，He C M，Xu X Y，et al. Transition scenarios of power generation in China under global 2℃ and 1.5℃ targets[J]. Global Energy Interconnection，2018，1（4）：79-88.

[27] IPCC. Fifth Assessment Report WGIII：Mitigation[M]. UK：Cambridge University Press，2014.

[28] IPCC. Special Report on 1.5℃ Warming[M]. UK：Cambridge University Press，2018.

第 7 章
中国交通行业低排放发展战略模型
构建研究①

7.1 引言

　　交通运输是中国经济社会发展的基础性、先导性、战略性产业和服务性行业，同时也是中国绿色低碳发展的重点领域之一。中国仅公路、水路运输能耗就占到全国石油及制品消耗总量的 30% 以上，根据当前趋势预测，未来 5 年，交通运输行业能耗仍要增长 20% 以上，二氧化碳排放在 2030 年难以达到峰值，环境污染物排放也将持续增加。中国发布的《中共中央 国务院关于全面加强生态环境保护 坚决打好污染防治攻坚战的意见》《打赢蓝天保卫战三年行动计划》等都对交通运输领域提出了明确的任务要求，交通运输部印发了《关于全面加强生态环境保护坚决打好污染防治攻坚战的实施意见》，明确了 2020 年具体发展目标及 2035 年展望目标，新时代交通运输绿色低碳发展责任重大、任务艰巨。为了主动适应中国应对气候变化的新目标、行业转型升级提质增效的新形势，亟须全面分析当前交通行业排放结构，研究预判交通运输行业排放趋势，制定明确的低排放交通发展战略，优化比选和科学制定交通行业低排放发展政策，形成绿色低碳交通发展长效机制。

　　交通运输作为资源密集型行业，是生态文明建设的重要领域，对生态环境会产生重要影响，节约资源、保护环境责任重大。随着"碳峰值"等应对气候变化新目标的部署，以及交通强国建设战略的需求，交通运输实现绿色低碳交通发展的目标内涵不断丰富、责任担当更为迫切。另外，伴随着移动互联网、物联网、

---

① 本章作者：王雪成、欧阳斌、郭杰、凤振华。

云计算、大数据等新技术的应用，新能源汽车、储能技术、自动驾驶等技术突破，"互联网+"渗透到交通运输各个领域，创新了交通运输发展业态，对交通运输格局带来了革命性影响。2018 年北京共享单车数量达到 191 万辆，共享单车日均骑行量 142 万人次，共享单车在优化交通出行结构、满足"最后一公里"需求方面发挥了显著作用。2018 年滴滴在中国 400 余座城市为近 3 亿用户提供出行服务，满足了用户的个性化出行需求，减少了乘客打车的等待时间，降低了原有出租汽车的空载率，提高了能源利用效率。这些新业态改变着人们的出行方式，深刻影响着传统交通运输服务业态，也为交通运输行业的转型升级、低碳发展带来了前所未有的难得机遇，将对中国交通运输绿色低碳发展带来深刻影响。

对中国交通运输部门而言，未来行业排放会受到多种因素影响，如采取何种交通运输模式、未来交通运输格局如何、交通工具的能效水平状况、未来公共交通与小汽车的发展关系、人均 GDP 增长与交通需求的取向等。未来中长期中国交通运输仍将处于快速发展期，为了更好地把握未来中国交通行业排放的演变趋势，本项目拟采用情景分析的方法，在前期中国交通运输能耗及碳排放[①]预测建模工作的基础上，探讨不同情景下各种交通减排政策对于交通行业排放的影响，为科学制定中国交通运输行业绿色低碳发展战略提供决策参考。

关于交通运输的范围：着眼于构建低碳现代化综合交通运输体系，涵盖公路（包含城市客运与社会车辆）、水路、铁路、民航等。既包括营业性运输，也包括非营业性运输等。以 2015 年为基期，近期到 2020 年，中期至 2030 年，同时，考虑 2035 年发展情况，与交通强国建设目标保持一致，远期展望至 2050 年。

遵循理论与实践相结合、中国国情与国际经验相结合、前瞻性与现实性相结合的方针，以能源环境经济学、气候变化经济学、低碳经济、公共政策、可持续发展等相关基本理论为指导，以重大现实问题为导向，以文献综述和国内外典型调研为基础，充分吸收借鉴国内外交通运输碳排放相关理论成果与实践经验，研究构建适合中国交通行业的碳排放发展模型，探索中国交通行业低排放发展战略。

---

① 交通部门碳排放，仅指交通部门的二氧化碳排放，不包含其他温室气体。

7.2　模型及方法学介绍

7.2.1　客运需求预测模型

7.2.1.1　货运运输需求预测模型

考虑我国货运量统计口径发生过多次变化。研究按照同增长率法修正历史营运性运输货运量级货运周转量。同增长率法即以新的运输量为基数，以各年增长率为系数推算往年运输量。此方法算法简单，涉及指标少，国内外常用此方法修正。同增长率法调整公式如式（7-1）所示：

$$r_n = \frac{Y_n}{Y_{n-1}} \tag{7-1}$$

$$Y'_{n-1} = \frac{Y'_n}{r_n} \tag{7-2}$$

式中，r_n——第 n 年货运运输量（运输周转量），t·km；

　　　Y_n——第 n 年原统计口径货运量（运输周转量），t·km；

　　　Y_{n-1}——第 n–1 年原统计口径货运量（运输周转量），t·km；

　　　Y'_n——第 n 年新统计口径货运量（运输周转量），t·km；

　　　Y'_{n-1}——第 n–1 年新统计口径货运量（运输周转量），t·km。

（1）增长率法

增长率法是根据预测对象的预计增长速度进行预测的方法。预测模型一般形式如式（7-3）所示：

$$Q_t = Q_0 \times (1+a)^t \tag{7-3}$$

式中，Q_t——第 t 年货运需求总量，t·km；

　　　Q_0——现状货运需求总量，t·km；

　　　a——年均增长率，%；

　　　t——时间，a。

（2）运输强度分析法

运输强度分析法是基于经济社会与货运需求之间的内在关系，在判断经济增长趋势的基础上，通过预判某一区域的运输强度值，即每万元 GDP 产生的货运运输量来预测货运需求总量的方法。运输强度分析法可用式（7-4）表示：

$$Q = S \times \text{GDP} \tag{7-4}$$

式中，Q——货运需求，t；

  S——货运强度，t/元；

  GDP——地区生产总值，元。

（3）弹性系数法

弹性系数是指货运量（周转量）增长速度与 GDP 增长速度之比，反映了货运需求随社会经济发展的变动情况。弹性系数分析法可由式（7-5）表示：

$$Q = Q_0 \times (1 + T \times R_{\text{GDP}}) \tag{7-5}$$

式中，Q——未来货运需求，t；

  Q_0——现状货运需求，t；

  T——货运弹性系数；

  R_{GDP}——GDP 增速。

（4）多元回归模型

设因变量 y 与自变量 x_1, x_2, x_3, $\cdots$, x_n 间存在着线性相关性，则多元线性回归模型可表示为：

$$y = b_0 + b_1 \times x_1 + b_2 \times x_2 + \cdots + b_n \times x_n \tag{7-6}$$

式中，b_0, b_1, b_2, $\cdots$, b_n——待定系数，由最小二乘法确定；

  $x_1, x_2 \cdots x_n$——自变量。

在本次研究中重点考虑 GDP、经济结构，人口和城镇化率与货运周转量的关系。

$$Q(\hat{b_0}, \hat{b_1}) = \sum_{i}^{n} (y_i - \hat{b_0} - \hat{b_i} \cdot x_i)^2 = \min_{b_0 b_1} \sum_{i}^{n} (y_i - b_0 - b_i \cdot x_i)^2 \tag{7-7}$$

$$\hat{b_i} = \frac{\sum (x_i - \bar{x})(y - \bar{y})}{\sum (x_i - \bar{x})} \tag{7-8}$$

$$\hat{b_0} = \bar{y} - \sum \hat{b_i} \bar{x} \tag{7-9}$$

式中，b_0, b_1, b_2, $\cdots$, b_i——由式（7-6）核算；

y_i——货运周转量，t·km；

x_i——影响因素，分别为 GDP 增速（%）、经济结构（%）、人口和城镇化率（%）。

回归方程的拟合优度检验就是要检验样本数据聚集在样本回归直线周围的密集程度，从而判断回归方程对样本数据的代表程度，一般用判定系数 R^2 实现。

$$R^2 = SSR / SST = 1 - SSE / SST \qquad (7\text{-}10)$$

式中，R^2——判定系数，无量纲；

　　　　SSR——（Regression Sum of Squares）为样本回归平方和，无量纲；

　　　　SST——（Otal Sum of Squares）为样本总平方和，无量纲。

判定系数 R^2 测度了回归直线对观测数据的拟合程度。若所有观测值 y_i 都落在回归直线上，$R^2=1$，拟合是完全的；如果回归直线没有解释任何离差，y 的总离差全部归于残差平方和，$R^2=0$，自变量与因变量完全无关；通常观测值都是部分落在回归直线上，即 $0<R^2<1$。R^2 越接近于 1，表明回归直线的拟合度越好；R^2 越接近于 0，回归直线的拟合度越差。

显著性检验

回归方程的显著性检验是对因变量与所有自变量之间的回归关系是否显著的一种假设检验，一般采用 F 检验。

$$F = [SSR / 1] / [SST / (n-2)] \qquad (7\text{-}11)$$

式中，F——检验统计量，无量纲；

　　　　n——样本数量，无量纲；

　　　　SSR——样本回归平方和，无量纲；

　　　　SST——样本总平方和，无量纲。

根据给定的显著水平 α 计算 F 值所对应的概率 p 值，若 $p<\alpha$，则说明因变量与自变量的回归关系显著；若 $p>\alpha$，则说明因变量与自变量的回归关系不显著，本章中 α 取 0.1。

回归系数的显著性检验，回归系数的显著性检验是根据样本估计的结果对总体回归系数的有关假设进行检验，一般采用 t 检验。根据给定的显著性水平 α，计算 t 值对应的 p 值，若 $p<\alpha$，则说明回归系数与零有显著差异，因变量与自变量的回归关系显著；若 $p>\alpha$，则说明回归系数与零无显著差异，因变量与自变量的回归关系不显著，α 取 0.1（表 7-1）。

表 7-1 参数检验结果

自变量	标准系数	t 检验	显著性
GDP	1.165	5.600	0.000
经济结构	0.319	6.958	0.000
人口	0.654	2.893	0.014
城镇化率	−0.607	−1.967	0.073

注：R^2=0.992。

不同货运运输模式承担不同比例的货运周转量。

$$\begin{cases} Tf \times T_t\_\text{Share} = T_t \\ \sum_j (Tf \times T_{rj}\_\text{Share}) = T_r \\ Tf \times T_a\_\text{Share} = T_a \\ Tf \times T_w\_\text{Share} = T_w \\ Tf \times T_p\_\text{Share} = T_p \\ \sum_t^p T_{i,r,a,w,p}\_\text{Share} = 1 \\ \sum (T_t + T_r + T_a + T_w + T_p) = Tf \end{cases} \quad (7\text{-}12)$$

式中，T_t、T_r、T_a、T_w、T_p——铁路货运、公路货运、航空客运、水路客运、管道
运货的周转量，t·km；

j——机动车类别，具体包括运营货车、大型货车、中型货车、小型货车、
微型物流车，辆；

$T_{i,r,a,w,p}$_Share——铁路货运、公路货运、航空客运、水路客运、管道运货所
占比例，%；

Tf——货运总周转量，t·km。

7.2.1.2 客运需求预测模型

本研究将主要采用多元回归、弹性系数和相似情景分析三种方法对未来客运
需求进行预测。

（1）多元回归模型

人均出行次数函数形式如式（7-13）：

$$y = \frac{K}{1 + ae^{-a_1 x_1} + be^{-b_1 x_2} + ce^{-c_1 x_3} + de^{-d_1 x_4}} \tag{7-13}$$

式中，y——人均出行次数，次；

　　　x_1——人均 GDP，美元；

　　　x_2——15～64 岁人口比例，%；

　　　x_3——第三产业比例，%；

　　　x_4——城镇化率，%；

　　　e——自然对数，无量纲；

　　　$K, a, a_1, b, b_1, c, c_1, d, d_1$ ——各类系数参数。

（2）弹性系数分析法

弹性系数分析法由式（7-14）表示：

$$Q = Q_0 \times (1 + T \times R_{GDP}) \tag{7-14}$$

式中，Q——未来客运需求，人；

　　　Q_0——现状客运需求，人；

　　　T——客运弹性系数；

　　　R_{GDP}——GDP 增速。

根据各项研究，"十三五"期间，随着我国经济发展步入新常态，产业转型升级步伐加快，人均收入水平将进一步提高，我国将逐渐迈入小康社会，消费对经济的贡献率进一步提升，预计客运弹性系数将大于 1。2020—2030 年，我国经济发展进入平稳状态，同时，大规模交通基础设施建设基本完成，我国交通运输基础设施网络水平到达稳定状态，预计客运需求的弹性系数将保持在 0.8 左右。

2030—2045 年，我国将逐步进入后工业化阶段，交通运输会影响经济社会发展的基础性、先导性产业，将率先实现现代化，同时，考虑我国人口总量将进一步下降，预计客运弹性系数将回落至 0.5。

（3）累积威布尔函数模型

通过识别出行需求的主要驱动因素并模拟出行需求与这些因素之间的数学关系来预测中国的乘客出行需求（以亿人公里为单位）。使用累积威布尔函数来模拟中国人均千米的增长趋势，如式（7-15）和式（7-16）所示。

$$T_i = T_i^* \times (1 - e^{-x^\gamma}) \qquad\qquad (7\text{-}15)$$

$$Tu_i = T_i \times Po_i \qquad\qquad (7\text{-}16)$$

式中，T_i——第 i 年人均出行距离，km；

T_i^*——第 i 年人均饱和行程距离，km；

e——自然对数，无量纲；

x——人均 GDP，元；

γ——确定曲线形状的参数，从历史交通数据和经济数据中回归，数据来源于 2000 年和 2015 年的中国交通数据；

Tu_i——第 i 年的中国客运周转量，km；

Po_i——中国的第 i 年人口，人。

模式分解

不同客运运输模式承担不同比例的客运周转量。

$$\begin{cases} T_t \times T_t \_\text{Share} = T_t' \\ \sum_j (T_u \times T_{rj}\_\text{Share}) = T_r \\ T_u \times T_a\_\text{Share} = T_a \\ T_u \times T_w\_\text{Share} = T_w \\ T_u \times T_c\_\text{Share} = T_c \\ T_u \times T_p\_\text{Share} = T_p \\ T_u \times T_{ta}\_\text{Share} = T_{ta} \\ T_u \times T_{sub}\_\text{Share} = T_{sub} \\ T_u \times T_{mo}\_\text{Share} = T_{mo} \\ \sum_t^{mo} T_{i,r,a,w,c,p,ta,sub,mo}\_\text{Share} = 1 \\ \sum (T_t + T_r + T_a + T_w + T_c + T_p + T_{ta} + T_{sub} + T_{mo}) = T_u \end{cases} \qquad (7\text{-}17)$$

式中，T_t、T_r、T_a、T_w、T_p、T_{ta}、T_{sub}、T_{mo}——城间客运中铁路客运、城间客运中公路客运、城间客运中的航空客运、私家车客运、公共汽电车客运、出租车客运、城市交通轨道客运和摩托车客运的周转量，人·km；

j——机动车类别，具体包括运营客车、大型客车、中型客车、小型客车，辆；

$T_{i,r,a,w,c,p,ta,sub,mo}\_Share$——城间客运中铁路客运、城间客运中公路客运、城间
客运中的航空客运、私家车客运、公共汽电车客运、
出租车客运、城市交通轨道客运和摩托车客运所占
比例，%；

T_u——客运总周转量，人·km。

（4）相似情景法

日本和美国 1980 年人均 GDP 为 1.5 万美元，在 1985—1990 年超过 2 万美元
之后，旅客周转量增长速度明显下降。2000—2005 年人均 GDP 达到 3 万美元以
上，日本和美国人均旅客周转量达到峰值。在我国北京市 2015 年人均 GDP 达到
1.71 万美元；预计 2030 年我国人均 GDP 约为 1.6 万美元，2045 年约达到 2.5 万
美元。考虑我国与美国、日本等国家国情存在差别，综合参考美国、日本在不同
收入阶段与人均旅客周转量变化规律，如表 7-2 所示。

表 7-2　相似国家客运周转量情况

国家	年份	人均 GDP/ 美元	人均旅客周转量/ 人·km	总人口/ 百万	总旅客周转量/ 亿人·km
美国	1985	18 270	26 873	237.9	63 932
	1990	23 955	25 810	249.6	64 423
日本	1980	18 526	6 678	117.1	7 820
	1985	24 055	7 091	121.1	8 580

7.2.2　交通运输碳排放核算模型

为了全面、系统地研究我国交通部门能源消费与碳排放需求，分析未来我国
交通运输领域节能降耗方向，探讨交通部门碳排放总量目标及其实施途径，为在
宏观规划中处理好交通可持续发展问题提供决策参考，同时便于国际对比，本研
究将中国的交通运输系统分为城市客运、城间客运、货运、港口四部分，对交通
碳排放量进行全口径的分析。相应地，交通运输领域碳排放测算也由以上四部分
组成。

根据《2006 年 IPCC 国家温室气体清单指南》，交通运输的二氧化碳排放属于
移动源排放，基于数据可获得性，现阶段中国交通运输碳排放有两种核算方法。
一种是基于周转量数据的计算方法，另一种是基于保有量法的计算方式。而选择

计算方法的原则是，有周转量统计数据的用周转量法计算，没有周转量统计数据时使用保有量法进行计算。每种交通类型采用的计算方法如表 7-3 所示。

表 7-3　不同交通类型采用的排放计算方法

交通类型	周转量法	保有量法
公路	采取	—
铁路	采取	—
民航	采取	—
水运	采取	—
港口	采取	—
地铁	采取	—
公共汽电车	—	采取
出租车	—	采取
私家车	—	采取

公路交通领域同时采用周转量法和保有量法进行碳排放核算，前者主要针对公路客货运中有周转量数据的模式，如城市地铁和城间客货运。后者主要针对无直接周转量统计的模式，如私家车、物流车、出租车、公共汽电车等。

7.2.2.1　周转量法碳排放核算模型

（1）铁路运输碳排放：包括运输过程（牵引与辅助走行）所引起的碳排放，不包括辅助生产过程（车站）碳排放。

铁路客运和铁路货运碳排放测算如式（7-18）所示。

$$\mathrm{EC}_t = \sum_i \sum_j Q_{ti} \cdot x_{tij} \cdot y_{tij} \cdot e_{tij} \tag{7-18}$$

式中，EC_t ——铁路运输部门碳排放量，t;

　　Q_{ti} ——铁路运输量，t·km;

　　i ——运输类别，具体为铁路货物运输和旅客运输；

　　j ——铁路运输机动车类别，具体包括蒸汽机车、内燃机车和电动机车；

　　x ——各种运输工具的运输量的比例，%;

　　y_{tij} ——各种运输工具的单位能源消费量，t;

　　e_{tij} ——碳排放因子，t/（t·km）。地铁碳排放核算模型与之类似。

（2）公路运输碳排放：指营运性公路运输车辆、非营运性公路运输车辆的燃油消耗所引起的碳排放。

具体公路运输的碳排放测算如式（7-19）所示。

$$EC_r = \sum_i \sum_j Q_{rij} \cdot x_{tij} \cdot y_{rij} \cdot e_{rij} \tag{7-19}$$

式中，EC_r——公路运输碳排放量，t；

　　　Q_{ri}——公路运输量，人·km；

　　　i——公路运输类别，具体为客运和货运；

　　　j——机动车类别，具体包括汽油车、柴油车、天然气车和电动汽车；

　　　x_{rij}——各种运输工具的运输量的比例，%；

　　　y_{rij}——各种运输工具的单位能源消费量，t；

　　　e_{rij}——碳排放因子，t/（t·km）。

（3）水路运输碳排放：指内河、沿海的船舶燃油消所引起的碳排放。水路运输碳排放测算如式（7-20）所示。

$$EC_w = \sum_i \sum_j Q_{wj} \cdot x_{wij} \cdot y_{wij} \cdot e_{wij} \tag{7-20}$$

式中，EC_w——水路运输能源消费量，t；

　　　Q_{wj}——水路运输量，t·km；

　　　i——水路运输类别，具体包括水路货运和水路客运；

　　　j——营运船舶类别，具体包括内河船舶和海洋船舶；

　　　x_{wij}——各种运输工具的运输量的比例，%；

　　　y_{wij}——各种运输工具的单位能源消费量，t；

　　　e_{wij}——碳排放因子，t/（t·km）。

（4）航空运输碳排放：指民用飞机的燃油消耗所引起的碳排放。航空运输碳排放计算如式（7-21）所示。

$$EC_a = \sum_i Q_{ai} \cdot y_{ai} \cdot e_{ai} \tag{7-21}$$

式中，EC_a——航空运输部门的碳排放量，t；

　　　Q_{ai}——航空运输的运输量，t·km；

　　　i——航空货物运输和航空旅客运输；

　　　y_{ai}——各种运输工具的单位能源消费量，t；

　　　e_{ai}——碳排放因子，t/（t·km）。

（5）港口碳排放：主要指港口企业装卸生产和辅助生产的碳排放，不包括港口生活和其他碳排放。港口生产碳排放测算如式（7-22）所示。

$$EC_p = \sum_j Q_{pj} \cdot y_{pj} \cdot e_{pj}$$ （7-22）

式中，EC_p——港口的碳排放量，t；

　　　Q_{pj}——港口货物吞吐量，t；

　　　j——港口类别，具体包括内河港口和沿海港口；

　　　y_{pj}——各种运输工具和装卸设备的单位能源消费量；

　　　e_{pj}——碳排放因子，t/tkm。

7.2.2.2　保有量法碳排放核算模型

（1）货运车辆碳排放核算模型

公路货运周转量，燃料消耗和温室气体排放核算模型构建如式（7-23）～式（7-25）：

$$NR_{i,k,m} = PR_{i,k,m} + IM_{i,k,m} - EX_{i,k,m}$$ （7-23）

$$TR_{i,m} = \sum_k NR_{i,k,m} \times SR_{i,m,k}$$ （7-24）

$$Tot_{i,k} = \sum_k NR_{i,k,k} \times Dis_{i,k,m} \times FL_{i,m,k}$$ （7-25）

式中，$NR_{i,k,m}$——第 i 年使用在城市 m 新登记的 k 型燃料的分类卡车的数量，辆；

　　　$PR_{i,k,m}$——第 i 年城市 m 中 k 型燃料的卡车的数量，辆；

　　　$IM_{i,k,m}$——第 i 年城市 m 进口的 k 型燃料卡车的数量，辆；

　　　$EX_{i,k,m}$——第 i 年城市 m 出口的 k 型燃料卡车的数量，辆；

　　　$TR_{i,m}$——城市 m 登记的 k 类卡车总数，辆；

　　　$SR_{i,m,k}$——第 i 年登记的分类卡车的存活率，%；

　　　Tot_i——第 i 年城市 m 的卡车的周转量，t·km；

　　　$Dis_{i,k,m}$——第 i 年城市 m 中 k 型燃料卡车的平均距离 k，从城市交委、交管局、车管所等部门收集，并由研究人员统计和整理；

　　　$FL_{i,m,k}$——第 i 年城市 m 中 k 型燃料卡车的货物装载，t。

$$IFT_{i,k,m} = \sum_k \frac{VFT_{i,m,k}}{FL_{i,m,k}} \times Tot_{i,m}$$ （7-26）

$$GET_{i,m} = \sum_i EF_{i,k} \times VT_m \times \frac{VFT_{i,m,k}}{FL_{i,m,k}} \times Tot_{i,m}$$ （7-27）

式中，IFT$_{i,k,m}$——第 i 年城市 m 中卡车的燃油消耗量；

VFT$_{i,m,k}$——第 i 年城市 m 中 k 型卡车每百公里的能耗；

FL$_{i,m,k}$——第 i 年城市 m 中 k 型燃料卡车的货物装载；

Tot$_{i,m}$——第 i 年城市 m 的周转量；

GET$_i$——第 i 年城市 m 中卡车的温室气体排放量；

EF$_{i,k}$——第 i 年 k 型燃料的温室气体排放因子；

VT$_m$——城市 m 的卡车车辆速度系数，它将影响 VFT$_{i,m,k}$。

根据车管所、社科院等机构调研数据，城市货运中各类车辆依照其载重可区分其主要用途。其中，全部营运货车，非营运货车中重型货车、中型货车、部分轻型货车主要承担城间货运（极小部分这类车型会承担城市客运，本研究不考虑此类情景）。部分轻型货车和微型货车，以及快递三轮车主要承担城市客运。此类车型的规格、出行距离及数据来源如表 7-4 所示。

表 7-4　货运机动车规格、行驶里程

车辆类型		载重规格	行驶里程/km	数据来源
营运货车		最大总质量＞14 t	75 000	统计数据
非营运货车	重型货车	最大总质量＞14 t	75 000	统计数据
	中型货车	6 t＜最大总质量＜14 t	35 000	统计数据
	轻型货车	1.8 t＜最大总质量＜6 t	30 000	统计数据
	微型货车	最大总质量＜1.8 t	20 000	统计数据
	物流三轮车	最大总质量＜0.5 t	10 000	估算数据

（2）客运车辆碳排放核算模型

保有量法客运碳排放核算模型中，客运主要分为私人乘用车（PPV）、公务乘用车（BPV）、公共汽电车（PB）和出租车（TX）。PPV 被定义为个人拥有和使用的乘用车。BPV 被定义为企业和政府拥有和使用的乘用车。此外，各类乘用车分为百种类别，涵盖了在中国销售的大多数车型。对于每种车型，通过参考乘用车数据库获得包括整备质量、发动机排量和变速器类型的规格，其可用于估计乘用车的平均燃料消耗率（FCR）和碳排放强度系数。公共汽电车和出租车的数据可以通过各个城市交通统计年鉴获取。

通过使用车辆生产、进口和出口来估算新登记的 PPV、BPV、PB 和 TX 的数量，均可用式（7-28）计算。

$$\mathrm{NR}_{i,k} = (\mathrm{PR}_i + \mathrm{IM}_i - \mathrm{EX}_i) \cdot \mathrm{SH}_i^{i,k} \tag{7-28}$$

式中，$\mathrm{NR}_{i,k}$——第 i 年新登记的分类 k 车数量，辆；

$\quad\quad \mathrm{PR}_i$——第 i 年生产的车数量，辆；

$\quad\quad \mathrm{IM}_i$——第 i 年进口的车数量，辆；

$\quad\quad \mathrm{EX}_i$——第 i 年出口的车数量，辆；

$\quad\quad \mathrm{SH}_i^{i,k}$——第 i 年所有登记的分类客运车辆的存活率，%。

城市车辆的周转量计算如式（7-29）：

$$\mathrm{Tov}_{i,m} = \sum_k \mathrm{NR}_{i,k} \times \mathrm{Dis}_{i,k,m} \times \mathrm{VP}_k \tag{7-29}$$

式中，$\mathrm{Tov}_{i,m}$——第 i 年城市 m 中的车辆周转量，人 km；

$\quad\quad \mathrm{Dis}_{i,k,m}$——第 i 年城市 m 车辆 k 中行驶的平均距离，人 km，由研究人员

$\quad\quad\quad\quad$ 估算和收集；

$\quad\quad \mathrm{VP}_k$——k 型车辆在城市 m 中装载的平均人数，人。

客运车辆的能源消耗和温室气体排放模型如式（7-30）和式（7-31）：

$$\mathrm{IFC}_{i,m} = \sum_k \frac{\mathrm{VFC}_{i,k,m}}{\mathrm{VP}_k} \times \mathrm{Tow}_{i,m} \tag{7-30}$$

$$\mathrm{GE}_m = \sum_k \mathrm{EF}_{i,k} \times \mathrm{VS}_m \times \frac{\mathrm{VFC}_{i,k,m}}{\mathrm{VP}_k} \times \mathrm{Tov}_{i,m} \tag{7-31}$$

式中，$\mathrm{IFC}_{i,m}$——第 i 年城市 m 中乘用车的燃油消耗量，t；

$\quad\quad \mathrm{VFC}_{i,k,m}$——第 i 年城市 m 中每百千米 k 型车辆的能耗系数，t/100 km，其

$\quad\quad\quad\quad$ 数据来自城市统计年鉴；

$\quad\quad \mathrm{VP}_k$——k 型车辆在城市 m 中装载的平均人数，人，其数据来自城市统计

$\quad\quad\quad\quad$ 年鉴；

$\quad\quad \mathrm{GE}_m$——温室气体排放量，t；

$\quad\quad \mathrm{EF}_{i,k}$——第 i 年 k 型乘用车的温室气体排放因子，其数据来源自国家统

$\quad\quad\quad\quad$ 计局；

$\quad\quad \mathrm{VS}_m$——城市 m 的车辆速度系数；

$\quad\quad \mathrm{Tov}_{i,m}$ 同式（7-29）。

7.2.2.3　数据来源

周转量数据和单耗数据主要来源自统计公报，包括《交通运输行业统计年鉴》《交通运输行业发展统计公报》《铁道统计公报》和《民航统计公报》。另外，汽车保有量来源于《中国城市统计年鉴》和《中国城市建设统计年鉴》及相关研究报告。2017 年各个运输方式的单位周转量能耗数据如表 7-5 所示。

表 7-5　2017 年公路、铁路、民航和水运单位周转量能耗

公路		水运	铁路	民航	港口
货运	客运				
kg 标准煤/百 t·km	kg 标准煤/千人·km	kg 标准煤/千 t·km	t 标准煤/百万换算 t·km	kg 油耗/t·km	t 标准煤/万 t
3.23	14.7	2.38	4.72	0.293	3.52

交通工具使用的能源通常包括汽油、柴油、煤油、燃料油、天然气、液化天然气和电力。根据《综合能耗计算通则》（GB/T 589—2008）、《中国能源统计年鉴 2016》、《2005 中国温室气体清单研究》、《省级温室气体清单编制指南（试行）》《2006 年 IPCC 国家温室气体清单指南》和《源消耗引起的温室气体排放计算工具指南（2.1 版）》等文件中给出的平均低位发热量、单位热值含碳量和碳氧化率等数据，我们计算得到了汽油、柴油、煤油、燃料油、天然气、液化天然气的实物量排放因子，然后根据折标煤系数得到标准煤量排放因子。计算结果见表 7-6。

表 7-6　各种能源的折标系数和碳排放系数

项目	折标煤系数	CO_2 排放系数
电力	0.330 kg 标准煤/kW·h	0.595 6 kg/kW·h
柴油	1.457 1 kg 标准煤/kg	3.160 4 kg/kg
汽油	1.471 4 kg 标准煤/kg	2.984 8 kg/kg
燃料油	1.428 6 kg 标准煤/kg	3.236 6 kg/kg
液化石油气（LPG）	1.714 3 kg 标准煤/kg	3.101 3 kg/kg
天然气	1.33 kg 标准煤/m^3	2.184 0 kg/m^3
液化天然气（LNG）	1.862 kg 标准煤/kg	3.061 4 kg/kg
航空燃油	1.471 kg 标准煤/kg	3.073 kg/kg

7.2.3 低碳交通发展的影响因素分析

采用 LMDI 指数分解方法对货运、城间客运、城市交通三个方面分别进行影响因素分解。

7.2.3.1 货运碳排放影响因素

$$
\begin{aligned}
C_f &= \sum_{a,b} \mathrm{EC}_{ab} \times \mathrm{EF}_{ab} \times \frac{44}{12} \\
&= \sum_{a,b} \frac{\mathrm{EC}_{ab}}{\mathrm{EC}_a} \times \frac{\mathrm{EC}_a}{T_a} \times \frac{T_a}{T} \times \frac{T}{\mathrm{GDP}_t} \times \frac{\mathrm{GDP}_t}{\mathrm{GDP}_{third}} \times \frac{\mathrm{GDP}_{third}}{\mathrm{GDP}} \times \mathrm{GDP} \times \mathrm{EF}_{ab} \times \frac{44}{12}
\end{aligned}
$$

$$(7\text{-}32)$$

式中，a——五种（公路、水路、铁路、民航、管道）货物运输方式；

b——燃料类型（汽油、柴油、天然气、电力、煤油、燃料油）；

EC_{ab}——第 a 种运输方式 b 种燃料的消费量，t；

EC_a——第 a 种运输方式的能源消费量，t；

T_a——第 a 种运输方式的运输周转量，t·km；

T——货物运输周转量，t·km；

GDP_t——交通运输、邮政、仓储增加值（物流增加值），元；

GDP_{third}——第三产业增加值，元；

$\dfrac{\mathrm{EC}_{ab}}{\mathrm{EC}_a}$——某种货物运输方式的能源消费结构；

$\dfrac{\mathrm{EC}_a}{T_a}$——某种运输方式的单位货物运输周转量的单耗；

$\dfrac{T_a}{T}$——货运结构；

$\dfrac{T}{\mathrm{GDP}_t}$——经济强度；

$\dfrac{\mathrm{GDP}_t}{\mathrm{GDP}_{third}} \times \dfrac{\mathrm{GDP}_{third}}{\mathrm{GDP}}$——产业结构；

GDP——经济规模。

因素总体包括能源消费结构、经济效率、产业结构、经济规模；运输方式单耗；货物运输结构。

根据模型测算可得不同变量对货运的影响，具体比例如图 7-1 所示。

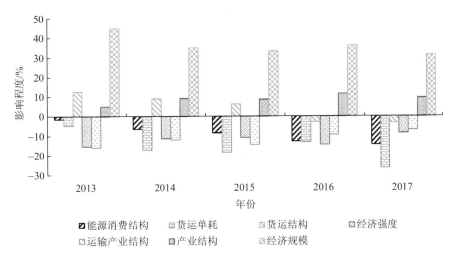

图 7-1　货运碳排放影响因素分解

中国货运碳排放影响因素相对比较集中，与中国经济高度相关。其中，能源消费结构、货运单耗、经济强度、运输产业结构的变化对货运碳排放产生抑制作用，货运结构、产业结构、经济规模对货运碳排放产生促进作用。能源消费结构方面，随着中国整体能源消费结构的调整，清洁化能源所占比例逐步上升，进而抑制了货运的碳排放。货运单耗方面，随着绿色发展成为中国的基本发展方针，货运总体单耗呈现出显著的下降趋势，进而抑制了货运的碳排放。经济强度方面，随着中国经济的产业升级，经济强度（单位 GDP 的周转量）呈现下降趋势，进而抑制了货运的碳排放。货运结构方面，2013—2015 年，铁路货运占比下降，公路货运占比上升，考虑到公路货运碳排放强度较大，进而促进了货运的碳排放。产业结构方面，随着第三产业的发展，对货运的需求呈现分散化、小量化特点，从而使具有便捷性的公路货运的占比量上升，进而促进了货运的碳排放。经济规模方面，考虑到经济规模与货运需求的强相关性，经济规模的扩大，增加了货运的需求，进而促进了货运的碳排放。

7.2.3.2 客运碳排放影响因素

$$C_p = \sum_{a,b} \mathrm{EC}_{ab} \times \mathrm{EF}_{ab} \times \frac{44}{12}$$

$$= \sum_{a,b} \frac{\mathrm{EC}_{ab}}{\mathrm{EC}_a} \times \frac{\mathrm{EC}_a}{T_a} \times \frac{T_a}{T} \times \frac{T}{I} \times I \times \mathrm{EF}_{ab} \times \frac{44}{12}$$

$$(7\text{-}33)$$

式中，a——四种（公路、水路、铁路、民航）客运运输方式；

b——燃料类型（汽油、柴油、天然气、电力、煤油、燃料油）；

EC_{ab}——第 a 种运输方式 b 种燃料的消费量，t；

EC_a——第 a 种运输方式的能源消费量，t；

T_a——第 a 种运输方式的运输周转量，人 km；

T——客运运输周转量，人·km；

I——居民人均可支配收入（支出），元；

$\dfrac{\mathrm{EC}_{ab}}{\mathrm{EC}_a}$——某种运输方式的能源消费结构；

$\dfrac{\mathrm{EC}_a}{T_a}$——某种运输方式的单位客运运输周转量的单耗；

$\dfrac{T_a}{T}$——客运结构；

$\dfrac{T}{I}$——经济强度；

I——需求规模。

因素总体包括能源消费结构、经济效率、经济需求、运输方式单耗、客运结构。

根据模型测算可得不同变量对客运的影响，具体比例如图 7-2 所示。

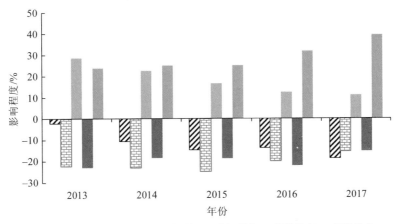

图 7-2　城间客运碳排放影响因素分解

　　客运碳排放影响因素相对比较平均。能源消费结构、运输方式单耗和经济效率的变化对客运碳排放起到抑制作用，客运结构和经济需求对客运碳排放起到促进作用。能源消费结构方面，国家整体能源消费向清洁化方向发展，运输装备逐渐采用新能源作为动力源，进而抑制了客运的碳排放。运输方式单耗方面，随着近些年中国对车辆的排放标准的出台，公路客运、水路客运的单耗水平显著下降，进而抑制了客运的碳排放。客运结构方面，随着高铁的普及，航空基础设施的完善，居民在城市间出行时，更多选择铁路和航空出行。其中铁路客运的碳排放强度相对较小，但航空客运碳排放强度远大于公路客运和铁路客运，进而促进了城间客运的碳排放。经济需求方面，随着居民收入水平的上升，居民的出行需求快速上升，进而促进了城间客运的碳排放。

7.2.3.3　城市交通碳排放影响因素

$$C_c = \sum_{a,b} EC_{ab} \times EF_{ab} \times \frac{44}{12}$$

$$= \sum_{a,b} \frac{EC_{ab}}{EC_a} \times \frac{EC_a}{P_a} \times \frac{P_a}{P} \times \frac{P}{M} \times \frac{M}{D} \times \frac{D}{PP} \times PP \times EF_{ab} \times \frac{44}{12}$$

（7-34）

式中，a——运输方式（公交、出租、轨道交通、私家车）；

　　　b——燃料类型（汽油、柴油、天然气、电力）；

　　　EC_{ab}——第 a 种运输方式 b 种燃料的消费量，t；

　　　EC_a——第 a 种运输方式的能源消费量，t；

P_a——第 a 种运输方式的客运量，人次；

P——客运总量（包括私家车），辆；

M——机动车保有量，辆；

D——城市道路面积，m^2；

PP——城市人口，出行需求，人次；

$\dfrac{EC_{ab}}{EC_a}$——某种运输方式的能源消费结构；

$\dfrac{EC_a}{P_a}$——某种运输方式的单位客运量的单耗；

$\dfrac{P_a}{P}$——客运结构；

$\dfrac{P}{M}$——机动车利用效率；

$\dfrac{M}{D}$——城市拥挤度（拥堵问题）；

$\dfrac{D}{PP}$——城市道路供给能力。

　　因素总体包括能源消费结构、城市道路供给、城市拥挤度、机动车利用效率、出行需求、运输方式单耗、出行结构。

　　根据模型测算可得不同变量对城市客运的影响，具体比例如图 7-3 所示。

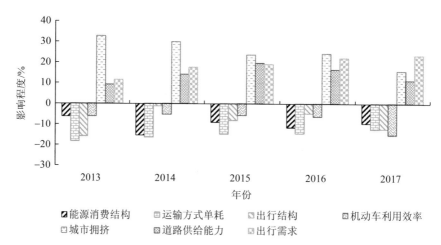

图 7-3　城市客运碳排放影响因素分解

城市拥挤、城市道路的供应能力和出行需求是推动碳排放上涨的主要动因。能源消费结构、运输方式单耗、出行结构及机动车利用效率对城市客运碳排放起到抑制作用，同时，城市拥挤、道路供给能力、出行需求对城市客运碳排放起到促进作用。具体来说，能源消费结构方面，国家整体能源消费向清洁化方向发展，公交、出租车及私家车更多地采用新能源作为动力源，进而抑制了城市客运碳排放。运输单耗方面，近些年中国对机动车的排放标准进行了严格的规定，陆续出台了相关法律法规，降低了公交车、出租车、私家车的单耗水平，进而抑制了城市客运碳排放。出行结构方面，随着城市公共交通基础设施的完善，公交线路的增加，轨道交通覆盖面积的扩大，公共出行占城市客运出行比例逐步上升，进而抑制了城市客运碳排放。机动车利用效率方面，随着共享出行等理念的传播，特别是随着网约车的出现，机动车空载率有所缓解，机动车利用率进一步增加，进而抑制了城市客运碳排放。城市拥挤方面，随着城镇化的进程、城市规模的扩大，城市车辆数在急剧增加，城市拥堵不断加剧，从而促进了城市客运碳排放。道路供给方面，由于城市面积有限，城市道路供给存在上限，同时，由于线路规划不合理等问题，造成城市拥堵等问题，使车辆碳排放强度增加，从而促进了城市客运碳排放。出行需求方面，随着城镇化的推进，城市人口的增加，城市道路等基础设施进一步完善，城市居民收入的上升，使城市居民对出行的需求快速上升，进而促进了城市客运碳排放。

7.3　交通运输碳排放情景分析及路径分析

7.3.1　情景描述

交通运输需求与工业化、产业结构、人口收入水平等宏观经济社会发展水平指标紧密相关。由于本研究中交通运输需求预测时间跨度较大，我国经济社会发展的不确定因素较多，为充分考虑各种可能的发展趋势，项目组借鉴了世界银行和国务院发展研究中心《2030 年的中国》中关于经济社会发展的预测，国家发展和改革委综合运输研究所、国家发展改革委能源研究所和清华大学中国车用能源研究中心的有关研究报告，交通运输部相关规划和政策文件，结合未来中国社会经济发展趋势和中国交通运输系统的发展现状，设置 3 种情景：参考情景、低排放情景及强化低排放情景。根据 3 种情景设定的各项指标进行相应的交通能耗及碳排放计算，并进行对比分析。

（1）参考情景

以国家和各部门的相关社会经济规划为依据，假定政府预期的主要社会经济目标能够顺利实现，我国的新型城镇化全面推进，2030 年城镇化率为 70%，2050 年为 80%，体现在交通领域为道路、桥梁、铁路、民航等基础设施建设顺利推进，高速公路、高速铁路的进程保持"十二五"以来的快速增长态势，支线航空建设如火如荼，家庭轿车保有量伴随着居民收入水平的提高不断攀升。伴随着 2030 年工业化基本完成，交通客货运周转量增速趋缓。在预测期内，我国的经济格局、产业布局、客货运结构、不同交通模式的能效改进、替代燃料技术的发展没有大的变化或重大技术突破，而是处在渐进的演变过程之中。

（2）低排放情景

在引导合理消费、促进能源效率提高、优化交通运输模式、推进清洁高效运输工具的应用以及推动交通部门技术进步等方面有重大的举措，并认为政府的宏观调控和推动可持续发展的政策效果十分显著。同时外部环境比较理想，特别是在完成工业化、城镇化之前，可以充分通过国际合作，引入先进的交通技术、设备与管理经验，使得中国交通部门朝着高效、清洁的方向发展。2030 年以后，伴随着工业化和城镇化的逐步完成，与参考情景相比，运输结构、燃油经济性等方面，均会有显著提升。

（3）强化低排放情景

与低排放情景相比，该情景着重考虑关键低碳技术获得重大突破并得到普遍利用，实现较低交通碳排放的情景。该情景下，低碳能源获得较好的外部空间，在新技术的合作研发、资金投入方面朝着低碳方向发展，体现的是运输结构、低碳技术等出现跨越性、突破性发展的前提下，中国交通部门在满足经济社会既定目标的条件下，实现碳排放量减缓乃至下降的低排放情景。

表 7-7   情景设置的主要参数与特征

	参考情景	低排放情景	强化低排放情景
GDP	2018—2050 年年均增长速度为 3.83%，自 2020 年依次每 5 年的增长率为 5.5%、5%、4.5%、3.1%、2.8%和 2.1%	同参考情景	同参考情景

	参考情景	低排放情景	强化低排放情景
人口	2028 年达到高峰在 14.5 亿左右，2050 年为 13.6 亿，并进入老龄化，65 岁以上的人口比例为 22.8%	同参考情景	同参考情景
人均 GDP	2018—2050 年人均 GDP 年均增长速度为 3.83%，自 2020 年、2030 年、2050 年人均 GDP 分别为：9 000 美元、1.5 万美元和 3 万美元	同参考情景	同参考情景
城镇化率	2020 年城镇化率达到 60%，2030 年达到 70%，2050 年达到 80%	同参考情景	同参考情景
产业结构	经济结构有一定优化，第三产业成为经济结构的主要成分，2020 年、2030 年、2050 年第三产业占比分别为 54.8%、60.4%、69.4%	同参考情景	同参考情景
交通技术	随着铁路方面电气化的推进、车辆轻量化、节油节电等技术的应用；公路方面自动驾驶技术的普及、生态驾驶、运输车队的推广、发动机技术和车辆制造技术的升级；航空方面，精细化飞行管理技术和航空生物燃料的应用。交通能耗效率提升 25%	随着铁路方面电气化的推进、车辆轻量化、节油节电等技术的应用；公路方面自动驾驶技术的普及、生态驾驶、运输车队的推广、发动机技术和车辆制造技术的升级；航空方面，精细化飞行管理技术和航空生物燃料的应用。交通能耗效率提升 40%	随着铁路方面电气化的推进、车辆轻量化、节油节电等技术的应用；公路方面自动驾驶技术的普及、生态驾驶、运输车队的推广、发动机技术和车辆制造技术的升级；航空方面，精细化飞行管理技术和航空生物燃料的应用。交通能耗效率提升 55%
新能源汽车	2020 年、2030 年、2050 年新能源汽车保有量占比分别为 1.2%、10%、40%。货运车型中新能源车占比分别为 0.2%、3%、10%	2020 年、2030 年、2050 年新能源汽车保有量占比分别为 1.3%、15%、50%。货运车型中新能源车占比分别为 0.2%、4%、15%	2020 年、2030 年、2050 年新能源汽车保有量占比分别为 1.5%、20%、65%。货运车型中新能源车占比分别为 0.2%、5%、20%

	参考情景	低排放情景	强化低排放情景
城市发展	2050 年公共交通全方式出行分担率达45%，轨道交通的长度为 5 万 km，私家车保有量 340 辆/千人，共享出行率为10%	2050 年公共交通全方式出行分担率达 50%，轨道交通的长度为 6 万 km，私家车保有量 320 辆/千人，共享出行率为15%	2050 年公共交通全方式出行分担率达 55%，轨道交通的长度为 6.5 万 km，私家车保有量 280 辆/千人，共享出行率为20%
结构优化调整	经过货运结构调整，在 2050 年铁路、公路、水路、航空和管道货运占比分别为 16%、65%、16%、1%、2%。经过客运结构调整，在 2050 年铁路、公路、航空、水路客运占比分别为 38%、34%、27%、1%	经过货运结构调整，在 2050 年铁路、公路、水路、航空和管道货运占比分别为19%、59%、18%、1%、3%。经过客运结构调整，在 2050 年铁路、公路、航空、水路客运占比分别为40%、31%、28%、1%	经过货运结构调整，在 2050 年铁路、公路、水路、航空和管道货运占比分别为 23%、53%、21%、1%、2%。经过客运结构调整，在 2050 年铁路、公路、航空、水路客运占比分别为42%、27%、30%、1%

7.3.2   交通运输碳排放情景结果分析

7.3.2.1   不同情景下交通运输碳排放分析

按照目前的发展趋势，全社会交通运输碳排放总量呈快速增长趋势，必须采取强有力的政策和手段，才有可能在 2030 年前后达峰（图 7-4）。随着经济社会的快速发展，工业化和城镇化进程加快，我国交通运输行业需求将呈快速增长趋势。

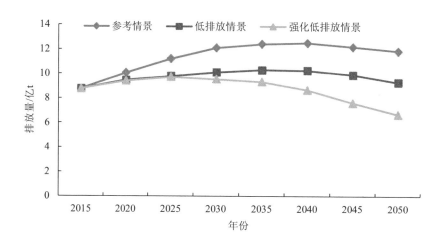

图 7-4   2015—2050 年交通运输行业二氧化碳排放情景

参考情景下，碳排放总量持续增加。虽然单位周转量/客运量的碳排放量有所下降，但是由于货运量和客运量增长速度高于单位能耗下降速度，碳排放总量持续上升，2020 年达到 10.15 亿 t 左右，2045 年达到峰值 12.62 亿 t（图 7-5）。

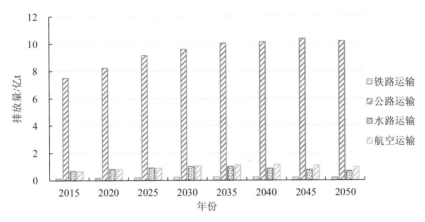

图 7-5　参考情景下交通运输碳排放结构

低排放情景下，随着交通运输装备结构的优化、技术的发展以及资源的合理配置，交通运输行业碳排放总量将呈现先增长后下降的趋势，约在 2040 年达峰，碳排放总量为 11.26 亿 t（图 7-6）。

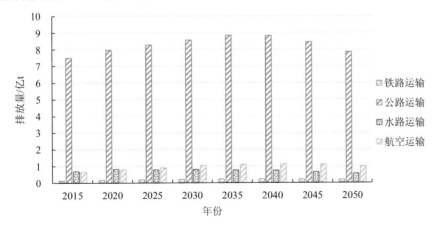

图 7-6　低排放情景下交通运输碳排放结构

强化低排放情景下，通过强化综合交通运输枢纽衔接协调，加强区域、城乡交通一体化，提升交通运行效率；加强"互联网+"在交通运输中的应用，推进智能交通建设；通过结构优化，合理配置铁路、公路、水路和民航客货运输；通过技术进步，提升运输装备的现代化水平，改善运输工具燃料结构；通过采用更为激进的电动车等新能源车辆的渗透率等措施，交通运输碳排放总量将于 2035 年前后达到峰值，峰值排放量为 10.29 亿 t（图 7-7）。

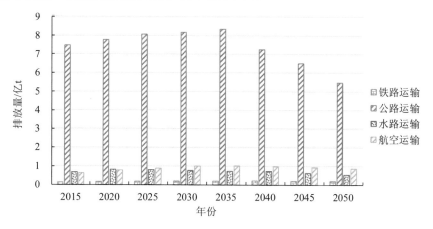

图 7-7　强化低排放情景下交通运输碳排放结构

从 3 种情景对比分析来看，采取低排放情景，2040 年交通运输行业能碳排放量比参考情景下降 12.06%，采取强化低排放情景，2035 年交通运输行业能源碳排放量比参考情景下降 19.2%。

7.3.2.2　交通运输分领域碳排放情况分析

（1）货运碳排放结构和趋势

在参考情景下，公路货运碳排放量 2030 年占全部货运碳排放的 82.34%，2030 年前占比持续增长，2050 年占比下降至 77.89%（图 7-8）。

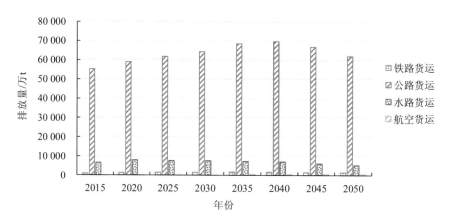

图 7-8　参考情景下货运碳排放结构

在低排放情景下，运输结构的优化是未来货运碳排放总量和强度下降的重点关注方向。从运输方式来看，公路货物碳排放量是未来行业碳排放增长的重点，占货运能耗的 70% 以上。不同货物运输方式的能源强度存在较大差异，公路运输吨千米碳排放强度是铁路（货运）的 9~12 倍，是内河水运的 4 倍左右。在保持相同货物周转量的前提下，优化交通结构和城市布局，例如，在城市间货运交通中提高铁路和内河水运的比重，都会降低交通运输行业碳排放量（图 7-9）。

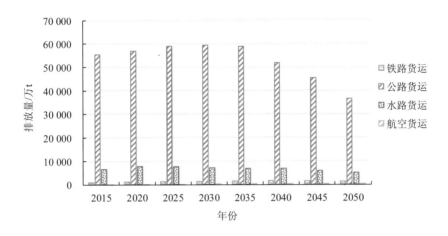

图 7-9　低排放情景下货运碳排放结构

在强化低排放情景下，通过各种运输方式结构调整，继续发挥铁路和水路运输方式的优势，在满足货运运输需求的同时，也能降低能源需求，进而降低中国交通运输碳排放总量和强度（图 7-10）。

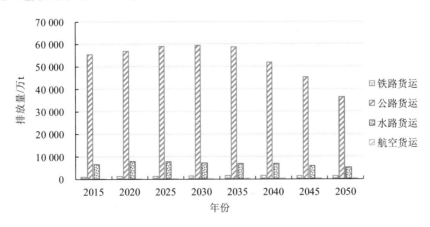

图 7-10　强化低排放情景下货运碳排放结构

清洁和新能源运输工具的使用能够降低货物运输碳排放总量和强度。从燃料结构来看，货运行业的能源消费主要来自化石燃料，参考情景分析显示，2050 年货运能耗 79% 来自柴油燃烧，汽油、燃料油和电力占比分别为 3.6%、2.11% 和 7.6%。在低排放情景下，2050 年货运能耗 74.5% 来自柴油燃烧，汽油、燃料油和电力占比分别为 4.2%、2.3% 和 10.4%。在强化低排放情景下，2050 年货运能耗 69% 来自柴油燃烧，汽油、燃料油和电力占比分别为 5.7%、3.3% 和 12.3%。

（2）城间客运碳排放结构和趋势

在参考情景下，城间客运碳排放量会保持增长状态。在工业化、新型城镇化发展背景下，加上我国人口基数较大，对交通运输的需求会越来越大，对交通运输服务水平的要求会越来越高，高端出行比例增加。另外，我国航空客运依然处于发展期，与欧美国家相比，航空客运还有很大的发展空间，因此，城间客运的碳排放量在 2015—2030 年保持较高速度的增长，2035—2050 年增长放缓（图 7-11）。

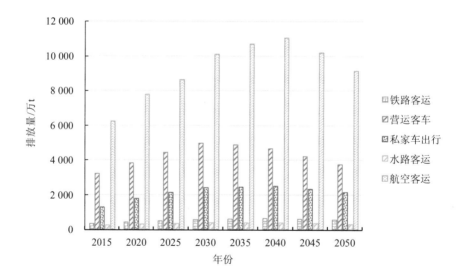

图 7-11   参考情景下城间客运碳排放组成

低排放情景和强化低排放情景下，随着客运结构的逐步优化，以及各种运输方式能源利用效率的不断提升，城间客运总体碳排放量有所下降，2030 年碳排放量分别比参考情景碳排放量下降 2.98% 和 8.27%，2050 年碳排放量分别比参考情景碳排放量下降 6.23% 和 16.7%（图 7-12 和图 7-13）。

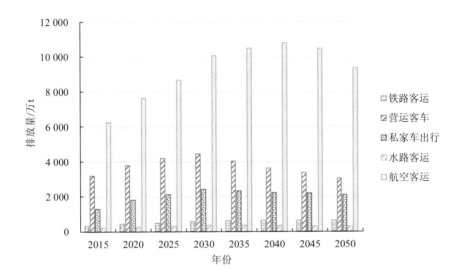

图 7-12　低排放情景下城间客运碳排放组成

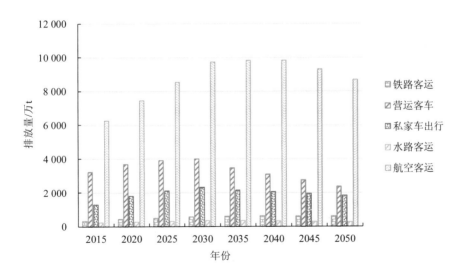

图 7-13　强化低排放情景下城间客运碳排放组成

（3）城市客运碳排放结构和趋势

在参考情景下，依然按照目前的粗放式发展方式，到 2050 年，城市交通碳排放总量将持续增加，私人乘用车依旧是最主要的碳排放来源（图 7-14）。

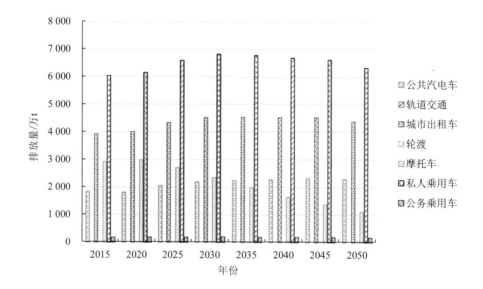

图 7-14　参考情景下城市客运碳排放组成

在低排放情景和强化低排放排情景下，通过继续实施优先发展公共交通和控制私人汽车出行比例增速的"供—需"调节政策措施，以及进行技术革新和电动汽车的推广，2030 年碳排放量分别比参考情景碳排放量下降 11.76% 和 23.01%，2050 年碳排放量分别比参考情景碳排放量下降 22.61% 和 39.24%（图 7-15 和图 7-16）。

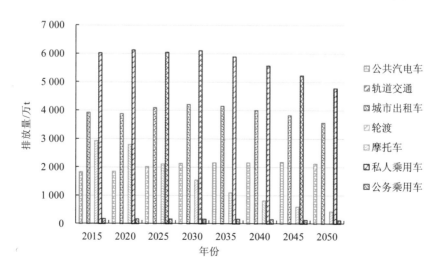

图 7-15　低排放减排情景下城市客运碳排放组成

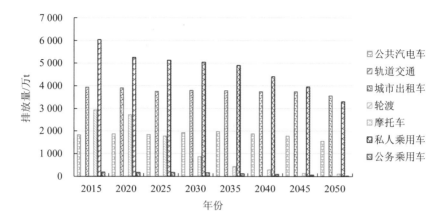

图 7-16　强化低排放情景下城市客运碳排放组成

7.3.2.3　交通运输行业碳减排路径分析

（1）新能源车应用

运输工具在交通能源消费和碳排放中占比较高，尤其是货车，碳排放占比达到 50% 以上。因此，要大力发展新能源和清洁能源车辆，率先推动城市公共交通全部实现电动化、清洁化和城市物流配送车辆全部实现新能源化，制定传统化石能源汽车退出市场时间表。发展以生物燃料和电能为动力的通用航空动力。加强新能源工程设备研发，推进工程节能环保设备的推广应用。研究表明，到 2030 年、2050 年新能源汽车新车销售占比可望达到 35%、65%。货运车型中新能源车占比分别为 5%、10%。在此情况下，2030 年、2050 年碳排放能够下降 472 万 t、1 764 万 t 和 3 018 万 t（图 7-17）。

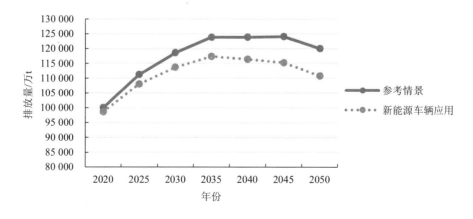

图 7-17　新能源车辆应用的碳减排效果对比

（2）运输结构调整

铁路货运的污染排放和能耗强度分别是公路的 1/13 和 1/7，调整运输结构是推动绿色低碳交通发展的重要措施。《中共中央　国务院关于全面加强生态环境保护 坚决打好污染防治攻坚战的意见》和《国务院办公厅关于印发推进运输结构调整三年行动计划（2018—2020 年）》都明确提出了减少公路货运量，增加铁路货运量的任务要求，到 2020 年，全国铁路货运量比 2017 年增长 30%。未来，将继续发挥铁路、水运在大宗物资中远距离运输中的骨干作用，提高铁路集疏港比例，逐步减少重载柴油货车在大宗散货长距离运输中的比重。通过加强货运铁路建设、优化经济产业布局减少不合理运输需求等措施，提高铁路货运量，减少公路客运量。研究表明，如果 2050 年铁路、公路、水路、航空货运的占比为 22%：53%：22%：1%，铁路、公路、航空、水路客运的占比为 42%：27%：30%：1%，那么 2030 年、2050 年能够分别减少碳排放 6 448 万 t 和 3 234 万 t（图 7-18）。另外，大力发展多式联运、甩挂运输等高效运输组织方式，开展联程联运等，可提高运输效率，减少能源消耗。

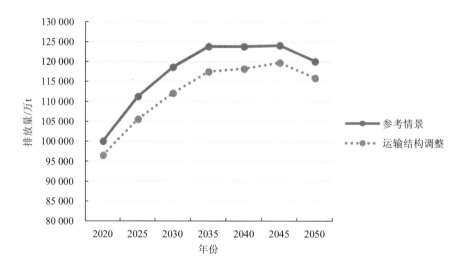

图 7-18　运输结构调整碳减排效果

（3）交通运输技术进步

构建安全、便捷、高效、绿色、经济的现代化综合交通体系，要以先进技术创新来引领支撑，技术进步也是提高运输效率、降低碳排放的主要因素之一。加快铁路方面电气化的推进，车辆轻量化、节油节电等技术的应用；研发推动发动机技术和车辆制造技术的升级；提高飞行管理精细化水平，缩短飞机地面滑行时间技术、停机位分配优化、飞机推出时机控制、针对多跑道机场提供优化等技术应用，航空生物燃料的使用及新型发动机、航空器的研发应用，都将有效地减少交通运输碳排放。推进交通装备设备智能化。发展智能集装箱、智能港口机械、智能引导车，推广自动化码头。发展智能高铁装备，推进智能动车组及自动驾驶控制系统、智能化调度指挥系统等关键技术装备产业化。创新发展超高速铁路、快捷货车、自动驾驶、快递无人机等先进装备的发展，研究表明自动驾驶状态下道路通行能力能够提高 21.6%～64.9%。大力推进大数据、移动互联网、云计算、人工智能在交通运输领域的应用。推广应用生态驾驶等，据相关调查和试验研究，不同操作水平的驾驶员驾驶车辆油耗相差达 7%～25%，而生态驾驶可以让车辆节能 10%～20%。研究表明，由于技术进步的推动，2030 年与 2015 年相比，营运车辆客车单位运输周转量二氧化碳排放可下降 30%，营运货车单位运输周转量二氧化碳排放下降 40%，营运船舶单位运输周转量二氧化碳排放下降 15%；2030 年、2050 年能够分别减少碳排放 8 493 万 t 和 19 576 万 t（图 7-19）。

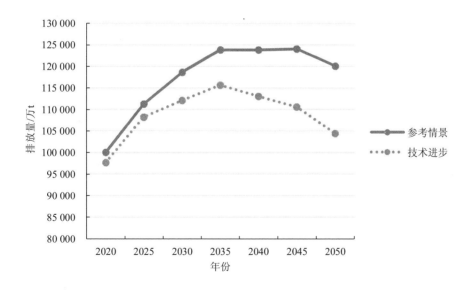

图 7-19　交通运输技术进步的碳减排效果

（4）发展城市公共交通及减少私家车

绿色低碳交通建设，人人有责，开展绿色交通宣教活动，强化公民环境意识，让广大居民参与到绿色交通的建设中来，鼓励选择公共交通等方式，实现绿色环保出行。研究表明，到 2030 年，公共交通全方式出行分担率达到 50%，能够减少碳排量为 2 738 万 t。到 2050 年，公共交通全方式出行分担率达到 55%，能够减少碳排量为 4 518 万 t。加强交通需求管理（TDM）政策创新，如实行限行限购政策、差别化停车收费、交通拥堵收费等；通过经济手段引导小汽车的发展，制定合适的燃油税率，实行补贴、绿色税制等。研究表明，到 2030 年，私家车保有量减缓 15%，能够减少碳排量为 608 万 t。到 2050 年，私家车保有量减缓 20%，能够减少碳排量为 1 032 万 t（图 7-20）。

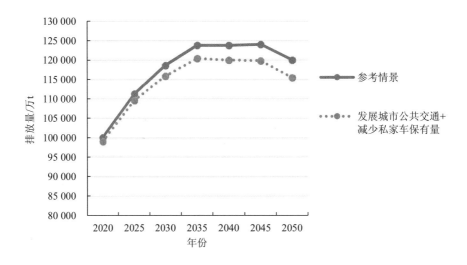

图 7-20 发展城市公交和减缓私家车保有量的碳减排效果

7.4 主要政策建议

7.4.1 推动交通能源系统的清洁化和低碳化，以多元化能源结构推动"零排放"

大力推进交通能源消费变革。严格实施道路运输车辆燃料消耗量限值准入制度，大力推进国三及以下营运柴油货车提前淘汰更新，加快淘汰采用稀薄燃烧技术和"油改气"的老旧燃气车辆。积极研发推广节能与新能源车辆（混合动力汽车、电动汽车、燃料电池汽车）和其他替代能源车辆（LNG、生物质燃料等）等。加大新能源和清洁能源车辆在城市公交、出租汽车、城市配送、重点区域港口等领域的应用。大力推广节能与新能源汽车，集中突破电动汽车关键技术，健全消费者补贴及递减退出制度，配合有关部门开展高速公路服务区充电设施建设，依托充电智能服务平台，形成较为完善的充电基础设施体系。

提高船舶与港口清洁化水平。推动 LNG 动力船舶、电动船舶建造和改造，重点区域沿海港口新增、更换拖轮优先使用清洁能源。支持长江干线、京杭运河和西江干线等高等级航道加气、充（换）电设施的规划与建设。推进排放不达标港作机械清洁化改造和淘汰，重点区域港口新增和更换的作业机械主要采用清洁能源或新能源。根据《港口岸电布局方案》，重点推动珠三角、长三角、环渤海（京津冀）排放控制区、沿海及内河主要港口岸电设施建设，全国主要港口和排放控制区内港口靠港船舶率先使用岸电。加大船舶受电设施建设和改造力度，完善港口岸电设施建设、检测及船舶受电设施建造、检验相关标准规范，积极争取岸电电价扶持政策，推动船舶靠港后使用岸电，逐步提高岸电设施使用率。

加强新能源与可再生能源研发。从国家战略高度，加强新能源车辆技术研发，因地制宜研发推广第三代生物质燃料；积极探索风能、太阳能、核能等在运输船舶中的应用；积极研究探索应用生物质燃料替代航空煤油等。因地制宜地利用风能、太阳能、水能、地热能、海洋能等可再生能源，不断提高港口、民航机场、铁路和公路站场、沿线设施等附属设施中可再生能源的使用比例。

7.4.2　加快运输结构调整，提高运输组织效率

减少公路货运量，增加铁路货运量，发挥铁路、水运在大宗物资长距离运输中的骨干作用，加大货运铁路建设投入，加快完成蒙华、唐曹、水曹等货运铁路建设。显著提高重点区域大宗货物铁路水路货运比例，提高沿海港口集装箱铁路集疏港比例。环渤海、山东、长三角地区，2020 年采暖季前，沿海主要港口、唐山港、黄骅港的矿石、焦炭等大宗货物原则上主要改由铁路或水路运输。

推动货运经营整合升级。持续推进无车承运人试点工作，完善相关法规制度及标准规范，制定出台相关配套措施，加快培育创新能力强、运营管理规范、资源综合利用率高的无车承运人品牌企业，利用移动互联网手段，实现对中小物流企业和个体运输业户的集约整合与资源高效配置。支持引导货运大车队、甩挂运输挂车共享租赁、多式联运、共同配送等集约高效的运输组织模式发展，促进运力资源的有效整合，发挥规模化、网络化运营优势，降低运输成本。支持大型龙头骨干物流企业以资产为纽带，通过兼并、重组、收购、控股、加盟连锁等方式，

有效整合中小物流企业，构建跨区域的物流运输服务网络。进一步延伸运输服务链条，提供涵盖仓储管理、运输配送、流通加工、物流金融的供应链一体化服务，强化核心竞争力，培育物流企业品牌。

推进运输方式创新。加快推进多式联运、江海直达运输、甩挂运输、滚装运输、水水中转等先进运输组织方式，提高运输及物流效率。依托铁路物流基地、公路港、沿海和内河港口等，推进多式联运型和干支衔接型货运枢纽（物流园区）建设，加快推进集装箱多式联运。建设城市绿色物流体系，支持利用城市现有铁路、物流货场转型升级为城市配送中心。积极推进以港口为枢纽的铁水联运，打通海铁联运"最后一公里"，提高海铁联运比例。推动扩大集装箱、干散货江海直达船队规模。持续推进内河船型标准化工作，研究完善过闸运输船舶标准化船型主尺度，制定出台国家强制性标准，发布基于内河船舶的特定航线江海直达船舶标准规范。

7.4.3　推动交通运输技术进步，发挥技术减排的支撑作用

7.4.3.1　铁路运输方面

（1）电气化率

根据铁路"十三五"规划的目标，2020 年电气化率达到 70%左右，以此为基准预测，2030 年应达到 85%左右，2040 年达到 90%以上，2050 年电气化率达到100%。

（2）车辆轻量化

推进运输设备轻量化，包括车辆轻型化、转向架轻量化和电器设备的轻量化等。国外不少国家在高速列车的轻量化方面做出了很多努力，如日本新干线车体重量减轻至 537 kg/座，哥本哈根郊区铁路轻至 360 kg/座。减轻列车车体重量的方法通常有两种：减轻车体各组件的质量；优化车体结构整体设计，在保证车体整体强度的情况下追求车体各组件的最优质量布局。

（3）机车节电节油技术

第一，推广使用再生制动技术。该技术适合于停站较多的列车运行模式如城际轨道交通，其总能耗可以下降 15%～30%，具有很大的节能潜力；第二，采用燃油添加剂或者其他替代能源技术，如用液化天然气替代燃油等；第三，采用新型机车，淘汰老旧机车等；第四，减小运行阻力，列车高速运行时所需的能量，大部分是使列车加速到一定速度所需的能量和克服空气阻力以保持其速度所需的

能量。列车的运行阻力主要有机械阻力和空气阻力。

（4）发展重载运输技术

国外重载运输推广范围日益扩大，不仅在幅员辽阔的大陆性国家如美国、加拿大、澳大利亚等国家，而且在欧洲传统以客运为主的客货混跑干线铁路上也开行重载列车。考虑我国日益增长的货运需求，铁路重载技术需求会进一步上升，未来可在蒙陕甘宁等能源富集地区与鄂湘赣等华中地区建设长距离重载铁路运输通道，支撑"北煤南运"国家战略。

7.4.3.2　公路运输方面

（1）生态驾驶

在行驶过程中，通过保持经济车速，缓加速，缓刹车，尽快提高挡位等方法减少能源消耗。据相关调查和试验研究，不同操作水平的驾驶员驾驶车辆油耗相差达 7%～25%，而生态驾驶可以让车辆节能 10%～20%。

（2）路网优化技术

汽车在 2～6 类公路上行驶，单位能耗分别提高 10%、25%、35%、45% 和 70%。换言之，高速公路坡度小、路况好，排除了混合交通，避免了因道路不平整和汽车的频繁制动与启动造成的燃油浪费，是最节省的道路类型。

（3）车辆装备制造技术

当前运输装备结构不尽合理，大型化、专业化车辆比重不高，老旧车辆比重偏高；公路运输规模化、集约化程度比较低。普通货运车辆运力供给过剩，大型化、专业化、系列化车辆比重不高，急需推进运输装备专业化、标准化和大型化。

7.4.3.3　水路运输方面

（1）船舶大型化和标准化

根据武汉理工大学关于国内船舶能效设计指数（EEDI）与二氧化碳排放基线实船研究的结果，目前我国各大船型新造船的节能百分比可达 10%～25%，内河船舶较沿海运输船舶相比，节能百分比更高，在节能减排方面有更大的提升空间。到 2020 年，全国内河船舶标准化率达到 80% 左右，通过船型标准化内河船舶运输节能率可达 5%。

（2）船体防污技术

海洋生物附着在船舶底部，会增加船底表面粗糙度，使船舶的航速下降、燃油消耗量增加（最高可达 30%）。当船舶采用船体防污染技术，可降低船舶燃料消耗 5% 左右。

（3）船舶运输组织管理

根据船舶运输能源消耗统计及分析方法课题调研数据分析，船舶载重量利用率提高 10%，运输单耗可下降 6.5%。

（4）采用经济航速

根据中国远洋海运集团货运采用经济航速管理模式前后的船舶运输年能耗统计数据可得，航速降低 4%，船舶单位周转量能耗下降 2.4%。结合未来经济航速普及率情况推算，到 2050 年，通过降低航速船舶运输节能率可达 7.5%。

7.4.3.4　航空运输方面

我国航油利用效率逐年提高，民航运输企业吨千米油耗逐年下降。2000—2005 年吨千米油耗平均每年下降 1.2%，2006—2015 年吨千米油耗平均每年下降 2.3%。由于机龄和机型方面的优势，我国民航业的燃油效率略高于美国。2015 年我国民航业吨公里油耗约为 0.28 kg，与美国同年吨公里油耗水平持平。未来我国民航能源效率提升主要集中在以下几个技术方面。

（1）精细化飞行管理技术

该技术是在大量飞行数据的积累与分析的基础上，对飞机及发动机性能、油耗数据、节油操纵技术等进行充分了解，从而在不影响飞行安全的大前提下，对飞行进行精细化管理。主要包括航路优化、配载优化、爬升/下降剖面优化、飞行速度和高度优化、飞行中空调等系统管理优化、减少盘旋等待、进近程序优化及着陆与滑行优化等技术。未来该技术的完善和推广将成为民航节能减排的重要动力。

（2）空管新技术

空管新技术主要包括：缩短飞机地面滑行时间技术（滑行路线优化、停机位分配优化、飞机推出时机控制、针对多跑道机场提供优化的跑道分配、多跑道管制运行模式）、飞机航路飞行优化（4D 航迹规划优化、绕飞航路临时航路规划优化、直飞航路的动态扇区划设）及流量管理（高直线度的航路网规划、协同决策的优化放行、高效准确的天气情况预报和飞行策略预案、气象信息同步技术）等。

（3）航空生物燃料的应用技术

尽管目前学术界对航空生物燃料整个循环生命周期的碳排放情况尚未形成统一意见，但在欧盟 ETS 相关规则中认定航空生物燃料的碳排放为零。随着我国航空生物燃料产业化步伐的推进，同时价格随着原料供应、生产规模的不断扩大而逐渐下降，民航企业对航空生物燃料的需求将不断增加，推动航空生物燃料的应用技术，将从根本上降低行业碳排放。根据航空运输行动组织（ATAG）报告，到 2020 年航空生物燃料技术对全球航空运输节能减排的贡献率将达到 10%。

7.4.4　转变消费观，推动形成绿色低碳交通生产生活方式

7.4.4.1　大力发展城市交通

加快构建以高速铁路和城际铁路为主体的大容量快速客运体系，形成与铁路、民航、水运相衔接的道路客运集疏网络，逐步减少 800 km 以上道路客运班线。实施公交优先发展战略，实现公共交通的规划优先、用地优先、资金优先和路权优先，加快快速公交（BRT）、公交专用道、轨道交通的建设，以及自行车道、行人道等慢行系统的建设，发展大运量公共交通系统。

打造高品质、快捷化、多样化的城市客运服务体系。结合"公交都市"创建示范工程，从补贴机制、服务水平、信息化建设等方面采取措施，落实票价优惠政策，强化智能化手段在城市公共交通管理中的应用，减少换乘与等待时间，提升出行体验。推广品质公交，进一步提高空调车辆在城市公共交通中的比例，提高无障碍城市公交车辆更新比例，提升运输装备的舒适便捷和快速程度。推出商务公交、旅游班车、定制公交等车辆类型，适应日益多样化的出行需求，使公共交通成为民众出行的优先选择，不断提高公交出行分担率。

7.4.4.2　合理控制小汽车需求增长

加强交通需求管理（TDM）政策创新。实施恰当的交通需求管理政策，其主要包括如限行限购政策、差别化停车收费、智能停车管理、交通拥堵收费、错时上下班措施等，以保证城市交通运行的良好状态，制止城市小汽车的盲目发展，进而减少污染。

通过经济手段引导小汽车的发展。燃油税被认为是能够有效引导消费者合理消费车用燃料、降低道路交通能源消费及减少温室气体排放的一种重要政策。通过制定合适的燃油税率，提高燃油使用成本，可以促进消费者选择燃油经济效率高的车型及出行行为或方式的改变，减少车用燃料消耗，降低城市交通温室气体的排放水平。

参考文献

[1]　国家统计局. 中国统计年鉴[M]. 北京：中国统计出版社，2018.

[2] 陆化普. 绿色智能一体化交通[J]. 中国公路，2018，523（15）：27-29.

[3] 陆化普. 智能交通系统主要技术的发展[J]. 科技导报，2019，37，564（6）：27-35.

[4] He K，Huo H，Zhang Q，et al. Oil consumption and CO_2 emissions in China's road transport：current status，future trends，and policy implications[J]. Energy Policy，2005，33（12）：1499-1507.

[5] 宿凤鸣. 低碳交通的概念和实现途径[J]. 综合运输，2010（5）：13-17.

[6] 傅志寰，孙永福. 交通强国战略研究[M]. 北京：人民交通出版社，2019.

[7] 陆化普. 城市绿色交通的实现途径[J]. 城市交通，2009，7（6）：23-27.

[8] Peng T，Ou X，Yuan Z，et al. Development and application of China provincial road transport energy demand and GHG emissions analysis model[J]. Applied Energy，2018，222：313-328.

[9] Chen Fei，Zhu Dajian，Xu Wei.The Model of Urban Low-Carbon Transportation Development，Status Quo and Target Strategy—Taking Shanghai Empirical Analysis as an Example[J]. Urban Planning Journal，2009（6）：40-46.

[10] Ou X，Yan X，Zhang X. Life-cycle energy consumption and greenhouse gas emissions for electricity generation and supply in China[J]. Applied Energy，2011，88（1）：289-297.

[11] Huo H，Wang M，Johnson L，et al. Projection of Chinese Motor Vehicle Growth，Oil Demand，and CO_2 Emissions Through 2050[J]. Transportation Research Record Journal of the Transportation Research Board. 2007，2038：69-77.

[12] Huo H，He K，Wang M，et al. Vehicle technologies，fuel-economy policies，and fuel-consumption rates of Chinese vehicles[J]. Energy Policy，2012，43：30-36.

[13] Hao H，Wang H，Yi R . Hybrid modeling of China's vehicle ownership and projection through 2050[J]. Energy，2011，36（2）：1351-1361.

[14] 刘冬飞. "绿色交通"：一种可持续发展的交通理念[J]. 现代城市研究，2003（1）：60-63.

[15] 白雁，魏庆朝，邱青云. 基于绿色交通的城市交通发展探讨[J]. 北京交通大学学报（社会科学版），2006（2）：10-14.

[16] Yang Y，Wang C，Liu W，et al. Microsimulation of low carbon urban transport policies in Beijing[J]. Energy Policy，2017，107：561-572.

[17] Mittal S，Dai H，Shukla P R. Low carbon urban transport scenarios for China and India：A comparative assessment[J]. Transportation Research Part D：Transport and Environment，2016，44：266-276.

第 8 章
中国建筑领域用能及碳排放
模型研究[①]

8.1 引言

　　中国建筑领域的用能与排放是全社会用能与排放的重要组成部分。目前，我国正处在高速的城镇化过程中，建筑规模迅速增长，2001—2017 年，城乡建筑面积大幅增加，每年的竣工面积均超过 15 亿 m^2，总建筑面积达到 591 亿 m^2。建筑规模的持续增长从两个方面驱动了建筑领域能耗与排放的上升。

　　一方面，大规模的建设活动消耗大量的建材，在建材生产过程中消耗了大量的能源并产生碳排放，这部分由建筑建造所拉动的能耗与排放在我国全社会占有相当的比例，2016 年中国建筑业建造能耗占全社会总能耗的 20%以上，因此这部分用能也是我国建筑领域节能工作的重点。另一方面，不断增长的建筑面积也带来了大量的建筑运行能耗需求，更多的建筑必然需要更多的能源来满足其采暖、通风、空调、照明、炊事、生活热水，以及其他各项服务功能。加之随着经济发展和社会生活水平的提升，我国人民群众改善生活居住条件的需求也进一步凸显，城镇住宅和农村住宅的用能需求不断增长：对于城镇住宅，改善冬夏室内环境的需求不断提升，使得夏热冬冷地区采暖、夏季空调、生活热水的用能需求近年来快速增长。对于农村住宅，随着农村生活水平的提升，各项终端用能需求增长，同时生物质作为能源的消费量迅速下降，取而代之的是商品能消耗的快速增长。

　　基于已有分析可得，目前我国建筑部门用能尚处在较低的水平，但近年来持

---

① 本章作者：江亿、胡姗、张洋、郭偲悦。

续增长。未来我国建筑部门的用能趋势如何，会直接影响到我国是否能够达到能源消耗总量目标与碳排放达峰目标。

有研究认为，我国会复制发达国家的用能模式，在之后的能源消耗达到与欧洲各国甚至美国的用能水平。假设 2030 年我国人口为 14.7 亿，则可以估算出，我国建筑的用能总量在达到美国的用能强度水平时会达到 60 亿 t 标准煤，达到欧洲水平时会接近 30 亿 t 标准煤，即在这些情景下，我国仅建筑部门用能就会超过目前总能耗的一半，甚至超过当前水平。这样的用能增长速度对我国来说是无法承受的，我国不能简单复制目前发达国家的建筑部门用能模式，必须找到其他的用能途径。

因此，需要对我国的建筑用能和碳排放状况进行全面的了解和分析，在此基础上建立宏观模型，为我国实现未来建筑领域节能减排目标和低碳可持续发展提供技术路线和政策建议。

8.2　中国建筑领域能耗及排放模型

基于对建筑领域用能与排放特点长期深入的研究以及大量的数据基础，清华大学建筑节能研究中心构建了"中国建筑领域低排放战略模型"，模型主要由三部分组成，即中国建筑建造能耗及排放模型（CBCM）、中国建筑运行能耗及排放模型（CBEM）以及中国建筑规模模型（CBSM）（图 8-1）。

中国建筑规模模型（CBSM）主要基于各类统计年鉴发布及相关文献中所估算的建筑实有、竣工、拆除数据计算得到中国各类建筑的存量情况。

中国建筑建造能耗及排放模型（CBCM）基于实际调研和各类文献中所获得的建筑建造用能强度数据及中国建筑规模模型所输出的建筑建造规模数据，得到中国建造领域的用能及碳排放情况。

中国建筑运行能耗及排放模型（CBEM）基于从实际调研中得到的大量建筑运行用能信息数据及中国建筑规模模型所输出的建筑实有面积数据，得到中国建筑运行阶段的能耗与排放情况。建筑运行用能强度基于两种途径获得。一是基于实测调研的大量建筑用能强度数据，在对中国建筑运行用能进行合理分类的基础上给出不同地区、不同种类建筑、不同用能终端及不同家庭类型等维度下的建筑用能与排放强度，并进一步自下而上地得到中国建筑运行的宏观能耗与排放情况，这一途径基于实测用能强度数据，能够准确反映中国建筑运行部门的用能情况。

二是以技术及用能行为出发点，在更加深入细致的层面上描述中国建筑运行用能情况，这种途径有助于深入研究技术进步及行为模式的变化对于建筑运行能耗的影响，并进一步给出相应的政策建议。两种途径相互校核，在宏观层面上实现对中国建筑运行能耗的准确描述，在微观层面上阐述了技术与行为等各类影响因素对中国建筑运行能耗的影响。

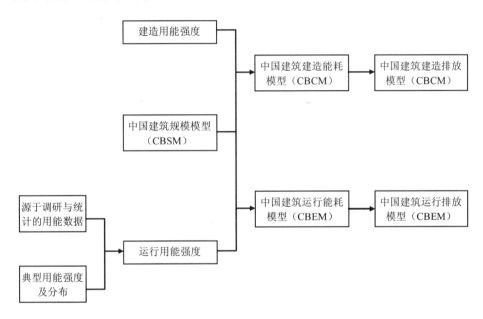

图 8-1　中国建筑领域能耗及排放模型

　　模型在建筑类型、终端用能类型、结构类型、建材类型、能源品种等维度上的分类方法如图 8-2 所示。其中考虑我国南北地区冬季采暖方式、城乡建筑形式和生活方式，以及居住建筑和公共建筑人员活动及用能设备的差别，将我国的建筑用能分为北方城镇供暖用能、城镇住宅用能（不包括北方地区的供暖）、公共建筑用能（不包括北方地区的供暖）及农村住宅用能四类。

8.3　中国建筑领域能耗及排放情况

8.3.1　中国建筑规模增长迅速

　　快速城镇化带动建筑业持续发展，我国建筑规模不断扩大。2017 年，我国建筑面积总量约 593 亿 m^2（图 8-3），相比于 2001 年增长接近一倍。其中，城镇住宅建筑面积为 238 亿 m^2，农村住宅建筑面积 231 亿 m^2，公共建筑面积 124 亿 m^2。

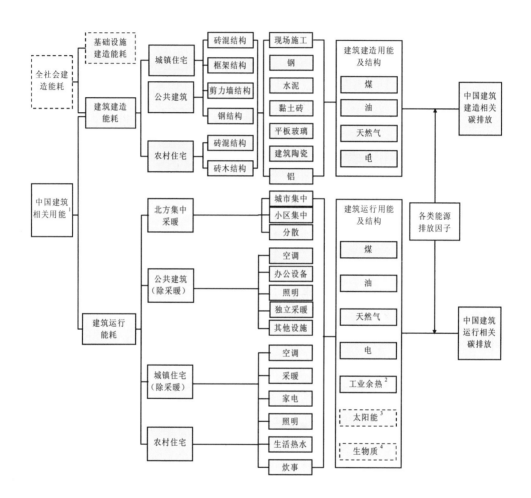

图 8-2　中国建筑领域能耗及排放模型分类框架

注：1. 指民用建筑相关用能；

2. 工业余热对应能耗是指由于工业余热的使用，与标准生产流程相比所多使用的能源，如水泵用电；

3. 太阳能指建筑中直接利用的太阳能，如光热光电，本模型尚未核算；

4. 生物质分为商品生物质与非商品生物质，模型中给出的为非商品生物质。

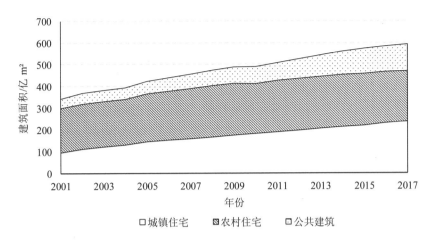

图 8-3　2001—2017 年中国建筑面积

8.3.2　建造活动消耗建材导致大量的能耗及排放

2004—2017 年，我国民用建筑建造能耗从约 2 亿 t 标准煤增长到超过 5 亿 t 标准煤，增长两倍多，如图 8-4 所示。十余年间，城镇住宅以及公共建筑建造能耗的占比不断上升，到 2017 年城镇住宅与公共建筑两类建筑的建造能耗分别占民用建筑建造总能耗的 42% 与 44%。

大量建材的生产不仅消耗大量的能源，同时也会产生大量的二氧化碳排放。根据估算，2017 年我国民用建筑建造建造相关的碳排放总量为 20 亿 t 二氧化碳，约为我国碳排放总量的 1/5。

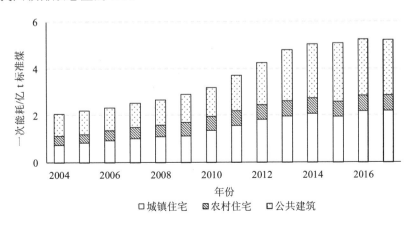

图 8-4　2004—2017 年竣工民用建筑建造能耗

8.3.3　建筑运行能耗及排放总量大幅增长

2017 年建筑运行的总商品能耗为 9.6 亿 t 标准煤，约占全国能源消费总量的 20%，建筑商品能耗和生物质能共计 10.5 亿 t 标准煤（其中生物质能耗约 0.9 亿 t 标准煤）。2001—2017 年，建筑运行能耗总量及其中电力消耗量均大幅增长，运行能耗增长 1 倍以上，电力消耗增长约 3 倍，2017 年的建筑运行电耗总量达到 1.5 万亿 kW·h（图 8-5）。

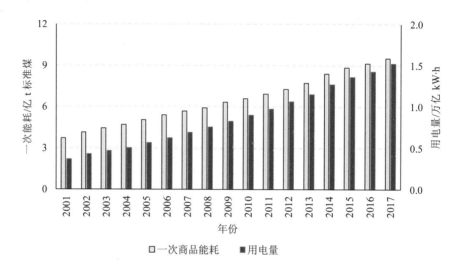

图 8-5　2001—2017 年中国建筑运行消耗的一次能耗和电总电量[①]

① 2017 年全国火电厂的供电煤耗系数为 309 g 标准煤/kW·h。

将四部分建筑能耗的规模、强度和总量表示在图 8-6 中的四个方块中，横向表示建筑面积，纵向表示四单位平方米建筑能耗强度，四个方块的面积即是建筑能耗的总量。从建筑面积来看，城镇住宅和农村住宅的面积最大，北方城镇供暖面积约占建筑面积总量的 1/4，公共建筑面积仅占建筑面积总量的约 1/5，但从能耗强度来看，公共建筑和北方城镇供暖能耗强度又是四个分项中较高的。因此，从用能总量来看，基本呈四分天下的局势，四类用能各占建筑能耗的 1/4 左右。近年来，随着公共建筑规模的增长及平均能耗强度的增长，公共建筑的能耗已经成为中国建筑能耗中比例最大的一部分。

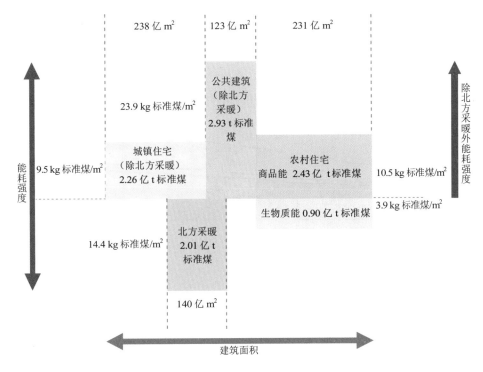

图 8-6　2017 年中国建筑运行能耗总量及强度

2017 年中国建筑运行的化石能源消耗相关的碳排放量为 21.3 亿 t。其中由于电力消耗带来的碳排放量为 9 亿 t[①]，占建筑运行相关碳排放总量的 43%（图 8-7）。由于北方集中供暖的热力消耗带来的碳排放占 8%，直接化石燃料燃烧导致的碳排放占 49%。从全国总量来看，人均建筑运行的碳排放量为 1.5 t，约占全国人均总碳排放量的 20%。

2017 年四个建筑用能分项的碳排放比例为：农村住宅 29%、公共建筑 26%、北方采暖 26%、城镇住宅 19%。将四部分建筑碳排放的规模、强度和总量表示在图 8-8 中的四个方块中，横向表示建筑面积，纵向表示四单位平方米碳排放强度，四个方块的面积即碳排放总量。可以发现四个分项的碳排放呈现与能耗不尽相同的特点：公共建筑由于建筑能耗强度最高，所以单位建筑面积的碳排放强度也最高，为 48 kgCO$_2$/m^2；而北方采暖分项由于大量燃煤生产热力，碳排放强度次之，为 38 kgCO$_2$/m^2；农村住宅和城镇住宅单位平方米的一次能耗强度相关不大，但农村住宅用能结构中电力和天然气的比例均低于城镇住宅，直接燃煤比例较高，

① 2017 年全国电力碳排放因子取值为 592 gCO$_2$/kW·h。

所以单位平方米的碳排放强度高于城镇住宅：农村住宅单位建筑面积的碳排放强度为 26 kgCO₂/m²，而城镇住宅单位建筑面积的碳排放强度为 17 kgCO₂/m²。

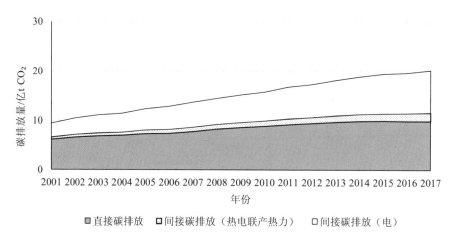

图 8-7　2017 年中国建筑运行化石能源相关的碳排放量

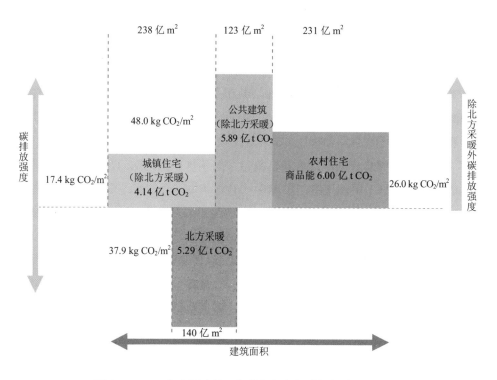

图 8-8　2017 年中国建筑运行能耗相关的碳排放总量及强度

8.4　2050 年中国建筑运行用能情景分析及总量规划

8.4.1　2050 年中国建筑用能情景设定

本研究拟对我国建筑能耗进行情景分析，研究不同政策措施与用能模式下，我国建筑部门运行消耗发展情况，在此基础上结合我国节能低碳发展模式确定建筑部门的节能低碳发展路径。模型设定中，总人口将在 2030 年达到峰值，并在 2050 年达到 13.6 亿人。城镇化率从 2016 年的 58% 上升到 2050 年的 78%，实现城镇化。

对比世界部分国家的建筑面积如图 8-9、图 8-10 所示，可以看到，中国的人均住宅面积已达到 41 m²，超过了亚洲发达国家日本和韩国，接近法国、德国、英国等欧洲发达国家水平。人均公共建筑面积约 8 m²，相对于英国、日本、法国等人均 15 m² 左右的水平，还有一定的发展空间。

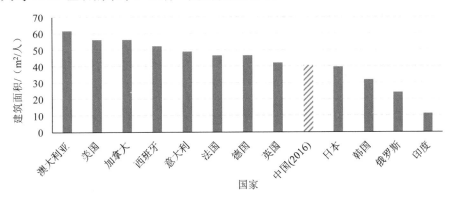

图 8-9　与国外部分国家人均住宅面积对比

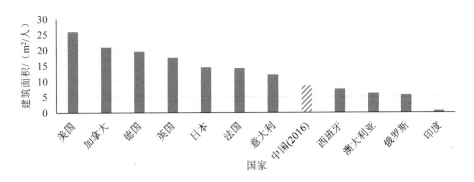

图 8-10　与国外部分国家人均公共建筑面积对比

回顾世界各国用能总量的发展历史，如图 8-11 所示。大部分发达国家的人均建筑能耗都经历了先快速增长，后趋于平稳或稳中有升的发展过程，但各国人均能耗最终的平台期数值有较大差别。例如，美国在 1950—1975 年人均建筑能耗迅速增长，之后趋于平稳，人均建筑能耗稳定在 4 t 标准煤以上，各欧洲国家与日本在经历快速增长后人均建筑能耗稳定在 1.5～2 t 标准煤，韩国则在近年还有小幅增长。

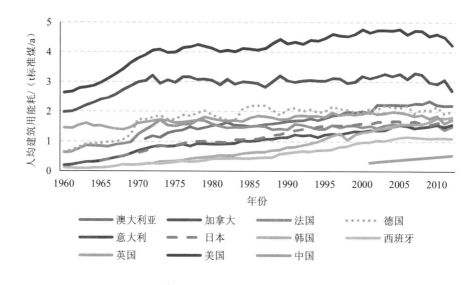

图 8-11　1960—2010 年部分国家人均建筑能耗变化

目前，我国人均建筑能耗不足 1 t 标准煤，接近韩国 20 世纪 80 年代的水平，日本、意大利等国 60 年代的水平，并且我国仍处于经济相对较快速发展的时期，因此未来建筑能耗还存在极大的增长可能。或者说，我国现在正处在建筑节能发展路径选择的关键点。在下一阶段，选择不同的用能模式及建筑节能发展路径，会带来整体趋势的较大差别，进而直接影响我国总体能耗与碳排放的发展趋势。

因此，基于前文分析，本研究共设置了三个情景。

（1）高情景（HIGH）

高情景下，假定我国建筑形式、用能习惯等都会向高消耗模式发展，建筑规模、用能强度都会加速增长，人均能耗将趋于美国、加拿大等高能耗强度国家的水平。在这一情景下，各项建筑节能政策的推进力度较弱，甚至鼓励高消费的生活模式。

（2）基准情景（BaU）

基准情景下，假定我国建筑形式、用能习惯等会向中等模式发展，建筑规模、用能强度基本维持近年来的增长水平，人均能耗将趋于日本、英国、德国、法国、意大利等相对节能的发达国家的水平。这一情景的各项建筑节能政策以现有力度持续推进。

（3）总量控制情景（CAP）

总量控制情景下，假定我国在现有用能水平的基础上，服务水平有一定增长、能够满足居民生活需求，各项节能技术稳定发展、用能效率显著提升，能耗总量在现有基础上有小幅上涨，建筑规模与用能强度的增长水平逐渐下降。预计这一模式下的人均能耗会低于现在绝大部分发达国家的水平，将是我国特有的建筑节能发展路径。各项建筑节能政策以较强的力度全面推进。

8.4.2　总量控制情景下，我国建筑总规模将比高情景减少 300 亿 m²

基于以上假设，结合我国近年来建筑规模预测及经济发展模式，预测我国建筑规模到 2050 年的发展情况，如图 8-12 所示。

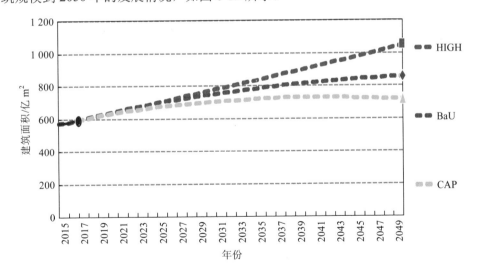

图 8-12　我国建筑规模预测结果

在高情景（HIGH）下，各年竣工面积将有所回弹，预计在 2025 年前后会开展新一轮的大规模建筑建设，建筑规模在 2030 年依然会以较快速度增长。到 2030

年，我国建筑规模约为 766 亿 m²，人均建筑面积约 53 m²。预计在这一情景下，到 2050 年，人均建筑面积将达到 70 m² 以上，接近美国的情况，建筑规模总量约为 1 050 亿 m²（图 8-12）。

在基准情景（BaU）下，各年竣工面积稳定在近年水平，到 2030 年，我国建筑规模约为 744 亿 m²，人均建筑面积约 52 m²。预计在这一情景下，到 2050 年，人均建筑面积最终将会稳定在 63 m² 左右（图 8-9、图 8-10），接近日本与欧洲发达国家水平，建筑规模总量约为 860 亿 m²。

在总量控制情景（CAP）下，各年竣工面积维持近年趋势、稳定下降，建筑规模在 2030 年前后开始进入平台期。到 2030 年，我国建筑规模约 700 亿 m²，人均建筑面积约 48 m²。预计在这一情景下，人均建筑面积将会稳定在 50 m² 左右，低于目前绝大多数发达国家的水平，建筑规模总量约为 720 亿 m²。

由图 8-12 可以看出，在不同情景下，建筑规模在未来会有约 50% 的差别。建筑规模一方面由于建筑面积的增加带来建筑用能的增加，另一方面由于建筑建造本身，包括建材生产等也会带来大量能耗与碳排放。建筑规模的控制也是发展建筑节能的重要组成部分。

8.4.3　需对建筑用能进行合理引导以实现可持续发展

在已有建筑规模预测的基础上，对 3 个情景下建筑用能的发展情况进行初步的情景分析，结果如图 8-13 所示。

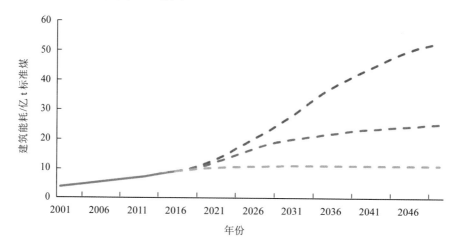

图 8-13　我国建筑能耗发展预测结果

在高情景（HIGH）下，到 2050 年建筑规模总量约为 1 050 亿 m²，建筑总能耗持续增长，一方面是由于建筑规模的迅速增长，另一方面人均建筑能耗也由目前约 0.7 t 标准煤持续、迅速增长至 2030 年的人均 1.9 t 标准煤，增加近 3 倍，建筑能耗总量约 27 亿 t 标准煤，占到全社会总能耗的约一半。到 2050 年，人均建筑用能将继续增长，最终接近 4 t 标准煤左右（图 8-13），接近美国的情况，届时我国建筑用能将达到 53 亿 t 标准煤，接近我国 2030 年规划的全社会能源消耗。

在基准情景（BaU）下，到 2050 年建筑规模总量约为 860 亿 m²，人均建筑能耗在 2030 年约为 1.4 t 标准煤，约为当前水平的两倍，建筑能耗总量约为 20 亿 t 标准煤，比目前增加 1 倍有余。预计在这一情景下，2030 年之后建筑能耗增速放缓，人均建筑能耗在 2050 年达到 1.8 t 标准煤左右，接近目前欧洲与日本的情况，我国建筑用能总量接近 25 亿 t 标准煤，为我国 2030 年规划的全社会用能的一半。考虑我国需要维持一定的工业发展，建筑部门用能占比很难达到 50%。因此，这一情景下的建筑用能发展对我国来说仍然难以承受。但考虑近年的发展趋势，如果不能持续推进建筑节能工作的力度，建筑用能有可能会增长至这一水平。

在总量控制情景（CAP）下，到 2050 年建筑规模总量约为 720 亿 m²，建筑总能耗增长速度逐渐下降，在 2025 年前后进入平台期。该情景的人均建筑能耗在 2030 年约为 760 kg 标准煤，略高于目前水平，建筑能耗总量约 11 亿 t 标准煤，与当前能耗水平相比略有增长。到 2050 年，人均建筑用能与能耗总量都会基本维持在 2030 年的水平，之后居民生活水平与服务需求都还会有所增加，但由于能效水平的提升，能源消耗不会持续增加。要达到这一情景的能耗总量约束，需要全方位大力推进建筑节能工作。

综上所述，在高情景和基准情景下，我国建筑规模和用能模式发展若遵循欧美或日韩路径，建筑总能耗将在现有基础上增长 2~5 倍，接近我国未来的全社会用能规划，这对于我国是难以承受的。因此，需要进行合理的建筑用能规划和引导，持续推进建筑节能工作，合理引导建筑用能的增长，将建筑总用能控制在总量控制情景的水平，以实现建筑领域用能的可持续发展。

8.4.4　未来建筑规模及运行能耗控制目标

基于我国目前的发展情况及中外对比分析，我国未来合理的建筑规模应控制在 720 亿 m²，其中住宅建筑 510 亿 m²，城镇住宅 356 亿 m²，农村住宅 154 亿 m²，公共建筑 210 亿 m²，如表 8-1 所示。这样的建筑规模可以在满足建筑能耗总量目标、碳排放约束目标及土地资源等各项约束的前提下，实现社会各项资源的最大化，满足城镇化进程中人民日益增长的需求。

表 8-1　中国建筑规模现状与未来总量规划

分项	建筑面积		
	现状（2017）	规划目标	增长量
住宅建筑总面积/亿 m²	469	510	41
城镇住宅/亿 m²	238	356	118
农村住宅/亿 m²	231	154	−77
公共建筑总面积/亿 m²	123	210	87
北方采暖总面积/亿 m²	140	220	80
总面积/亿 m²	592	720	128

一方面，控制建筑规模在 720 亿 m² 左右，可以有效控制建筑建造能耗。未来，只要不"大拆大建"，维持建筑寿命，由城市建设和基础设施建设拉动的钢铁、建材等高能耗产业也就很难再像以往那样持续增长。

另一方面，未来我国建筑规模控制在 720 亿 m² 时，建筑运行能耗总量可以控制在 11 亿 t 标准煤，约占全社会能源消费总量的 22%；建筑运行碳排放控制在 13 亿 t 二氧化碳，符合未来我国全社会能耗总量的控制目标和碳排放总量的控制目标（表 8-2）。

表 8-2　我国未来建筑商品能耗总量目标及强度规划

分项	建筑面积/亿 m²		用能强度/（kg 标准煤/m²）		总能耗/亿 t 标准煤	
	现状	规划	现状	规划	现状	规划
城镇住宅	238	356	9.5	11	2.26	3.8
农村住宅	231	154	10.5	8.4	2.43	1.3
公共建筑	123	210	24	22	2.93	4.6
北方采暖	140	220	14.4	6	2.01	1.3
总量	592	720	—	—	9.63	11.0

注：城镇住宅与公共建筑用能为未包含北方城镇采暖的能耗。表中仅包含商品能源，不包括可再生能源及生物质能源。对于农村住宅，能耗实际为 2.7 亿 t 标准煤，由于利用可再生能源和生物质能源，其中商品能耗仅为 1.3 亿 t 标准煤。对于北方采暖，利用工业余热替代 0.17 亿 t 标准煤的能耗。

8.5　中国建筑领域节能低碳发展政策建议

8.5.1　建立中国建筑节能数据指标体系

建筑节能相关的统计数据是建立模型了解中国建筑能耗现状及未来发展趋势的基础，目前国内的数据基础还较为薄弱，但国际上已有国家建立了较为完善的统计调研体系进行相关的数据统计工作。例如，美国的建筑能耗统计和数据信息的发布由美国能源信息管理局负责，住宅建筑能耗调查（RECS）是对全国范围的住宅建筑能耗和相关信息开展的大规模抽样调查，调查内容包括供水、空调、燃料、账单、住宅面积、户型、家电、照明等。加拿大针对本国 3/5 的住宅量每四年举行一次统计。调查方式采用电话询问、写信件的方式进行统计，后将对住宅的户数和住宅面积、能源消费构成、气候、能源效率四方面因素开展调查。欧盟将已有的 EMS 平台与环境监控系统整合，搭建了新的能源监管平台数据采集与监视控制系统（SCADA）。

目前国内也逐渐开展了目前对绿色建筑基础数据的研究，各部门、各地方也分别针对不同区域、不同类型的建筑制定了相关标准和规范。在能源方面，国家相关部委相继颁布了一系列指导文件，要求在全国范围内逐步建立部、省、市、区级标准化能耗监测平台，最终建立起全国联网的能耗监测平台。例如，住房和城乡建设部建设了民用建筑能耗统计平台、公共建筑能耗监测平台，并在各省得到了推广应用。

但总体而言国内的建筑节能数据指标体系相对较为薄弱，一方面数据的覆盖范围还不够全面，需要进一步发展覆盖建筑建造、运行等多阶段，城镇住宅、农村住宅、公共建筑等多建筑类型的基础信息与能耗数据。另一方面，目前数据存在标准体系欠缺，完整性不够、准确性存疑和应用性不足的问题，数据由能源、建筑、环境等多部门编制以至于多行业多领域的数据内涵不清晰，数据关系交叉重叠和空白的问题并存。

所以在该领域，需要开展更多的工作以促进建筑用能数据的全面性和准确性，目前"十三五"国家重点研发计划设立"民用建筑'四节一环保'大数据及数据获取机制构建"项目，一方面有助于我国建筑节能数据指标体系的建立，另一方面有助于在现有数据中挖掘蕴含信息，进一步为模型及政策研究提供数据基础。

8.5.2　建立以实际能耗数据为核心的评价体系

建筑能耗标准是建筑能耗总量和强度目标的体现，也是在具体的工程实践中落实双控目标的核心。在住建部的组织领导下，目前已经颁布国家标准《建筑能耗标准》，首次对不同区域、不同功能的建筑给出其用能约束值和目标值，以及根据建筑的实际使用强度对实际用能值进行修订的方法。尽快使这一标准生效，是实现控制措施向控制能耗总量转向的关口。

以《建筑能耗标准》为核心，应该建立一系列省市级别的地方能耗标准，以及与之配套的节能设计、运行和评价标准，从技术层面共同推动和保障建筑能耗总量和强度目标的实现。《建筑能耗标准》给出目标，各类技术标准对建筑实际用能降低给出了结合具体工程实际的方法和技术上的指导，这些标准制定的出发点和参考来源于《建筑能耗标准》对于各类建筑能耗的指标，这些标准最终执行的效果也将交由《建筑能耗标准》来进行检验。建筑能耗标准与各类建筑节能标准使得建筑节能标准从技术指导到能耗检验形成一个完整的标准体系。

8.5.3　合理规划与控制未来建筑规模总量

基于上述分析，建筑规模总量是影响建筑领域能耗与排放的重要因素，因此合理规划和控制未来建筑规模总量是建筑领域低碳发展的重要手段之一，一方面要控制城镇建筑总体规模，另一方面需要抑制房屋的大拆大建。

8.5.3.1　控制城镇建筑总体规模

城镇化过程中，大量的居民从农村进入城市，房地产市场在经济利益的驱动下，地方政府在拉动经济发展的需求下，都会推动城镇住宅和公共建筑大面积建设。从目前建筑竣工面积来看，已经大大超出了城镇化新增人口对建筑的需求。另外，市场中部分投机者在经济刺激下，大量炒房，致使房价虚高，误导市场导向，形成房地产市场泡沫。根据建筑规模规划研究，应该严格控制建筑规模。为实现控制城镇建筑总体规模的目标，需要重点推行以下政策措施。

（1）尽快全面实施房产税：任何房屋都应根据其市场价格，按比例年交纳；按照常住人口状况返还居住补贴；部分房产税作为社区建设费用；把政府的热情从经营土地转移到经营城市。

（2）高额非居住性需求的房产转移税：包括转让第一套以外的住房增收部分的大部应上缴，使房屋不再是投资工具。

（3）恢复对楼堂馆所建设的审批制度，实行总量控制。

8.5.3.2　抑制房屋大拆大建

大量拆除房屋是我国当前城镇化建设过程中较为突出的一个问题。目前我国建筑使用寿命约为 30 年，由于城市基础设施建设、房地产开发等原因，许多并未达到使用寿命的建筑被提前拆除。而比较西方发达国家，房屋建筑的寿命可以达到上百年。

房屋建设本身消耗大量的能源和资源，大量拆除未达到使用寿命的建筑，实际是对能源和资源的浪费，拆除建筑所产生的固体垃圾，也会污染环境。因而控制住房屋的大量拆除，尽量使得建筑达到使用期后再拆除重建，是节约能源和资源，保护环境的重要措施。具体政策建议包括以下 3 点：

（1）推行高额的房屋拆除资源税；

（2）把拆除房屋造成的资源浪费摊入拆房成本；

（3）科学规划，尽可能减少今后由于规划改变造成的拆房。

8.5.4　挖掘低品位热源构建未来北方城市供热系统

建筑供暖要求的室温是 20℃ 左右，因此只要是能够在 20℃ 下释放热量的热源原则上讲都可以作为供暖热源。建筑供暖就应该以低品位能源为主，而燃煤锅炉、燃气锅炉、电锅炉都是把高品位能源转换为低品位热量，都造成严重的浪费，因此不应该作为建筑供暖热源。目前我国城镇供热热源中仍有超过一半是各类锅炉，这与未来节能和低碳的要求不符。因此，北方供暖要实现低碳发展，必须彻底改变当前的热源模式，向以低品位热源为主的能源结构转型。

西部地区为了调节风电光电的变化，需要有足够的火电为其调峰，已形成稳定的优质电源。调峰火电的余热则可以作为西部地区冬季供热的主要热源。而东部地区为了适应终端用电末端的峰谷差变化，也需要足够的火电作为调峰电源。这些火电在冬季的余热也成为东部北方地区的供热热源。冬季北方东西部地区可以从电厂余热中获得的余热量约为 37 亿 GJ。此外，从坐落在北方地区的钢铁、冶金、化工、建材等高能耗工业生产过程中，也可以在供暖季获得 100℃ 以下的低品位热量 10 GJ。如果回收工业低品位余热的 50%，热电联产余热的 80%，则至少可在供暖季获得 35 亿 GJ 的余热热量。如果我国未来北方地区可接入城镇集中供热管网的建筑面积为 160 亿 m²，则平均每平方米可以获得用于供暖的余热 0.22 GJ，接近供暖平均所需热量 0.23 GJ/m²。如果在终端再采用天然气锅炉或天然气吸收式热泵调峰，补充严寒期热量，由天然气提供 0.02 GJ/m² 的热量，那么只需要再补充 110 亿 m³ 天然气，就可以解决这 160 亿 m² 城镇建筑的供暖热源。所需要的能源仅为 110 亿 m³ 天然气和输配工业与发电余热的水泵电耗（约400 亿 kW·h），以及提取部分低品位热量所需要的一些蒸汽和电力（约折合 1 200亿 kW·h）。按照发电煤耗计算，1 600 亿 kW·h 电力再加上 110 亿 m³ 天然气，共折合燃煤 5 300 万 t 标准煤，折合单位供热能耗 3.5 kg 标准煤/m²，仅为目前北方地区供暖强度的 1/4。这应该是实现城镇供暖低碳节能热源的方向，而且与我国整体的能源发展方向一致。北方城镇建筑的另外约 20% 的供热面积，由于各种原因不能与集中供热网连接，则可以采用各类电动热泵或燃气壁挂炉分散采暖。如果两种方式各占一半，则需要 1 000 亿 kW·h 电力和 200 亿 m³ 天然气，折合 6 000万 t 标准煤。这使得我国未来城镇建筑达到 200 亿 m² 后，总的供暖能耗为 1.13亿 t 标准煤，仅为目前 132 亿 m² 供暖建筑时的 60%。

要实现上述目标，必须解决如下问题。

（1）火电厂和产生工业余热的工厂的分布情况与需要供暖的城镇建筑地理位置上的分布不匹配。这可以通过热量长途输送的方式解决。细致的分析表明在输送半径为 150 km 以内就可以实现热量产生与供暖需要热量之间的匹配。目前国内已有一批实际工程案例，其运行结果也示范了这一技术的可行性和优越性。

（2）规划的火电厂的主要功能为电力调峰。当冬季改为热电联产方式，在发电的同时承担建筑供热时，如何才能满足电力调峰的需求。这就需要彻底改变目前火电厂热电联产模式，变目前的"以热定电"为"热电协同"方式。其技术路径主要是在电厂安装巨量的蓄热装置，同时通过电动热泵和吸收式热泵提升发电过程排出的低品位余热，从而使发电过程的余热能够全部回收利用，在不改变电厂锅炉蒸汽量的前提下能够大范围调节对外输出的电量。这种改造方式设备投入较高，但可以有效解决热电厂电与热之间的矛盾。未来我国北方地区的火电厂都肩负电力调峰和冬季供热的任务，因此这种模式应该是未来北方火电厂应该实施的主要模式。

8.5.5　合理引导建筑形式系统形式设计实现公共建筑低碳发展

选择完全依靠机械系统营造和维持要求的人工环境，还是选择依靠外界自然环境相通来营造室内环境，只有在极端条件下才依靠机械系统的人工环境，是公共建筑设计的两条不同路径，其具体差异体现在对建筑的要求、室内环境参数控制、谁是室内环境状态的维持和调节者、提供服务的模式等方面，并最终导致不同的建筑运行能耗。

　　在营造人工环境的理念下，建筑尽可能与外环境隔绝，避免外环境的干扰，采用高气密性、高保温隔热，挡住直射自然光。室内环境参数都维持在要求的设定值周围，由运行管理人员或自动控制系统调节室内环境状态，尽可能避免建筑使用者的参与；机械系统全时间全空间的运行，24 h 提供服务，进而建筑能耗也较高，单位面积照明、通风、空调用电量可达 100 kW·h/m^2。

　　在营造与室外和谐的环境理念下，室内外之间的通道可以根据需要进行调节：既可以自然通风又可以实现良好的气密性；既可以通过围护结构散热又可以使围护结构良好保温；既可以避免阳光直射又可以获得良好的天然采光。室内环境参数根据室外状况在一定范围内波动，室外热时室内温度也适当高一些，室外冷时室内温度也有所降低，室外空气干净适宜则新风量加大，室外污染或极冷极热则减少新风；由使用者控制室内环境状态，管理人员和自控系统起辅助作用，"部分时间部分空间"维持室内环境，只有当室内有人并且不能通过自然方式实现室内要求的时候才开启机械系统。在这种模式下，建筑能耗远低于前者，大多数情况下单位面积照明、通风、空调能耗不超过 30 kW·h/m^2。

　　因此对于公共建筑，应当以合理的理念去引导建筑形式和系统形式的设计，对于新建建筑要尽量营造与室外和谐的室内环境，并应当注意特殊类型公共建筑的节能设计与运行。对于既有建筑应当以《民用建筑能耗标准》为基础开展全过程能耗定额管理，在升级改造过程中不能盲目提高服务水平，加大系统供应。

8.5.6　倡导绿色生活方式实现城镇住宅节能

　　充分利用自然通风、坚持"部分时间、部分空间"的使用模式是我国建筑能耗强度显著低于发达国家现状的主要原因，在城镇住宅节能工作中设计建造与我国居民传统的节约用能模式相对应的建筑与系统，倡导居民的绿色生活方式，是城镇住宅节能工作的重点。

　　随着 PM$_{2.5}$ 问题日益引起大众的关注，怎样降低室内环境受室外空气污染的影响成为普遍关注的问题。从这一需求出发，近年来社会上推出住宅或办公建筑的全机械通风系统，通过机械方式，定量向室内供应经过过滤的室外新风，同时还安装排风热回收装置，把热量或冷量返回到室内。有了这套系统，就可以完全封闭外窗，使得室内"既干净，又节能"。在日本、北欧等国家住宅规范中已经明确应该有机械通风系统以保证新风供应，欧洲、美国也有很多公寓式居住建筑外窗密闭，依靠机械通风，这是否就是未来住宅建筑通风的发展方向？

综合分析表明，选择性的开窗通风和安装室内空气净化器，可以获得更好的室内空气质量，其能源消耗量也与机械通风方式相差 1 倍以上。二者最重要的区别就是如何发挥使用者本身的调控作用，是由使用者来开/闭外窗，开/闭空气净化器，还是一切由机械系统以不变的模式持续运行。这是在分析比较中必须考虑的重要因素。针对居民住宅开窗行为的调研问卷结果表明，室内人员更愿意拥有自主调节开关窗、空气净化器的自由，而不是一种被动接受的方式。这表明，至少在中国还应该坚持这种开窗自然通风的通风换气模式。

此外，通过对空调方式、南方住宅供暖方式、生活热水供应方式和通风方式的大量调查实测发现，由分散方式转为集中方式，使用模式就会由"部分时间、部分空间"变为"全时间、全空间"，运行能耗会增加 3～10 倍。因此，应该发展与居民生活方式相适应的城市基础设施建设，反对在住宅建筑中推行区域集中供冷，对于长江中下游地区的冬季采暖，也不应该模仿北方的集中供热，而应发展适宜当地气候条件、能源结构和生活方式的独立分散高效采暖设备。

8.5.7　农村充分发展生物质与可再生能源

农村建筑用能的可持续发展关键在于因地制宜，充分发展生物质与可再生能源，以减少商品能的使用，具体来说就是在北方发展"无煤村"，在南方发展"生态村"。

8.5.7.1　在北方地区发展无煤村

我国北方地区气候寒冷，农宅的主要用能集中在冬季采暖和全年的炊事方面。由于围护结构保温普遍性能不佳、采暖和炊事系统热效率低等原因，导致北方农宅总体能耗高、冬季室内温度偏低。同时，采暖和炊事过程中大量使用煤炭或者生物质直接燃烧，造成了室内空气污染。因此，需要针对目前存在的这些主要问题，制定合理可行的北方农村生活用能发展目标。

针对目前北方农村地区大量使用煤炭所带来的种种问题，结合近年来在北方地区新农村建设过程的摸索与实践，提出了实现北方农宅"无煤村"的理念，当作未来努力方向及发展的目标。所谓"无煤村"应该满足：无煤、节能、宜居三个特征。"无煤村"并不是单纯追求简单意义上的无煤化，而是将村落作为考量和设计中国北方农村可持续发展的基本细胞单元，紧密结合农村实际，基于合理的建筑形式与可再生能源清洁高效利用，在满足冬季室内环境的同时，大幅降低农宅采暖和炊事能耗，这应该是我国大部分北方农村未来新农村建设的合理化能源模式，也是实现北方农村住宅用能可持续发展的主要目标。要实现"无煤村"，需要做到以下几点。

（1）加强农宅围护结构保温，降低冬季采暖用能需求。围护结构热性能差是导致目前北方农宅冬季供暖能耗高、室内热环境差的重要原因。如果不对其进行改善，就不会实现真正意义上的节能。因此围护结构保温是实现"无煤村"的重要基础。

（2）改进用能结构，实现冬季采暖"无煤化"。农宅通过合理的保温，采暖负荷降为不到目前无保温时的一半，这时只要充分发挥农村地区生物质、太阳能等可再生资源丰富的巨大优势，完全可以实现不用煤进行采暖。

（3）实现炊事和生活热水用能"无煤化"。与采暖相比，北方农宅实现炊事和生活热水用能"无煤化"相对容易。生活热水可以采用户用太阳能热水器解决，成本低，效果好，使用方便，目前在农村地区已经大量应用。实现无煤、清洁炊事则可以采用省柴灶、小型生物质颗粒炊事炉或沼气等方式。

综上所述，无论从顺应国家节能减排战略的角度，还是从改善农村生态环境和农民居住环境质量角度，或者是减轻农民在采暖能耗方面的经济负担角度，在北方农宅实现并维持非商品能为特征的"无煤村"都具有重要现实意义。随着北方地区新农村建设的逐步推进，各级政府部门也应该把推进"无煤村"建设作为实现节能减排、改善环境、推进新农村发展文明化的一个重要标志。

为实现这一目标，不仅要在技术上使其具备实施的可行性，在管理上还必须科学规划，从各个地区的实际情况出发，制订全面合理的方案，并贯彻实施；在政策上，需要国家的财政支持来带动。另外，由于多种客观因素的限制，不同地区推广"零煤耗"村落可以采取不同的形式。例如，有些地区可以先进行农宅保温和被动式太阳能热利用，待条件成熟再考虑其他技术。这样即使不能完全实现"无煤村"，也是对我国建筑节能减排的重要贡献。

8.5.7.2　在南方地区发展生态村

与北方地区相比，我国南方地区的气候条件、资源环境、生活模式等方面存在显著差异，因此农村发展所面临以及重点解决的问题也有所不同。南方地区气候适宜，雨量丰富，河流众多，常年山清水秀，形成了南方优越的生态环境。因此，南方农村的目标是充分利用该地区的气候、资源等优势，打造新型"生态村"。

所谓"生态村"，是指在不使用煤炭的前提下，以尽可能低的商品能源消耗，通过被动式建筑节能技术的使用和可再生能源的利用，建造具有优越室内外环境的现代农宅，真正实现建筑与自然和谐互融的低碳化发展。该模式不同于以高能耗为代价、完全依靠机械的手段构造的西方式的建筑模式，而是在继承传统生活追求"人与自然"、"建筑与环境"和谐理念的基础上，通过科学的规划和技术的创新，形成的一种符合我国南方特点的可持续发展模式。

南方农村所具有的适宜的气候条件、宜居的自然环境以及居民保持使用生物质能习惯，是实现"生态村"的重要基础。实现这种生态宜居的发展模式的关键包括以下几个方面。

（1）改进炊事方式，降低炊事能耗及引起的空气污染

使用生物质秸秆、薪柴直接燃烧进行炊事是南方农村目前仍在使用的主要方式之一。其主要问题是效率低，传统炊事柴灶的平均效率不足 20%，不仅会导致生物质的大量消耗，还会造成严重的室内空气污染。其可能的替代或改进方式包括沼气、生物质压缩颗粒炊事炉、省柴灶、电、液化石油气等。

（2）采用被动方式进行夏季降温

夏季降温也是南方农宅面临的普遍性问题。农宅具有鲜明的特点：单体建筑为主，建筑密度低，自然环境优越。而根据农村的热舒适性调研发现，在保持室内空气流动的条件下，夏季室温低于 30℃，大部分农民就可以接受。而在大部分地区，室外温度超过 30℃ 的时间并不长。因此，与城市建筑普遍采用空调降温不同，南方农宅通过充分利用自然资源，改善建筑微环境，利用被动式降温方式，辅之以电风扇等，即可能实现农宅夏季降温的目的。被动式降温主要依靠围护结构隔热和自然通风两种方式来实现。

（3）减少冬季采暖用能，改善室内热环境和空气质量

南方采暖问题主要集中在夏热冬冷地区和其他部分冬季气温较低的地区。由于南方冬季室外气温大部分时间内在 0~10℃，而室内温度高于 8℃，就是可接受的温度。因此，冬季室内外仅需维持不足 8℃ 的温差（而北方地区由于气候寒冷，室内外温差可达 20~30℃）。这可以通过合适的建筑围护结构保温，辅之以太阳能、生物质能以及少量的商品能来采暖实现。此外，南方传统的局部采暖措施如火盆、火炉等，都是通过生物质在室内直接燃烧来进行取暖，会造成严重的室内污染，应当彻底取缔。

参考文献

[1]　国家统计局. 中国统计年鉴[M]. 北京：中国统计出版社，2017.

[2]　国家统计局. 中国建筑业统计年鉴[M]. 北京：中国统计出版社，2018.

[3]　国家统计局. 中国能源统计年鉴[M]. 北京：中国统计出版社，2019.

[4]　清华大学建筑节能研究中心. 中国建筑节能年度发展研究报告[M]. 北京：中国建筑工业出版社，2019.

[5]　彭琛，江亿. 中国建筑节能路线图[M]. 北京：中国建筑工业出版社，2015.

[6]　住房和城乡建设部. 民用建筑能耗标准（GB/T 51161—2016）[S]. 北京：中国建筑工业出版社，2016.

[7]　IEA. India Energy Outlook 2015-World Energy Outlook Special Report[M]. Paris：OECD/IEA，2015.

[8]　EDMC. Handbook of energy & economic statistics in Japan[M]. Japan：the energy conservation center，2016.

[9]　DOE. Annual Energy Outlook 2017[M]. Washington DC：2017.

[10]　DEWHA. Energy Use in the Australian Residential Sector 1986—2020[M]. Commonwealth of Australia，Canberra：2008.

[11]　NSSO. Key Indicators of Drinking Water，Sanitation，Hygiene and Housing Condition in India[M]. Kolkata：Government of India，2013.

[12]　Japan S. Japan statistical yearbook 2017[M]. Japan，2017.

[13]　Zhang Y，Yan D，Hu S，et al. Modelling of energy consumption and carbon emission from the building construction sector in China，a process-based LCA approach[J]. Energy Policy，2019，134：110949.

第 9 章
废弃物领域的低排放发展情景①

9.1 引言

目前在中国，城市固体废弃物主要是生活垃圾。无害化处理生活垃圾的主要方法是卫生垃圾填埋、堆肥和焚化。污水处理厂虽然是废水节约战略的重要组成部分，但它却导致了温室气体排放和全球变暖。中国废弃物处理非二氧化碳温室气体排放的主要排放源为生活垃圾填埋处理和污（废）水处理，占废弃物处理甲烷总排放量的 98%，废弃物生物处理和焚烧处理只占总排放量的 2%，所以本研究只分析生活垃圾填埋处理和污（废）水处理的甲烷排放情况。

本章对我国的废弃物处理情况和温室气体排放状况进行了全面的了解和分析，通过阐述废弃物处理过程中的温室气体产生机理，在计算当前温室气体排放量的基础上建立预测模型，分析不同排放情景下温室气体的排放量，为我国实现未来废弃物域节能减排目标和低碳可持续发展提供技术路线和政策建议。

9.2 废弃物部门温室气体排放概述

9.2.1 废弃物定义及处理技术概述

按照《IPCC 2006 年国家温室气体清单指南》中的定义，温室气体清单所指的固体废弃物包括，城市固体废弃物（MSW）、污泥、工业固体废弃物和其他废弃物，其他废弃物包括医疗废弃物、危险废弃物和农业废弃物，以及工业生产排放的工业废水处理和居民生活及商业活动所排放的生活污水处理。

---

① 本章作者：马占云、高庆先、姜昱聪、任佳雪。

废弃物处置的主要目的是达到无害化、减量化和资源化，主要途径是通过使固体废弃物中的可降解有机成分分解、可回收成分回收利用、惰性成分永久存放或埋藏。固体废弃物的处置技术主要有堆弃、卫生填埋、堆肥、焚烧及其他处理方式。污（废）水产生于各种生活、商业和工业源，可以就地处理（未收集），也可经下水道排放到集中设施（收集）或在其附近或经由排水口未加处理而处置。污（废）水包括生活污水和工业废水。

9.2.2　废弃物处理温室气体排放源概述

废弃物处理温室气体排放首先包括废弃物填埋处理、生物处理、焚烧处理产生的气体排放，由于填埋和生物处理所产生的温室气体主要是 CH_4，另外有少量的 CO_2 和 N_2O，此 CO_2 的产生属于生物成因，是碳中性的，不计入温室气体排放总量中，而 N_2O 的产生量和排放量相对很小，所以一般不进行计算。焚烧处理产生的 CO_2 包括生物成因的和矿物成因的，其中矿物成因的计入排放清单总量中。其次包括污（废）水处理即生活污水和工业废水处理产生的 CH_4、CO_2 和 N_2O 的排放，同样 CO_2 是生物成因的，不计入排放总量中。IPCC 清单指南中包括的废弃物处理温室气体排放过程如图 9-1 所示。

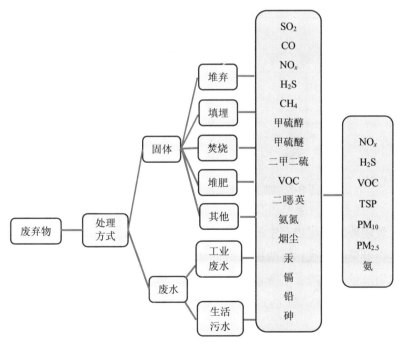

图 9-1　废弃物处理温室气体排放部门框架

9.3 温室气体排放机理及方法学模型

9.3.1 温室气体的产生机理

9.3.1.1 填埋处理过程中产生的温室气体及其产生机理

根据固体废弃物的分解过程，大体可以将填埋场稳定化过程分为 5 个阶段，即初始调整阶段、过渡阶段、酸化阶段、产 CH_4 阶段和成熟阶段。其中甲烷占填埋气的 45%～60%。在实际的填埋场内，从固体废弃物的填入到满负荷封闭需要很多年，不同时段、不同深度层内微生物的代谢活动会引起内部环境条件变化的差异，进而导致微生物种群分布的差别和降解程度的不同，因此，作为实际填埋场的宏观表现，5 个阶段的区分不会非常明显。具体产气过程如图 9-2 所示。

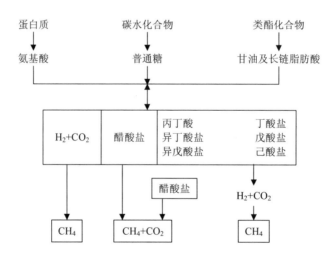

图 9-2　城市生活垃圾中各种物质的分解过程

9.3.1.2 焚烧处理过程中产生的温室气体及其产生机理

废弃物处理温室气体排放机理是将有机物和无机物在较高温度下转变为气味燃料。其物理反应原理如下所示，先是有机碳和无机碳在高温作用下在还原层和氧化层分别分解为 CO_2 和 CO 的过程，在不完全燃烧的情况下则会产生 CH_4 和 NO_2 等大气污染物。

还原层反应：

$$C+H_2O=CO+H_2 \tag{9-1}$$

$$C+CO_2=2CO\downarrow \quad N+O_2=NO_2+热量 \tag{9-2}$$

$$C+2H_2=CH_4+热量 \tag{9-3}$$

氧化层反应：

$$C+O_2=CO_2 \tag{9-4}$$

$$N+O_2=NO_2+热量 \tag{9-5}$$

城市生活垃圾的干基部分，基本上是有机物，由碳、氢、氧等元素组成，同时还含有氮、硫、磷和卤素等成分，这些元素在燃烧过程中与空气中的氧气反应，产生多种对环境和人体有危害的污染物，如颗粒物（粉尘）、酸性气体（HCl、SO_2、NO_x 等）、重金属（Hg、Pb、Cd 等）和微量有机化合物（二噁英、呋喃等）等，这些物质视其数量和性质对环境都有不同程度的危害，即垃圾焚烧处理会产生 CH_4、CO、NO_x、SO_2、HCl、VOCs、$PM_{2.5}$、PM_{10}、TSP、BC 等污染气体。

9.3.1.3　堆肥处理过程中产生的温室气体及其产生机理

堆肥是将要堆腐的有机物料与填充料，按一定的比例混合，在合适的水分、通气条件下，是微生物繁殖并降解有机质，从而产生高温，杀死其中的病原菌及杂草种子，使有机物达到稳定化。目前，大多采用高温好氧堆肥。好氧堆肥的主要过程和主要化学作用如图 9-3 所示。

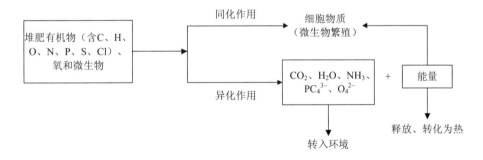

图 9-3　好氧堆肥的主要原理和主要化学作用

垃圾堆肥过程中共检测到 50 种挥发性有机物，其中含硫恶臭物质 5 种，烃类化合物 25 种，芳香烃类化合物 14 种，其他物质 6 种。通过相关性分析，发现硫化氢、甲硫醚、二硫化碳、二甲二硫、1,3 二甲基苯和邻二甲苯均与臭气浓度呈极显著相关（$p<0.01$），结合各恶臭物质的嗅阈值，15～80 mm 粒径段垃圾堆肥过程中恶臭物质优先控制的顺序为硫化氢＞甲硫醚＞二甲二硫＞二硫化碳＞1,3 二

甲基苯>邻二甲苯。甲硫醇的嗅阈值非常低，即使其排放浓度很低，也会带来严重的臭气污染；NH_3 虽然对臭气浓度的贡献相对较小，但是其排放量很大，即堆肥处理会产生 CH_4、VOCs、NH_3 等大气污染物。

9.3.1.4　污（废）水处理过程中产生的温室气体及其产生机理

生活污水处理过程在厌氧环境下，水中有机物经厌氧分解会产生大量的 CH_4，污水生物脱氮中的硝化及反硝化过程均可诱发 N_2O 的释放。

（1）生活污水处理的甲烷排放机理

在污水处理厂处理产生 CH_4 分为两个部分：有些流程会形成厌氧或缺氧环境（例如，除磷脱氮工艺都有厌氧阶段），污水中有机物在厌氧菌作用下分解产生的 CH_4 和 N_2O 会散播到大气中；有些流程通过表面曝气，使污水中的溶解 CH_4 排入大气。确定污水中 CH_4 产生潜势的主要因子是污水中可降解有机材料的数量。一般情况下，BOD 作为表征生活污水有机成分的参数，COD 作为表征工业废水有机成分的参数。厌氧消化的三阶段如图 9-4 所示。

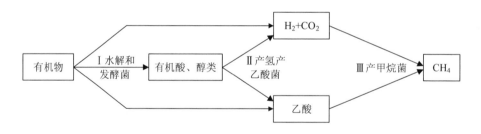

图 9-4　生活污水处理有机物厌氧消化模式

（2）污水处理氧化亚氮排放机理

《IPCC 2006 年国家温室气体清单指南》指出：N_2O 可产生于污水处理厂的直接排放，或将污水排入下水道、湖泊或海洋后产生的间接排放。源自污水处理厂硝化作用和反硝化作用的直接排放通常远小于源自后者的间接排放，可视为次要来源，且可能仅涉及高级集中处理厂并采用硝化作用和反硝化作用步骤的国家。

传统硝化反应是 NH_4^+ 在好氧条件下被氧化为 NO_3^- 的过程，包括亚硝化和硝化两步，通常由自养或混合营养型微生物完成，厌氧氨氧化（Anammox），消耗 NO_3^- 产生 N_2 过程中都有气态中间产物 NO 和 N_2O 产生，反应方程式如下所示。

$$3NO_3^- + 5NH_4^+ \longrightarrow 4N_2 + 9H_2O + 2H^+ \tag{9-6}$$

$$NO_2^- + NH_4^+ \longrightarrow N_2 + 2H_2O \tag{9-7}$$

另外，在亚硝化菌的作用下厌氧氨氧化过程也会产生 NO 和 N_2O。反应方程式如下所示。

$$NH_3 + N_2O_4 \longrightarrow HNO_2 + 2NO + 2H^+ + 2e \tag{9-8}$$

另外，异养硝化—好氧反硝化和自养反硝化中也会有 N_2O 和 NO_x 产生，自养亚硝化菌和硝化菌也能进行好氧反硝化，并有 NO 和 N_2O 作为中间产物出现。亚硝化菌的好氧反硝化现象比较普遍，但一般不完全，主要产物是 NO 和 N_2O。

9.3.2　温室气体排放计算方法学

9.3.2.1　固体废弃物填埋

《IPCC 2006 年国家温室气体清单指南》不鼓励采用质量平衡方法，并认为一阶衰减（FOD）方法计算的年度排放更精确，因此，在本研究中我们利用 FOD 方法计算生活垃圾填埋处置甲烷排放，根据累计原理，指南规定利用 FOD 方法必须有至少 50 年的数据。

生活垃圾填埋处理 CH_4 排放计算一阶衰减（FOD）方法：

SWDS 产生的 CH_4 如式（9-1）所示：

$$CH_{4产生}(Gg/a) = \sum_x \left\{ \left[A \cdot k \cdot MSW_T(x) \cdot MSW_F(x) \cdot L_0(x) \right] \cdot e^{-k(t-x)} \right\} \tag{9-9}$$

式中，T——清单计算当年；

x——计算开始的年；

$A = (1-e-k)/k$——修正总量的归一化因子；

k——甲烷产生率常数，$k = \ln(2)/t_{1/2}$；

$t_{1/2}$——半衰期时间，a；

$MSW_T(x)$——在某年（x）城市固体废弃物（城市生活垃圾）产生的总量；

$MSW_F(x)$——某年在城市废弃物处理场处理的废弃物的比例；

$L_0(x)$：甲烷产生潜力，$L_0(x) = MCF(x) \cdot DOC(x) \cdot DOC_f \cdot F \cdot (16/12)$　（9-10）

式中，MCF——填埋年份有氧分解的 CH_4 修正因子（比例）；

DOC——填埋年份的可降解有机碳（比例）；

DOC_f——分解的可降解有机碳比例；

16/12——CH_4/C 分子量比率（比率）。

SWDS 排放的 CH_4 如式（9-11）所示：

$$CH_{4\text{排放}T} = \left(\sum_X CH_{4\text{产生}X,T} - R_T \right) \cdot \left(1 - OX_T \right)$$　（9-11）

式中，$CH_{4\text{排放}T}$ ——清单计算年（T）排放的 CH_4，Gg；

　　　　X——废弃物类别或类型/材料；

　　　　R_T——清单计算年回收的 CH_4，Gg；

　　　　OX_T——清单计算年的氧化因子（比例）。

9.3.2.2　固体废弃物焚烧

（1）甲烷排放量计算方法

《IPCC 2006 年国家温室气体清单指南》推荐的废弃物焚烧 CH_4 排放估算如式（9-12）所示：

$$CH_{4\text{ Emissions}} (Gg/a) = \sum_i (IW_i \times EF_i) \times 10^{-6}$$　（9-12）

式中，i——焚烧的废弃物类型：城市固体废弃物（MSW）、危险废弃物（HW）、医院废弃物（CW）、污水污泥（SS）；

　　　　IW_i——第 i 种类型废弃物的焚烧量（湿重），Gg/a；

　　　　EF_i——第 i 种类型废弃物的排放因子，$kgCH_4$/Gg 废弃物。

（2）氧化亚氮排放量计算方法

《IPCC 2006 年国家温室气体清单指南》推荐的废弃物焚烧 N_2O 排放估算如式（9-13）所示：

$$N_2O_{\text{Emissions}} (Gg/a) = \sum_i (IW_i \times EF_i) \times 10^{-6}$$　（9-13）

式中，i——焚烧的废弃物类型：城市固体废弃物（MSW）、危险废弃物（HW）、医院废弃物（CW）、污水污泥（SS）；

　　　　IW_i——第 i 种类型废弃物的焚烧量（湿重），Gg/a；

　　　　EF_i——第 i 种类型废弃物的 N_2O 排放因子，kgN_2O/Gg 废弃物。

9.3.2.3　固体废弃物生物处理

（1）甲烷排放量计算方法

生物处理的 $CH_{4\text{排放}}$，可采用公式给出的缺省方法来估算，如式（9-14）所示：

$$CH_{4\text{排放}} = \sum_i (M_i \cdot EF_i) \cdot 10^{-3} - R$$　（9-14）

式中，$CH_{4排放}$——清单年份的 CH_4 排放总量，Gg；

　　　M_i——生物处理类型 i 处理的有机废弃物质量，Gg；

　　　EF_i——处理 i 的排放因子，g CH_4/kg 废弃物；

　　　i——堆肥处理或厌氧分解；

　　　R——清单年份回收的 CH_4 总量，Gg。

（2）氧化亚氮排放量计算

$$N_2O_{排放} = \sum_i \left(M_i \cdot EF_i \right) \cdot 10^{-3} \qquad (9\text{-}15)$$

式中，$N_2O_{排放}$——清单年分的 N_2O 排放总量，Gg；

　　　M_i——生物处理类型 i 处理的有机废弃物质量，Gg；

　　　EF_i——处理 i 的排放因子，g N_2O/kg 废弃物；

　　　i——堆肥处理或厌氧分解。

9.3.2.4　污（废）水处理

（1）污（废）水甲烷排放量计算方法

①生活污水处理甲烷排放计算方法

源自生活污水的 CH_4 排放总量如式（9-16）所示：

$$CH_{4\,Emissions} = \sum_i (TOW_i \cdot EF_i) - R \qquad (9\text{-}16)$$

式中，$CH_{4\,Emission}$——计算年份生活污水 CH_4 排放总量，Gg CH_4/a；

　　　TOW——计算年份生活污水中有机物含量，kg BOD/a；

　　　EF_i——排放因子，kg CH_4/kg BOD；

　　　i——污水处理厂/自然水体；

　　　R——计算年份回收的 CH_4 量，kg CH_4/a。

生活污水处理 CH_4 排放因子：

$$EF = B_o \cdot MCF \qquad (9\text{-}17)$$

式中，B_o——最大 CH_4 产生能力，kg CH_4/kg BOD 缺省值=0.6 kg CH_4/kg BOD 或

　　　　0.25 kg CH_4/ kg COD；

　　　MCF——CH_4 修正因子（比例）。

②工业废水处理甲烷排放计算方法

根据 GPG 2000 提供的优良做法，工业废水中的 CH_4 可由式（9-18）计算得出：

$$CH_{4 \text{ Emissions}} = \sum_i [(TOW_i - S_i)EF_i - R_i] \tag{9-18}$$

式中，$CH_{4 \text{ Emissions}}$——计算年份的 CH_4 排放量，kg CH_4/a；

　　　　TOW_i——计算年份源自工业 i 的废水中可降解有机材料总量，kg COD/a；

　　　　i——工业部门；

　　　　S_i——计算年份以污泥清除的有机成分，kg BOD/a；

　　　　EF_i——各处理/排放途径或系统的排放因子工业 i 的排放因子，kg CH_4/kgCOD；

　　　　R_i——计算年份回收的 CH_4 量，kgCH_4/a。

（2）污（废）水氧化亚氮排放量计算

IPCC 2006 年提出的污水处理厂的 N_2O 排放模型是基于人口来估计的，如式（9-19）所示：

$$N_2O_{污水} = (P \cdot Protein \cdot F_{NPR} \cdot F_{NON\text{-}CON} \cdot F_{IND\text{-}COM} - N_{污泥}) \cdot EF_{EFFLUENT} \cdot 44/28 \tag{9-19}$$

式中，$N_2O_{污水}$——污水 N_2O 排放总量，kg N_2O/a；

　　　　P——人口；

　　　　Protein——每年人均蛋白质消耗量，kg/（人·a）；

　　　　F_{NPR}——蛋白质中氮的比例，缺省值=0.16 kgN/kg 蛋白质；

　　　　$F_{NON\text{-}CON}$——填加到废水中的非流耗蛋白因子（比例）；

　　　　$F_{IND\text{-}COM}$——进入污水厂的工业和商业的蛋白质系数[缺省值为 1.25，是基于 Metcalf 和 Eddy（2003）及专家判断的数据]；

　　　　$N_{污泥}$——随污泥清除的氮（缺省值=0），kg N/a；

　　　　$EF_{EFFLUENT}$——排放因子，取 3.2 g N_2O/（人·a）。

9.3.3　排放量计算模型

废弃物行业排放模型框架如式（9-20）所示。

$$E = (G - R) \cdot P \cdot (1 + q) \tag{9-20}$$

式中，E——温室气体排放量，t/a；

　　　　G——温室气体产生量，t/a；

　　　　R——温室气体回收量，t/a；

　　　　$R = G \gamma$；

γ ——回收效率，%；

P——温室气体回收利用效率，%；

q——减排技术函数，%。

式（9-11）模型框架中各种处理方式的减排技术和方法及驱动因子如表 9-1 所示，各相关情景为不同减排技术和驱动因子的组合，得出不同情景的减排量。

表 9-1　废弃物行业各处理部门情景假设的减排技术及驱动因子

处理方式	气体	源头	产生量		回收量		利用效率	减排技术		驱动因子	
填埋	CH_4	分类	成分	管理方式	覆盖技术	回收技术	利用技术	发电	提纯	GDP	城市人口
焚烧	$CH_4/$ N_2O	分类	成分	焚烧技术	—	—	—	烟气处理		GDP	城市人口
生活污水	CH_4	节约用水循环利用	BOD含量	处理方式	回收技术		利用技术	发电	提纯	GDP	城市人口
	N_2O		蛋白质消耗量	人口	—		—	控制硝化反硝化过程		GDP	城市人口
工业废水	CH_4	节约用水循环利用	COD含量	处理方式	回收技术		利用技术	发电	提纯	GDP	城市人口

9.4　废弃物行业情景排放趋势研究

9.4.1　废弃物行业情景排放情景分析

9.4.1.1　固体废弃物处理排放减排情景分析

我国城市生活垃圾在 2005 年以来随着经济的发展，城镇化水平的提高，城市生活垃圾的产生量和处理量迅速增加。根据人口的情况分析未来我国城市生活垃圾的产生量，我国城市生活垃圾填埋量和焚烧量分别如图 9-5 所示。

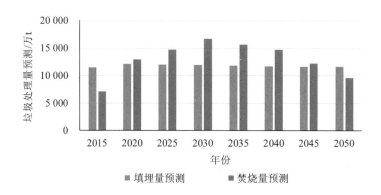

图 9-5　我国 2015—2050 年城市生活垃圾填埋量和焚烧量预测

9.4.1.2　污（废）水处理排放减排情景分析

所以根据未来 GDP 的情景预测了污（废）水处理后的 COD 去除量，然后根据 COD 的排放量和去除量的相关关系预测了未来我国污（废）水处理的 COD 排放量。结果如图 9-6 所示。

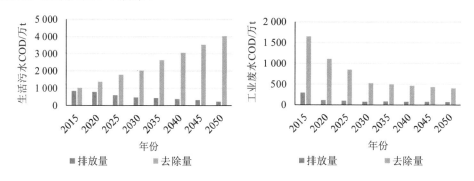

图 9-6　污（废）水处理的 COD 排放量和去除量情况预测

9.4.2　废弃物行业各类情景排放分析

9.4.2.1　固体废弃物行业高情景排放分析

（1）固体废弃物填埋

计算得出的未来生活垃圾焚烧处理甲烷的排放量如图 9-7 所示。2015—2050 年，高情景下，固体废物填埋处理甲烷排放量在 2029 年达到峰值。2035 年的排放量为 1.01 亿 t 二氧化碳当量，2050 年的排放量则降到 0.82 亿 t 二氧化碳当量。

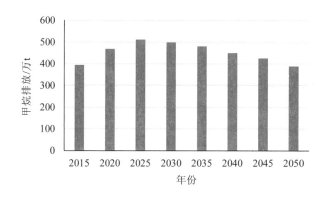

图 9-7　2015—2050 年城市生活垃圾填埋处理甲烷排放量预测

（2）固体废弃物焚烧

计算得出的未来生活垃圾焚烧处理甲烷和氧化亚氮的排放量如图 9-8 所示。2015—2050 年，高情景下甲烷排放量在 2030 年达到峰值，2035 年和 2015 年的排放量分别为 2 039.88 万 t 和 1 250.21 万 t 二氧化碳当量。氧化亚氮排放量在 2030 年达到峰值，2035 年和 2050 年的排放量分别为 745.77 万 t 和 457.07 万 t 二氧化碳当量。

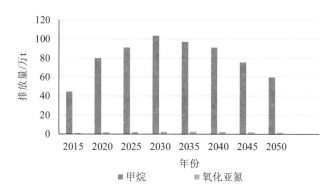

图 9-8　2015—2050 年固体焚烧处理甲烷和氧化亚氮排放量预测

9.4.2.2　污（废）水高情景排放分析

（1）污（废）水甲烷排放高情景分析

根据减排情景计算得出的城市污（废）水甲烷排放量如图 9-9 所示。2015—2050 年，高情景下生活污水处理甲烷排放量在 2037 年达到峰值，2035 年和 2050 年的排放量分别为 0.21 亿 t 和 0.19 亿 t 二氧化碳当量。工业废水处理甲烷排放量在 2037 年达到峰值，2035 年和 2050 年的排放量分别为 0.70 亿 t 和 0.57 亿 t 二氧化碳当量。

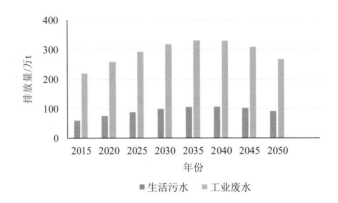

图 9-9 2015—2050 年城市污（废）水甲烷排放量预测

（2）污（废）水氧化亚氮排放高情景分析

根据减排情景计算得出的城市污（废）水氧化亚氮排放量如图 9-10 所示。2015—2050 年，高情景下，生活污水/工业废水处理氧化亚氮排放量在 2030 年达到峰值，2035 年和 2050 年的排放量分别为 3 041.39 万 t 和 2 942.26 万 t 二氧化碳当量。

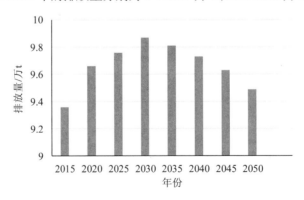

图 9-10 2015—2050 年城市污（废）水氧化亚氮排放量预测

9.4.2.3 废弃物行业中情景分析

如表 9-2 所示，对首先考虑废弃物处理过程中，甲烷与氧化亚氮的源头控制和终端处理技术会相辅相成发展，因此对甲烷和氧化亚氮减排的三种技术进行组合，作为废弃物行业中甲烷和氧化亚氮减排情景。

表 9-2　废弃物行业甲烷和氧化亚氮中减排情景设定

处理领域及产生的气体	技术使用阶段	情景描述	情景设定
固体废物填埋甲烷	分类回收+气体收集+终端处理	对分类后的垃圾填埋处理时，采用火炬燃烧回收	R=20%, P=12%, q=4.85% (R 为回收量, P 为收集率, q 为 5 年增量)
		终端填埋气发电技术	
固体废物焚烧甲烷/氧化亚氮	源头控制+终端处理	垃圾分类处置提高垃圾热值改进焚烧技术	设定 2025 年 R=5%, q=5%
		烟气处理技术	
污（废）水甲烷	源头控制	控制好厌氧反应比例	设定 2025 年 R=3%/6% (生活污水/工业废水), q=5.4%/4.8%
	终端处理	具有 CH_4 回收和燃烧处理功能的厌氧系统	
		污泥厌氧消化 CH_4 回收利用	
污（废）水氧化亚氮	源头控制	合理调控进水水质（进水 C/N 值）	设定 2030 年 R=5%, q=5%
	终端处理	合理调控硝化和反硝化过程 DO 浓度	
	终端处理	采用减排处理工艺	

9.4.2.4　废弃物行业中情景排放分析

（1）固体废弃物填埋

根据减排情景计算得出的未来生活垃圾填埋处理甲烷的排放量如图 9-11 所示。2015—2050 年，中情景下，固体废物填埋处理甲烷排放量在 2026 年达到峰值。2035 年和 2050 年的排放量分别为 0.94 亿 t 和 0.73 亿 t 二氧化碳当量。

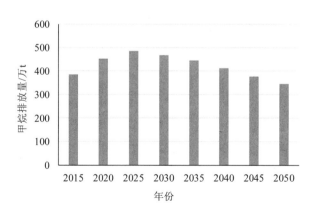

图 9-11　2015—2050 年城市生活垃圾填埋处理甲烷排放量预测

（2）固体废弃物焚烧

减排情景计算未来生活垃圾焚烧处理温室气体排放量（图 9-12）。2015—2050
年，中情景下焚烧处理甲烷排放量在 2026 年达到峰值，2035 年和 2050 年的排放
量分别为 1 956.5 万 t 和 875.15 万 t 二氧化碳当量。氧化亚氮排放量在 2026 年达
到峰值，2035 年和 2050 年的排放量分别为 692.07 万 t 和 388.51 万 t 二氧化碳当量。

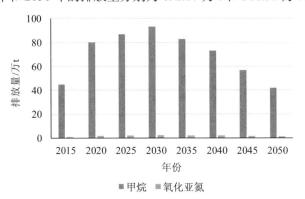

图 9-12　2015—2050 年城市生活垃圾焚烧处理甲烷和氧化亚氮排放量预测

9.4.2.5　污（废）水中情景排放分析

（1）污（废）水甲烷排放中情景分析

如图 9-13 所示，2015—2050 年，中情景下生活污水处理甲烷排放量在 2033
年达到峰值，2035 年和 2050 年的排放量分别为 0.19 亿 t 和 0.13 亿 t 二氧化碳当量。
工业废水处理甲烷排放量在 2031 年达到峰值，2035 年和 2050 年的排放量分别为
0.59 亿 t 和 0.40 亿 t 二氧化碳当量。

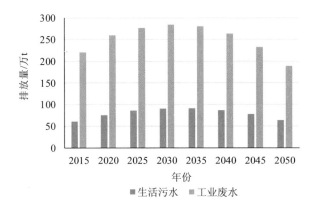

图 9-13　污（废）水处理甲烷排放量（中情景）

（2）污（废）水氧化亚氮排放中情景分析

根据减排情景计算得出的城市污（废）水氧化亚氮排放量如图 9-14 所示。2015—2050 年，中情景下，污（废）水处理氧化亚氮排放量在 2025 年达到峰值，2035 年和 2050 年的排放量分别为 2 881.72 万 t 和 2 500.92 万 t 二氧化碳当量。

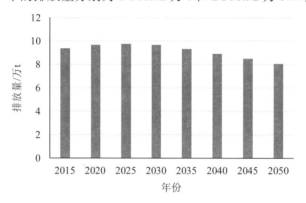

图 9-14　2015—2050 年城市污（废）水氧化亚氮排放量预测

9.4.2.6　废弃物行业低情景分析

如表 9-3 所示，对首先考虑到废弃物处理过程中，甲烷与氧化亚氮的源头控制和终端处理技术会相辅相成发展，因此对甲烷和氧化亚氮减排的三种技术进行组合，作为废弃物行业低甲烷和氧化亚氮减排情景。

表 9-3　废弃物行业甲烷和氧化亚氮低情景设定

处理领域及产生的气体	技术使用阶段	情景描述	情景设定
固体废物填埋甲烷	分类+回收+增加焚烧处理技术	分类焚烧，回收利用，填埋趋于零	设定 R=20%，P=12%，q=4.85%（R 为回收量，P 为收集率，q 为 5 年增量）
固体废物焚烧甲烷/氧化亚氮	源头控制+终端处理	垃圾分类+分类焚烧+提高垃圾热值+改进焚烧技术+烟气处理技术	设定 2025 年 R=7%，q=5.6%
污（废）水甲烷	NDC+源头控制+终端处理	控制好厌氧反应比例+厌氧回收系统+焚烧/发电+污水零排放技术	设定 2025 年 R=30%/40%，q=10%（R 为回收量，P 为收集率，q 为 5 年增量）
污（废）水氧化亚氮	NDC+源头控制+终端处理	采用减排处理工艺+合理调控硝化和反硝化过程 DO 浓度+合理调控进水水质（进水 C/N 值）+污水零排放技术	设定 2030 年 R=25%，q=5%/5 年

9.4.2.7 固体废弃物低情景排放分析

（1）固体废弃物填埋

根据减排情景计算得出的未来生活垃圾填埋处理甲烷的排放量如图 9-15 所示。2015—2050 年，低情景下，固体废物填埋处理甲烷排放量在 2026 年达到峰值。2035 年和 2050 年的排放量分别为 0.96 亿 t 和 0.68 亿 t 二氧化碳当量。

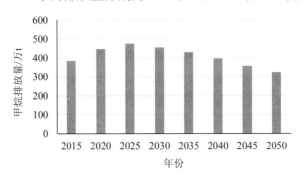

图 9-15　2015—2050 年城市生活垃圾填埋处理甲烷排放量预测

（2）固体废弃物焚烧

根据减排情景计算得出的未来生活垃圾焚烧处理甲烷的排放量如图 9-16 所示。2015—2050 年，低情景下甲烷排放量在 2026 年达到峰值，2035 年和 2050 年的排放量分别为 1 668.62 万 t 和 812.64 万 t 二氧化碳当量。氧化亚氮排放量在 2026 年达到峰值，2035 年和 2050 年的排放量分别为 648.82 万 t 和 342.8 万 t 二氧化碳当量。

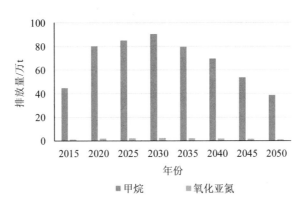

图 9-16　2015—2050 年城市生活垃圾焚烧处理甲烷和氧化亚氮排放量预测

9.4.2.8　污（废）水低情景排放分析

（1）污（废）水甲烷低情景分析

如图 9-17 所示，2015—2050 年，低情景下，生活污水处理甲烷排放量在 2033 年达到峰值，2035 年和 2050 年的排放量分别为 0.18 亿 t 和 0.12 亿 t 二氧化碳当量。工业废水处理甲烷排放量在 2031 年达到峰值，2035 年和 2050 年的排放量分别为 0.56 亿 t 和 0.37 亿 t 二氧化碳当量。

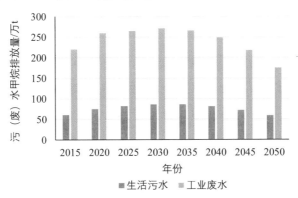

图 9-17　污（废）水处理甲烷排放量（低情景）预测

（2）污（废）水氧化亚氮低情景分析

根据减排情景计算得出的城市污（废）水氧化亚氮排放量如图 9-18 所示。2015—2050 年，低情景下生活污水/工业废水处理氧化亚氮排放量在 2025 年达到峰值，2035 年和 2050 的排放量分别为 3 026.63 万 t 和 2 206.70 万 t 二氧化碳当量。

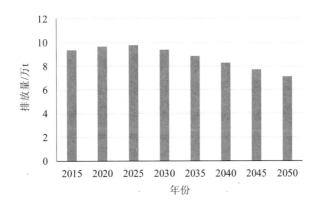

图 9-18　2015—2050 年城市污（废）水氧化亚氮排放量预测

9.5   废弃物温室气体减排技术、政策及分析

9.5.1   废弃物处理温室气体减排相关技术

废弃物处理温室气体减排包括源头、过程和终端减排三个方面。第一，源头减排包括实现废弃物的分类处理和回收利用等，增加废弃物焚烧发电以减少填埋处理；污（废）水处理的源头节约减少排放。第二，过程减排是填埋处理选择 CH 排放较少的半厌氧和好氧处理技术，选用利于减少温室气体排放的生物覆盖层材料；污（废）水处理主要是处理过程中实行数字化控制技术减少间接排放。第三，末端减排为废弃物填埋处理填埋气回收利用技术，而污水处理的污水/污泥厌氧消化技术。此外，近年来在各地兴起的水泥窑综合处置固体废弃物和污泥技术也是一种很好的温室气体减排技术。但是处于试点示范应用阶段，也存在不同的观点，并没有在全国全面推广。

9.5.1.1   固体废弃物处理控制技术

填埋处理控制行动主要是做好固体废弃物的源头分类和对产生 CH_4 气体的回收利用等政策措施的制定和执行，并在处理末端回收利用技术上加大资金的投入，鼓励针对不同的处理方式采用不同减排技术，包括提高 CH_4 气体的收集率的技术，导出（火炬）气体燃烧技术、利用收集系统进行能源利用技术等，还包括增加堆肥和焚烧处理以减少填埋量等措施。现阶段常用最简单和经济的措施是对 CH_4 气体进行火炬燃烧，最主要的方式是填埋气发电。

（1）垃圾填埋气收集利用技术

填埋场内产生的气体，借助压差流向特定的收集井，通过输气管道收集。富集的填埋气经脱水后即可直接燃烧，或经净化处理进一步利用，最普遍的利用方式包括用于发电、民用燃料和汽车燃料三种。与之相应的配套措施是增加填埋场填埋气收集发电的鼓励和监督政策。

终端气体回收利用技术包括以下几种。

①填埋气体发电

利用填埋气体发电是国际上应用最广泛的技术之一，这种方式的优越性在于技术成熟，其技术装备可以采用成熟的燃气发电机组或专用的沼气发电机组。相对于其他利用方式而言，该技术成本较低，不受当地用户条件的限制，所发电力

可以通过电网输送。发电容量不大，易于被电网吸收，对于电网的要求不严格，商业化运作的可靠性高。

②填埋气体作为民用生活燃气

在垃圾填埋场附近有小村镇和居民区的情况下，经过纯化的填埋气体是优良的居民生活燃气，并且接入方便，其技术装备均可以采用常规的城市煤气设备。我国已经有沼气供民用的经验，只要有合适的用户，填埋气体供民用基本上无技术障碍，其限制性因素主要是气体的净化和安全性问题，以及输气距离和成本问题。

③填埋气体作为汽车燃料

纯化后的填埋气体的主要成分是甲烷，可以像天然气一样作为汽车燃料。此项技术的限制性因素是主要装备技术商业化。压缩天然气作为汽车燃料目前正逐步为市场所接受，填埋气由于受到生产量的限制，很难达到商业化规模经营。另外可供选择的用户有限，压缩填埋气燃料将受到来自燃油和天然气（CNC）的竞争。目前可选择的主要用户是垃圾专用运输车辆，其优点是无须在填埋场之外再建加气站，可以大幅降低燃气的成本。

④填埋气焚烧供热

将垃圾填埋产生的填埋气收集起来，为锅炉提供燃料燃烧，加热干净的自来水产生沸水，通过专门的可保暖运输设备，供应给宾馆、学校、洗浴企业等单位。垃圾填埋场填埋气收集利用综合供热工程有很大的可推广价值，特别是对中小城市。因为它可以根据垃圾填埋量决定投资规模，不像垃圾发电那样对垃圾填埋气量有硬性要求。同时，综合供热对垃圾填埋产生的沼气利用率能达到90%左右，而填埋气发电则只能达到30%～40%。

（2）固体废弃物填埋的预处理技术

固体废弃物填埋的预处理技术指综合利用机械处理和生物处理技术对原生垃圾进行处理，以降低垃圾中的有机质。机械处理技术主要包括破碎、筛分、风选、磁选、搅拌等，生物处理技术包括单独使用好氧、厌氧的技术或组合利用两者。典型生物处理技术有生物干化和淋滤等。这一技术可以在大城市的转运站进行，因此，建议增加转运站的相应设备和资金投入。

（3）增加垃圾焚烧处理措施

高蒸汽参数发电技术、冷热电联供技术、垃圾焚烧—燃气联合循环技术、垃圾富氧燃烧技术等垃圾焚烧技术的应用，可以进一步减少排放，提高能源的利用效率。

（4）做好垃圾分类和回收利用工作

垃圾源头分类和回收方面，需要加强公众参与。特别是在源头的分类方面，我国正在加强规划和实施。在收运的过程中要实行分类收运，完善相关制度等做好源头控制措施，以减少垃圾填埋场的填埋量。

9.5.1.2　污（废）水处理相关技术

污（废）水处理常用的控制 CH_4 排放主要技术和措施包括高效厌氧反应器处理有机废水沼气回收发电、污泥厌氧消化沼气发电、水泥窑处置污泥、污（废）水处理源头控制、污水处理零排放技术等。

（1）高效厌氧反应器处理有机废水沼气回收发电技术

主要用于产生高浓度的有机工业废水的行业，包括柠檬酸、制糖、酒精、造纸、养殖等行业，目前这些行业处理污水的主流方式是生化法处理，处理过程中会产生大量沼气。

（2）污泥厌氧消化沼气发电技术

该技术能使最终需要处置的污泥体积缩小 30%～50%；消化完全时可以消除恶臭；杀死病原微生物；消化污泥易于脱水，含有有机肥效成分，适用于土壤改良，同时收集到的沼气能够进行发电能源利用。2000 年发布的《城市污水处理及污染防治技术政策》中规定："处理能力达于 10 万 m^3/d 的污水处理二级设施产生的污泥，宜采取厌氧消化工艺进行处理。"

（3）水泥窑协同处置废弃物技术

水泥窑炉内呈碱性，有尾气净化和重金属高温固化的双重作用，利用水泥生产的废气处理系统，粉尘排放浓度很低，污染物排放量较少，但是，该技术尚处在起步阶段。水泥厂处置危险废弃物的工作目前混烧的可燃性废弃物数量太小，替代率过低，妨碍了该技术的推广。此外，我国污泥中水分含量在 80% 左右，如果没有相应的预处理，焚烧的能耗会非常大，不但不能减排，反而会增加间接排放。

（4）污（废）水处理的源头控制技术

包括雨污分流、工业废水污染物的达标排放监管措施及节约用水减少排放等相关的控制措施。

9.5.2　废弃物行业减排技术评估

在分析国内外先进技术的发展和应用现状的基础上，我们得出废弃物部门优

先部门是生活垃圾处理部门，识别了技术清单包括填埋处理的机械生物预处理分
选技术、填埋气收集与利用技术、渗滤液处理技术、生物覆盖层减排技术、准好
氧填埋技术、填埋场加速稳定化技术 6 项技术，焚烧处理的垃圾焚烧厂和天然气
电厂的组合运行（WtE-GT）、烟气换热系统（Gas-Gas Heating，GGH）、辅助燃烧
系统、高温高压锅炉防腐、再热循环系统 5 项，生物处理的高固体厌氧产沼技术、
绿化废物粉碎技术、条垛堆肥的破碎翻堆机、污泥滚筒式干燥设备、热水解预处
理工艺（THP）、好氧堆肥-半开放式生物处理系统（Masias Covertech）、垃圾衍
生燃料（RDF）分选装置 7 项技术，污（废）水处理的废水厌氧发生器处理沼气
发电技术、污泥厌氧消化沼气发电技术、废水厌氧工艺强化 H_2 产生，减少 CH_4
产生的工艺、水泥窑处置污泥技术、强化生物脱氮除磷工艺节能降耗技术（短
程硝化反硝化工艺）、污水处理系统自动控制系统节能降耗技术、剩余污泥处理
水解酸化开发内部碳源技术、污水处理零排放技术 9 项技术，共有 27 项技术长
名单。

我国废弃物处理温室气体减排技术主要有生活垃圾填埋处理填埋气回收利用
技术、垃圾焚烧发电技术、污水和污泥厌氧消化技术、水泥窑综合处置固体废弃
物和污泥技术等。几项技术都已经基本成熟，在国外应用也比较多，我国现阶段
正逐渐推广和应用。废弃物领域常用减排技术如表 9-4～表 9-7 所示。

表 9-4　填埋场污染物和甲烷减排技术简表

技术分类	技术名称	适用范围	减排情况
填埋气收集、处理和利用	填埋气竖井收集	所有卫生填埋场	减少恶臭气体、温室气体排放
	填埋气水平收集	新建大型填埋场	更为高效地减少恶臭气体、温室气体排放
	填埋气火炬燃烧	所有卫生填埋场	减少温室气体排放，同时减少恶臭气体排放
	填埋气燃烧发电	大中型填埋场，产气较为稳定	减少温室气体排放，同时减少恶臭气体排放
	填埋气提纯净化制备清洁燃气	大型填埋场，产气较为稳定	减少温室气体排放，回收利用，同时减少恶臭气体排放
渗滤液导排处理	复合防渗	所有卫生填埋场	控制滤液 COD、NH_3-H、重金属污染地下水
	渗滤液常规导排	所有卫生填埋场	控制渗滤液 COD、NH_3-H、重金属污染地下水和地表水，减少恶臭气体排放
	渗滤液立体导排	大中型填埋场，管理要求较高	更为高效地控制渗滤液 COD、NH_3-H、重金属污染地下水和地表水，减少恶臭气体排放

技术分类	技术名称	适用范围	减排情况
渗滤液导排处理	渗滤液调节池加盖	环境较为敏感的填埋场	减少恶臭气体，温室气体排放
	渗滤液处理（MBR+NF/RO）	所有卫生填埋场	去除渗滤液 COD、NH_3-H、重金属污染地下水和地表水，减少恶臭气体排放
	渗滤液腐殖酸分离提取	管理要求较高的填埋场	回收渗滤液有机物，去除渗滤液 NH_3-H、重金属等污染物
新型填埋方式	机械生物预处理	所有卫生填埋场，管理要求很高	减少渗滤液（COD、NH_3-N、重金属）产生和恶臭气体（NH_3、H_2S、VOCs）温室气体（CH_4、N_2O 等）排放
	生物活性覆盖层	中小填埋场，管理要求较高	减少温室气体排放，同时减少恶臭气体排放
	好氧生物反应器填埋	所有卫生填埋场，管理要求很高	降低渗滤液 COD、NH_3-H 污染负荷，将 CH_4 转化成 CO_2，同时减少恶臭气体的产生

表 9-5　焚烧厂污染物和甲烷减排技术表

技术分类	技术名称	适用范围	减排情况
热能利用	直接供热	垃圾焚烧厂周围是存在稳定的需热用户	通过燃料热能代替实现温室气体及污染物减排
	余热发电	适用于大部分垃圾焚烧厂	通过电网代替实现温室气体及污染物减排
	热点联产	需要有可靠热（冷）能收纳用户	热效率较高，能达到 50%～70%。通过电网代替实现温室气体及污染物减排
烟气脱硝	SCR	广泛应用于国内外工程中	二次污染少、净化效率高，NO_x 的脱除率可以提高
烟气脱酸	湿法	湿法用于大部分烟气处理单元，其中柠檬酸吸收法仅适用于低 SO_2 浓度烟气	酸性气体去除效率很高，HCl 去除率可达 98%，SO_x 去除率也可达 90% 之上，并附带有去除高挥发性重金属（汞）的潜力
	半干法	适用于大部分垃圾焚烧厂	脱硫效率略低于湿法，为 80%～90%
	干法	排放要求略低的垃圾焚烧厂	脱硫率低，反应速度慢，去除率为 50%～60%

表 9-6　堆肥厂污染物和甲烷减排技术表

技术分类	技术名称	适用范围	减排情况
垃圾前处理	绿化废物粉碎技术	适用于好氧堆肥厂	减少堆体厌氧产生的 CH_4 和 N_2O
	污泥滚筒式干燥	适用于对含水率有较高要求的堆肥厂	减少堆体内厌氧产生的 CH_4 和 N_2O
厌氧技术	厌氧产沼——干式厌氧工艺（Dranco）	进料固体浓度在 15%～40% 的堆肥厂	相对传统技术碳减排量（根据产气量的换算）50% 左右
	厌氧产沼——干式厌氧工艺（Dranco）	年处理垃圾 10 000 t，产气率 100～130 m^3/t 堆肥厂	相对传统技术的碳减排（基于产气量的增加）高 45% 左右
	热水解预处理工艺	适用于厌氧堆肥厂	有机物沼气转化率超过 60%
好氧技术	好氧堆肥——半开放式生物处理系统（Masias covertech）	适用于好氧堆肥厂	—

表 9-7　污（废）水污染物和甲烷减排技术表

技术分类	技术名称	适用范围	减排情况
传统技术	厌氧沼气发电	中高温、中高浓度和易降解有机污（废）水处理厂	产生主要由 CH_4（40%～75%）和 CO_2（15%～60%）组成的沼气
	厌氧产氢	有机污（废）水处理厂	底物能量 10%～20% 转变成 H_2，剩余 80%～90% 转变为有机酸、其他产物
	强化生物脱氮除磷	普通城市污水处理厂	缩短了反应时间，节约 25% 左右的供氧量，节约 40% 左右的反硝化所需碳源，在 C/N 比确定下提高 TN 去除率
污泥处理	水泥窑处置污泥	需进行污泥处理的污水处理厂	污泥水分由 80% 烘干至 30% 以下
系统优化	污水处理零排放技术	污（废）水处理后回用	含盐量和污染物高浓缩成废水>99% 回收再利用，无任何废液排出工厂
	系统控制节能降耗	普通城市污水处理厂	单元能耗降低 20%～90%
	水解酸化开发内部碳源	碳源受限污（废）水处理厂	实现碳源的开发过程中能够减少甲烷的排放

9.5.3　废弃物行业减排政策及分析

9.5.3.1　减排政策借鉴

废弃物处理温室气体减排措施一般是管理政策和法规的制定和减排技术的应用，对废弃物产生和源头进行治理而达到减排的效果。发达国家废弃物处理减排措施一般有如下几个方面。

（1）增加相关控排措施法令

为了减少废弃物处理 CH_4 气体的排放量，美国、欧盟、澳大利亚等国家和地区都颁布了很多的控制和减少温室气体排放的措施，制定了相关的法令。如美国的州和地方政府通过法令禁止庭院修剪物进行填埋处置，2005 年有 21 个州和占美国总人口一半的哥伦比亚地区通过此法令。这样，填埋处置的 GHG 排放相对会减少，所以填埋处理的 CH_4 排放就会相应减少。澳大利亚在固体废弃物管理方面有着完备的体系和现代化管理水平，主要是注重预防，有关源头控制、分类处理、排污许可证、环境影响评价、污染企业自我监控、矿山生态恢复等预防措施的内容占法律条款的绝大多数；法律条款比较细，可操作性很强；处罚面广且处罚严厉。

（2）增加废弃物填埋处理的 CH_4 回收利用

对于废弃物填埋处理的甲烷回收利用，发达国家都比较重视，欧盟成员国在 1999 年开始增加了相关的法令和法律法规来要求新增加的设备中必须带有填埋气的回收装置。特别是德国，要求废弃物分类、处理的 CH_4 必须回收利用。

（3）增加废弃物的焚烧处理量

美国等发达国家在下达法令法规减少废弃物填埋处理量的同时鼓励增加堆肥和焚烧处理，欧盟中的很多国家也有同样的要求。日本焚烧量增加的比较明显，在焚烧处理都进行发电等能源利用，日本在 2008 年废弃物焚烧能源利用比 1990 年增加了 18.5%。

（4）加强废弃物的源头分类和公众参与

发达国家在废弃物源头分类和回收方面比较重视，而且公众参与较好。特别是在源头的分类方面，进行不同的垃圾桶分装不同的废弃物，不同的收集日期和运输，并定点处理，同时不同的废弃物进行不同的收费，并有很详细的法律条款规定。这样对废弃物的减量化和相应的处理技术的应用特别有益，能够很好地进行相应处理技术和温室气体减排技术的选择。

9.5.3.2　我国废弃物相关的政策、法规、标准

我国针对生活垃圾处理陆续颁布了相关的政策和法规，包括处理费征收管理办法、运输和处置管理办法、城市生活垃圾管理办法、加强城市生活垃圾处理工作的实施意见等。2016 年 10 月 22 日，住房和城乡建设部等四大部门联合发布《关于进一步加强城市生活垃圾焚烧处理工作的意见》，2016 年 2 月 6 日中共中央、国务院《关于进一步加强城市规划建设管理工作的若干意见》提出，到 2020 年力争将垃圾回收利用率提高到 35%以上。国务院印发《"十三五"生态环境保护规划》提出，到 2020 年，垃圾焚烧处理率达到 40%。习近平总书记 2016 年 12 月 21 日在研究"十三五"规划纲要确定的重大工程项目等工作时，指出"普遍推行垃圾分类制度，关系 13 亿多人生活环境改善，关系垃圾能不能减量化、资源化、无害化处理。要加快建立分类投放、分类收集、分类运输、分类处理的垃圾处理系统，形成以法治为基础、政府推动、全民参与、城乡统筹、因地制宜的垃圾分类制度，努力提高垃圾分类制度覆盖范围"。2017 年 4 月 24 日，环境保护部召开电视电话会议，部署推动垃圾焚烧企业做好"三件事"，"三件事"可以概括为"装"、"树"、"联"。"装"，指所有垃圾焚烧企业依法安装自动监控设备，对 CO、PM、SO_2、NO_x、HCl 共 5 项污染物指标和炉膛焚烧温度进行实时监控；"树"，必须在厂区门口或便于公众查看的显著位置竖立显示屏，向公众公开实时监控数据；"联"，所有垃圾焚烧企业依法与环保部门联网，并将实时监控数据传输到生态环境部。

从 1993 年开始，我国陆续出台了多个相关技术标准，包括《生活垃圾卫生填埋厂运行维护技术规程》（CJJ 92—2011）、《生活垃圾焚烧厂检修规程》（CJJ 231—2015）、《生活垃圾焚烧厂运行维护与安全技术规程》（CJJ/T 212—2015）等。在 2010 年以前则出台了 46 部相关指南标准。相关政策法规及标准指南的出台，不仅对生活垃圾的处理和环境污染控制具有指导意义，对生活垃圾处理的温室气体排放控制也起到了重要的支持作用。我国同样陆续颁布了与污（废）水处理相关的政策和法规，据不完全统计主要的政策和标准包括城镇污水处理厂运行监督管理办法、城镇污水处理费征收使用管理办法、分散污水处理设施管理办法。《城市污水处理厂工程项目建设标准》中规定：规模超过 10 万 t/d 的污水处理厂污泥处理宜采用中温厌氧消化工艺。废水也出台了多个相关技术标准，包括《城镇污水处理厂污泥处理技术规程》（CJJ 131—2009）、《污水稳定塘设计规范》（CJJ/T 54—93）、《城市污水处理厂运行、维护及安全技术规程》（CJJ 60—2011）、《生活垃圾渗沥液处理技术规范》（CJJ 150—2010）等。

总之，废弃物部门 CH$_4$ 排放控制的绝大多数规章制度是从安全生产和改善环境方面考虑的，尚没有专门针对废弃物处理 CH$_4$ 气体的法规政策、规章制度，亟待增加这方面的研究。随着社会经济的发展和处理技术的提高及管理方式的日臻完善，废弃物部门的温室气体的产生量将会持续上升。但是，随着垃圾分类处理、废弃物减量化政策的进一步落实，以及回收利用措施的不断实施，废弃物部门的 CH$_4$ 排放量将会呈现明显的下降。此外，CH$_4$ 气体可以作为清洁能源替代化石燃料，可协同减少化石能源的温室气体排放，实现污染物和温室气体减排的协同效益。

参考文献

[1] 张俊超，何显荣，林青，等. 城市生活垃圾填埋场沼气发电技术研究[J]. 安徽农业科学，2013（1）：307-308.

[2] 党锋，毕于运，刘研萍，等. 欧洲大中型沼气工程现状分析及对我国的启示[J]. 中国沼气，2014，32（1）：79-83.

[3] 梁芳，包先斌，王海洋，等. 国内外干式厌氧发酵技术与工程现状[J]. 中国沼气，2013（3）：44-49.

[4] 杭世珺，关春雨. 污泥厌氧消化工艺运行阶段的碳减排量分析[C]. 第四届中国水业院士论坛暨城市水安全高峰论坛，2014.

[5] 王声东. 垃圾填埋场填埋气发电工程设计[J]. 环境工程，2010，28（4）：88-91.

[6] Chacartegui R，Carvalho M，Abrah O R，et al. Analysis of a CHP plant in a municipal solid waste landfill in the South of Spain[J]. Applied Thermal Engineering，2015（91）：706-717.

[7] Caresana F，Comodi G，Pelagalli L，et al. Energy production from landfill biogas：An italian case[J]. Biomass and Bioenergy，2011（35）：4331-4339.

[8] 中华人民共和国住房和城乡建设部. 2015 城乡建设统计年鉴[R]. 2016.

[9] 张光义，李望良，张聚伟，等. 固态厌氧发酵生产沼气技术基础研发与工程应用进展[J]. 高校化学工程学报，2014，28（1）：1-14.

[10] 蔡圆圆，刘二中. 中国污水处理行业技术发展和创新能力分析[J]. 中国高新技术企业，2012，224（17）：7-10.

[11] 张艳玲. 废水处理零排放技术在火电厂的应用[J]. 东北电力技术，2006（7）：37-40.

[12] 刘国平. 火电厂废水零排放技术国内外现状综述[C]. 全国火力发电技术学术年会，2003.

[13] 马占云，高庆先. 废弃物处理温室气体排放计算指南[M]. 北京：科学出版社，2011：90-96.

[14] 高庆先，杜吴鹏，卢士庆，等. 中国城市固体废弃物甲烷排放研究[J]. 气候变化研究进展，2006（6）：269-272.

[15] 刘俊蓉，马占云，张艳艳，等. 我国城市生活垃圾填埋处理 CH_4 排放关键因子[J]. 环境科学研究，2014，27（9）：975-980.

[16] 李文涛，高庆先，王立，等. 我国城市生活垃圾处理温室气体排放特征[J]. 环境科学研究，2015（7）：1031-1038.

[17] 杜吴鹏，高庆先，张恩琛，等. 中国城市生活垃圾排放现状及成分分析[J]. 环境科学研究，2006，19（5）：85-90.

[18] 马占云，冯鹏，高庆先，等. 中国废水处理甲烷排放特征和减排潜力分析[J]. 气候变化研究进展，2015（5）：47-56.

[19] 蔡博峰，高庆先，李中华，等. 中国污水处理厂甲烷排放研究[J]. 中国环境科学，2015，35（12）：292-298.

[20] 高庆先，等. 中国典型城市固体废物可降解有机碳含量的测定与研究[J]. 环境科学研究，2007（3）：12-17.

第 10 章
农业活动发展战略及低排放路径①

10.1 引言

　　农业生产在中国国内生产总值（GDP）中的占比为 8%（2010—2019 年平均值），在保障国民基本生活所需的粮食、蔬菜、水果和肉蛋奶供应方面的作用不容置疑。农业生产活动包括种植业和养殖业两大部分，其中种植业又分为旱地种植和稻田种植两种不同的种植类型。农业生产一方面在保证国民基本生活的食物供应方面起着直接的作用；另一方面，农业生产活动也不可避免地向大气中排放了对气候变暖有促进作用的温室气体。农业活动产生的温室气体主要是非 CO_2 温室气体，包括氧化亚氮（N_2O）和甲烷，N_2O 和 CH_4 的增温潜势分别是等质量二氧化碳的 265 倍和 28 倍；合理的农业管理措施还可使得土壤中收汇相当量的有机碳，减少土壤向大气排放 CO_2，也称土壤碳汇。

　　农业生产的三大类活动——旱地作物生产、水稻生产、养殖业生产中动物肠道发酵及畜禽废弃物处理产生的温室气体占中国国家温室气体总排放量的 6.7%～14.9%（中国 5 次温室气体清单中的数字范围），是国家温室气体清单中不可忽略的一部分，特别是非 CO_2 温室气体。农业生产在保障国民食物生产的同时，也需要进行科学的管理，尽可能减少向大气排放温室气体并增加土壤碳汇，达到减缓气候变暖及农业可持续发展的双赢目标。

　　与纯科学过程不同，农业活动的温室气体排放主要是由微生物主导的生物学过程，其温室气体排放除了受底物浓度、用量、类型的直接影响，还受环境因子，如温度、降水、土壤及地域因素等诸多因素的综合影响有关。因此，关于农业领

---

① 本章作者：中国农业科学院农业环境与可持续发展研究所郭李萍、韩雪、李迎春、云安萍、李明；美国环保协会北京代表处高霁；南京农业大学资源与环境科学院程琨。

域不同生产活动的温室气体排放方法学发展程度也不尽相同。总体来讲，模型估算方法所需的各种参数众多、不容易获取，因此，基于 IPCC 方法的各种改进方法或经验模型方法也应用较多。

本章主要根据不同农业活动的方法学发展程度及数据的可获取性，结合一些国家规划和政策，以及当前一些技术的发展状况和可操作性，对农业生产中主要的温室气体排放活动的未来低排放路径进行分析和估算。

10.2　旱地农田 N_2O 低排放路径

农田 N_2O 排放占中国农业排放的 71%。非淹水农田的氮肥施用是导致农田 N_2O 排放的主要因素（而稻田土壤的 N_2O 排放也主要发生在排水晒田期间）。

中国旱地农作物种植面积达 1.62 亿 hm^2（2009—2018 年平均值），占农作物总种植面积的 77%，尿素仍然是主要的氮肥品种。据报道，中国小麦、玉米、大豆、棉花和油菜的平均氮肥施用量分别为 193 kg/hm^2、189 kg/hm^2、45 kg/hm^2、212 kg/hm^2 和 172 kg/hm^2，施用量变化趋势大体为从南往北从东往西递减，各作物氮肥利用率分别为 33%、32%、39%、29%和 31%；在各个主要的农业种植区内，东部沿海地区、华北平原和四川盆地平均氮肥利用率较低，在 22%～33%。因此，调整氮肥品种或结构、合理施用氮肥（包括合适的用量、时期、施用方法及配套管理措施等）是旱地农田减排 N_2O 减排的主要手段。

10.2.1　模型估算方法介绍

10.2.1.1　旱地农田 N_2O 排放的主要影响因素

旱地农田 N_2O 排放主要来自氮素的硝化作用和反硝化作用两个过程。硝化作用是微生物在好氧条件下将土壤中的铵态氮氧化为硝态氮的过程，是旱地农田产生 N_2O 的主要微生物过程。反硝化作用是反硝化微生物在嫌气条件下将硝态氮逐步还原为亚硝态氮、一氧化氮（NO）、氧化亚氮（N_2O）和氮气（N_2）的过程；N_2O 是其中的中间产物，而且反硝化作用的底物和产物不一定遵从该全过程，有的微生物也可以亚硝态氮为底物，反硝化过程也常常是不完全反硝化作用（其产物是 N_2O）。在反硝化作用中，产物 N_2O/N_2 受以下因素的影响：NO_3^- 或 NO_2^- 浓度增加，N_2O/N_2 比例上升；O_2 浓度增加，该比例也会增加；可利用碳源增加时，比例会有所下降。

　　影响旱地农田 N_2O 排放的主要因素有氮肥用量、氮肥类型、环境因素（温度、水分）、耕作管理措施（秸秆还田、免耕）及土壤本身的性质（土壤质地、酸碱度等）。

　　土壤 N_2O 排放与氮肥施用密切相关，研究表明，N_2O 排放量与施氮量呈指数增长关系。施肥方式也显著影响 N_2O 排放，撒施相比条施覆土下的 N_2O 排放峰高。施用缓释肥、添加硝化抑制剂和脲酶抑制剂可以有效降低 N_2O 排放。温度是影响 N_2O 排放通量日变化规律的主要因素，一般情况下，N_2O 排放通量在高温下峰值较高，有研究表明 67%的排放量发生在温度 15～25℃及适宜湿度下，温度超过这个范围，N_2O 排放呈指数增长。降雨及灌溉通过影响土壤水分而影响土壤通气状况及气体扩散，土壤充水孔隙度在 30%～60%主要以硝化作用为主产生 N_2O，在 60%～80%时 N_2O 主要以反硝化作用产生为主。砂质土壤排放的 N_2O 显著高于壤质和黏质土壤（徐华等，2000）。一般认为最适土壤硝化细菌活动的 pH 范围在 8.5 左右，反硝化作用的最适 pH 范围是 6.0～8.0。

10.2.1.2　旱地农田 N_2O 估算方法概述

　　农田 N_2O 的估算方法主要有 IPCC 方法、经验模型法、机理模型法三大类。

（1）IPCC 方法

　　为了满足区域、全国甚至全球对 N_2O 排放的估算，目前国际上将 IPCC 排放因子法作为通用工具。因化学氮肥施用对农业 N_2O 排放有至关重要的作用，所以 IPCC 方法主要基于农田各种氮源投入汇量并结合氮排放因子来计算，该方法在全国尺度上可操作性较强，数据获取也相对容易。对应 N_2O 直接排放量的估算公式为：

$$N_2O_{直接}-N = N_2O-N_{N投入} + N_2O-N_{OS} + N_2O-N_{PRP} \tag{10-1}$$

式中，$N_2O_{直接}-N$——土壤中因氮肥施用的 N_2O 直接年排放量（以 N 计），kg；

　　　　$N_2O-N_{N投入}$——土壤中施用化肥氮造成的 N_2O-N 年排放，kg；

　　　　N_2O-N_{OS}——有机土壤中 N_2O-N 年排放，kg；

　　　　N_2O-N_{PRP}——草地土壤因为粪尿投入产生的 N_2O-N 年排放，kg（N_2O-N）/a。

　　农田土壤中不考虑 N_2O-N_{PRP}，中国有机土面积较小且不适于农业生产，年排放较为稳定，所以主要考虑由土壤施氮引起的 N_2O 排放。关于农业氮肥施用的间接排放，主要包括氮肥施用后通过氮的挥发（氨 10%，NO_x 20%）而后以干湿沉降产生的 N_2O 排放，以及渗漏和径流的氮素（约占 30%）产生的 N_2O

排放，以及向河流或河口排泄污水而造成的 N_2O 排放，详细描述可参照 IPCC 方法学。

2006 年，IPCC 中 N_2O 排放因子默认旱地为 1%、稻田为 0.3%，渗漏和径流的氮产生 N_2O 排放的缺省值为 2.5%。研究人员根据大量实测数据汇总了不同地区、不同作物生长条件下的 N_2O 排放，将 N_2O 排放因子进行了详细分类及汇总。

（2）经验模型法

由于 IPCC 方法还较为粗略，研究人员根据影响 N_2O 排放的主要因素进行了数据汇总分析，建立了相应的经验模型。

1997 年，宋文质等依据 1991—1993 年的数据于河北栾城实验站数据建立了旱地农田冬小麦—夏玉米轮作体系下 N_2O 排放经验公式，log（N_2O 排放通量）=1.65 − 0.009 1（土壤含水量）+0.25 log（速效氮浓度）+0.019（土壤温度），经过验证后发现 N_2O 排放统计模式可以大致阐明 N_2O 月排放变化规律。

Zou 等通过研究 1992—2002 年 8 个地区 17 个地块的 71 个水稻种植处理中不同的水分管理情况下由化肥施用导致的 N_2O 的排放，建立了不同水分管理状态下稻田 N_2O 排放系数经验公式。

有研究搜集了国内外 206 个一年以上旱田 N_2O 排放数据，对 IPCC 推荐的排放系数进行改进，建立了基于背景排放量和施氮量、降雨量的经验模型。

2018 年，Yue 等建立了不同气候、土壤条件下由于作物类型、氮肥类型及用量下产生的农田土壤 N_2O 排放经验模型。

（3）机理模型法

目前常用的农田 N_2O 排放机理模型有 DNDC 模型、Daycent 模拟大气-植物-土壤系统的碳氮循环、IAP-N 模型等。

DNDC 模型是李长生于 20 世纪 90 年代初开发的目前在农业 N_2O 排放上应用最为广泛的模型，是预测土壤分解和反硝化速率的生物地球化学模型，需要输入的参数有日气象数据、土壤属性数据、植被特征及管理措施等。Zhang 等结合详细的作物生长数学参数，得到预测更准的 Crop-DNDC 模型。

DAYCENT 模拟大气-植物-土壤系统的碳氮循环，是 CENTURY 模型的以日为时间单位的模型衍生。需要输入的参数有气象数据、站点信息、土壤机械组成、土壤有机碳各分库的背景值、管理措施（包括播种、施肥、耕作、灌溉、收获的时间及方式，以及施肥量、灌溉量等）。

IAP-N 模型是 Zheng 等于 2008 年建立的农田 N_2O 排放区域估算模型，需要

输入的参数有 N 肥用量、单种作物产量和收获面积、不同区域人口数、不同区域
各种动物养殖数量、能源（煤、天然气和石油）消耗量，耕地面积，总土地面
积等。《中华人民共和国气候变化初始信息通报》（INC）和《中华人民共和国气
候变化第二次国家信息通报》（SNC）就采用了 IAP-N 模型来编制中国农田 N_2O
排放清单。

其他一些使用的模型还有 PKU-N_2O、EDGAR v4.2、GAINS-CHINA，但应用
范围较小，此处不再一一赘述。

10.2.1.3　旱地土壤 N_2O 排放估算方法

以上几种估算方法各有优缺点，IPCC 方法简单易行，但排放因子的分类及精
细程度不够。机理模型法估算较为准确，但需要众多的输入参数，数据获取存在
难度，且模型的校验和验证工作烦琐，耗时及成本都较高。相比较而言，经验模
型法既能较准确估算 N_2O 排放，因素考虑比较有针对性、需要获取的一些参数也
相对容易获取，可操作性较强，是一种比较可行的方法。

本研究采用经验模型法对旱地农田 N_2O 排放进行估算。该经验模型是通过收
集到的 104 个田间实验在 2001—2016 年共 853 个 N_2O 排放数据而建立的，以氮
肥用量、施用地区年均温、作物类型、当地土壤黏粒含量、有机肥施用与否等建
立了经验模型。经验模型为：

$$\ln（CumN_2O）= -2.709\ 4 + 0.004\ 5 \times N_{rate} + 0.074\ 2 \times Temp + 0.013\ 4 \times Clay +$$
$$C_1 crop\ type + C_2 \times N_{rate} \times fert\ type \qquad （10\text{-}2）$$

式中，$CumN_2O$——N_2O 累积年排放通量，kg N/（$hm^2 \cdot a$）；

　　　N_{rate}——单位面积农田的纯氮施用量，kg/（$hm^2 \cdot a$）；

　　　Temp——对应区域年均温，℃；

　　　Clay——对应研究区域土壤黏粒平均含量，%；

　　　fert type——对应单施 N 肥和配施有机肥两种结果；

　　　C_1、C_2——分别为不同农作物和肥料类型的参数，适用于本研究的作物参
　　　　　　　　数值分别是 0.700 2，单施化肥时 C_2 为 0，施用有机肥时对应为
　　　　　　　　−0.001 8。

本研究将旱地农田分为粮田、菜地、果园三大类，由于不同类型农田的氮肥
用量水平差异较大，因此本研究对省级尺度上的旱地农田进行分类估算 N_2O 排放
更为精细。蔬菜种植面积占所有作物种植面积的比例与城镇化率之间有一定相关

性，因此对未来蔬菜地种植面积估算参考未来城镇化率进行设置，耕地面积设定保持不变。

10.2.2　中国旱地农田 N_2O 低排放路径情景设计

10.2.2.1　低排放路径情景设置

影响 N_2O 排放的管理因素主要是氮肥用量和类型，因此本研究设置了未来不同的氮肥结构（农业生产中速效氮肥和稳定性氮肥或缓释肥的占比），中等减排力度设置到 2050 年稳定性氮肥占比 30%（当前占比不足 5%）、高减排力度下到 2050 年稳定性氮肥占比 100%，以及高减排力度氮肥减量 20%（主要结合国家化肥零增长政策设置氮肥管理的高减排情景）。

鉴于缓控释肥和硝化抑制剂的施用可以显著降低氧化亚氮排放因子，本研究根据现有氮肥结构施用现状设定未来年份氮肥结构，如表 10-1 所示。

表 10-1　旱地 N_2O 未来低排放情景设置：不同类型氮肥占比
（中等减排情景）　　　　　　　　　　单位：%

氮肥类型	2015 年	2020 年	2030 年	2040 年	2050 年
速效氮肥	95	92	85	80	70
稳定性氮肥	1	4	7.5	10	15
缓控释肥	4	4	7.5	10	15
总计	100	100	100	100	100

由于国家对生态环境的保护力度日益重视，本研究还大胆设置了 2030 年之后氮肥结构中速效性氮肥的比例大幅缩减、稳定性氮肥和缓控释肥占比显著升高并成为化肥主体的高减排力度情景，探索农田减排措施的更多可能（表 10-2）。其中，还设置了氮肥总量降低 20% 的情景，作为高减排情景。

表 10-2   旱地 NO_2 未来低排放情景设置：不同类型氮肥占比

（高减排情景）   单位：%

类别	氮肥类型	2015 年	2020 年	2030 年	2040 年	2050 年
1	速效氮肥	95	90	50	10	0
	稳定性氮肥	1	6	40	70	70
	缓控释肥	4	4	10	20	30
	总计	100	100	100	100	100
2	氮减量	0	5	10	15	20

资料来源：2015 年肥料分配结果从《中国肥料发展研究报告 2016》书中总结获得：2015 年速效氮肥和其他氮肥用量比例约 95∶5。

10.2.2.2 NO_2 未来排放估算所需活动数据

本研究将旱地农田分为蔬菜用地、果园和其他农田 3 部分，蔬菜播种面积占旱地农田总面积的比例（蔬菜面积占比）与城镇化率具有较好的相关性，根据未来城镇化率（前述第 6 章）得到未来蔬菜面积占比，对应计算得出 2020—2050 年蔬菜用地和其他农田的播种面积。计算中得到蔬菜面积占比从 2015 年的 11.8% 增加到 2050 年的 13.9%。

2015 年旱地农田的总播种面积、蔬菜播种面积、果园面积、各省农田纯氮肥施用量来源于《中国统计年鉴 2016》，不同作物类型纯氮肥施用量来源于《全国农产品成本收益资料汇编 2016》。假定蔬菜氮肥用量中，化肥和有机肥各占 50%；果园种植中，化肥和有机肥氮比例为 2∶3。

土壤黏粒含量采用全国土壤二次土壤普查数据。

未来气温数据来自 IPCC RCP 4.5 气候情景、由全球大气环流模式 HADGEM2-ES 模拟输出（0.5°×0.5°）。

10.2.3   中国旱地农田 N_2O 低排放估算

计算中除以上两种排放情景外，增加 BaU（保持现状不变）情景和高减排情景 1（氮肥总量不变），4 种情景下 N_2O 的排放结果见表 10-3。

表 10-3　中国旱地 N_2O 未来排放量　　　　单位：Mt CO_2-e/a

年份	BaU 情景	中等减排情景	高减排情景	高减排情景 2
2015	82.04	—	—	—
2020	83.70	83.29	82.87	79.95
2030	85.78	84.12	79.54	74.12
2040	86.62	84.54	75.37	68.71
2050	89.95	86.20	77.04	68.29

从表 10-3 可以看出，BaU 情景下中国旱地农田未来 N_2O 排放逐年增加（由于气候变化及菜地面积增加的缘故），2015—2050 年将增加约 7.91 Mt CO_2e。中等减排情景下，旱地农田未来 N_2O 排放虽然也逐年增加，但减排力度略小，减排比例在 2030 年和 2050 年分别比当年 BaU 排放低 2.0% 和 4.2%。而在高减排情景下，未来速效氮肥施用比例降至 0、氮肥总用量也减少 20% 下，旱地农田未来 N_2O 排放逐年减少，到 2030 年和 2050 年，旱地农田 N_2O 排放量分别比当年 BaU 减少 14.4% 和 24.1%。

其中，河南 N_2O 排放量最大，广东和山东次之，3 省 N_2O 排放量分别占全国旱地农田 N_2O 排放的 11.3%、8% 和 7.5%，主要由于这 3 省旱地农作物播种面积（蔬菜、果园和粮食作物各有优势）和施肥量均较大的缘故；再次为广西、湖北和江苏（各省详细排放数值略）。

【小结及政策建议】

低减排路径下，中国旱地农田 N_2O 减排效果显著，通过调节速效氮比例的中等减排路径能有效减缓 N_2O 排放速率，通过减少总氮肥投入和加大稳定性氮肥和缓控释肥的投入，甚至无速效氮肥的施用，可以大幅减少旱地农田 N_2O 排放量。不同省份的播种面积和氮肥投入对农田 N_2O 排放有显著影响，各省的经济条件对农业施氮投入量产生影响，从而影响对应区域旱地农田 N_2O 排放量。

10.3　旱地农田土壤碳汇提高路径

土壤碳库是陆地生态系统中最大的碳库，IPCC 第五次气候变化评估报告中显示：全球土壤碳库高达 1.5 万亿～2.4 万亿 t，分别是大气碳库和植物碳库的 2～3

倍和 3～4 倍，而占据地球陆地表面 45% 的旱地储存了约 27%（431 Gt CO_2e/a）的土壤有机碳。土壤碳汇增加可减少向大气中的碳排放，例如，秸秆还田可增加土壤碳、避免秸秆中的碳分解而全面释放到大气中。另外，土地利用变化活动（如造林）可直接从大气中吸收 CO_2，对大气 CO_2 浓度升高起着减缓作用。

（1）中国农田土壤有机碳变化动态

中国现有耕地 1.3 亿 hm^2，其中旱地面积约 0.74 亿 hm^2，占总耕地面积的 57%，以昆仑山—秦岭—淮河一线以北的广大地区为北方旱地，约 4 920 万 hm^2，占全国耕地总面积的 38%，其中我国西北地区干旱少雨，旱地是北方主要的土地利用类型，对应旱地土壤平均有机碳（SOC）2008 年含量为 1.07%。我国南方以稻田为主，南方旱地以低产田为主。中国农田土壤碳汇从 20 世纪 60 年代到 80 年代至 2015 年，总体呈增加趋势，但不同地区各有特点，东北地区略有降低、华北和西北地区基本持平或略有升高，南方稻田稳中有升。

（2）土壤有机碳增加措施

提高农田土壤碳汇的措施，主要分为两大类：一类是直接向土壤中归还有机碳，如秸秆还田和施用有机肥；另一类是减少原有土壤有机碳分解的措施，如免耕和少耕等。

10.3.1　土壤碳汇估算方法概述

（1）IPCC 方法

IPCC 推荐的方法为直接测定法，即某一时段末的土壤有机碳减去计算时段初的有机碳被年份去除，得到每年的土壤有机碳变化数量，默认年份为 20 年期间。由于土壤有机碳含量在短时间内不会有较大变化，因此建议可以 5 年为一阶段进行起变化值的监测。

土壤有机碳增加与时间的非线性关系及可逆性：土壤有机碳的增加，在一定措施下会趋向一个平衡值而非一直呈直线增加，也就是说，在管理措施不改变的情况下土壤有机碳存在饱和值或平衡值。潜力估算方法有土地利用对比法、生物潜力法、物理化学潜力法、社会经济潜力法等。此外，还需要注意的是，增加的土壤有机碳需要该措施继续能够长期执行，之后放弃会使增加的碳又重新排放出来，所以需要考虑土壤有机碳的可逆性及措施实行的持久性。

（2）经验模型法

一些研究者根据现有的长期定位试验，建立了在某种管理措施下土壤有机碳与时间的经验公式，进而外推到未来相应时间点的 SOC 变化值，如金琳、黄耀、Powlson。

（3）机理模型法

国际上常用的有机质机理模型有 RothC 模型和 Century 模型或 DailyCentury 模型（Daycent 模型）。中国学者也自行建立了相应的土壤有机质机理模型，如 Agro-C 模型，并有一些对模型的验证及应用方面的探索。

由于稻田土壤淹水后会使得还田的有机物料厌氧分解而排放增温潜势力更高的甲烷，因此本研究不建议稻田进行秸秆还田。本研究将旱地和稻田土壤碳汇分开估算。

10.3.2　旱地农田土壤碳汇增汇路径设计

10.3.2.1　北方旱地农田土壤碳汇未来估算方法

（1）方法介绍

本研究选取机理模型 DAYCENT 模型估算未来土壤碳汇，通过以"日"为步长的模型，能够较好地模拟不同农作措施对土壤有机碳的影响。估算以中国第二次土壤普查数据为初始值（1980s），根据校验了的模型估算未来耕层（0～20 cm）农业土壤有机碳变化。

（2）路径设置

本研究设置了 4 种引起土壤有机碳变化的不同农作管理措施，分别为：①单施化肥（F）；②化肥有机肥配施（简称 FM，即氮肥总量不变，30%氮肥由有机肥替代）；③秸秆还田（简称 FS，即化肥用量不变、前季作物秸秆全部还田）；④秸秆还田加免耕（简称 FSC，后文用免耕代称）。其中，单施化肥模式可以视作未来情况下的是 BaU（Bussiness as Usual）情景，其他几种措施为不同的增汇情景（秸秆还田加免耕为高碳汇情景）。

（3）数据来源

模型主要需要实际长期定位实验数据、未来气候情景数据、作物参数、土壤属性、耕作、施肥、灌溉、收获等信息。

其中，模型校验所用长期定位实验数据来自文献收集及农业农村部土地质量监测网，全国土地利用类型图由中科院地理所提供，土壤数据来自中国科学院南京土壤研究所史学正项目组，对应第二次土壤普查数据的 1∶100 万空间化地图。作物主要涉及冬小麦、夏玉米、春玉米、春小麦，对应作物的各生育期按照《中

国农作物气候资源图集》设置。历史肥料用量根据《全国农产品成本收益汇编》
（1980—2010）及农业农村部耕地质量监测网实调数据进行设定；未来肥料用量在
2010—2020 年每年递增 1%，2020 年之后肥料用量不再增加。

历史气象气候数据来源于中国气象局中国地面气候资料日值数据集中与相应
站点最接近的观测站数据（http://data.cma.cn/）；未来地面气象气候数据来自全球
大气环流模式 HADGEM2-ES 模拟输出的 IPCC RCP4.5 气候情景下 0.5°×0.5° 网络
气候数据日值数据集。

10.3.2.2　南方旱地农田碳汇未来估算方法

由于南方旱地多为低产田（与稻田及北方旱地相比），且管理粗放，针对南方
旱地土壤有机碳变化的代表性长期定位试验及监测都均较少。因此本研究中南方
旱地土壤有机碳未来变化的估算方法为根据第二次全国土壤普查中南方代表性土
类（砖红壤、赤红壤、红壤、黄壤）的有机碳含量为背景值，这些代表性土类所
代表的 14 省份如下：砖红壤（海南）、赤红壤（福建、广东、广西 3 省份）、红壤
（湖南、江西、浙江、云南、贵州、四川 6 省份）、黄壤（湖北、江苏、安徽、上
海 4 省市）；由于南方旱地多贫瘠，且管理粗放，接近西北旱区雨养地区土壤管
理模式，因此本研究将南方旱地土壤有机碳未来变化动态按照西北地区农田土
壤有机碳模型模拟中相应措施下的未来变化速率模拟结果数值来设定。

南方各省旱地面积按照"中国农业统计资料"中的数据计算。

未来南方旱地土壤增汇情景同北方旱地农田设置一样，也设置 BaU（单施化
肥 F）及 3 种增汇情景：①配施有机肥 FM；②秸秆还田 FS；③秸秆还田免耕 FSC。
这 3 种增汇情景下南方旱地土壤未来有机碳变化速率按照西北地区 SOC 变化率估
算（因为南方旱地基本为雨养农田，同西北地区旱地农田类似），因此得出未来南
方旱地农田在不同增汇情景下的未来土壤碳储量。

10.3.3　中国旱地农田土壤碳汇未来估算

10.3.3.1　北方旱地农田土壤碳汇估算

通过以上 4 种农作管理措施对不同区域（东北 NE、西北 NW、华北 NC）的
主要粮食作物进行模型模拟后，得到的 SOC 未来值乘以各模拟单元的旱地面积，
得到对应区域土壤碳汇储量情况见表 10-4。

表 10-4　北方旱地农业土壤未来碳储量估算结果（0~20 cm 耕层）

研究区域	农作管理措施	碳储量估计值/（Gt CO₂-e）			
		2020 年	2030 年	2040 年	2050 年
华北	BaU（F）	1.87	1.85	1.85	1.87
	FM	1.90	1.88	1.88	1.90
	FS	2.44	2.49	2.54	2.59
	FSC	3.09	3.24	3.38	3.49
东北	BaU（F）	2.81	2.77	2.76	2.73
	FM	2.95	2.96	2.99	3.01
	FS	2.95	3.03	3.11	3.16
	FSC	3.01	3.11	3.19	3.25
西北	BaU（F）	2.55	2.45	2.36	2.28
	FM	2.68	2.60	2.52	2.45
	FS	3.10	3.09	3.04	2.99
	FSC	3.16	3.15	3.10	3.05
北方旱地	BaU（F）	7.22	7.08	6.96	6.89
	FM	7.53	7.44	7.39	7.37
	FS	8.49	8.60	8.68	8.74
	FSC	9.26	9.50	9.67	9.79

由表 10-4 可知，中国北方旱地未来土壤碳储量在单施化肥[BaU（F）]和化肥配施有机肥（FM）模式下略有减少，2050 年比 2020 年分别减少 4.6% 和 2.2%，从中可以看出单施化肥农作管理下北方旱地土壤成为碳源；化肥配合有机肥施用，有效减缓了土壤有机碳的损失；土壤有机碳在秸秆还田（FS）和秸秆还田加免耕（FSC）模式下分别增加 2.9% 和 5.8%，说明秸秆还田和免耕都能有效增加土壤有机碳储量。同一年 FM、FS、FSC 农作模式下土壤有机碳储量比 BaU（F）模式依次增加，FSC 模式下有机碳储量含量最高，2030 年 FSC 模式比 BaU（F）模式投入有机碳储量高出 27.7%，到 2050 年增幅达到 42.2%，2020—2050 年的 FSC 农作模式净增加土壤有机碳 0.54 Gt CO₂e/a。以 10 年为单位，2020—2050 年每十年土壤有机碳变化率减小。化肥施用结合秸秆还田措施（FS）在 2020—2050 年比 BaU 措施每年净新增固碳量 2.81 Gt CO₂e/a。

10.3.3 2　南方旱地农田土壤碳汇未来估算

根据第二次全国土壤普查数据汇总整理得出南方主要土类的 SOC 含量如表 10-5 所示。由表 10-5 可知，黄壤的土壤有机碳含量较高，砖红壤和赤红壤土壤有机碳含量次之，红壤中 SOC 含量略低。

表 10-5　20 世纪 80 年代南方主要土类耕层 SOC 含量　　　　单位：g/kg

区域	砖红壤区	赤红壤区	红壤区	黄壤区
SOC 含量	6.6	6.9	5.5	12.4

因南方旱地土壤较为贫瘠，土壤有机碳含量较低，管理比较粗放，与北方旱地 3 个区域相比，更接近西北区域，故其未来 SOC 变化采用前述西北地区不同增汇情景下的 SOC 未来速率进行估算。按照以上土类 0～20 cm 土层土壤容重为 1.3 g/cm^3，整理后得知南方旱地砖红壤、赤红壤、红壤和黄壤的面积分别为 18 万 hm^2、187 万 hm^2、735 万 hm^2 和 591 万 hm^2，经过计算后得到不同增汇情景下南方主要旱地土壤未来碳储量，结果显示，南方旱地土壤中，未来土壤碳储量排序为黄壤＞红壤＞砖红壤＞赤红壤。土壤有机碳储量在 FSC 模式下最高，FS 次之，单施化肥对应土壤有机碳储量最少，4 种模式下 2050 年南方旱地土壤未来有机碳储量在 0.95 Gt～1.26 Gt CO$_2$e，配施有机肥秸秆还田和免耕措施下南方旱地土壤有机碳储量分别比 BaU（单施化肥）情景下增加 7.4%、31.0% 和 33.3%（表 10-6）。

表 10-6　未来不同增汇情景下南方主要旱地土壤碳储量

单位：Gt CO$_2$e（0～20 cm）

地区	措施	2020 年	2030 年	2040 年	2050 年
南方旱地	BaU（F）	1.06	1.02	0.98	0.95
	FM	1.11	1.07	1.05	1.02
	FS	1.28	1.28	1.26	1.24
	FSC	1.31	1.30	1.28	1.26

10.3.3.3　全国尺度上农田碳汇未来估算

将北方旱地和南方旱地未来土壤碳汇相加，得到全国尺度未来不同增汇情景下土壤增汇潜力，分别计算配施有机肥（FM）、秸秆还田（FS）、秸秆还田免耕（FSC）与 BaU（F）情景土壤碳汇潜力的净增加值，结果如表 10-7 所示。

表 10-7　中国旱地农田未来不同增汇情景下土壤碳汇储量

单位：Gt CO_2e（0～20 cm）

增汇情景	2020 年	2030 年	2040 年	2050 年
单施化肥（F）	8.3	8.1	7.9	7.8
配施有机肥（FM）	8.6	8.5	8.4	8.4
秸秆还田（FS）	9.8	9.9	9.9	10.0
秸秆还田免耕（FSC）	10.6	10.8	11.0	11.1

表 10-7 显示，与 BaU（F）情景相比，FM、FS、FSC 情景未来都有较高的土壤碳汇增加潜力，FM 情景下碳汇增加潜力较小（只针对有机肥氮占比 30%的情况，该比例增加后的数值变化，不在此处讨论）；FSC 情景碳汇增加潜力大于 FS，说明秸秆还田配合免耕效果优于秸秆还田后耕作，秸秆还田结合免耕是增加土壤碳汇的较好选择。

与 BaU（F）情景相比，FM、FS、FSC 模式下 2030 年土壤碳储量分别比不采取措施的当年 BaU 增加碳汇 0.42、1.79、2.71 Gt CO_2e，占 BaU 碳储量的 18.1%、22.1%和 25.2%；比 2015 年碳储量到 2050 年中国旱地农田三种增汇措施下耕层土壤碳储量分别比不采取措施的同年 BaU 高 0.6、2.1、3.2 Gt CO_2e，增加比例分别为 7.0%、27.4%和 41.2%，高增汇情景下（秸秆还田免耕）土壤增汇效果显著 [这里需要说明一点，在未来气候变化背景（增温、阶段干旱等）下，不采取措施的 BaU 情景下土壤碳储量是降低的，要注意参考背景年份的土壤有机碳储量]。

结合前述对旱地农田 N_2O 排放的估算（表 10-3），同期中国旱地 2050 年中高减排力度下的 N_2O 排放量为 86.2～68.3 Mt CO_2e/a，土壤碳汇可抵消旱地农田 0.6%～4.7%的 N_2O 排放，N_2O 高减排路径和农田高增汇情景下（秸秆还田免耕）抵消效果最佳，秸秆还田（FS）次之。

【小结及政策建议】

未来气候变化（增温、阶段性干旱等）对土壤碳储量有负面影响，BaU 情景下未来农田土壤碳汇会降低增加旱地土壤碳储量的主要措施，这 3 种增碳情景对土壤碳汇提升的作用依次增强。

到 2050 年，配施有机肥、秸秆还田、秸秆还田加免耕时这 3 种增汇情景下中国旱地农田碳储量分别为 8.4 Gt CO_2e、10.0 Gt CO_2e 和 11.1 Gt CO_2e，分别比同年 BaU 情景下增加 7.7%、28.2% 和 42.3%。

同期，中国旱地 2050 年中高减排力度下的 N_2O 排放量为 86.2～68.3 Mt CO_2e/a，土壤碳汇可抵消 0.6%～4.7% 的 N_2O 排放。

【本研究的特点】

（1）在旱地农田 N_2O 估算方面，与前期大部分研究相比，本研究考虑了影响农田 N_2O 排放的较多因素，根据氮肥用量、土壤温度（受平均气温影响）、土壤黏粒含量、种植作物品种、肥料类型（化肥/有机肥）等诸多因素获得经验模型；选用因素数据容易获取，适于区域尺度估算。

（2）在旱地农田 N_2O 排放估算方面，本研究将旱地农田分为粮田、菜地、果园 3 大类，由于不同类型农田的氮肥用量水平差异较大，因此本研究对省级尺度上的旱地农田 N_2O 排放估算方面更为精细，能比较不同种植类型下旱地农田的 N_2O 排放特征。

（3）本研究考虑了未来城镇化率提高对蔬菜需求量增加，蔬菜种植面积增加，因而对未来旱地农田 N_2O 排放估算的考虑更为精细，与社会经济发展情景及状况相结合，更能反映未来社会发展对旱地农田温室气体排放的影响。

（4）在土壤碳汇估算方面，本研究在区域尺度上实现了 Daycent 模型对 SOC 的空间模拟，并采用了未来气候情景数据进行具体估算，比单点模拟具有数据代表性强、考虑未来升温和降水变化对 SOC 的实际影响，比单纯的经验模型外推法更能反映未来的具体变化。

10.4　稻田土壤温室气体未来低排放路径

中国水稻种植面积有 3 049.5 万 hm^2（近 10 年平均面积），占农作物总种植面积的 23%，水稻单季平均施氮量为 190 kgN/hm^2。由于稻田淹水的缘故，土壤中有机物厌氧分解的最终产物为甲烷，而甲烷的温室效应是同等质量 CO_2 的 28 倍，中国水稻种植的甲烷排放占到国家甲烷排放总量的 35.7%～40.1%（据 1994—2014 年共 5 次国家温室气体清单数字估算）。

稻田甲烷排放主要受淹水时间长短及土壤中有机物的质与量的影响，另外还受环境因子如温度、水分、土壤性质及水稻品种的影响。因此，尽量减少淹水时间，避免新鲜有机物料在淹水季还田、开发甲烷抑制剂及甲烷排放量较低的水稻品种，是降低稻田甲烷排放的主要措施。

常规的水稻种植，一般在分蘖末期和收获之前，分别会有 1～2 周的晒田时间，晒田期间由于排水的缘故，不再排放甲烷；但是，晒田期间会有 N_2O 排放发生（N_2O 的温室效应是等质量 CO_2 的 265 倍）。因此，排水及减少甲烷排放期间，还需同时关注和估算排水期间的 N_2O 排放，同时做到整体降低稻田温室气体排放全球增温潜势。

10.4.1　稻田甲烷排放估算方法介绍

10.4.1.1　稻田甲烷排放的主要影响因素

水分管理方式：一般来讲，淹水持续的时间越长，稻田 CH_4 排放量就越大。研究表明，无论是否投入有机肥，F-D-F（前期淹水—中期晒田—复水）、F-D-F-M（前期淹水—中期晒田—复水—湿润灌溉）和 M（间歇灌溉或完全湿润）均比 CF（淹水灌溉）模式显著降低稻田 CH_4 排放，降低的平均幅度分别为 45%、59% 和 83%。间歇灌溉模式的水分管理方式能大幅降低稻田 CH_4 的排放，从插秧开始即可采取湿润灌溉或干湿交替灌溉方式，使土壤不具备产生 CH_4 的厌氧还原条件，进而大幅降低稻田 CH_4 排放。

有机物料投入：新鲜的有机肥能够为产甲烷菌提供较多的基质，从而增加稻田甲烷排放。霍莲杰等于 2013 年的实验结果表明，施用新鲜有机肥（稻草、鸡粪、猪粪）均增加了甲烷的排放；施用经堆肥、发酵处理过的有机肥的处理甲烷排放明显减少。

水稻品种：在水稻生长期间，稻田大部分的甲烷都是通过植株本身的通气组织释放到大气中的，植株本身在稻田甲烷排放过程中起到重要作用。曹云英等2000 年的研究表明，根系活力强的植株对甲烷的产生既有促进作用又有抑制作用：一方面根氧化力强的植株根际甲烷氧化菌的活力也会增强，从而促进甲烷的氧化而抑制甲烷的排放；另一方面根系活力强，其主动吸收能力强，这也促进了甲烷的运输及排放，随之根际分泌物也会增多，为产甲烷菌提供更多的碳源，使得甲烷的产生增多。然而，更多的研究认为根系活力强的水稻品种对甲烷的产生的抑制作用占优势。

生育期及土壤温度：稻田 CH_4 的排放与土壤温度密切相关，因为土壤温度直接影响着有机质的分解、土壤微生物的活性、CH_4 的产生和向大气圈传输的速率。1990 年 Schutz 等的研究显示，在水稻生育期内，CH_4 排放通量日变化规律与土壤温度日变化规律相一致。此外，土壤温度在土壤剖面的垂直结构分布也会影响 CH_4 的产生与排放，一般 5 cm 土层温度对土壤 CH_4 排放通量影响最大。

10.4.1.2　稻田甲烷排放估算方法概述

（1）IPCC 方法

《2006 年 IPCC 国家温室气体清单指南》中的稻田甲烷排放估算方法，与旱地农田 N_2O 排放估算方法类似，即活动数据乘以排放因子，具体见式（10-3）。

$$CH_{4水稻} = \sum_{i,j,k} (EF_{i,j,k} \cdot t_{i,j,k} \cdot A_{i,j,k} \cdot 10^{-6}) \qquad (10-3)$$

式中，$EF_{i,j,k}$——在 i、j、k 条件下的甲烷日排放量，$kg\ CH_4\ hm^{-2}\ d^{-1}$；

$\quad\quad t_{i,j,k}$——在 i、j、k 条件下的水稻种植时间，d；

$\quad\quad A_{i,j,k}$——在 i、j、k 条件下的水稻年收获面积，$hm^{-2}\ a^{-1}$；i、j、k 分别代表不同的生态类型、水分状况和有机物添加条件。

调整后的稻田甲烷排放因子 $EF_i = EF_c \times SF_w \times SF_p \times SF_o \times SF_{s,r}$，其中 5 项分别为不含添加有机物的持续灌水稻田的基准排放因子、水分状况换算系数、种植前期水分状况换算系数、有机物添加类型和数量的换算系数，以及土壤类型和水稻品种等换算系数，详细数值可查阅 IPCC 方法学指南。

（2）经验模型法

1996 年，Yao 等利用 6 个地点的通量数据来代表 10 个农业生态区，估算的中国稻田 CH_4 年排放量为 15.3 Tg/a。1997 年，Cai 利用 12 个田间试验结果估算得出中国稻田甲烷排放为 8.05 Tg/a，并考虑了水分和有机肥施用的影响。随着观测试验的增多，根据文献汇总构建了中国稻田 CH_4 排放数据库，分析了水分管理和有机物料投入对 CH_4 排放的影响，以及排放因子的研究工作。之后又有一些根据数据库建立经验模型的报道。

（3）机理模型法

DNDC 模型被较多应用于估算稻田甲烷排放。1995 年 Cao 等开发了一个简化的 CH_4 排放过程模型，该模型考虑了水稻初级生产力和土壤有机质降解作为产甲烷菌的碳底物的供应物，并且考虑了产生甲烷的环境因素，估算每年中国水稻 CH_4 排放量为 16.2 Tg/a。Huang 等在 1998 年开发了 CH_4MOD 模型，该模型将光合速率和有机质投入作为每日甲烷排放通量的计算函数，并纳入有机质、土壤沙粒含量、温度和水稻等要素，其估算中国稻田甲烷排放为 9.66 Tg/a。Matthews 等于 2000 年开发了 MERES 模型，该模型基于水稻生长模型，整合了气候、土壤、农业管理和水稻品种对甲烷通量的影响。

10.4.1.3　本研究稻田甲烷未来排放估算方法

本节采用自选方法（经验模型法），将气象数据、土壤理化性质（容重 BD）、有机物料投入 OM_C（kgC/hm^2）、水分管理 $Coe\_IRRItype$［不同水分管理的影响参数，南方早稻、晚稻、单季稻在持续淹水管理下均取 0，南方早稻 F（淹水）-D（落干）-F 下取 -0.44，F-D-IF（间歇灌溉）下取 -0.09，南方晚稻 F-D-F 下取 -0.35，F-D-IF 下取 -0.39，南方单季稻 F-D-F 下取 -0.24，F-D-IF 下取 -0.54］和产量作为自变量，甲烷日均排放量作为因变量，采用逐步回归方法，建立经验回归模型。鉴于不同稻区水稻在气候、土壤、管理等方面有较大差别，将东北单季稻、南方单季稻、南方早晚稻分别进行建模。基于收集到的 300 篇文献，建立了如下模型：

东北稻区单季稻田甲烷排放经验模型（$R^2=0.67$）：

$$\ln(CH_4d) = -6.33 - 0.55 \times T + 0.8 \times pH + 3.47 \times BD + 0.000\,594 \times OM_C \quad (10\text{-}4)$$

南方稻区单季稻田甲烷排放经验模型（$R^2=0.26$）：

$$\ln(CH_4d) = -0.11 + 0.000\,102 \times OM_C + 0.000\,083 \times Yield + Coe\_IRRI_{type} \quad (10\text{-}5)$$

南方稻区早稻田甲烷排放经验模型（$R^2=0.45$）：

$$\ln(CH_4d) = 11.11 - 0.45 \times T - 0.36 \times pH + 0.000\,114 \times OM_C + Coe\_IRRI_{type} \quad (10\text{-}6)$$

南方稻区晚稻田甲烷排放经验模型（$R^2=0.32$）：

$$\ln(CH_4d) = 7.41 - 0.27 \times T - 0.29 \times pH + 0.000\,217 \times OM_C + Coe\_IRRI_{type} \quad (10\text{-}7)$$

式中，CH_4——每日甲烷排放量，$kgCH_4 \cdot d/hm^2$；

　　　a、b、c、d、e——分别为背景值及各项指标的排放系数；

　　　T——水稻生育期的平均气温；

pH——土壤酸碱度指标；

BD——土壤容重；

OM_C——有机物归还量，kgC/hm^2。

10.4.2　中国稻田温室气体低排放路径情景设计

10.4.2.1　低排放路径情景设计

从影响稻田甲烷排放的主要因素分析，能够显著降低稻田甲烷排放的措施包括：甲烷抑制剂的使用、采用间歇淹水灌溉管理、生物质炭施用等。其中，生物质炭施用还可以显著增加土壤碳储量和减少氧化亚氮排放；不过，与持续淹水管理相比，间歇淹水管理可能会增加氧化亚氮排放。鉴于当前甲烷抑制剂的产品极少，不能大面积施用，因此本研究假设当前施用甲烷抑制剂的农田比例接近于 0%，假设到 2050 年可达到 10%。根据农业农村部的数据，2016 年我国农作物秸秆资源利用率为 81.7%，且争取 2020 年达 85%以上，按此速度，预计到 2050 年可达 100%。目前秸秆还田比例大约一半，而未被利用的秸秆为 18%，因此，可假设未被利用的秸秆有一半可通过炭化还田，即到 2050 年有 9%的秸秆可能通过炭化还田。基于上述分析，中等和高减排情景设置如表 10-8 和表 10-9 所示。

表 10-8　稻田 CH₄ 未来低排放情景设置：不同管理模式的农田占比（中等减排力度）

单位：%

措施	2015 年	2020 年	2030 年	2040 年	2050 年
持续淹水	50	36	21.4	5.8	0
间歇淹水+覆膜旱作	50	60	70	80	90
生物质炭	0	1	3.6	6.2	9
甲烷抑制剂	0	3	5	8	1
总计	100	100	100	100	100

表 10-9 稻田 CH₄ 未来低排放情景设置：不同管理模式的农田占比（高减排力度）

单位：%

措施	2015 年	2020 年	2030 年	2040 年	2050 年
持续淹水	50	35	17	0	0
间歇淹水+覆膜旱作	50	60	70	80	80
生物质炭	0	2	8	14	20
甲烷抑制剂	0	3	5	6	0
总计	100	100	100	100	100

关于稻田 N_2O 低排放路径设置，与 10.2 节旱地农田 N_2O 排放低排放路径设置一致，主要为氮肥结构及用量的不同情景（表 10-1 和表 10-2）。

10.4.2.2 未来排放估算所需数据

（1）排放因子数据更新

使用中国知网数据库（CNKI）和外文科学期刊数据库（the Web of Science），搜索相关关键词：暗箱法、中国、甲烷或温室气体，最终获得有效文献 140 篇，共获得 921 个甲烷排放田间观测数据，209 组稻田氧化亚氮观测数据，用于稻田氧化亚氮排放因子的开发及数据库构建。

本研究还搜集了甲烷抑制剂和生物质炭应用相关的研究，并建立了数据库。其中，获得甲烷抑制剂使用的田间试验共 10 组观测值，生物质炭应用的田间试验共 211 组观测值。通过统计分析，估算得出甲烷抑制剂和生物质炭应用的减排效应。甲烷抑制剂的使用可降低甲烷排放平均 23.3%，95%置信区间为 14.1%～32.4%。

（2）活动数据获取

本研究基于省为单元的稻区尺度经验模型进行未来不同排放路径的排放量估算。东北稻区种植制度为单季水稻，长江中下游稻区、西南稻区和华南稻区的种植制度包括水旱轮作（稻麦、稻油）、双季稻等。用于估算排放的一些源数据，包括稻田面积、作物产量、化学氮肥施用量、年均温、土壤有机质含量和 pH、秸秆资源量等。其中，省级尺度稻田面积、作物产量、化学氮肥用量数据来自《中国农产品成本收益资料汇编》，气象数据来自中国气象数据网（http://data.cma.cn/），秸秆资源量由作物产量和草谷比换算得出。用于空间运算的栅格图中，土壤性质栅格数据来源于世界土壤数据库；作物种植分布、产量和施肥量分布栅格图是由

Monfreda 等于 2008 年和 Mueller 等于 2012 年的空间分布研究与省级尺度数据进行匹配得出的，分辨率均为 0.083°×0.083°。

10.4.3 中国稻田温室气体低排放估算

10.4.3.1 中国稻田甲烷未来低排放路径及排放量

基于本研究建立的不同管理下的甲烷排放因子和情景设置，模拟得到未来稻田甲烷低排放路径。如表 10-10 所示，中等减排情景下全国稻田甲烷排放量可由 2015 年的 692 万 t 降低到 2050 年的 492 万 t，减少了约 200 万 t，相当于 5 600 万 t 二氧化碳当量。其中，长江中下游贡献最大，为 104 万 t 甲烷；其次是华南（61 万 t）和西南稻区（34 万 t），东北稻区贡献最少（2 万 t）。

表 10-10 不同稻区甲烷低排放路径—中等减排力度

单位：万 t CH$_4$/a

稻区	2015 年	2020 年	2030 年	2040 年	2050 年
东北	62.77	62.10	61.21	60.17	60.54
长江中下游	388.29	362.04	333.35	303.51	284.65
西南	116.76	108.24	98.74	88.90	82.38
华南	124.54	109.88	93.52	76.74	63.98
全国	692.37	642.26	586.82	529.32	491.55

高减排情景计算结果显示，在良好管理措施下，全国稻田甲烷排放量可由 2015 年的 692 万 t 降低到 2050 年的 482 万 t，减少了约 210 万 t，相当于 5 880 万 t 二氧化碳当量。其中，长江中下游贡献了 51%，西南稻区和华南稻区贡献了 47%，而东北稻区仅贡献 2%。

表 10-11 不同稻区甲烷低排放路径—高减排力度

单位：万 t CH$_4$/a

稻区	2015 年	2020 年	2030 年	2040 年	2050 年
东北	62.77	61.87	60.19	58.66	58.14
长江中下游	388.29	359.80	323.49	288.32	281.73
西南	116.76	107.41	95.11	83.16	80.30
华南	124.54	108.55	87.68	67.24	61.85
全国	692.37	637.64	566.47	497.37	482.02

10.4.3.2　中国稻田温室气体低排放估算

将稻田 N_2O 排放量和甲烷排放量按照 IPCC 第五次评估报告中的 GWP 数据统一换算为 CO_2e/a（CH_4 为 28、N_2O 为 265），即可得出到 2050 年中国稻田温室气体（甲烷和氧化亚氮）低排放路径。

如表 10-12 所示，中等减排情景下，全国稻田温室气体排放可由当前的 21 390 万 t 降低到 2050 年的 15 333 万 t，降低了约 6 050 万 t CO_2e，降幅为 14%。而高减排情景下（表 10-13），稻田温室气体排放由当前的 21 390 万 t 降低到 2050 年的 14 093 万 t，降低了 7 297 万 t 二氧化碳当量，降幅达 34%。

表 10-12　中等减排情景下稻田温室气体（甲烷和氧化亚氮）排放量

单位：万 t CO_2e/a

稻区	2015 年	2020 年	2030 年	2040 年	2050 年
东北	1 862	1 841	1 812	1 779	1 783
长江中下游	12 154	11 324	10 366	9 431	8 831
西南	3 618	3 390	3 127	2 848	2 628
华南	3 756	3 368	2 935	2 476	2 091
全国	21 390	19 923	18 239	16 534	15 333

表 10-13　高减排情景下稻田温室气体（甲烷和氧化亚氮）排放量

单位：万 t CO_2e/a

稻区	2015 年	2020 年	2030 年	2040 年	2050 年
东北	1 862	1 829	1 757	1 692	1 673
长江中下游	12 154	11 181	9 740	8 501	8 261
西南	3 618	3 346	2 902	2 440	2 336
华南	3 756	3 316	2 678	2 001	1 823
全国	21 390	19 670	17 078	14 634	14 093

在稻田总温室气体（甲烷+N_2O）排放量中，甲烷占比介于 90% 和 91%～96%（中等减排力度），是稻田排放的主要温室气体。

10.4.4　中国稻田土壤碳汇提高路径

10.4.4.1　估算方法

由于稻田土壤施用有机肥会显著增加稻田的甲烷排放，因此，本研究从稻田土壤源汇 GWP 的综合角度考虑，未推荐在稻季施用有机肥，可以在水稻收获后的非淹水期采取施用有机肥或秸秆还田等措施提高稻田土壤有机碳，避免新鲜有机物在稻季产生大量的甲烷排放。

基于此考虑，本研究推荐的稻田土壤碳汇增汇措施为将多余秸秆炭化为生物质炭施入稻田土壤中增加土壤有机碳。根据研究，生物质炭中的碳 70%可以在 100 年尺度上长期稳定保存，本项目采用此估算方法，将作物产量与草谷比及秸秆可收集系数结合，可估算秸秆可收集资源量，再结合本研究设置的生物质炭应用情景，可计算得出用于生产生物质炭的秸秆资源量。

农业部统计数据显示，中国目前未被利用的秸秆为 18%，因此，可假设未被利用的稻田秸秆有一半可通过炭化还田，即到 2050 年设置 9%和 18%的秸秆可通过炭化还田的中等力度和高碳汇力度（表 10-14 和表 10-15）。作物秸秆生产生物质炭的产率平均为 35%，水稻秸秆生物质炭的含碳量为 41%～44%，保守型估计生物质炭稳定性碳含量占 70%，据此可计算得到未来中国稻田生物质炭施用带来的碳汇增加数量。

表 10-14　生物质炭施用下稻田土壤碳汇增加路径—中等力度

单位：万 t CO_2e/a

稻区	2015 年	2020 年	2030 年	2040 年	2050 年
东北	0	10.0	36.2	62.4	90.5
长江中下游	0	43.7	157.3	271.0	393.4
西南	0	17.0	61.3	105.5	153.2
华南	0	8.6	30.9	53.2	77.2
全国	0	79.3	285.7	492.0	714.3

表 10-15　生物质炭施用下稻田土壤碳汇—高碳汇力度

单位：万 t CO_2e/a

稻区	2015 年	2020 年	2030 年	2040 年	2050 年
东北	0	20.1	80.5	140.8	201.2
长江中下游	0	87.4	349.7	611.9	874.1
西南	0	34.0	136.2	238.3	340.4
华南	0	17.2	68.6	120.0	171.5
全国	0	158.7	634.9	1 111.1	1 587.2

根据设置的中等减排情景，生物质炭施用下稻田土壤碳汇可由 BaU 的 0 增加到 2030 年的 286 万 t CO_2e/a 和 2050 年的 715 万 t CO_2e/a，其中，长江中下游稻区贡献最大，其次是西南、华南和东北稻区。

高减排情景下，生物质炭施用可将稻田土壤碳汇由 BaU 的 0 增加到 2030 年的 634 万 t CO_2e/a 和 2050 年的 1 588 万 t CO_2e/a，与中等减排情景相同，长江中下游稻区贡献最大，其次是西南、华南和东北稻区。以 2050 年为例，通过计算土壤固碳和 N_2O、CH_4 减排对农田温室气体总减排量的相对贡献可得出，仅生物质炭施用一项措施，土壤碳汇增加的贡献可达到 18%，说明发展适宜的土壤固碳措施可以带来显著的减排量。

将稻田施用生物炭增加的土壤碳汇与稻田甲烷及 N_2O 排放总量相比，均按照 IPCC 第五次评估报告中统一的温室气体全球增温潜势（GWP，甲烷为 28、N_2O 为 265）折算为二氧化碳当量，可以发现，到 2050 年，高减排力度下，稻田土壤增加的碳汇可抵消 11.3% 的稻田温室气体排放总量，碳汇的抵消作用显著。

10.4.4.2　稻田土壤碳汇抵消温室气体排放的能力

根据本研究设定的生物质炭应用情景，以及计算得到的不同稻区稻田可收集秸秆资源量，可以计算得到可用于生产生物质炭的秸秆量，参考孙建飞等（2018）的研究（生物炭中的碳在 100 年尺度上有至少 70% 的碳为稳定性炭被保存），可计算得出施用生物质炭后稻田的保守固碳量。将固碳量与表 10-12 和表 10-13 的数据相结合，即可计算得出中等减排情景和高减排情景下中国稻田到 2050 年的温室气体排放量。

中等减排情景下，稻田土壤碳汇可抵消同期稻田温室气体排放的 0.13%～2.91%，其中抵消能力排序依次为西南＞东北＞长江中下游＞华南（表 10-16）。

表 10-16　中等减排力度下稻田碳汇可抵消稻田温室气体排放总量的比例

单位：%

稻区	2020 年	2030 年	2040 年	2050 年
中等减排力度	0.27	1.00	1.75	2.54
长江中下游	0.19	0.76	1.44	2.23
西南	0.25	0.98	1.85	2.91
华南	0.13	0.53	1.07	1.85
全国	0.20	0.78	1.49	2.33

如表 10-17 所示，在高减排情景下，稻田土壤碳汇可抵消同期稻田温室气体排放的 0.22%～6.25%，各稻区的抵消能力同中等增汇及减排力度，以西南稻区抵消能力较高、华南稻区最低、东北和长江中下游稻区居中。

表 10-17　高减排力度下稻田碳汇可抵消稻田温室气体排放总量的比例

单位：%

稻区	2020 年	2030 年	2040 年	2050 年
东北	0.47	1.96	3.57	5.15
长江中下游	0.34	1.54	3.08	4.53
西南	0.44	2.01	4.19	6.25
华南	0.22	1.10	2.57	4.03
全国	0.35	1.59	3.25	4.83

由于土壤碳汇增加一方面能够增加土壤的水肥保持和供应能力，促进作物产量的提高和减少环境污染；另一方面，土壤碳汇增还能将原本会释放到大气中的碳固存在土壤中，对减缓大气温室气体排放起到一定作用。因此，无论从减排还是可持续发展的角度，增加土壤碳汇都是经济而又无悔的选择（在成本及经济条件允许的条件下）。

【小结及政策建议】

（1）中国稻田未来中等减排力度和高减排力度两个情景下，稻田温室气体总排放量（氧化亚氮+甲烷）中，甲烷为主要的温室气体，占比在 90%～96%。

（2）稻田温室气体总排放量在中等减排力度下为 1.82 亿 t CO_2e/a（2030 年）

和 1.53 亿 t CO₂e/a（2050 年）；在高减排力度下，未来排放量为 1.71 亿 t CO₂e（2030年）和 1.41 亿 t CO₂e（2050 年）。

（3）稻田施用秸秆生物炭不仅能够减排温室气体，还能增加稻田土壤碳汇，全国稻田平均增加的碳汇在 2050 年能够抵消稻田温室气体排放总量的 4.8%（高碳汇力度）。

10.5　动物饲养消化道发酵及动物废弃物处理低排放路径

畜禽养殖是农业生产的重要组成之一，历次国家温室气体清单数字显示，畜禽养殖活动中动物肠道发酵的甲烷排放占到农业活动甲烷排放的 44.3%～59.2%；而且，畜禽粪便管理的甲烷和 N₂O 排放分别占到农业活动甲烷和 N₂O 排放的11.4%～14.2%和 16.9%～28.4%，是农业活动主要的温室气体排放源。

动物肠道发酵甲烷排放是指动物在正常的食物消化过程中，寄生在动物消化道内的微生物发酵消化道内饲料时产生的甲烷排放，肠道发酵甲烷排放只包括从动物口、鼻和直肠排出体外的甲烷，不包括粪便的甲烷排放。动物肠道发酵的甲烷排放量受动物类别、年龄、体重、采食饲料数量及质量、动物生长及生产水平的影响，其中采食量和饲料质量是最重要的影响因子。

10.5.1　估算方法介绍

10.5.1.1　反刍动物饲养甲烷排放主要影响因素

反刍动物排放甲烷和它们特有的消化方式有关，瘤胃内碳水化合物在微生物的作用下分解成乙酸、丙酸、丁酸、氢气、二氧化碳，其中产甲烷菌能够将甲酸、乙酸、甲胺、甲醇及其他有机中间化合物转化成甲烷和二氧化碳，同时伴随能量的释放。发酵产生的气体中，甲烷占 30%～40%，是草食家畜肠道发酵过程的副产物。饲料在动物消化道内发酵释放的甲烷量取决于消化道的类型、家畜的年龄和体重、生长率和产量（如奶产量、羊毛生长或妊娠），以及日粮采食量和采食饲料的类型及质量。关于饲料类型和质量，主要包括饲料的精粗比、饲料的贮存方式（酸化、氨化、碱化）、粉碎程度和添加剂等。

一般来讲，饲料中精饲料比例增加，甲烷排放较低，因为粗饲料中纤维素含量高，微生物发酵产生的甲烷较多。饲料粉碎程度较细，植物性饲料中的细胞壁被破坏，易于消化，产生的甲烷也会较低。饲料经化学处理后（如氨化），纤维素类物质的分解程度增加，细胞壁膨胀，便于微生物纤维素酶渗入，而易于消化，同时降低甲烷排放。添加脂肪酸及微生物制剂（益生素），可通过调整瘤胃内微生物区系和调整种群平衡，进而减少饲料消化过程中产生的甲烷。

反刍牲畜（如牛、羊）是甲烷的主要排放源，而非反刍牲畜（如猪、马）产生中等数量的甲烷。主要的反刍牲畜有家牛、水牛、山羊、绵羊、鹿和骆驼。非反刍牲畜（马、骡子、驴子）和单胃牲畜（猪）产生相对较低的甲烷排放。

10.5.1.2 动物饲养甲烷排放估算方法概述

饲料在动物消化道内发酵产生甲烷，是一种受多因素影响的生物学过程，由于动物类型复杂，针对不同动物的模型估测也不尽相同，模型所需的一些数据不太容易获得，目前还以 IPCC 方法或改进的 IPCC 方法为主。

（1）IPCC 方法

方法 1：IPCC 方法可简要概括为各个类型或亚类的家畜数量[$N_{(T)}$]乘以每类家畜的甲烷排放因子[$EF_{(T)}$]，如式（10-8）所示。

$$排放 = EF_{(T)} \cdot \left(\frac{N_{(T)}}{10^6} \right) \qquad (10\text{-}8)$$

式中，IPCC 优良做法中每类家畜的年饲养量可用其年总出栏量（NAPA）乘以其每年的生长周期（Days_alive），如式（10-9）所示。

$$AAP = Days\_alive \cdot \left(\frac{NAPA}{365} \right) \qquad (10\text{-}9)$$

排放因子采用 IPCC 提供的默认因子或具有针对性的国家排放因子。

方法 2：这是一种较复杂的方法，家畜类别要求按照国家特定的总能摄取量和特定牲畜类别甲烷换算系数分类。对于排放量在国家总排放量中所占比例很大的家畜类别，如果肠道发酵是关键源类别，应采用此方法，如式（10-10）所示。

$$EF = \left[\frac{GE \cdot \left(\frac{Y_m}{100} \right) \cdot 365}{55.65} \right] \qquad (10\text{-}10)$$

式中，GE——每种家畜的总摄取能力，MG CH$_4$/（头·d）；

Y_m——饲料中总能转化为甲烷的百分比；

55.65（MG/kg 甲烷）——甲烷的能量含量；

365——全年天数。

GE 和 Y_m 的参数取值可参阅 IPCC 报告。

关于 GE 可以根据每个国家各自的情况进行分类，需要收集的参数包括动物体重、平均日增重、成年体重、采食量、饲料消化率、平均日产奶量、奶脂肪含量、一年中怀孕的母畜百分数、每只羊年产毛量、每日劳动时间等动物特性参数。

（2）模型法

由于家畜消化道内甲烷的产生主要与饲料的成分有关，因此一些研究人员尝试建立饲料成分与甲烷排放量之间的回归方程。如自变量为日粮采食量，饲料中的可消化量（包括可消化半纤维素和纤维素可消化中性洗涤可溶物）；自变量为可消化粗脂肪、可消化粗纤维、可消化无氮浸出物；自变量为摄入代谢能、酸性洗涤纤维、木质素；自变量为饲料中中性洗涤纤维降解量、挥发性脂肪酸量；自变量为中性洗涤纤维；自变量为摄入总能等。但这些经验模型所需参数较多，一般都难以获取，而且不同家畜类型的饲料类型不一，目前还很难在大范围进行实际应用。

10.5.2　动物粪便处理的温室气体排放估算方法概述

10.5.2.1　动物粪便管理中的甲烷排放

动物粪便中含有大量的含碳有机物，在无氧条件下会分级释放甲烷，影响甲烷排放的主要因素是生产的粪便量和粪便无氧降解的比例。前者取决于每头家畜的废物产生率和家畜的数量，而后者取决于如何进行粪便管理。当粪便以液体形式储存或管理时（例如，在化粪池、池塘、粪池或粪坑中），粪便无氧降解，可产生大量的甲烷。储存装置的温度和滞留时间极大地影响到甲烷的产生量。当粪便以固体形式处理（如堆积或堆）或者在牧场和草场堆放时，粪便趋于在更加耗氧的条件下进行降解，产生的甲烷较少。

IPCC 方法：方法 1：主要按照家畜品种/类别和气候区或温度划分的牲畜种群数据，按照每类家畜的粪便年产生量，结合 IPCC 缺省排放因子，以估算排放量。因为来自粪便管理系统的部分排放对温度具有很高的依赖性，因此优良做法是估算粪便管理点的相关年均温。方法 2：当某种特定牲畜品种/类别的排放量在国家排放量中占很大比重时，应采用更复杂的方法来估算粪便管理系统中的甲烷排放。此方法需要关于家畜特征和粪肥管理方式的详细资料，这些资料可用来确定本国特定情况下的排放因子。

IPCC 方法所需要的活动数据主要是各种气候区及管理方式下各类动物的数量、每日易挥发固体排泄量（VS_i）及粪便的最大甲烷生产能力（Bo_i）。我国省级温室气体清单指南中建议的动物粪便管理方式一般分为 13 种，包括放牧、每日施肥、固体储存、自然风干、液体贮存、氧化塘、舍内粪坑贮存、沼气池、燃烧、垫草垫料、堆肥和沤肥、好氧处理，需要调查获得各省不同动物粪便管理方式的所占比例，可以大致分为规模化饲养、农户散养、放牧三大类；相应的排放因子也按照同样的分类方法收集或查询。

10.5.2.2 动物粪便管理中 N_2O 的排放

动物粪肥存储和处理过程中产生的 N_2O，主要是因粪便中氮的硝化和反硝化过程产生。N_2O 排放与动物的类型和数量、氮排泄率、粪便管理方式等有关。粪便处理过程中的环境条件也是影响 N_2O 排放的重要因素；粪便的堆肥方式是影响 N_2O 排放的另一主要因素；另外，蓄粪池的水特性、蓄粪池的粪水停留时间、风速、覆盖、搅拌频率和降雨等因素都会影响粪便处理系统的温室气体排放（田方等，2012）。

（1）粪便管理系统中的 N_2O 直接排放计算方法

IPCC 方法：方法 1：以每种类型粪便管理系统的总排泄氮量乘以每种粪便管理系统类型的排放因子，然后合计所有粪便管理系统的排放量。该方法的应用需要使用 IPCC 每种动物不同管理模式下的 N_2O 默认排放因子和氮排泄量默认数据，活动数据则需要相应管理方式下的动物数量和粪便管理系统默认数据。方法 2：采用与方法 1 相同的计算公式，使用国家特定数据，如牲畜类别的国家特定氮排泄率。

（2）粪便管理系统中的 N_2O 间接排放计算方法

粪便的现场管理可能会引起其他形式的氮损失，挥发性氨气中的氮可能通过氮沉积形式再次回到粪便处理区，并促成了 N_2O 的间接排放。粪便管理系统中淋溶和径流的氮也可能造成 N_2O 的间接排放。由于不同地区的淋溶和径流氮损失量不同，因此只有当获得粪便管理系统中淋溶和径流引起的氮损失比例的相关国家特定信息时，才能估算本国的分辨管理系统中 N_2O 间接排放量。

所需活动水平数据主要是不同地区和管理类型下的各类动物数量，关于各类动物的粪便年排泄量及氮排泄比例，缺少数值的情况下，可以参照 IPCC 默认值。

10.5.3　动物饲养未来低排放路径排放路径

10.5.3.1　方法介绍与数据获取

（1）方法及排放因子

本研究计算动物饲养活动中动物消化道发酵的甲烷排放、畜禽粪便管理过程中的甲烷及 N_2O 排放的方法，采用的是 IPCC 方法 2。排放因子采用《省级温室气体清单编制指南（试行）》中农区和牧区的平均值。各种减排情景下的排放因子，为本研究自行收集并建立的数据库。

表 10-18　不同动物类型肠道甲烷及废弃物处理的气体排放因子

单位：kg/（头·a）

气体类型	奶牛	非奶牛	水牛	绵羊	山羊	猪
肠道甲烷	92.23	68.7	79.1	8.13	8.33	1
粪便甲烷	6.49	2.82	5.11	0.28	0.3	3.46
粪便 N_2O	1.67	0.77	0.98	0.08	0.08	0.2

资料来源：《省级温室气体清单编制指南（试行）》中农区和牧区的平均值参数。

表 10-19　动物肠道发酵 CH_4 排放因子

单位：kg/（头·a）

饲养方式	奶牛	非奶牛	水牛	绵羊	山羊	猪
规模化饲养	88.1	52.9	70.5	8.2	8.9	1
农户散养	89.3	67.9	87.7	8.7	9.4	—
放牧饲养	99.3	85.3	—	7.5	6.7	—

资料来源：《省级温室气体清单编制指南（试行）》。

（2）活动水平（畜禽数量）的确定

本研究根据过去 20 年（1997—2016 年）人口数量与不同饲养动物的数量建立回归方程，继而预测在未来年份人口发展所对应的动物饲养需求量。

本节所研究的反刍动物包括牛和羊，牛分为奶牛、肉牛、水牛；羊分为山羊和绵羊。反刍动物由于瘤胃容积大，寄生的微生物种类多，单个动物产生的甲烷数量大；非反刍动物甲烷排放量较小，特别是鸡和鸭因其体重小所以肠道发酵甲烷排放可以忽略不计；中国养的猪数量较大，占世界存栏量的 50%以上，因此本估算也包含了猪的肠道发酵甲烷排放。

由于国家统计局只有牛年底存栏量的统计，并没有将牛细分为奶牛、非奶牛、水牛三大类。我们查询近五年《中国畜牧兽医年鉴》获得 3 类牛的平均比例，即奶牛 13.95%、肉牛 67.04%、水牛 19.01%，以此确定每类牛的数量。

（3）低排放路径设计

①动物饲养消化道甲烷减排措施设置：根据大量的文献汇总及目前的国情及技术发展和可操作性，本研究设置适合我国未来反刍动物肠道甲烷排放的减排措施有调整饲料精粗比、改变饲料加工方式、改变粗粮类型以及脂类添加剂四种主要方式。

②畜禽废弃物管理的甲烷和 N_2O 排放减排措施设置：根据我国国情及技术的可实施性，本研究设计的降低畜禽粪便氧化亚氮排放的措施有沼气池厌氧发酵、堆肥处理以及好氧处理（来源于《省级温室气体清单编制指南（试行）》）；粪便管理中减少甲烷产生的措施主要有酸化沼液。

本研究根据文献汇总分析，总结得出畜禽养殖和废弃物处理不同管理措施下的主要气体减排效果（表 10-20 和表 10-21）。

表 10-20　饲养动物肠道甲烷减排措施与常规管理方式相比的甲烷减排率

目标气体	减排措施	减排率/%	平均值	文献
CH₄	调整饲料精粗比	3.3～26.9	15.1	韩继福等，1996；樊霞等，2006
	改变饲料加工方式	2.8～25.9	14.3	华金玲等，2010，2012；张大芳，1995
	改变粗粮类型	2.7～20.0	11.4	娜仁花，2010；桑断疾等，2013；游玉波，2008
	脂类添加剂	18.8～75.0	46.9	李玉珠等，2005；安娟等，2006；黄小丹，2008；杨博，2009

资料来源：本项目研究人员根据文献汇总。

表 10-21　动物粪便管理减排措施及气体减排率

目标气体	减排措施	减排率/%	平均值	文献
CH$_4$	酸化沼液	31.2～94.0	74.1	黄丹丹，2013；李路路，2016
N$_2$O	堆肥垫草好氧处理	94.4	94.4	《省级温室气体清单编制指南（试行）》

资料来源：本项目根据文献汇总。

③低排放路径：按照《全国农业现代化规划（2016—2020 年）》中的农业规模化规划，综合本研究对不同减排措施的减排力度、成本及措施推广的难易程度，本研究设定了主要活动的低排放情景，包括中等减排力度和高减排力度两种减排情景。根据《国务院办公厅关于加快推进畜禽养殖废弃物资源化利用的意见》提出的建设目标："我国将于 2018—2020 年完成部分畜牧大县开展畜禽污染处理和资源化利用建设；建成后项目县畜禽粪污综合利用率达到 90%以上，规模养殖场粪污处理设施装备配套率达到 100%。"

本研究设置以下低排放情景，动物饲养方式分为规模化饲养、农户饲养和放牧饲养 3 种模式，当前规模化养殖率为 54%[2015 年数值，数据来源为《全国农业现代化规划（2016—2020 年）》（国发〔2016〕58 号）]。设置在中等减排力度下规模化养殖率在 2050 年达到 75%。设置在高减排力度下规模化养殖率在 2050 年达到 95%。中国未来动物肠道发酵甲烷低排放情景的 3 种情景设置见表 10-22 至表 10-24。

表 10-22　中国未来动物饲养消化道发酵甲烷排放减排路径设置（BaU 情景）

各种养殖措施占比/%	2020 年	2025 年	2030 年	2035 年	2040 年	2045 年	2050 年
规模化养殖	65	65	65	65	65	65	65
农户散养	20	20	20	20	20	20	20
放牧饲养	15	15	15	15	15	15	15

表 10-23　中国未来动物饲养消化道发酵甲烷排放减排路径设置（中等减排力度）

各种养殖措施占比/%		2020 年	2025 年	2030 年	2035 年	2040 年	2045 年	2050 年
规模化养殖下不同措施实施	常规规模化	25	22	20	17	15	13	10
	调整精粗比 3∶7	10	12	14	16	18	20	22
	加工粉碎	20	21	21	22	22	22	23
	青贮或氨化	5	5	6	7	7	8	8
	增加添加剂	5	6	7	8	10	11	12
	小计	65	66	68	70	72	74	75
农户散养		20	19	17	15	13	12	12
放牧饲养		15	15	15	15	15	14	13

表 10-24　中国未来动物饲养消化道发酵甲烷排放减排路径设置（高减排力度）

各种养殖措施占比/%		2020 年	2025 年	2030 年	2035 年	2040 年	2045 年	2050 年
规模化养殖下不同措施实施	常规规模化	20	16	13	10	7	5	5
	调整精粗比 3∶7	15	17	21	25	28	30	32
	加工粉碎	20	23	25	28	29	31	32
	青贮或氨化	5	6	7	8	10	13	15
	增加添加剂	5	6	7	7	9	10	11
	小计	65	69	73	78	83	89	95
农户散养		20	18	16	13	10	7	3
放牧饲养		15	13	11	9	7	4	2

动物粪便管理甲烷和 N_2O 低排放情景的 2 种情景设置见表 10-25～表 10-27。

表 10-25　中国未来动物粪便管理甲烷低排放路径设置（中等减排力度）

不同养殖措施占比/%	2020 年	2025 年	2030 年	2035 年	2040 年	2045 年	2050 年
规模化养殖	65	66	68	70	72	74	75
其中，酸化沼液	25	35	40	45	52	60	65
农户散养	20	19	17	15	13	12	12
放牧饲养	15	15	15	15	15	14	13

表 10-26　中国未来动物粪便管理甲烷低排放路径设置（高减排力度）

不同养殖措施占比/%	2020 年	2025 年	2030 年	2035 年	2040 年	2045 年	2050 年
规模化养殖	65	69	73	78	83	89	95
其中，酸化沼液	30	36	43	50	60	72	85
农户散养	20	18	16	13	10	7	3
放牧饲养	15	13	11	9	7	4	2

表 10-27　中国未来动物粪便管理 N_2O 低排放路径设置（中等减排力度）

不同处理措施占比/%		2020 年	2025 年	2030 年	2035 年	2040 年	2045 年	2050 年
规模化养殖	占比	65	66	68	70	72	74	75
	其中，沼气	25	35	40	50	60	63	65
	其中，堆肥	40	31	28	20	12	11	10
农户散养	占比	20	19	17	15	13	12	11
	其中，常规堆放	11	10	9	8	7	7	6
	其中，垫草	9	9	8	7	6	5	5
放牧饲养		15	15	15	15	15	14	14

表 10-28　中国未来动物粪便管理 N_2O 低排放路径设置（高减排力度）

不同处理措施占比/%		2020 年	2025 年	2030 年	2035 年	2040 年	2045 年	2050 年
规模化养殖	占比	65	69	73	78	83	89	95
	其中，沼气	30	35	42	50	60	72	85
	其中，堆肥	35	34	31	28	23	17	10
农户散养	占比	20	18	16	13	10	7	3
	其中，常规堆放	11	10	9	7	5	4	2
	其中，垫草	9	8	7	6	5	3	1
放牧饲养		15	13	11	9	7	4	2

10.5.4　动物饲养活动的温室气体未来减排量估算

10.5.4.1　BaU 情景下未来排放

要获得未来的动物肠道发酵甲烷和畜禽粪便管理甲烷和氧化亚氮的排放量，

就需要得到未来的不同畜禽存栏量（即活动水平）。而畜禽养殖与人口数量及人民生活水平密切相关。考虑将来社会经济发展伴随人口老龄化问题，老龄化人口对肉蛋奶的需求可能较低；但城镇化率提高及农村人口对食物的需求及生活水平的提高可能会增加对肉蛋奶的需求，这两个因素有互相抵消之势。因此，本书暂不考虑人口老龄化和城镇化率的变化对未来肉蛋奶需求的影响及畜禽养殖数量的影响，仅考虑人口数量变化对畜禽数量的影响。本书采用项目内宏观经济组预测的未来人口数量（表 10-29），根据当前（近 20 年）人口数量与畜禽数量的关系来推测未来畜禽数量。

表 10-29　中国未来人口预测　　　　　　　　单位：亿人

	2015 年	2020 年	2025 年	2030 年	2035 年	2040 年	2045 年	2050 年
人口	13.75	14.11	14.26	14.28	14.18	13.95	13.66	13.31

资料来源：本项目宏观经济组预测数据。

我们根据 1986—2015 年的数据分析发现，现有人口与现有畜禽存栏量没有明显关系，但是计算出人均占有畜禽数量后，发现人口数量与人均畜禽占有量之间存在函数关系。其中人口数与人均牛占有牛数量之间函数关系的 R^2 高达 0.97。而人口数与人均占有猪的数量容易受到多种外在因素的影响，导致猪的数量与人口数之间的数量关系不明显，多年都徘徊在某一数值附近，因此猪的人均占有量采用多年平均值。本研究得出的未来不同畜禽存栏量见表 10-30。

表 10-30　中国未来主要畜禽数量存栏量估算　　　　　　　　单位：万头

年份	奶牛	非奶牛	水牛	绵羊	山羊	猪
2020	1 001	48 069	1 363	16 149	14 342	47 221
2030	931	4 473	1 269	16 530	14 304	47 790
2040	1 066	5 120	1 452	15 794	14 374	46 685
2050	1 330	6 390	1 812	14 413	14 456	44 543

用预测出的未来各种畜禽的存栏量估算牲畜的年度出栏量，并与前述排放因子相乘，得出未来 30 年动物肠道甲烷和畜禽废弃物的温室气体排放量。结果如表 10-31 所示。

表 10-31　未来 30 年畜禽养殖及粪便管理气体排放量预测（BaU 情景）

单位：kt/a

年份	肠道甲烷	粪便甲烷	粪便 N_2O
2020	7 901.3	1 988.5	185.4
2030	7 598.6	1 990.4	182.2
2040	8 188.1	1 986.8	188.4
2050	9 345.9	1 980.6	200.8

10.5.4.2　减排路径下未来排放量估算

根据前述两种排放路径，计算出动物饲养活动未来温室气体排放量，具体见表 10-32。其中，数据根据 IPCC 第五次评估报告中不同温室气体的全球增温潜势（GWP），在 100 年尺度上甲烷的 GWP 是二氧化碳的 28 倍，氧化亚氮的 GWP 是二氧化碳的 265 倍，换算为二氧化碳当量。

表 10-32　中国畜禽养殖温室气体不同减排情景排放量

单位：Mt CO_2e/a

项目	未来情景	2020 年	2030 年	2040 年	2050 年
肠道甲烷	BaU	221.2	212.8	229.3	261.7
	中等减排力度	205.1	193.3	202.6	226.8
	高减排力度	203.4	187.3	191.8	206.9
畜禽废弃物甲烷	BaU	55.7	55.7	55.6	55.5
	中等减排力度	45.4	39.2	34.2	28.7
	高减排力度	43.3	38	30.9	20.5
畜禽废弃物 N_2O	BaU	49.1	48.3	49.9	53.2
	中等减排力度	14.4	13.3	12.8	12.6
	高减排力度	221.2	212.8	229.3	261.7
总和	BaU	326	316.8	334.8	370.4
	中等减排力度	264.9	245.8	249.6	268.1
	高减排力度	261.2	236.7	230.7	231.9

表 10-32 中数据显示，畜禽养殖的温室气体排放主要来源于肠道甲烷排放（占 68%～82%），其次是畜禽粪便管理中的甲烷排放（占 14%～17%），再次是畜禽粪

便管理中的 N_2O 排放（占 4%～15%）。可见，控制畜禽养殖中肠道发酵的甲烷排放是有效的控制畜禽养殖业活动温室气体排放的主要策略。

表 10-32 中数据显示，到 2030 年中等减排力度和高减排力度下 3 种活动温室气体总排放量分别比当年 BaU 排放量降低 22.4% 和 25.3%，到 2050 年两种减排力度下的温室气体总减排分别为 27.6% 和 37.4%，高减排情景下的减排幅度较大。按照我国政府目前对生态环境的重视及执行力度，达到此目标并不太困难，但是需要更多的资金和技术投入，政府和养殖户在减排方面的投入还需要进一步评估。

10.5.5　政策建议及小结

本研究按照当前人口的人均畜禽需要量找出人口与畜禽养殖量间的数量关系，根据未来年份人口预测数据估算出未来各年的畜禽数量，本研究根据文献汇总总结出畜禽养殖不同活动的温室气体减排措施及实现的难易程度设置了不同力度的低排放情景。由于我国农村分散，非规模化养殖散户较多，本研究设置中等减排力度和高减排力度两个情景分别设定到 2050 年规模化养殖占畜禽养殖数量的 75% 和 95%（当前为 54%），并在规模化养殖中设置了不同类型的减排活动占比，得出未来不同减排情景下的温室气体排放量。

畜禽养殖活动中的温室气体排放主要来源于肠道甲烷排放（占 68%～82%），其次是畜禽粪便管理中的甲烷排放（占 14%～17%），再次是畜禽粪便管理中的 N_2O 排放（占 4%～15%）。控制畜禽养殖中肠道发酵的甲烷排放是有效降低畜禽养殖业温室气体排放的策略。

我国 BaU 情景下畜禽养殖 3 种温室气体到 2050 年的排放总量为 3.7 亿 t CO_2e，中等减排力度和高减排力度下到 2050 年畜禽养殖 3 种温室气体可减排总量分别为 27.6% 和 137.4%，需要相当大的技术投入和资金。

【本研究的特点】

（1）在预测未来各种畜禽存栏量时采取年末人口数量与年末人均畜禽占有量的线性关系，在获得未来年末人口数后，得出未来年份的主要畜禽存栏量。

（2）根据大量国内文献汇总分析得出反刍动物肠道甲烷、畜禽废弃物粪便管理产生的甲烷、氧化亚氮和氨挥发在采取不同减排措施的不同减排效率。同时将我国目前最新农业现代化规划，设置高减排力度和中等减排力度下畜禽的不同规模化养殖，与不同减排措施的不同减排效率相结合设置出低排放情景，并与本书预测出的常规情景进行比较。

参考文献

[1]　Bouwman A F. Land use related sources of greenhouse gases：present emissions and possible future trends[J]. Land use policy，1990，7（2）：154-164.

[2]　Bremner J M. Denitrification，nitrification and atmospheric N_2O：John Wiley & Sons Ltd[M]. Chichester，1981.

[3]　Cai Z C. Acategory for estimate of CH_4 emission from rice paddy fields in China[J]. Nutrient Cycling in Agroecosystems，1997，49（1-3）：171-179.

[4]　Cao M K，Dent J B，Heal O W. Methane emissions from China's paddyland[J]. Agriculture Ecosystems & Environment，1995，55（2）：129-137.

[5]　Cheng K，Ogle S M，Parton W J，et al. Simulating greenhouse gas mitigation potentials for Chinese Croplands using the DAYCENT ecosystem model[J]. Global Change Biology，2014（20）：948-962.

[6]　Davidson E A，Verchot L V. Testing the Hole-in-the-Pipe Model of nitric and nitrous oxide emissions from soils using the TRAGNET Database[J]. Global Biogeochemical Cycles，2000，14（4）：1035-1043.

[7]　Delgado-Baquerizo M，Eldridge D J，Maestre F T，et al. Climate legacies drive global soil carbon stocks in terrestrial ecosystems[J]. Science Advances，2017，3（4）：e1602008.

[8]　Ellis J L，Kebrea E，Odongo N E，et al. Prediction of methane production from dairy and beef cattle[J]. Journal of Dairy Science，2007，90（7）：3456-3466.

[9]　Holzapeel-Pschorn A，Conrad R，Seiler W. Effect of vegetation the emission of methane from submerged paddy soil[J]. Plant and Soil，1993（92）：223-233.

[10]　Huang Y，Sass R L，Fisher F M. Model estimates of methane emission from irrigated rice cultivation of China[J]. Global Change Biology，1998，4（8）：809-821.

[11]　IPCC. Climate Change 2013：The Physical Science Basis[R]. 2013.

[12]　IPCC. 2006 IPCC Guidelines for National Greenhouse Gas Inventories Volume 4：Agriculture，Forestry，and other Landuse［M］. Kaganawa，Hayama，Japan：The Organization for Economic Cooperation and Development，2006.

[13]　Coleman K，Jenkinson D S. RothC-26.3：a model for the turnover of carbon in soil[M]//Powlson DS，Smith P，Smith PJU. Evaluation of soil organic matter models using long-term datasets.

Heidelberg Germany，Springer-Verlag，1996：237-246.

[14] Jentsch W，Schweigel M，Weissbbach F，et al. Methane production in cattle calculated by the nutrient composition of the diet[J]. Archives of Animal Nutrition，2007，61（1）：10-19.

[15] Kashyap D R，Dadhich K S，Sharma S K. Biomethanation underpsychrophilic conditions：a review[J]. Bioresource Technology，2003，87（2）：147-153.

[16] Li C S，Zhuang Y H，Cao M Q，et al. Comparing a process-based agro-ecosystem model to the IPCC methodology for developing a national inventory of N_2O emissions from arable lands in China[J]. Nutrient Cycling in Agro-ecosystems，2001（60）：159-175.

[17] Lu Y Y，Huang Y，Zou J W，et al. An inventory of N_2O emissions from agriculture in China using precipitation-rectified emission factor and background emission[J]. Chemosphere，2006（65）：1915-1924.

[18] Matthews R B，Wassmann R，Knox J W. Using a crop/soil simulation model and GIS techniques to assess methane emissions from rice fields in Asia IV，Upscaling to national levels，Nutr[J]. Cycling Agroecosyst，2000（58），201- 217.

[19] Moe P W，Tyrrell H F. Methane production in dairy cows[J]. Journal of Dairy Science，1979，62（6）：1583-1586.

[20] Monfreda C，Ramankutty N，Foley J A. Geographic distribution of crop areas，yields，physiological types，and net primary production in the year 2000 [J]. Farming the planet . Global biogeochemical cycles，2008，22（1）.

[21] Mueller N D，Gerber J S，Johnston M，et al. Closing yield gaps through nutrient and water management[J]. Nature，2012（490）：254-257.

[22] Parton W J，Schimel D S，Ojima D S，et al. A general model for soil organic matter dynamics：sensitivity to litter chemistry，texture and management[C]. Quantitative Modeling of Soil Forming Processes：A Symposium Sponsored by Divisions S-5 & S-9 of the Soil Science Society of America in Minneapolis，1994.

[23] Prăvălie R. Drylands extent and environmental issues. A global approach[J]. Earth-Sci. Rcv，2016，161，259-278.

[24] Schutz H. The effect of temperature on methane emission from paddy soil[J]. Siogeochem，1990（11）：77-83.

[25] Shi X Z，Yu D S，Warner E D，et al. Soil Database of 1：1,000,000 Digital Soil Survey and Reference System of the Chinese Genetic Soil Classification System[J]. Soil Horizons，2004，

45（4）：129-136.

[26] Sun W J, Huang Y, Zhang W, et al. Carbon sequestration and its potential in agricultural soils of China[J]. Global Biogeochemical Cycles, 2010, 24（3）: 1-12.

[27] Thopa R, Awale R, McGranahan D A. Effect of enhanced efficency fertilizers on nitrons oxide emissions and crop yields: A meta-analysis[J]. Soil Science Society of America Journal, 2016, 80（5）: 1121-1134.

[28] Wang S Q, Tian H Q, Liu J Y, et al. Pattern and change of soil organic carbon storage in China: 1960s–1980s[J]. Tellus B: Chemical and Physical Meteorology, 2003, 55（2）: 416-427.

[29] Yan X Y, Cai Z C, Wang S W, et al. Direct measurement of soil organic carbon content change in the croplands of China[J]. Global Change Biology, 2011, 17（3）: 1487-1496.

[30] Yan X Y, Cai Z C, Ohara T, et al. Methane emission from rice fields in mainland China: Amount and seasonal and spatial distribution[J]. Journal of Geophysical Research, 2003, 108（D16）: 4505.

[31] Yan X Y. Estimation of nitrous oxide. nitric oxide and amino-nia emissions from croplands in East, Southeast and South Asia[J]. Global Change Biology, 2003（9）: 1080-1096.

[32] Yao H, Zhuang Y H, Chen Z L. Estimation of methane emission from rice paddies in mainland China, Global Biogeochem[J]. Cycles, 1996（10）: 641-649.

[33] Yue Q, Ledo A, Cheng K, et al. Re-assessing nitrous oxide emissions from croplands across Mainland China[J]. Agriculture, Ecosystems & Environment, 2018（268）: 70-78.

[34] Zheng X H, Han S H, Huang Y, et al. Re-quantifying the emission factors based on field measurements and estimating the direct N_2O emission from Chinese crop lands[J]. Global Biogeochemical Cycles, 2004, 18（2）: 1-19.

[35] Zheng X Y, Liu C Y, Han S H. Description and Application of a Model for Simulating Regional Nitrogen Cycling and Calculating Nitrogen Flux[J]. Advances in Atmospheric Sciences, 2008, 25（2）: 181-201.

[36] Zhou F, Shang Z Y, Ciais P, et al. A New High-Resolution N_2O Emission Inventory for China in 2008[J]. Environmental Science & Technology, 2014（48）: 8538−8547.

[37] Zou J W, Huang Y, Zheng X H. Quantifying direct N_2O emissions in paddy fields during rice growing season in mainland China: Dependence on water regime[J]. Atmospheric Environment, 2007（41）: 8030-8042.

[38] Zou J W, Lu Y Y, Huang Y. Estimates of synthetic fertilizer N-induced direct nitrous oxide

emission from Chinese croplands during 1980–2000[J]. Environmental Pollution，2010（158）：631-635.

[39] 安娟，赵晓川. 反刍动物甲烷排放机制及其调控[J]. 饲料工业，2006，27（13）：57-59.

[40] 曹云英，朱庆森，郎有忠，等. 水稻品种及栽培措施对稻田甲烷排放的影响[J]. 江苏农业研究，2000，21（3）：22-27.

[41] 杜兰兰，王志齐，王蕊，等. 模拟条件下侵蚀-沉积部位土壤 CO_2 通量变化及其影响因素[J]. 环境科学，2016，37（9）：3616-3624.

[42] 冯仰廉. 肉牛营养需要和饲养标准[M]. 北京：中国农业大学出版社，2000.

[43] 郭李萍. 农田温室气体排放通量与土壤碳汇研究[D]. 北京：中国农业科学院，2000.

[44] 韩继福，冯仰廉，张晓明，等. 阉牛不同日粮的粗纤维消化、瘤胃内 VFA 对甲烷产生量的影响[J]. 中国兽医学报，1997，17（3）：278-280.

[45] 韩继福，冯仰廉. 阉牛不同日粮的纤维消化，瘤胃内 VFA 对甲烷产生量的影响[J]. 中国兽医学报，1997（3）：278-280.

[46] 华金玲，王立克. 不同处理稻秸对反刍动物甲烷产量影响的研究[C]. 安徽新能源技术创新与产业发展博士科技论坛论文集，2010.

[47] 华金玲，张永根，王立克，等. 水稻秸青贮对反刍动物甲烷排放的影响[J]. 东北林业大学学报，2012，40（7）：135-138.

[48] 黄小丹. 椰子油对不同日粮条件下绵羊瘤胃微生物及甲烷产量的影响[D]. 兰州：甘肃农业大学，2008.

[49] 胡小康，黄彬香，苏芳，等. 氮肥管理对夏玉米土壤 CH 和 NO 排放的影响[J]. 中国科学化学：中国科学，2011，41（1）：117-128.

[50] 黄耀，孙文娟. 近20年来中国大陆农田表土有机碳含量的变化趋势[J]. 科学通报，2006，51（7）：1.

[51] 黄耀，张稳，郑循华，等. 基于模型和 GIS 技术的中国稻田甲烷排放估计[J]. 生态学报，2006，26（4）：980-988.

[52] 霍莲杰，纪雄辉，吴家梅，等. 有机肥施用对稻田甲烷排放的影响及模拟研究[J]. 农业环境科学学报，2013，32（10）：2084-2092.

[53] 李长皓，王加启，张思维，等. 饲喂秸秆型日粮和青贮型日粮对青年奶牛瘤胃发酵及氮代谢的影响[J]. 中国奶牛，2007（7）：17-20.

[54] 李建新，高腾云. 影响瘤胃甲烷气产量的因素及其控制措施[J]. 家畜生态，2002，23（4）：67-69.

[55] 李晶，王明星，陈德章. 水稻田甲烷的减排方法研究及评价[J]. 大气科学，1998，22（3）：354-362.

[56] 李路路. 粪污存储过程中温室气体和氨气排放特征与减排研究[D]. 北京：中国农业科学院，2016.

[57] 李鑫，巨晓棠，张丽娟，等. 不同施肥方式对土壤氨挥发和氧化亚氮排放的影响[J]. 应用生态学报，2008，19（1）：99-104.

[58] 李玉珠，刘发央，龙瑞军. 中链脂肪酸对体外发酵甲烷产量的影响[J]. 家畜生态学报，2007，28（1）：52-54.

[59] 李玉珠，刘发央，龙瑞军. 不同水平未酯化月桂酸对人工瘤胃发酵产气量的影响[J]. 草原与草坪，2005（6）：28-32.

[60] 娜仁花，董红敏. 营养因素对反刍动物甲烷排放影响的研究现状[J]. 安徽农业科学，2009（6）：2534-2536.

[61] 秦玉昌，宋青龙，于荣，等. 甲烷抑制剂的研究进展[J]. 中国奶牛，2004，（8）：36-38.

[62] 桑断疾，董红敏，郭同军，等. 日粮类型对细毛羊甲烷排放及代谢物碳残留的影响[J]. 农业工程学报，2013（17）：176-181.

[63] 石生伟，李玉娥，刘运通，等. 中国稻田 CH_4 和 N_2O 排放及减排整合分析[J]. 中国农业科学，2010，43（14）：2923-2936.

[64] 宋文质，王少彬，曾江海，等. 华北地区旱田土壤氧化亚氮的排放[J]. 环境科学进展，1997，5（4）：49-55.

[65] 孙家义. 三至七月龄小尾寒羊营养代谢中甲烷气量和能量的初步研究[J]. 动物营养学报，1998，10（2）：27-34.

[66] 孙建飞，郑聚锋，程琨，等. 面向自愿减排碳交易的生物质炭基肥固碳减排计量方法研究[J]. 中国农业科学，2018，51（23）：4470-4484.

[67] 汤勇华. 中国农田化学氮肥施用和生产中温室气体（N_2O、CO_2）减排潜力估算[D]. 南京：南京农业大学，2010.

[68] 田方，王银朝，何良军，等. 动物温室气体排放机制及减排技术与策略研究进展[J]. 草食家畜，2012，4：1-8.

[69] 汪水平，王文娟，王加启，等. 日粮精粗比对奶牛瘤胃发酵及泌乳性能的影响[J]. 西北农林科技大学学报，2007，35（6）：44-50.

[70] 谢立勇，许婧，郭李萍，等. 水肥管理对稻田 CH_4 排放及其全球增温潜势影响的评估[J]. 中国生态农业学报，2017，25（7）：958-967.

[71] 徐华，邢光熹，蔡祖聪，等. 土壤水分状况和质地对稻田 N_2O 排放的影响[J]. 土壤学报，2000，37（4）：499-505.

[72] 徐华，邢光熹，蔡祖聪，等. 土壤质地对小麦和棉花田 N_2O 排放的影响[J]. 农业环境保护，2000，19（1）：1-3.

[73] 徐文彬，刘广深，洪业汤，等. DNDC 模型对我国旱地 N_2O 释放的拟合对比分析[J]. 矿物学报，2002，22（3）：222-228.

[74] 徐文彬，刘广深，刘维屏. 降雨和土壤湿度对贵州旱田土壤 N_2O 释放的影响[J]. 应用生态学报，2002，13（1）：67-70.

[75] 徐玉秀，郭李萍，谢立勇，等. 中国主要旱地农田 N_2O 背景排放量及排放系数特点[J]. 中国农业科学，2016，9（9）：1729-1743.

[76] 杨博. 青藏高原冬季放牧牦牛甲烷排放的初步研究[D]. 兰州：甘肃农业大学，2009.

[77] 游玉波. 肉牛甲烷排放测定与估算模型的研究[D]. 北京：中国农业科学院，2008.

[78] 张大芳. 利用秸秆氨化饲料养牛减少甲烷排放的潜力[J]. 农业环境科学学报，1995（3）：117-119.

[79] 赵红，孙滨峰，逯非，等. Meta 分析生物质炭对中国主粮作物痕量温室气体排放的影响[J]. 农业工程学报，2017，33（19）：10 -16.

[80] 中国国家气候变化对策协调小组. 中华人民共和国气候变化初始国家信息通报[M]. 北京：中国计划出版社，2004.

[81] 中华人民共和国国家统计局. 中国统计年鉴 2016[M]. 北京：中国统计出版社，2016.

[82] 邹建文，黄耀，宗良纲，等. 不同种类有机肥施用对稻田 CH_4 和 N_2O 排放的综合影响[J]. 环境科学，2003，24（4）：7-12.

[83] 邹建文，黄耀，宗良纲，等. 稻田灌溉和秸秆施用对后季麦田 N_2O 排放的影响[J]. 中国农业科学，2003（4）：409-414.

第11章
中国森林碳储量现状与潜力预测①

11.1 引言

11.1.1 中国森林资源与植被碳储量现状

森林是陆地生态系统最重要的碳储存库，森林的固碳功能在全球应对气候变化和减少温室气体排放过程中起着至关重要的作用。中国森林面积占世界森林面积的5.51%，居世界第5位；森林蓄积占世界森林蓄积的3.34%，居世界第6位。根据第九次全国森林资源清查结果（2014—2018年），中国森林面积达到2.20亿 hm^2，森林覆盖率22.96%；活立木蓄积190.07亿 m^3，森林蓄积175.60亿 m^3。中国森林资源高速增长的同时，固碳功能也持续增加。第七次（2004—2008年）、第八次（2009—2013年）和第九次（2014—2018年）全国森林资源清查结果显示，中国森林植被总碳储量分别为78.11亿t碳、84.27亿t碳和91.86亿t碳（乔木林75.74亿t碳），第七次清查到第九次清查的10年间隔期内年均固碳1.375亿t碳/a（约合5.04亿 tCO_2e/a），为我国应对气候变化和温室气体减排作出了重要的贡献（表11-1）。

表11-1 中国森林资源与森林植被碳储量现状

时期	森林面积/ 亿 hm^2	森林蓄积/ 亿 m^3	活立木蓄积/ 亿 m^3	森林植被碳储量/ 亿 t 碳
2004—2008年	1.95	137.21	149.13	78.11
2009—2013年	2.08	151.37	164.33	84.27
2014—2018年	2.20	175.60	190.07	91.86

资料来源：全国第七、第八、第九次森林资源清查结果。

---

① 本章作者：朱建华。

11.1.2　研究背景与目标

　　评估和预测森林植被碳储量及其变化，是制定未来林业应对气候变化政策与行动目标的重要基础。近年来众多学者在这方面开展了诸多研究。然而这些关于中国森林碳储量和固碳能力的评估结果并不一致，评估方法仍需要进一步完善。尤其是在森林碳储量预测方面，大多数研究者均基于简单的假设，假定未来森林面积不发生变化，只考虑林龄增长引起的碳储量变化，少数研究还考虑了气候变暖和 CO_2 浓度增加的影响，但都忽略了森林非常重要的木材生产功能。森林经营往往通过采取间伐或轮伐、灾后清林或拯救伐、树种更替的皆伐等措施，在生产木材的同时，调整森林的树种和林龄结果，以实现森林资源永续利用和可持续发展。

　　森林采伐与更新是保持森林可持续健康发展的重要管理措施。木材采伐会降低森林的碳储存，而森林更新后的幼龄林、中龄林相比于成熟林和过熟林具有更快的生长速率和更强的固碳能力。采伐后的木产品在短时间内并不会迅速将储存的碳释放到大气中，木产品也是重要的碳储存库。因此，如何评估和权衡中国森林的木材生产和碳固持功能，同时考虑采伐更新和木产品对于中国森林碳储量和固碳能力的贡献，在保障木材供给的同时尽可能地保持和提高中国森林碳储量，是本章拟解决的科学问题。

11.2　研究方法和数据来源

11.2.1　森林生物量估计

　　本章所指的"森林"是符合国家森林定义的乔木林，不包括竹林、经济林和国家特别规定的灌木林。通过构建各优势树种（组）"生物量—蓄积"相关方程，基于单位面积蓄积量估算单位面积生物量。"生物量—蓄积"相关方程选用幂函数变型后的对数函数。

$$\ln(B) = \ln(a) + b \cdot \ln(V) \tag{11-1}$$

$$B = a \cdot V^b \cdot \lambda \tag{11-2}$$

$$B_{\text{total}} = \sum_{i=1} \sum_{j=1} \left(B_{i,j} \cdot A_{i,j} \right) \qquad (11\text{-}3)$$

式中，a、b——常数；

B——单位面积生物量，Mg/hm^2，包括地上生物量和地下生物量；

V——单位面积蓄积量，m^3/hm^2；

λ——模型校正系数；

B_{total}——森林总生物量，Mg；

A——森林面积，hm^2；

i——优势树种或森林类型；

j——按优势树种或森林类型划分的龄组。

建立"生物量—蓄积"相关方程的样本数据，来自中国森林生物量数据集。基于中国森林资源清查数据中各优势树种（组）的划分，选择单个树种面积（和/或蓄积）比例超过全国 5%的优势树种（组）构建"生物量—蓄积"相关方程。其他面积（和/或蓄积）比例不足 5%的优势树种（组）按照其生理特征相似性进行合并。整理后的森林类型及其"生物量—蓄积"相关方程构建结果如表 11-2 所示。

表 11-2　中国主要森林类型及其"蓄积—生物量"相关方程

森林类型	参数 a		参数 b		样本数 n	相关系数 R^2	标准误 SEE	校正系数 λ
	估计值	标准差	估计值	标准差				
云冷杉林	5.412 6	0.662 6	0.633 4	0.024 4	25	0.965 6	0.153 8	1.011 9
落叶松林	2.985 1	0.589 2	0.746 0	0.040 3	38	0.902 4	0.208 0	1.021 9
温性针叶林	5.116 6	0.795 2	0.602 2	0.034 4	39	0.889 4	0.181 1	1.016 5
油松林	2.475 1	0.227 0	0.751 8	0.020 3	72	0.950 6	0.159 5	1.012 8
马尾松林	2.280 2	0.283 3	0.779 4	0.026 9	64	0.930 3	0.249 7	1.031 7
暖性针叶林	2.684 9	0.611 7	0.746 0	0.048 4	32	0.884 0	0.209 4	1.022 2
杉类	4.012 4	0.256 3	0.631 1	0.012 8	199	0.924 3	0.190 1	1.018 2
柏木林	6.711 3	2.032 3	0.568 8	0.063 8	26	0.758 5	0.279 3	1.039 8
栎类	1.681 9	0.271 1	0.918 1	0.033 1	18	0.978 3	0.119 6	1.007 2
桦木林	8.328 7	3.693 8	0.467 2	0.105 7	12	0.627 4	0.312 9	1.050 2
其他硬阔类	3.300 2	0.536 0	0.740 9	0.035 3	59	0.883 6	0.261 6	1.034 8

森林类型	参数 a		参数 b		样本数	相关系数	标准误	校正系数
	估计值	标准差	估计值	标准差	n	R^2	SEE	λ
杨树林	1.702 6	0.554 8	0.802 6	0.068 3	19	0.884 0	0.230 0	1.026 8
桉树林	3.009 7	0.880 3	0.715 2	0.067 0	34	0.773 7	0.236 2	1.028 3
其他软阔类	4.365 5	1.093 2	0.687 9	0.052 6	32	0.845 8	0.328 5	1.055 4
针叶混	6.699 1	2.609 9	0.537 8	0.082 0	11	0.807 6	0.152 8	1.011 7
阔叶混	1.525 8	0.517 1	0.907 6	0.069 9	20	0.898 3	0.235 1	1.028 0
针阔混	3.088 5	0.672 5	0.734 3	0.045 2	54	0.832 1	0.254 9	1.033 0

注：云冷杉林包括：冷杉、云杉、铁杉等；温性针叶林包括：红松、樟子松、黑松、赤松、长白松、高山松等；暖性针叶林包括：云南松、思茅松、华山松、湿地松、黄山松、火炬松、油杉等；杉类包括：杉木、水杉、柳杉、秃杉等；桦木林包括：桦木、白桦、枫桦、桤木等；杨树包括：杨树、白杨、山杨等；其他硬阔类包括：水曲柳、胡桃楸、黄菠萝、樟木、楠木、木荷、榆树等；其他软阔类包括：刺槐、相思、椴树、檫木、木麻黄、泡桐、楝树等。

11.2.2 森林碳储量估计

限于数据资料的可获得性，本章所讨论的"森林碳储量"仅指乔木林的生物质碳储量，包括地上生物量和地下生物量碳库的碳储量，而不涉及枯落物、枯死木和土壤有机碳储量。

生物量碳密度通过单位面积生物量乘以生物量含碳率来获得。本章所使用的生物量含碳率，一部分来自现行的国家林业行业标准，一部分来自国家信息通报"土地利用、土地利用变化与温室气体清单"。

$$C_{i,j} = B_{i,j} \cdot \text{CF}_i \qquad (11\text{-}4)$$

$$C_{\text{Biomass}} = \sum_{i=1} \sum_{j=1} \left(C_{i,j} \cdot A_{i,j} \right) \qquad (11\text{-}5)$$

式中，C——生物量碳密度，Mg C/hm²；

B——单位面积生物量，Mg/hm²，包括地上生物量和地下生物量；

CF——生物量含碳率；

C_{Biomass}——森林生物质碳储量，Mg C；

A——森林面积，hm²；

i——优势树种或森林类型；

j——按优势树种或森林类型划分的龄组。

森林碳储量主要取决于森林面积和单位面积蓄积量。因此，中国未来森林碳储量的预测，需要对未来中国森林面积和单位面积蓄积量进行预测。

11.2.3　森林面积预测

全国第八次森林清查于 2009—2013 年进行，但各省（直辖市、自治区）的清查时间不尽相同，平均每年有 6～7 个省份完成清查。为了简化起见，本章将全国第八次森林资源清查的结果作为 2010 年的水平（表 11-3），并以 2010 年为基准年，预测 2010—2050 年中国森林面积和蓄积的变化。

表 11-3　2009—2013 年乔木林各优势树种（组）按龄组划分的面积和蓄积

森林类型	面积/10^3 hm^2						蓄积/10^3 m^3					
	面积合计	幼龄林	中龄林	近熟林	成熟林	过熟林	蓄积合计	幼龄林	中龄林	近熟林	成熟林	过熟林
北方人工林												
云杉	174.4	134.3	30.0	9.5	0.6	0.0	6 492.9	3 133.1	2 137.7	1 069.4	152.7	0.0
落叶松	3 054.8	1 544.9	867.4	429.2	206.9	6.4	181 079.5	33 801.5	70 677.5	49 520.2	26 714.5	365.8
樟子松	416.8	153.1	128.8	98.8	30.8	5.3	27 604.4	2 143.2	10 418.9	11 178.5	3 314.1	549.7
黑松	117.2	32.0	13.8	38.7	32.7	0.0	6 140.7	436.0	621.7	2 736.1	2 346.9	0.0
油松	1 497.3	354.0	593.1	346.9	197.0	6.3	61 504.9	3 034.5	23 605.0	18 325.9	16 187.5	352.0
栎类	160.2	127.7	24.1	5.2	3.2	0.0	4 139.8	2 115.3	1 075.5	418.1	530.9	0.0
其他硬阔类	1 936.7	1 294.3	353.5	105.6	141.3	42.0	37 082.5	11 102.5	11 127.7	4 622.3	6 242.0	3 988.0
杨树	6 065.4	2 616.4	1 160.0	520.7	1 024.5	743.8	343 367.4	87 027.4	77 608.6	44 069.1	82 859.1	51 803.2
其他软阔类	416.0	300.1	71.2	17.6	20.2	6.9	5 800.7	935.0	1 438.9	1 461.5	1 439.8	525.5
针叶混	969.2	538.5	322.6	65.8	36.9	5.4	49 270.1	16 180.0	23 837.2	5 689.8	2 968.2	595.5
阔叶混	137.0	55.9	36.0	17.9	25.6	1.6	7 058.2	1 341.7	2 098.2	2 018.9	1 511.6	87.8
针阔混	513.0	208.1	192.4	66.6	44.3	1.6	39 276.5	9 287.2	17 653.3	6 690.4	5 499.1	146.5
南方人工林												
华山松	477.1	71.5	186.0	97.7	117.1	4.8	31 200.6	690.6	9 450.9	7 378.7	13 374.6	305.8
马尾松	2 998.2	753.3	1 023.9	828.6	373.1	19.3	168 442.6	11 800.8	53 570.5	64 122.8	35 873.0	3 075.5
云南松	445.5	89.7	134.8	94.9	116.4	9.7	25 573.3	1 411.8	5 908.3	6 580.3	10 427.7	1 245.2

森林类型	面积/10³ hm²						蓄积/10³ m³					
	面积合计	幼龄林	中龄林	近熟林	成熟林	过熟林	蓄积合计	幼龄林	中龄林	近熟林	成熟林	过熟林
湿地松	1 343.7	660.3	302.7	153.7	146.2	80.8	40 560.4	5 211.2	14 750.0	8 076.6	7 712.3	4 810.3
杉木	8 888.8	3 304.4	2 851.1	1 370.9	1 167.9	194.5	623 259.7	64 379.2	234 232.5	162 213.7	135 602.4	26 831.9
柳杉	457.9	253.1	108.3	33.8	53.8	8.9	30 821.8	3 663.3	9 754.6	4 667.9	9 495.8	3 240.2
柏木	1 172.3	371.4	729.7	57.2	14.0	0.0	56 393.4	6 051.8	44 836.5	4 211.4	1 293.7	0.0
栎类	385.4	311.3	62.1	10.4	1.6	0.0	8 317.3	4 380.6	2 817.6	1 119.1	0.0	0.0
其他硬阔类	1 034.2	665.2	229.5	68.6	45.1	25.8	26 860.4	10 021.8	8 461.2	4 245.0	2 261.6	1 870.8
杨树	2 730.2	500.7	1 473.3	588.5	141.2	26.5	173 190.0	10 897.6	95 888.8	48 160.3	14 469.3	3 774.0
桉树	4 455.2	1 736.2	1 573.1	553.6	483.8	108.6	160 334.3	20 731.6	63 287.2	32 079.1	34 298.9	9 937.5
相思	201.4	56.3	64.7	42.0	15.6	22.8	11 233.0	1 071.2	3 777.7	2 532.3	1 267.0	2 584.8
其他软阔类	1 304.8	561.2	434.4	130.9	87.6	90.7	44 425.4	7 106.1	14 840.4	7 589.6	6 410.2	8 479.1
针叶混	2 654.8	762.1	1 006.3	565.3	305.9	15.2	161 849.3	15 541.2	58 584.3	50 749.1	35 011.0	1 963.7
阔叶混	1 148.5	540.0	402.6	101.1	69.9	34.9	45 978.8	9 941.8	20 553.1	6 082.7	5 289.1	4 112.1
针阔混	1 913.6	665.5	771.4	259.4	195.7	21.6	105 990.0	13 661.2	44 243.2	24 018.3	21 385.6	2 681.7
北方天然林												
冷杉	1 045.0	11.1	94.2	94.7	385.1	459.9	495 421.0	821.8	14 101.2	30 182.5	177 654.9	272 660.6
云杉	2 958.8	170.0	458.0	605.2	1 234.0	491.6	736 184.6	9 793.0	64 234.6	111 541.3	363 936.7	186 679.0
落叶松	7 347.7	522.9	4 002.6	817.0	1 061.4	943.8	784 291.3	22 918.5	393 150.5	92 257.3	135 545.7	140 419.3
樟子松	325.6	58.9	168.6	39.4	39.2	19.5	43 165.3	3 797.1	20 606.8	6 385.8	8 269.6	4 106.0
油松	840.2	172.4	367.4	202.9	75.2	22.3	53 322.0	3 587.6	18 765.2	18 818.2	8 120.4	4 030.6
云南松	580.0	21.2	32.4	159.5	284.2	82.7	178 013.7	2 319.4	5 153.7	44 445.2	96 440.5	29 654.9
高山松	874.5	8.8	53.6	177.2	488.3	146.6	249 124.1	493.5	7 143.1	38 708.9	147 639.3	55 139.3
柏木	1 064.6	280.9	316.5	159.0	182.5	125.7	61 187.9	3 005.4	12 091.4	7 413.7	19 010.1	19 667.3
栎类	9 977.9	3 256.4	2 395.7	1 946.4	1 628.3	751.1	759 051.6	77 820.8	173 423.7	214 267.5	204 893.0	88 646.6
桦木	10 510.6	1 838.4	3 213.5	2 572.5	2 120.2	766.0	846 792.4	47 412.4	216 605.4	257 955.2	232 480.2	92 339.2
其他硬阔类	2 321.5	842.7	707.6	337.4	310.6	123.2	140 589.2	18 771.5	45 093.5	29 731.2	33 208.2	13 784.8
椴树	496.9	114.7	241.7	98.4	28.3	13.8	49 497.8	7 362.9	21 945.2	13 733.7	4 536.3	1 919.7

森林类型	面积/10³ hm²						蓄积/10³ m³					
	面积合计	幼龄林	中龄林	近熟林	成熟林	过熟林	蓄积合计	幼龄林	中龄林	近熟林	成熟林	过熟林
杨树	1 381.6	394.1	371.8	256.7	226.2	132.8	110 882.4	8 420.9	27 617.4	26 683.5	27 970.2	20 190.4
其他软阔类	3 203.9	1 214.0	1 019.8	483.5	314.6	172.0	191 736.8	22 130.8	61 506.9	47 184.9	39 482.7	21 431.5
针叶混	1 276.5	261.9	547.8	178.4	148.3	140.1	195 444.5	11 264.5	58 626.3	31 067.7	33 253.4	61 232.6
阔叶混	13 247.6	2 282.8	4 456.9	3 577.1	2 190.6	740.2	1 763 933.4	115 670.7	412 160.0	576 806.7	484 198.3	175 097.7
针阔混	2 158.9	312.4	981.7	449.9	302.4	112.5	307 079.2	17 611.0	106 111.9	74 363.5	73 106.4	35 886.4
南方天然林												
冷杉	2 038.7	37.1	106.8	163.3	568.6	1 162.9	669 161.0	2 427.7	19 427.4	33 268.4	163 042.9	450 994.6
云杉	889.6	38.6	121.3	102.2	336.7	290.8	251 302.8	2 284.5	17 404.7	19 431.3	97 403.7	114 778.6
铁杉	196.3	0.0	4.9	14.5	89.8	87.1	54 656.4	0.0	253.6	1 011.8	20 671.6	32 719.4
落叶松	210.0	6.4	28.9	63.1	29.1	82.5	32 827.8	401.9	1 510.3	9 726.0	5 465.8	15 723.8
油松	64.7	0.0	24.3	16.1	14.7	9.6	11 429.8	11.5	1 823.0	4 252.0	2 230.3	3 113.0
华山松	134.7	22.5	43.3	44.9	19.2	4.8	11 106.7	632.7	2 516.4	3 884.9	2 807.3	1 265.4
马尾松	6 861.0	1 882.5	3 384.2	1 208.1	368.5	17.7	414 933.8	50 879.9	210 859.3	107 269.2	42 148.3	3 777.1
云南松	3 521.5	691.6	1 342.9	800.1	518.4	168.5	298 697.1	24 066.4	98 055.2	73 706.4	69 292.1	33 577.0
思茅松	460.7	76.8	110.4	144.0	110.3	19.2	54 034.5	5 914.2	11 000.8	16 905.9	18 232.6	1 981.0
高山松	684.2	53.1	256.7	70.1	164.1	140.2	100 316.6	2 285.7	36 398.3	7 826.8	26 371.5	27 434.3
杉木	1 972.4	414.7	893.6	327.1	304.1	32.9	97 845.2	5 185.4	37 454.4	22 822.8	29 042.5	3 340.1
柏木	1 134.9	580.1	394.8	46.9	59.8	53.3	77 485.8	24 120.0	28 693.7	4 659.1	8 421.1	11 591.9
栎类	5 557.9	3 075.4	946.1	528.3	625.9	382.2	499 402.5	124 417.2	94 176.3	74 574.3	115 456.2	90 778.5
桦木	611.8	151.2	137.3	53.2	93.8	176.3	66 932.9	4 255.7	12 854.2	6 520.3	10 240.4	33 062.3
其他硬阔类	1 783.1	868.8	512.0	161.6	156.7	84.0	136 430.0	27 017.0	37 480.0	19 922.7	27 692.2	24 318.1
杨树	225.5	75.6	42.0	25.8	41.9	40.2	18 609.3	1 099.5	3 923.2	4 707.1	4 603.0	4 276.5
其他软阔类	1 668.5	434.3	357.7	222.6	283.7	370.2	133 793.9	10 903.2	21 890.5	18 370.9	26 284.9	56 344.4
针叶混	2 845.6	745.1	1 207.1	499.1	276.7	117.6	230 284.1	26 159.1	79 480.3	46 732.2	37 712.9	40 199.6
阔叶混	21 355.5	11 429.7	6 456.8	1 848.9	1 183.5	436.6	1 738 082.1	500 464.3	636 394.1	280 295.2	221 188.8	99 739.7
针阔混	5 705.5	2 309.7	2 168.4	653.5	398.9	175.0	432 790.2	87 576.1	168 814.1	75 386.7	61 635.6	39 377.7

11.2.3.1 现有森林面积的未来变化

根据第八次全国森林资源清查结果，按所在区域（南方和北方）及森林起源（人工林和天然林），依据各优势树种面积（和/或蓄积）比例不低于总面积（和/或蓄积）的 5%进行整理，不足 5%的树种按其生理特性相似度进行合并。

以 2010 年森林面积作为"现有森林面积"基准值，预测 2010—2050 年森林面积变化，同时提出如下假设：

（1）2010—2050 年现有森林不发生任何土地利用变化，即在此期间森林面积保持不变；

（2）某一优势树种（或森林类型）采伐更新后保持优势树种（或森林类型）不变，即对某一优势树种（或森林类型）而言，其面积保持不变。

基于以上假设，2010—2050 年全国（南方和北方）森林（人工林和天然林）面积将保持 2010 年的面积不发生变化，且优势树种（或森林类型）组成及其面积也与 2010 年相同。

11.2.3.2 未来新增森林面积

按照我国森林资源清查对于林地类型的划分，未来可以有潜力成为森林的土地包括：未成林造林地（包括未成林封育地）、无立木林地（包括采伐迹地、火烧迹地和其他迹地）和宜林地（包括宜林沙地、宜林荒山荒地和其他宜林地）。

本章对未来新增森林面积的预测，基于如下假设：

（1）假定 2010 年现有的未成林地、无立木林地和宜林地面积，到 2050 年全部用于造林，造林类型包括乔木林、经济林、竹林、灌木林和疏林。乔木林新造林地的新增面积，按其 2010 年乔木林现有面积占森林面积的相对比例来确定。既不考虑非乔木林的林地造林，如灌木林改造为乔木林、疏林地改造为乔木林等，也不考虑非林地上的造林，如耕地转化为森林的造林等。

$$\Delta A_{k,2050} = \frac{A_{k,2010}}{\sum\limits_{k=1} A_{k,2010}} \cdot \sum\limits_{p=1} A_{p,2010} \qquad (11\text{-}6)$$

式中，$\Delta A_{k,2050}$——2050 年林地 k 相对于 2010 年的新增面积，hm^2；

$\quad\quad A_{k,2010}$——2010 年林地 k 的现有面积，hm^2；

$\quad\quad A_{p,2010}$——2010 年林地 p 的现有面积，hm^2；

$\quad\quad k$——乔木林、经济林、竹林、灌木林和疏林；

$\quad\quad p$——未成林地、无立木林地和宜林地面积。

表 11-4　2010—2050 年全国各类林地面积变化假设

单位：$10^3 \ hm^2$

林地类型	北方地区		南方地区	
	2010 年面积	2050 年增加面积	2020 年面积	2050 年增加面积
乔木林地	69 638.1	27 094.3	94 965.4	10 233.1
经济林地	6 975.2	2 713.9	13 719.9	1 478.4
竹林地	54.5	21.2	5 951.8	641.3
灌木林地	27 488.0	10 694.8	28 414.2	3 061.8
疏林地	1 992.8	775.3	2 014.0	217.0
苗圃地	337.8	—	168.6	
未成林地	3 635.9	−3 635.9	3 471.6	−3 471.6
无立木林地	6 169.7	−6 169.7	4 077.8	−4 077.8
宜林地	31 493.9	−31 493.9	8 082.2	−8 082.2
其他	1 925.8	—	14.5	—
合计	149 711.7	0	160 880.0	0

（2）新增乔木林的优势树种（或森林类型）组成和面积占比均与 2010 年相同。

$$\Delta A_{i,2050} = \frac{A_{i,2010}}{\sum\limits_{i=1} A_{i,2010}} \cdot \Delta A_{F,2050} \tag{11-7}$$

式中，$\Delta A_{i,2050}$——2050 年树种 i 的新增面积，hm^2；

$A_{i,2010}$——2010 年人工林树种 i 的现有面积，hm^2；

$\Delta A_{F,2050}$——根据式（11-6）计算获得的 2050 年新增乔木林面积；

i——人工林优势树种或森林类型。

（3）假定 2010—2050 年，每年新增森林面积相同，即每年增加总新增面积的 1/40。

表 11-5   2010—2050 年新增森林各优势树种及面积

单位：10^3 hm^2

森林类型	2010 年人工林面积	2050 年新增面积	年均增加面积
北方地区			
云杉	174.4	305.7	7.6
落叶松	3 054.8	5 354.4	133.9
樟子松	416.8	730.6	18.3
黑松	117.2	205.4	5.1
油松	1 497.3	2 624.4	65.6
栎类	160.2	280.8	7.0
其他硬阔类	1 936.7	3 394.6	84.9
杨树	6 065.4	10 631.2	265.8
其他软阔类	416.0	729.2	18.2
针叶混	969.2	1 698.8	42.5
阔叶混	137.0	240.1	6.0
针阔混	513.0	899.2	22.5
合计	15 458.0	27 094.3	677.4
南方地区			
华山松	477.1	154.4	3.9
马尾松	2 998.2	970.6	24.3
云南松	445.5	144.2	3.6
湿地松	1 343.7	435.0	10.9
杉木	8 888.8	2 877.4	71.9
柳杉	457.9	148.2	3.7
柏木	1 172.3	379.5	9.5
栎类	385.4	124.2	3.1
其他硬阔类	1 034.2	334.8	8.4
杨树	2 730.2	883.8	22.1
桉树	4 455.2	1 442.2	36.1

森林类型	2010 年人工林面积	2050 年新增面积	年均增加面积
相思	201.4	65.2	1.6
其他软阔类	1 304.8	422.4	10.6
针叶混	2 654.8	859.4	21.5
阔叶混	1 148.5	371.8	9.3
针阔混	1 913.6	619.5	15.5
合计	31 611.6	10 233.1	255.8

11.2.3.3　各龄组森林面积预测

根据《全国森林资源连续清查技术规定》的龄组划分标准，同一树种按其起源（人工或天然）和所处地区（南方或北方）不同，其龄组划分方式存在很大的差别。例如，50 年生的云杉天然林，在北方地区属于幼龄林，而在南方地区则属于中龄林；50 年生的云杉人工林，在北方地区属于中龄林，在南方地区则属于近熟林。现有的基于清查数据的中国森林碳储量的研究文献中，全部忽视了这一龄组划分差异，简单地将同一树种相同龄组的面积和蓄积合并处理，无疑会使估算结果存在非常大的不确定性。

表 11-6　中国各主要优势树种龄组划分标准

优势树种	地区	起源	龄组划分				
			幼龄林	中龄林	近熟林	成熟林	过熟林
红松、云杉、柏木、紫杉、铁杉	北方	天然	60 以下	61～100	101～120	121～160	161 以上
	北方	人工	40 以下	41～60	61～80	81～120	121 以上
	南方	天然	40 以下	41～60	61～80	81～120	121 以上
	南方	人工	20 以下	21～40	41～60	61～80	81 以上
落叶松、冷杉、樟子松、赤松、黑松	北方	天然	40 以下	41～80	81～100	101～140	141 以上
	北方	人工	20 以下	21～30	31～40	41～60	61 以上
	南方	天然	40 以下	41～60	61～80	81～120	121 以上
	南方	人工	20 以下	21～30	31～40	41～60	61 以上
油松、马尾松、云南松、思茅松、华山松、高山松	北方	天然	30 以下	31～50	51～60	61～80	81 以上
	北方	人工	20 以下	21～30	31～40	41～60	61 以上
	南方	天然	20 以下	21～30	31～40	41～60	61 以上
	南方	人工	10 以下	11～20	21～30	31～50	51 以上

优势树种	地区	起源	龄组划分				
			幼龄林	中龄林	近熟林	成熟林	过熟林
杨、柳、桉、檫、泡桐、木麻黄、楝、枫杨、相思、软阔	北方	人工	10 以下	11～15	16～20	21～30	31 以上
	南方	人工	5 以下	6～10	11～15	16～25	26 以上
桦、榆、木荷、枫香、珙桐	北方	天然	30 以下	31～50	51～60	61～80	81 以上
	北方	人工	20 以下	21～30	31～40	41～60	61 以上
	南方	天然	20 以下	21～40	41～50	51～70	71 以上
	南方	人工	10 以下	11～20	21～30	31～50	51 以上
栎、柞、槠、栲、樟、楠、椴、水、胡、黄、硬阔	南北	天然	40 以下	41～60	61～80	81～120	121 以上
	南北	人工	20 以下	21～40	41～50	51～70	71 以上
杉木、柳杉、水杉	南方	人工	10 以下	11～20	21～25	26～35	36 以上

（1）假定 2010 年树种 i 的龄组 j 的面积按林龄平均分布，以 1 年为林龄划分单元，按式（11-8）确定树种 i 各林龄 t 的森林面积。例如，南方冷杉天然林的中龄林面积为 $106.8 \times 10^3 \ hm^2$（表 11-3），龄组划分范围为 $41 \sim 60$ 年（表 11-6），则假定 2010 年南方地区 41 年、42 年……60 年生冷杉天然林的面积均为其中龄林面积的 1/20，即 $5.34 \times 10^3 \ hm^2$。

$$A_{i,j,t} = A_{i,j} / \left(t_{i,j,\mathrm{UL}} - t_{i,j,\mathrm{LL}} + 1 \right) \tag{11-8}$$

式中，$A_{i,j,t}$——2010 年树种 i 第 j 龄组内林龄为 t 的森林面积，hm^2；

　　　$A_{i,j}$——2010 年树种 i 第 j 龄组的森林面积，hm^2；

　　　$t_{i,j,\mathrm{UL}}$——树种 i 第 j 龄组的林龄划分上限，a；

　　　$t_{i,j,\mathrm{LL}}$——树种 i 第 j 龄组的林龄划分下限，a；

　　　i——树种；

　　　j——龄组；

　　　t——林龄。

（2）2010—2050 年，随着林龄的增加，各龄组面积随之发生变化。

$$A_{i,j,T} = A_{i,j,T-1} + \frac{A_{i,j-1,T-1}}{\left(t_{i,j-1,\mathrm{UL}} - t_{i,j-1,\mathrm{LL}} + 1 \right)} - \frac{A_{i,j,T-1}}{\left(t_{i,j,\mathrm{UL}} - t_{i,j,\mathrm{LL}} + 1 \right)} \tag{11-9}$$

式中，$A_{i,j,T}$——第 T 年树种 i 第 j 龄组的森林面积，hm^2；

　　　i——树种；

　　　　j——龄组；

　　　　T——时间，a。

　　（3）假定每年对成熟林和过熟林按照一定的面积比例进行采伐更新，更新后树种不变，面积计入幼龄林。

　　因此，对于成熟林和过熟林，式（11-9）改写为：

$$A_{i,j,T} = A_{i,j,T-1} + \frac{A_{i,j-1,T-1}}{\left(t_{i,j-1,\mathrm{UL}} - t_{i,j-1,\mathrm{LL}} + 1\right)} - A_{i,\mathrm{CL},T} \qquad （11\text{-}10）$$

式中，$A_{i,\mathrm{CL},T}$——第 T 年树种 i 的成熟林和过熟林采伐更新的面积，hm^2。

　　对于幼龄林，式（11-9）改写为：

$$A_{i,j,T} = A_{i,j,T-1} + \Delta A_{i,\mathrm{RG},T} - \frac{A_{i,j,T-1}}{\left(t_{i,j,\mathrm{UL}} - t_{i,j,\mathrm{LL}} + 1\right)} \qquad （11\text{-}11）$$

式中，$\Delta A_{i,\mathrm{RG},T}$——成熟林和过熟林采伐后更新为幼龄林的面积，$\mathrm{hm}^2$。根据本条
　　　　　　假设，$\Delta A_{i,\mathrm{RG},T} = \Delta A_{i,\mathrm{CL},T}$。

11.2.3.4　森林采伐更新面积预测

　　以往很多关于中国森林碳储量潜力的研究，均未考虑成熟林和过熟林的采伐更新，而仅考虑单位面积蓄积或生物量碳密度随着林龄增加的变化。这类预测的最终结果是，未来中国森林最终将全部成为成熟林甚至过熟林，显然这种结果是不现实的。尽管提高成熟林和过熟林面积比例，有助于提升森林单位面积蓄积和碳密度，储备更多的木材资源和碳，但是过熟林和成熟林生长速率降低，单位面积蓄积、生物量密度和碳密度增长速率减缓，这从生产力的提升与增加森林固碳量的角度来说，是非常不利的。森林的可持续经营，需要对达到成熟林和过熟林的森林进行一定比例的采伐和更新，调整森林的林龄结构，合理控制成熟林和过熟林面积比例，从而保证森林生长的健康和活力。

　　本书根据第 5～8 次全国森林资源清查结果，将成熟林和过熟林合并成为"老龄林"，建立各地区各优势树种（或森林类型）人工林和天然林老龄林面积比例的变化曲线（图 11-1），从而预测 2010—2050 年的老龄林面积比例。当老龄林面积比例达到并超过这一上限时，即对超过的面积进行采伐和更新，更新后树种不变，且面积计入幼龄林。

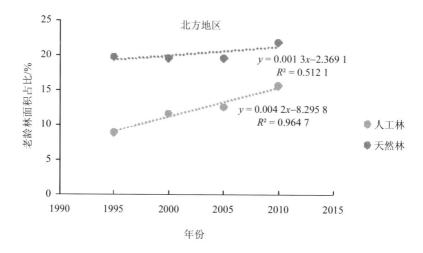

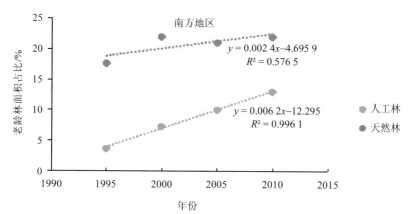

图 11-1 第 5～8 次全国森林资源清查的老龄林面积占比变化趋势

$$P_{i,\mathrm{OF},T} = P_{i,\mathrm{OF},T-1} + k \cdot \Delta P_{i,\mathrm{OF},T} \qquad (11\text{-}12)$$

式中，$P_{i,\mathrm{OF},T}$——第 T 年树种 i 第 T 年老龄林（包括成熟林和过熟林）面积占树种 i 总面积的比例，%；

　　　　$\Delta P_{i,\mathrm{OF},T}$——根据第 5～8 次全国森林资源清查结果建立的树种 i 老龄林面积占比的年变化量，%；

　　　　k——调节老龄林面积占比的因子。

本书在式（11-12）中设置了调节老龄林面积占比的因子 k，通过调节 k 值的大小，来控制未来森林的老龄林面积占比。

（1）当 $k>1$ 时，2010—2050 年老龄林面积占比增加幅度高于历史水平，直至达到 100%。这意味着老龄林的采伐更新比例低于历史水平，相当于采取了更多的森林保护和禁伐措施。

（2）当 $k=1$ 时，2010—2050 年老龄林面积比例将按照历史趋势（即第 5～8 次全国森林资源清查结果构建的老龄林面积占比变化趋势）增加，老龄林的采伐和更新水平与历史水平相同，直至达到 100%。

（3）当 $0 \leqslant k<1$ 时，2010—2050 年老龄林面积比例增加幅度低于历史水平，直至达到 100%。这意味着老龄林的采伐更新量高于历史水平，相当于加大了森林的采伐，从而可以获取更多的木材产量。

（4）当 $k<0$ 时，2010—2050 年老龄林面积占比相比 2010 年逐步降低，直至降至 0%。这相比于（3）对老龄林采取了强化的采伐更新措施，加强了森林采伐。

当老龄林面积比例不超过当年的 $P_{i,\mathrm{OF},T}$ 时，不需要对老龄林进行采伐更新，老龄林面积按式（11-9）计算。当老龄林面积超过当年的 $P_{i,\mathrm{OF},T}$ 时，即需要对超出的面积进行采伐更新。采伐更新时，按照树种林龄 t 从大到小进行，直至老龄林面积占比等于 $P_{i,\mathrm{OF},T}$。

$$A_{i,\mathrm{CL},T} = A_{i,\mathrm{OF},T} - A_{i,T} \cdot P_{i,\mathrm{OF},T} \qquad (11\text{-}13)$$

式中，$A_{i,\mathrm{CL},T}$——第 T 年树种 i 的成熟林和过熟林采伐更新的面积，hm^2；

$A_{i,\mathrm{OF},T}$——第 T 年树种 i 的老龄林（成熟林和过熟林）面积，hm^2；

$A_{i,T}$——第 T 年树种 i 的总面积，hm^2；

$P_{i,\mathrm{OF},T}$——第 T 年树种 i 第 T 年老龄林（包括成熟林和过熟林）面积占树种 i 总面积的比例，%。

11.2.4　森林蓄积预测

在优势树种（或森林类型）及面积已确定的情况下，森林蓄积主要取决于单位面积蓄积。在大尺度上，森林的单位面积蓄积主要与树种组成和林龄结构有关。本书基于全国第七、第八次森林资源清查结果，按地区（南方和北方）、起源（人工林和天然林）和优势树种（或森林类型）进行划分，获取各龄组的单位面积蓄积。然后通过构建大尺度各优势树种（或森林类型）单位面积蓄积与林龄的相关方程，从而根据林龄的变化来估算 2010—2050 年的森林单位面积蓄积。

11.2.4.1 蓄积—林龄相对生长方程

森林单位面积蓄积随林龄的变化，通常可以用 Logistic 生长曲线（图 11-2）$y = a / [1 + b \cdot \exp(-k \cdot x)]$ 来描述。森林在幼、中龄林阶段，单位面积蓄积通常较低，但增长速率较快；而当森林达到成熟林和过熟林阶段时，其单位面积蓄积接近于最高值，但其增长速率也接近于 0。

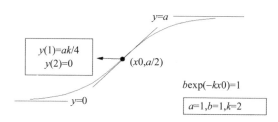

图 11-2 Logistic 生长曲线示意

假定各龄组的平均年龄为其龄组划分范围的中值，根据各龄组的平均单位面积蓄积，构建全国各主要优势树种的蓄积—林龄生长方程（表 11-7）。例如，北方云杉天然林中龄林划分范围为 61～100 年，其平均年龄取 80 年。对于只有林龄下限的过熟林，其平均年龄设为林龄下限的 1.5 倍。例如，林龄超过 160 年北方云杉天然林即划分为过熟林，其平均林龄设为 240 年。

$$V = a / \left[1 + b \cdot \exp(-k \cdot \mathrm{Age}) \right] \tag{11-14}$$

式中，V——单位面积蓄积，$\mathrm{m}^3/\mathrm{hm}^2$；

Age——林龄，a；

a、b、c——方程常数。

表 11-7 中国各主要优势树种蓄积—林龄生长方程

森林类型	地区	起源	a	b	k	R^2
冷杉	南方	全部	377.360	9.390	0.038	0.915
	北方	全部	609.375	25.884	0.037	0.995
云杉	南方	全部	385.867	15.943	0.041	0.969
	北方	全部	391.532	17.523	0.027	0.914
铁杉	南方	全部	496.224	11.34	0.021	0.903
落叶松	南方	全部	195.866	12.726	0.049	0.929
	北方	人工林	133.95	18.696	0.136	0.998

森林类型	地区	起源	a	b	k	R^2
樟子松	北方	人工林	102.115	43.321	0.205	0.950
	北方	天然林	207.288	4.228	0.029	0.852
黑松	南方	人工林	38.881	18.808	0.17	0.758
	北方	人工林	63.576	24.158	0.166	0.893
油松	南方	人工林	54.351	11.844	0.238	0.831
	北方	人工林	69.670	27.786	0.140	0.917
华山松	南方	人工林	125.511	18.28	0.136	0.977
	南方	天然林	213.565	14.326	0.072	0.892
	北方	全部	484.395	15.503	0.026	0.955
马尾松	南方	人工林	174.735	7.014	0.055	0.955
	南方	天然林	195.297	7.55	0.047	0.918
云南松	南方	人工林	124.953	6.178	0.076	0.934
	南方	天然林	208.060	7.289	0.047	0.928
思茅松	南方	全部	131.319	2.917	0.097	0.690
高山松	南方	人工林	94.693	752.152	0.439	0.773
	南方	天然林	181.675	7.330	0.079	0.806
湿地松	南方	人工林	49.333	23.060	0.389	0.894
杉木	南方	人工林	124.719	11.400	0.195	0.968
柳杉	南方	人工林	401.392	15.772	0.092	0.979
柏木	南方	人工林	71.624	12.602	0.129	0.770
	南方	天然林	261.000	9.810	0.024	0.949
	北方	人工林	51.876	24.961	0.077	0.971
	北方	天然林	166.853	28.729	0.026	0.961
其他针叶林	南方	人工林	108.431	15.859	0.118	0.901
	南方	天然林	397.596	9.923	0.017	0.923
	北方	人工林	108.260	2.776	0.046	0.785
	北方	天然林	594.556	16.693	0.020	0.978
硬阔类	南方	人工林	82.438	3.835	0.034	0.831
	南方	天然林	394.670	13.142	0.019	0.812
	北方	人工林	92.599	7.577	0.037	0.890

森林类型	地区	起源	a	b	k	R^2
硬阔类	北方	天然林	120.556	10.911	0.044	0.786
杨树	南方	人工林	130.607	4.450	0.154	0.947
	南方	天然林	112.089	15.510	0.442	0.739
	北方	人工林	71.714	19.078	0.507	0.867
	北方	天然林	100.891	11.281	0.268	0.626
桉树	南方	人工林	73.730	8.556	0.247	0.888
相思	南方	人工林	91.867	3.398	0.144	0.693
软阔类	南方	人工林	88.064	6.830	0.171	0.935
	南方	天然林	136.216	5.192	0.125	0.629
	北方	人工林	78.320	20.809	0.188	0.700
	北方	天然林	105.577	31.060	0.233	0.653
针阔混	南方	人工林	106.227	10.449	0.118	0.896
	南方	天然林	316.841	7.371	0.022	0.893
	北方	人工林	196.672	4.147	0.042	0.543
	北方	天然林	416.680	7.962	0.023	0.902

11.2.4.2　森林蓄积的预测

森林蓄积通过各林龄的单位面积蓄积和面积求得：

$$V_{i,j,\text{total}} = \sum_t \left(V_{i,j,t} \cdot A_{i,j,t} \right) \tag{11-15}$$

$$V_{\text{total}} = \sum_i \sum_j V_{i,j,\text{total}} \tag{11-16}$$

式中，$V_{i,j,\text{total}}$——树种 i 龄组 j 的森林蓄积，m^3；

V_{total}——森林总蓄积，m^3；

$V_{i,j,t}$——根据式（11-14）求得的树种 i 第 j 龄组林龄为 t 的单位面积蓄积，m^3/hm^2；

$A_{i,j,t}$——树种 i 第 j 龄组内林龄为 t 的森林面积，hm^2。

老龄林采伐更新消耗森林蓄积，通过采伐更新面积和采伐更新的老龄林单位面积蓄积求得：

$$V_{i,\text{CL}} = \sum_t \left(V_{i,\text{OF},t} \cdot A_{i,\text{CL},t} \right) \tag{11-17}$$

式中，$V_{i,\mathrm{CL}}$——老龄林采伐更新消耗的森林蓄积，m^3；

$A_{i,\mathrm{CL},t}$——采伐更新的老龄林面积，hm^2；

$V_{i,\mathrm{OF},t}$——采伐更新的老龄林单位面积蓄积，$\mathrm{m}^3/\mathrm{hm}^2$。

11.2.5　森林碳储量预测

本章对于森林碳储量的预测，同时考虑了森林面积增长、林龄增长和林龄结构变化的影响，通过森林蓄积生长量和采伐更新消耗蓄积量的预测，来评价中国 2010—2050 年的森林碳储量及其变化。针对林龄结构变化，通过调整未来老龄林面积占比的方式，共设置 3 种假设情景。

（1）减少采伐情景。令式（11-12）中的调节因子 $k=2$，即未来老龄林面积占比的增加速率高于历史水平。这相当于加大森林保护力度、减少森林采伐更新，未来有更多的森林能进入成熟林和过熟林阶段；同时这一情景下，由于减少采伐，国内木材生产和供给量将随之降低。

（2）保持历史水平。令调节因子 $k=1$，即未来老龄林面积占比的增加速率与历史水平（1995—2010 年）相同。这相当于未来森林管理和森林经营水平、木材生产和供给能力等均按历史相同水平发展。

（3）增加采伐情景。令调节因子 $k= -1$，即未来老龄林面积占比相对于 2010 年将逐步减少，森林的林龄结构逐步趋于年轻化。同时，由于老龄林采伐更新力度加大，国内木材生产量和供给量将随之增大。

这 3 种情景下，各地区、起源和优势树种（或森林类型）的面积完全一致，仅在林龄结构（表现为老龄林面积占比）上存在差别。

11.2.5.1　森林生物质碳储量预测

现有人工林和天然林 2010—2050 年的森林生物质碳储量，根据当年的林龄、每一林龄的森林面积、林龄回归的单位面积蓄积量及生物量含碳率进行估算：

$$C_{\mathrm{Biomass},T} = \sum_i \sum_t \left(V_{i,t} \cdot \mathrm{BCEF}_i \cdot A_{i,t,T} \cdot \mathrm{CF}_i \right) \tag{11-18}$$

式中，$C_{\mathrm{Biomass},T}$——第 T 年的森林碳储量，$\mathrm{Mg\ C}$；

$V_{i,t}$——树种 i 林龄为 t 时的单位面积蓄积，$\mathrm{m}^3/\mathrm{hm}^2$；

BCEF_i——树种 i 的生物量转换与扩展因子，$\mathrm{tDM\cdot m}^3$，将单位面积蓄积转化为单位面积地上和地下生物量；

$A_{i,t,T}$——第 T 年时树种 i 林龄为 t 的森林面积，hm^2；

CF_i——树种 i 的生物量含碳率，tC，t/DM。

11.2.5.2　采伐收获木产品碳储量预测

采伐更新移除的森林蓄积，加工成木产品后，木产品碳储量估算采用一阶衰减函数法进行估算：

$$C_{\mathrm{HWP},T} = \left(\frac{1}{1+P}\right)\left[V_{\mathrm{CL},T} \times \mathrm{BCEF} \times \mathrm{TOR} \times (1-\mathrm{WW}) \times \mathrm{CF} + C_{\mathrm{HWP},T-1}\right] \quad (11\text{-}19)$$

式中，$C_{\mathrm{HWP},T}$——第 T 年时采伐收获木产品中的碳储量，Mg C；

　　　P——一阶分解率；

　　　$V_{\mathrm{CL},T}$——第 T 年时老龄林采伐更新移除的森林蓄积，m^3；

　　　BCEF——生物量转换与扩展因子，$\mathrm{tDM \cdot m}^3$；

　　　TOR——采伐木产品的出材率；

　　　WW——木产品加工过程中的废料比；

　　　CF——生物量含碳率，tC，t/DM。

11.3　结果与分析

11.3.1　2010—2050 年中国森林面积变化

假设现有森林（天然林和人工林）未来面积不发生变化，因此未来森林面积的变化主要来自新造林面积的增加。2010 年中国森林（乔木林）面积 $164.22 \times 10^6 \ \mathrm{hm}^2$，2050 年将增加至 $201.42 \times 10^6 \ \mathrm{hm}^2$。新增森林（乔木林）面积 $37.20 \times 10^6 \ \mathrm{hm}^2$，平均年增加量为 $0.93 \times 10^6 \ \mathrm{hm}^2$（表 11-8）。

表 11-8　2010—2050 年中国森林面积

单位：$\times 10^6 \ \mathrm{hm}^2$

	2010 年	2020 年	2030 年	2040 年	2050 年
北方地区合计	75.069 8	81.843 4	88.616 9	95.390 5	102.164 1
天然林	59.611 8	59.611 8	59.611 8	59.611 8	59.611 8
人工林	15.458 0	15.458 0	15.458 0	15.458 0	15.458 0
新造林	0	6.773 6	13.547 1	20.320 7	27.094 3
南方地区合计	89.148 3	91.675 4	94.202 4	96.729 5	99.256 6
天然林	57.922 1	57.922 1	57.922 1	57.922 1	57.922 1

	2010 年	2020 年	2030 年	2040 年	2050 年
人工林	31.226 2	31.226 2	31.226 2	31.226 2	31.226 2
新造林	0	2.527 1	5.054 1	7.581 2	10.108 3
全国合计	164.218 1	173.518 8	182.819 3	192.120 0	201.420 7
天然林	117.533 9	117.533 9	117.533 9	117.533 9	117.533 9
人工林	46.684 2	46.684 2	46.684 2	46.684 2	46.684 2
新造林	0	9.300 7	18.601 2	27.901 9	37.202 6

在保持历史水平情景下（$k=1$），2010—2050 年幼龄林、中龄林和近熟林面积保持相对稳定的水平，而老龄林（成熟林+过熟林）面积将持续增加（图 11-3）。老龄林面积从 2010 年的 $32.34 \times 10^6 \ \text{hm}^2$ 增加至 2050 年的 $59.49 \times 10^6 \ \text{hm}^2$；老龄林面积占比从 2010 年的 19.69% 增加至 2050 年的 29.54%。

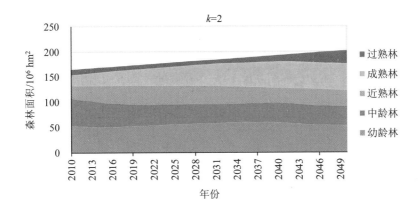

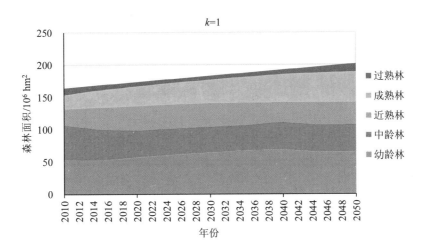

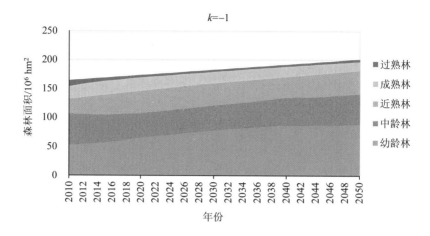

图 11-3　2010—2050 年中国森林各龄组的面积

在加强森林保护和减少采伐更新情景下（$k=2$），未来老龄林面积相比于历史水平（$k=1$）将大幅度增加，2050 年将达到 $79.23×10^6\ hm^2$（占比增加至 39.34%），而幼龄林、中龄林和近熟林面积和面积占比则呈下降趋势，中国森林的林龄结构总体向老龄化发展（图 11-3）。

在增加采伐更新情景下（$k=-1$），未来中国老龄林面积相比历史水平（$k=1$）明显减少，2050 年老龄林将减少至 $19.90×10^6\ hm^2$，老龄林面积占比降至 9.88%，幼龄林、中龄林和近熟林面积和面积占比则呈增加趋势，中国森林的林龄结构整体将向年轻化发展（图 11-4）。

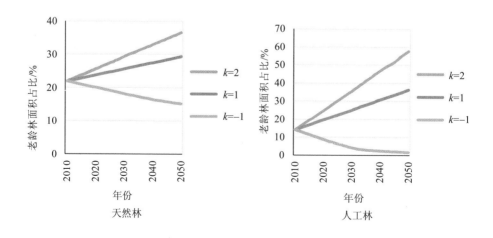

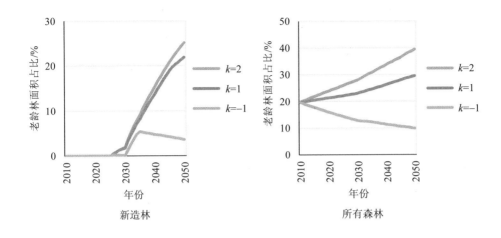

图 11-4　不同情景下 2010—2050 年中国老龄林面积占比

11.3.2　2010—2050 年中国森林蓄积变化

在保持历史水平情景下（$k=1$），2010—2050 年中国森林蓄积（立木蓄积）将保持增加趋势，从 2010 年的 14 940.89×10^6 m^3 增加至 2050 年的 17 975.58×10^6 m^3，年均增加量 75.87×10^6 m^3。其中，天然林蓄积增加量 424.69×10^6 m^3；人工林蓄积增加量 617.43×10^6 m^3，新造林蓄积增加量 1 992.57×10^6 m^3（表 11-9）。

在加强森林保护和减少采伐更新情景下（$k=2$），2010—2050 年中国森林立木蓄积相比于保持历史水平情景（$k=1$）将大幅度增加，2050 年中国森林蓄积将达到 19 684.11×10^6 m^3，年均增加量 118.58×10^6 m^3。其中，天然林蓄积增加量 1 473.71×10^6 m^3，人工林增加量 1 204.61×10^6 m^3，新造林蓄积增加量 2 064.89×10^6 m^3，均高于保持历史水平情景（表 11-9）。

在增加采伐更新情景下（$k=-1$），2010—2050 年中国森林立木蓄积相比于保持历史水平情景（$k=1$）明显减少，2050 年中国森林蓄积将达到 15 000×10^6 m^3，与 2010 年基本持平，年均增加量仅为 1.48×10^6 m^3。其中，天然林蓄积减少 1 535.06×10^6 m^3，人工林蓄积减少 118.80×10^6 m^3，相比于保持历史水平情景明显减少；新造林蓄积增加 1 712.98×10^6 m^3，也低于保持历史水平情景（表 11-9）。

表 11-9   2010—2050 年中国森林立木蓄积

单位：$10^6\ m^3$

情景	森林	2010 年	2020 年	2030 年	2040 年	2050 年
k=2	天然林	12 554.31	13 121.81	13 363.55	13 441.89	14 028.02
	人工林	2 386.58	2 891.57	3 061.53	3 243.30	3 591.19
	新造林	0.00	218.86	689.20	1 322.63	2 064.89
	合计	14 940.89	16 232.25	17 114.28	18 007.83	19 684.11
k=1	天然林	12 554.31	12 789.34	12 765.56	12 597.71	12 979.00
	人工林	2 386.58	2 725.66	2 777.89	2 828.57	3 004.01
	新造林	0.00	218.86	686.93	1 297.17	1 992.57
	合计	14 940.89	15 733.86	16 230.38	16 723.45	17 975.58
k=−1	天然林	12 554.31	12 120.59	11 567.70	10 955.57	11 019.25
	人工林	2 386.58	2 395.67	2 277.78	2 236.22	2 267.78
	新造林	0.00	218.86	669.81	1 156.59	1 712.98
	合计	14 940.89	14 735.13	14 515.30	14 348.38	15 000.00

相比于保持历史水平情景（$k=1$），加强森林保护和减少采伐更新情景（$k=2$）使 2010—2050 年中国森林的老龄林（成熟林+过熟林）立木蓄积明显增加，而幼龄林、中龄林和近熟林蓄积则明显减少。反之，增加森林采伐更新情景（$k=-1$）则使 2010—2050 年中国森林老龄林立木蓄积明显下降，而幼龄林、中龄林和近熟林蓄积量增加（图 11-5）。$k=2$ 情景下，2050 年中国老龄林蓄积量将达到 11 536.33×$10^6\ m^3$，占全部森林蓄积的 58.61%；$k=1$ 情景下，2050 年中国老龄林蓄积量为 8 908.34×$10^6\ m^3$，蓄积占比 31.38%；$k=-1$ 情景下，2050 年中国老龄林蓄积量为 3 994.78×$10^6\ m^3$，蓄积占比 13.66%。

在本章设置的几种假设情景下，加强森林保护和减少采伐更新有助于提高中国森林立木蓄积，尤其是老龄林（成熟林和过熟林）的立木蓄积；而增加采伐更新强度，则将使中国森林立木蓄积减少，尤其是老龄林蓄积占比降低。3 种情景下，2010—2050 年新造林对于增加中国蓄积都起到非常重要的作用。$k=2$ 情景和 $k=1$ 情景下，新造林对于中国森林蓄积增加量的贡献比例分别占到 43.53% 和 65.66%；而 $k=-1$ 情景下，由于加强采伐更新使 2010—2050 年天然林和人工林蓄积减少 1 653.86×$10^6\ m^3$，而新造林使森林蓄积增加 1 712.98×$10^6\ m^3$，二者基本持平。

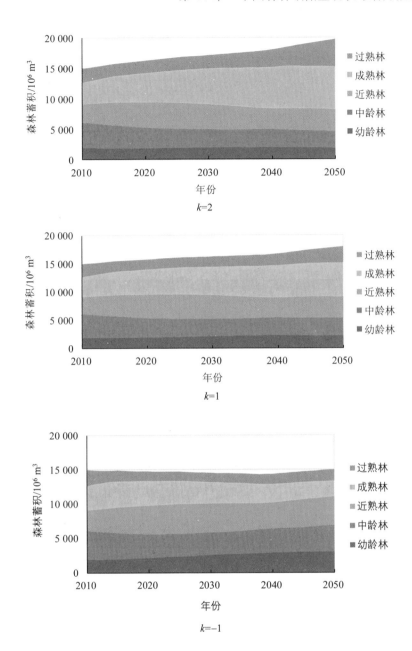

图 11-5　2010—2050 年中国森林各龄组立木蓄积量

　　3 种情景假设条件下的采伐更新力度不同，对森林蓄积生长量和采伐更新消耗量产生了不同的影响（表 11-10）。保持历史水平情景（$k=1$）下，2011—2020年年均采伐更新消耗蓄积 303.98×10^6 m^3，且随时间呈下降趋势，2041—2050 年年均采伐更新消耗蓄积 276.55×10⁶ m³。相比于 $k=1$ 情景，加强森林保护和减少森林更新采伐情景（$k=2$）下的年均采伐更新消耗的蓄积明显较低，2011—2020年年均采伐更新消耗蓄积 251.64×10⁶ m³，2041—2050 年年均采伐更新消耗蓄积为 202.18×10⁶ m³。而 $k=-1$ 情景下由于加大了森林的更新采伐，2011—2020 年年均采伐更新消耗蓄积 408.18×10⁶ m³，2041—2050 年为 396.44×10⁶ m³/a，均高于 $k=1$ 情景。

表 11-10 2011—2050 年中国森林蓄积年均变化量

单位：10⁶ m³/a

情景	蓄积变化量	2011—2020 年	2021—2030 年	2031—2040 年	2041—2050 年	2011—2050 年
$k=2$	年均更新采伐量	251.64	295.01	285.23	202.18	258.52
	年均生长量	380.77	383.22	374.59	369.81	377.10
	年均净变化量	129.14	88.20	89.36	167.63	118.58
$k=1$	年均更新采伐量	303.98	343.29	344.07	276.55	316.98
	年均生长量	383.28	392.95	393.38	401.76	392.84
	年均净变化量	79.30	49.65	49.31	125.21	75.87
$k=-1$	年均更新采伐量	408.18	430.81	440.58	396.44	419.00
	年均生长量	387.61	408.83	423.88	461.61	420.48
	年均净变化量	−20.58	−21.98	−16.69	65.16	1.48

尽管 $k=2$ 有利于保护和增加森林立木蓄积，但由于采伐更新量减少，木材生产和供给量（377.10×10⁶ m³/a）相比于保持历史水平情景（$k=1$）（316.98×10⁶ m³/a）有所下降，2011—2050 年的木材生产和供给量下降 58.46×10⁶ m³/a。而 $k=-1$ 情景下森林更新采伐强度高于 $k=1$ 情景，尽管森林立木蓄积量下降，但是 2011—2050 年的木材生产和供给量（419.00×10⁶ m³/a）相比于 $k=1$ 情景增加 102.03×10⁶ m³/a。

相比于保持历史水平情景（$k=1$），加强森林采伐更新情景（$k=-1$）有助于提高森林蓄积年均生长量。$k=1$ 情景下，2011—2050 年森林蓄积年均生长量为 392.84×10⁶ m³/a，而 $k=-1$ 情景下为 420.48×10⁶ m³/a，这主要是因为加强采伐更新，使森林的林龄结构整体向年轻化发展，从而具有更高的生长速率。而森林保护和减少采伐更新情景（$k=2$）下，森林蓄积年均生长量（$377.10 \times 10^6 \text{ m}^3/\text{a}$）明显低于 $k=1$ 情景和 $k=-1$ 情景，这主要是由于加强森林保护和减少采伐更新，使得老龄林比例增加，生长速率下降。

11.3.3　2010—2050 年中国森林碳储量变化

在保持历史水平情景下（$k=1$），2010—2050 年中国森林生物质碳储量将保持增加趋势，从 2010 年的 6 717.23 Tg C 增加至 2050 年的 8 028.16 Tg C。其中，天然林生物质碳储量从 2010 年的 5 584.13 Tg C 增加至 2050 年的 5 763.89 Tg C；人工林生物质碳储量从 2010 年的 1 133.10 Tg C 增加至 2050 年的 1 344.13 Tg C；2050 年，新造林生物质碳储量将增加 920.14 Tg C。

在加强森林保护和减少采伐更新情景下（$k=2$），2010—2050 年中国森林生物质碳储量相比于保持历史水平情景（$k=1$）明显增加，2050 年中国森林生物质碳储量达到 8 645.09 Tg C。其中，天然林生物质碳储量增加到 6 160.55 Tg C，人工林生物质碳储量增加到 1 538.62 Tg C，新造林生物质碳储量增加到 945.93 Tg C，均高于保持历史水平情景。

在增加采伐更新情景下（$k=-1$），2010—2050 年中国森林生物质碳储量相比于保持历史水平情景（$k=1$）明显减少，2050 年中国森林生物质碳储量达到 6 968.98 Tg C。其中，天然林生物质碳储量减少至 5 039.68 Tg C，人工林生物质碳储量减少至 1 100.64 Tg C，新造林生物质碳储量达到 828.66 Tg C，均低于保持历史水平情景（表 11-11）。

表 11-11　2010—2050 年中国森林生物质碳储量

单位：Tg C

情景	森林	2010 年	2020 年	2030 年	2040 年	2050 年
$k=2$	合计	6 717.23	7 293.03	7 665.23	8 012.13	8 645.09
	天然林	5 584.13	5 851.25	5 950.08	5 958.38	6 160.55
	人工林	1 133.10	1 316.98	1 368.51	1 425.79	1 538.62
	新造林	0.00	124.80	346.64	627.96	945.93
$k=1$	合计	6 717.23	7 109.04	7 339.74	7 541.16	8 028.16
	天然林	5 584.13	5 723.38	5 720.33	5 636.10	5 763.89
	人工林	1 133.10	1 260.86	1 273.45	1 286.90	1 344.13
	新造林	0.00	124.80	345.96	618.16	920.14

情景	森林	2010 年	2020 年	2030 年	2040 年	2050 年
$k=-1$	合计	6 717.23	6 738.32	6 704.96	6 675.97	6 968.98
	天然林	5 584.13	5 466.85	5 262.79	5 014.80	5 039.68
	人工林	1 133.10	1 146.67	1 102.75	1 090.07	1 100.64
	新造林	0.00	124.80	339.42	571.10	828.66

　　相比于保持历史水平情景（$k=1$），加强森林保护和减少采伐更新情景（$k=2$）使 2010—2050 年中国森林的老龄林（成熟林+过熟林）生物质碳储量明显增加，而幼龄林、中龄林和近熟林生物质碳储量则明显减少。反之，增加森林采伐更新情景（$k=-1$）则使 2010—2050 年中国森林的老龄林生物质碳储量明显下降，而幼龄林、中龄林和近熟林生物质碳储量增加。$k=2$ 情景下，2050 年中国老龄林生物质碳储量将达到 4 585.91 Tg C，占全部森林生物质碳储量的 53.05%；$k=1$ 情景下，2050 年中国老龄林生物质碳储量为 3 491.04 Tg C，碳储量占比 31.00%；$k=-1$ 情景下，2050 年中国老龄林生物质碳储量为 1 540.23 Tg C，占比仅为 9.06%。

　　加强森林保护和减少采伐更新有助于提高中国森林的生物质碳储量，尤其是老龄林（成熟林和过熟林）的生物质碳储量；而增加采伐更新强度，则将使中国森林生物质碳储量减少，尤其是老龄林生物质碳储量占比降低。3 种情景下，2010—2050 年新造林对于增加中国森林生物质碳储量都起到非常重要的作用。$k=2$ 情景和 $k=1$ 情景下，新造林对于中国森林森林生物质碳储量增加量的贡献比例分别占到 49.07% 和 70.19%；而 $k=-1$ 情景下，由于加强采伐更新使 2010—2050 年天然林和人工林的生物质碳储量减少 576.91 Tg C，而新造林使森林生物质碳储量增加 828.66 Tg C，从而使 2050 年中国森林生物质碳储量继续保持净增长（图 11-6）。

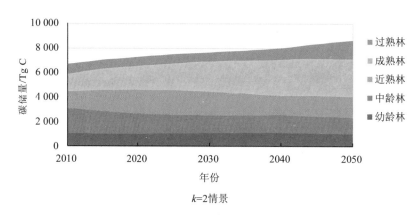

$k=2$ 情景

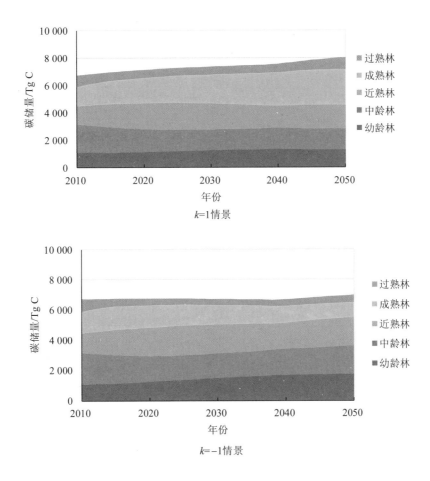

图 11-6　2010—2050 年不同情景下中国森林各龄组生物质碳储量

　　3 种情景假设条件由于采伐更新强度不同，其收获的木材蓄积与木产品碳储量也存在差异。保持历史水平情景（$k=1$）下，2020 年、2030 年、2040 年和 2050年来自采伐更新的木产品碳储量分别达到 338.78 Tg C、624.68 Tg C、822.90 Tg C和 893.76 Tg C。相比于 $k=1$ 情景，加强森林保护和减少森林更新采伐情景（$k=2$）下，由于采伐收获的木材蓄积减少，木产品碳储量相比之下也有所降低，2020 年、2030 年、2040 年和 2050 年来自采伐更新的木产品碳储量分别达到 281.14 Tg C、530.25 Tg C、690.02 Tg C 和 715.66 Tg C。而 $k=-1$ 情景下由于加大了森林的更新采伐，2020 年、2030 年、2040 年和 2050 年来自采伐更新的木产品碳储量分别达到 453.26 Tg C、802.93 Tg C、1 058.01 Tg C 和 1 193.95 Tg C，均高于 $k=1$ 情景（图11-7 和表 11-12）。

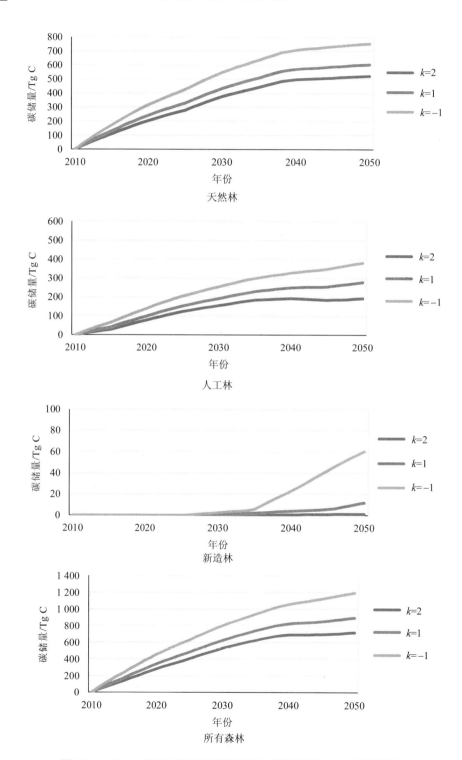

图 11-7　2010—2050 年不同情景下来自采伐更新的木产品碳储量

表 11-12　2010—2050 年中国采伐更新后的木产品碳储量

单位：Tg C

情景	森林	2010 年	2020 年	2030 年	2040 年	2050 年
$k=2$	合计	—	281.14	530.25	690.02	715.66
	天然林	—	203.64	375.70	497.39	521.92
	人工林	—	77.50	154.55	192.08	192.43
	新造林	—	0.00	0.00	0.56	1.30
$k=1$	合计	—	338.78	624.68	822.90	893.76
	天然林	—	240.48	433.20	570.19	605.15
	人工林	—	98.31	191.19	248.84	276.85
	新造林	—	0.00	0.29	3.87	11.76
$k=-1$	合计	—	453.26	802.93	1 058.01	1 193.95
	天然林	—	314.28	547.05	707.78	752.52
	人工林	—	138.98	253.51	327.33	380.90
	新造林	—	0.00	2.37	22.90	60.53

　　综合森林生物质碳储量和源自采伐更新的木产品碳储量，2011—2050 年中国森林碳储量变化量见表 11-3。在保持历史水平情景下（$k=1$），2011—2050 年中国森林碳储量的年均变化量为 55.12 Tg C/a，且随时间呈先下降后上升的趋势，其中生物质碳储量年均变化量约为 32.77 Tg C/a，木产品碳储量年均变化量约为 22.34 Tg C/a。加强森林保护和减少采伐更新情景（$k=2$）有助于提升中国森林碳储量增长速率，2011—2050 年年变化量为 66.09 Tg C/a，其中生物质碳储量年变化量为 48.20 Tg C/a，木产品碳储量年变化量为 17.89 Tg C/a。而增加森林的采伐更新（$k=-1$）尽管提高了森林的生长速率，但由于采伐量增加使森林生物质碳储量在 2021—2040 年呈现负增长，至 2041—2050 年才逐步恢复增长。2011—2050 年森林碳储量的年均变化量为 36.14 Tg C/a，其中生物质碳储量年变化量为 6.29 Tg C/a，木产品碳储量年变化量为 29.85 Tg C/a。

表 11-13 2011—2050 年中国森林碳储量年均变化量

单位：Tg C/a

情景	碳储量变化量	2011—2020 年	2021—2030 年	2031—2040 年	2041—2050 年	2011—2050 年
$k=2$	合计	85.69	62.13	50.67	65.86	66.09
	生物质碳储量	57.58	37.22	34.69	63.30	48.20
	木产品碳储量	28.11	24.91	15.98	2.56	17.89
$k=1$	合计	73.06	51.66	39.96	55.79	55.12
	生物质碳储量	39.18	23.07	20.14	48.70	32.77
	木产品碳储量	33.88	28.59	19.82	7.09	22.34
$k=-1$	合计	47.44	31.63	22.61	42.90	36.14
	生物质碳储量	2.11	−3.34	−2.90	29.30	6.29
	木产品碳储量	45.33	34.97	25.51	13.59	29.85

11.4 结论

（1）2010 年中国森林（乔木林）面积为 164.218 1×10⁶ hm²，2020 年、2030 年、2040 年和 2050 年中国森林面积将分别达到 173.518 8×10⁶ hm²、182.819 3×10⁶ hm²、192.120 0×10⁶ hm² 和 201.420 7×10⁶ hm²。

（2）2010 年中国森林立木蓄积为 14 940.89×10⁶ m³。保持历史水平情景（$k=1$）下，2020 年、2030 年、2040 年和 2050 年中国森林立木蓄积将分别达到 15 733.86×10⁶ m³、16 230.38×10⁶ m³、16 723.45×10⁶ m³ 和 17 975.58×10⁶ m³。加强森林保护和减少森林采伐更新情景（$k=2$）下，2020 年、2030 年、2040 年和 2050 年中国森林立木蓄积将分别达到 16 232.25×10⁶ m³、17 114.28×10⁶ m³、18 007.83×10⁶ m³ 和 19 684.11×10⁶ m³。增加森林采伐更新情景（$k=-1$）下，2020 年、2030 年、2040 年和 2050 年中国森林立木蓄积将分别达到 14 735.13×10⁶ m³、14 515.30×10⁶ m³、14 348.38×10⁶ m³ 和 15 000.00×10⁶ m³。

（3）2010 年中国森林生物质碳储量为 6 717.23 Tg C。保持历史水平情景（$k=1$）下，2020 年、2030 年、2040 年和 2050 年中国森林生物质碳储量将分别达到 7 109.04 Tg C、7 339.74 Tg C、7 541.16 Tg C 和 8 028.16 Tg C。加强森林保护和减少森林采伐更新情景（$k=2$）下，2020 年、2030 年、2040 年和 2050 年中国森

林生物质碳储量将分别达到 7 293.03 Tg C、7 665.23 Tg C、8 012.13 Tg C 和 8 645.09 Tg C。增加森林采伐更新情景（$k=-1$）下，2020 年、2030 年、2040 年和 2050 年中国森林立木蓄积将分别达到 6 738.32 Tg C、6 704.96 Tg C、6 675.97 Tg C 和 6 968.98 Tg C。

（4）保持历史水平情景（$k=1$）下，2020 年、2030 年、2040 年和 2050 年来自采伐更新的木产品碳储量分别达到 338.78 Tg C、624.68 Tg C、822.90 Tg C 和 893.76 Tg C。加强森林保护和减少森林更新采伐情景（$k=2$）下，2020 年、2030 年、2040 年和 2050 年来自采伐更新的木产品碳储量分别达到 281.14 Tg C、530.25 Tg C、690.02 Tg C 和 715.66 Tg C。增加森林采伐更新情景（$k=-1$）下，2020 年、2030 年、2040 年和 2050 年来自采伐更新的木产品碳储量分别达到 453.26 Tg C、802.93 Tg C、1 058.01 Tg C 和 1 193.95 Tg C。

（5）相比于保持历史水平情景（$k=1$），加强森林保护和减少森林更新采伐情景（$k=2$）下老龄林面积、蓄积增加，有助于保护和增加森林立木蓄积和森林生物质碳储量，但来自采伐更新的木材蓄积量减少、木产品碳储量降低。2010—2050 年，$k=2$ 情景相比于 $k=1$ 情景的老龄林面积增加 19.74×10^6 hm^2，老龄林面积占比由 29.54% 增加至 39.34%；2050 年 $k=2$ 情景下的森林立木蓄积比 $k=1$ 情景增加 1 708.53$\times 10^6$ m^3，森林生物质碳储量增加 616.93 Tg C。

（6）相比于保持历史水平情景（$k=1$），增加森林更新采伐情景（$k=-1$）下老龄林面积减少、森林立木蓄积和生物质碳储量均降低，但森林年蓄积生长量、采伐更新的木材蓄积量和木产品碳储量也会增加。2010—2050 年，$k=-1$ 情景相比于 $k=1$ 情景的老龄林面积减少 39.59×10^6 hm^2，老龄林面积占比由 29.54% 减少至 9.88%；2050 年 $k=-1$ 情景下的森林立木蓄积比 $k=1$ 情景减少 2 975.58$\times 10^6$ m^3，但通过增加采伐更新使 2010—2050 年的木材生产和供给量增加 102.03×10^6 m^3/a。2050 年 $k=-1$ 情景下森林生物质碳储量相比 $k=1$ 情景减少 1 059.18 Tg C，但来自采伐更新的木产品碳储量增加了 300.40 Tg C。

参考文献

[1]　Fang J，Chen A，Peng C，et al. Changes in Forest Biomass Carbon Storage in China Between 1949 and 1998[J]. Science，2001，292：2320-2322.

[2]　Fang J，Wang G，Liu G，et al. Forest biomass of China：An estimation based on the biomass

volume relationship[J]. Ecological Applications，1998，8（4）：1084-1091.

[3] Fang J，Yu G，Liu L，et al. Climate chang，human impacts，and carbon sequestration in China[J]. PNAS，2018，115（16）：4015-4020.

[4] Guo Z，Fang J，Pan Y，et al. Inventory-based estimates of forest biomass carbon stocks in China：A comparison of three methods[J]. Forest Ecology and Management，2010，259：1225-1231.

[5] He N，Wen D，Zhu J，et al. Vegetation carbon sequestration in Chinese forests from 2010 to 2050[J]. Global Change Biology，2016，23（4）：1575-1584.

[6] Liu W，Lu F，Luo Y，et al. Human influence on the temporal dynamics and spatial distribution of forest biomass carbon in China[J]. Ecol Evol，2017，7（16）：6220-6230.

[7] Lun F，Li W，Liu Y. Complete forest carbon cycle and budget in China，1999–2008[J]. Forest Ecology and Management，2012，264：81-89.

[8] Pan Y，Luo T，Birdsey R，et al. New estimates of carbon storage and sequestration in China's forests：effects of age-class and method on inventory-based carbon estimation[J]. Climatic Change，2004，67：211-236.

[9] Peng S，Wen D，He N，et al.Carbon storage in China's forest ecosystems：estimation by different integrative methods[J]. Ecology and Evolution，2016，6（10）：3129-3145.

[10] Piao S，Fang J，Ciais P，et al. The carbon balance of terrestrial ecosystems in China[J]. Nature，2009，458：1009-1013.

[11] Tang X，Zhao X，Bai Y，et al.Carbon pools in China's terrestrial ecosystems：New estimates based on an intensive field survey[J]. PNAS，2018，115（16）：4021-4026.

[12] Wang S，Zhou L，Chen J，et al. Relationships between net primary productivity and stand age for several forest types and their influence on China's carbon balance[J]. Journal of Environmental Management，2011，92：1651-1662.

[13] Yao Y，Piao S，Wang T. Future biomass carbon sequestration capacity of Chinese forests[J]. Science Bulletin，2018，63：1108-1117.

[14] Zhang C，Ju W，Chen J，et al. China's forest biomass carbon sink based on seven inventories from 1973 to 2008[J]. Climatic Change，2013，118：933-948.

[15] Zhang C，Ju W，Chen J，et al. Sustained Biomass Carbon Sequestration by China's Forests from 2010 to 2050[J]. Forests，2018，9（11）：689.

[16] Zhao M，Yang J，Zhao N，et al. Estimation of China's forest stand biomass carbon sequestration

based on the continuous biomass expansion factor model and seven forest inventories from 1977 to 2013[J]. Forest Ecology and Environment，2019，448：529-534.

[17] Zhou T，Shi P，Jia G，et al. Nonsteady state carbon sequestration in forest ecosystems of China estimated by data assimilation[J]. Journal of Geophysical Research: Biogeosciences，2013，118（4）：1369-1384.

[18] 方精云，郭兆迪，朴世龙，等. 1981—2000 年中国陆地植被碳汇的估算[J]. 中国科学 D 辑：地球科学，2007，37（6）：804-812.

[19] 郭兆迪，胡会峰，李品，等. 1977—2008 年中国森林生物量碳汇的时空变化[J]. 中国科学：生命科学，2013，43（5）：421-431.

[20] 国家林业和草原局. 中国森林资源报告（2014—2018）[M]. 北京：中国林业出版社，2019.

[21] 国家林业和草原局. 中国森林资源统计（2014—2018）[M]. 北京：中国林业出版社，2019.

[22] 国家林业局. 中国森林资源报告（2004—2008）[M]. 北京：中国林业出版社，2009.

[23] 国家林业局. 中国森林资源报告（2009—2013）[M]. 北京：中国林业出版社，2014.

[24] 李海奎，雷渊才，曾伟生. 基于森林资源清查资料的中国森林植被碳储量[J]. 林业科学，2011，47（7）：7-12.

[25] 李奇，朱建华，冯源，等. 中国森林乔木林碳储量及其固碳潜力预测[J]. 气候变化研究进展，2018，14（3）：287-294.

[26] 吴庆标，王效科，段晓男，等. 中国森林生态系统植被固碳现状和潜力[J]. 生态学报，2008，28（2）：517-523.

[27] 徐新良，曹明奎，李克让. 中国森林生态系统植被碳储量时空动态变化研究[J]. 地理科学进展，2007，26（6）：1-10.

[28] 中华人民共和国气候变化初始国家信息通报[R]，2004.

[29] 中华人民共和国气候变化第二次国家信息通报[R]，2013.

[30] 中华人民共和国气候变化第一次两年更新报[R]，2013.

第12章
低排放情景的空气质量改善效应分析[①]

12.1 引言

《大气污染防治行动计划》（以下简称《大气十条》）实施以来，中国各级政府采取结构调整、重大工程治理等多项措施，淘汰落后产能，清理整顿"散乱污"企业，推进火电、钢铁、焦化、大型燃煤锅炉超低排放改造，淘汰小型燃煤锅炉，开展北方城市清洁取暖改造，在重污染天气实行错峰生产、机动车限行等管控措施，有效减少了大气污染物排放，全国空气质量持续改善，重污染天气显著减少。2017 年，全国地级及以上城市 PM_{10} 平均浓度为 75 μg/m³，比 2013 年下降 22.7%；74 个重点城市重污染天数从 2013 年的平均 32 天降到 2017 年的 10 天，下降 68.8%；京津冀、长三角、珠三角等重点区域 $PM_{2.5}$ 平均浓度分别为 64 μg/m³、44 μg/m³、34 μg/m³，分别比 2013 年下降 39.6%、34.3%、27.7%，珠三角区域 $PM_{2.5}$ 平均浓度连续三年达标；北京市 $PM_{2.5}$ 年均浓度从 2013 年的 89.5 μg/m³ 降至 58 μg/m³；《大气十条》确定的各项空气质量改善目标全面实现。

然而由于我国产业结构、能源结构、交通运输结构不合理的问题仍然突出，一半以上城市 $PM_{2.5}$ 年均浓度仍未达标。2017 年，京津冀、长三角、汾渭平原 $PM_{2.5}$ 平均浓度分别是国家环境空气质量二级标准的 1.83 倍、1.26 倍和 1.86 倍。此外，我国部分区域 O_3 浓度呈现上升趋势，尤其在夏秋季已成为部分城市的首要污染物，成为仅次于颗粒物影响城市空气质量达标的重要污染物。2013—2017 年，第一批实施新环境空气质量标准的 74 个城市 O_3 浓度（日最大 8 小时平均浓度第 90

① 本章作者：生态环境部环境规划院陈潇君、张泽宸、王丽娟、薛文博。

百分位数）上升 20.1%；2017 年，京津冀、长三角、珠三角等重点区域 O_3 浓度分别为 193 μg/m^3、170 μg/m^3、165 μg/m^3，均超过国家二级标准，除重点区域外，山东、河南、成渝等地 O_3 污染也呈加重态势。

未来我国工业行业末端治理措施的减排空间逐步收窄，制约了空气质量的进一步改善。从全球应对气候变化的主要举措来看，化石燃料消耗量的削减是重中之重，实施低碳发展战略，除了履行控制温室气体排放的国际责任，对我国城市空气质量改善进程也将发挥重要的推动作用。

12.2　研究方法与数据

12.2.1　空气质量模型

我国大气环境污染特征总体上进入区域复合型污染阶段，呈现出"多污染问题共存、多污染源叠加、多尺度关联、多过程演化、多介质影响"的复合型特征。因此，空气质量模型的选取应满足以下三个要求：①能充分考虑各污染物间的物理传输及化学转化过程，可模拟多污染物间的协同效应；②能够用于模拟局地、区域及全国等多种尺度的大气环境问题；③可一次性模拟 SO_2、NO_2、PM_{10}、$PM_{2.5}$、O_3、酸雨等多种大气污染过程，特别是模拟区域复合型大气污染过程。而 CAMx 模型最典型的特点即采用了基于"一个大气"的设计理念，考虑了复杂的物理及化学过程，能够同时模拟各种尺度、各种复杂的大气环境问题，因此本研究利用 CAMx 模型模拟低碳发展情景的环境效益。

CAMx 模型是美国 ENVIRON 公司在 UAM-V 模式基础上开发的综合空气质量模型，它将"科学级"的空气质量模型所需要的所有技术特征合成为单一系统，可用来对气态和颗粒物态的大气污染物在城市和区域的多种尺度上进行综合性的评估。CAMx 除具有第三代空气质量模型的典型特征之外，最著名的特点包括：双向嵌套及弹性嵌套、网格烟羽（PiG）模块、臭氧源分配技术（OSAT）、颗粒物源来源识别技术（PSAT）、臭氧和其他物质源灵敏性的直接分裂算法（DDM）等。CAMx 可以在三种笛卡尔地图投影体系中进行模拟：通用的横截墨卡托圆柱投影（Universal Transverse Mercator）、旋转的极地立体投影（Rotated Polar Stereographic）和兰伯特圆锥正形投影（Lambert Conic Conformal）。CAMx 也提供在弯曲的线性测量经纬度网格体系中运算的选项。此外，垂直分层结构是从外部定义的，所以各层高度可以定义为任意的空间或时间的函数。这种在定义水平和垂直网格结构方面的灵活性，使 CAMx 能适应任何用来为环境模型提供输入场的气象模型。

12.2.2　模型参数设置

（1）CAMx 模型参数设置

模拟时段：CAMx 模拟时段为 2015 年 1 月、4 月、7 月、10 月四个月份，分别代表冬季、春季、夏季、秋季，模拟时间间隔为 1 h。

模拟区域：CAMx 模拟区域采用 Lambert 投影坐标系，中心经度 103°，中心纬度 37°，两条平行标准纬度为 25° 和 47°。水平模拟范围为 X 方向（−2 682～2 682 km）、Y 方向（−2 142～2 142 km），网格间距 36 km，共将模拟区域划分为 150×120 个网格。研究区域包括中国全部陆域范围。模拟区域垂直方向共设置 9 个气压层，层间距自下而上逐渐增大。

化学机制：模型采用 CAMx 5.41 版本，化学机制为 CB05 气相化学反应机理和 CF 气溶胶反应机理。

（2）WRF 模型参数设置

模拟时段：WRF 模拟时段与 CAMx 模型相同，为 2015 年 1 月、4 月、7 月、10 月四个月份，模拟时间间隔为 1 h。

模拟范围：WRF 模型与 CMAQ 模型采用相同的空间投影坐标系，但模拟范围大于 CMAQ 模拟范围，其水平模拟范围为 X 方向（−3 582～3 582 km）、Y 方向（−2 502～2 502 km），网格间距 36 km，共将研究区域划分为 200×140 个网格。垂直方向共设置 28 个气压层，层间距自下而上逐渐增大。

12.2.3　模型输入数据

气象数据：WRF 模型的初始输入数据采用美国国家环境预报中心（NCEP）提供的 6 h 一次、1°分辨率的 FNL 全球分析资料。

排放清单：CAMx 模型采用排放清单的化学物种主要包括 SO_2、NO_x、颗粒物（PM_{10}、$PM_{2.5}$ 及其组分）、NH_3 和 VOCs（含多种化学组分）等多种污染物。2015 年 SO_2、NO_x、人为源颗粒物（含 PM_{10}、$PM_{2.5}$、BC、OC 等）、NH_3、VOCs（含主要组分）等排放数据采用清华大学 MEIC 排放清单，生物源 VOCs 排放数据源于全球排放清单 GEIA。2030 年、2040 年和 2050 年排放情景基于第 6 章 IPAC

模型的输出结果进行分析。

12.2.4　模拟结果验证

将 CAMx 模型模拟的 $PM_{2.5}$ 年均浓度与监测数据进行比较，结果表明模拟值和监测值具有较好的相关性，相关系数 R 为 0.79。此外，利用 NASA 中分辨率成像光谱仪（MODIS）观测的 AOD 数据（气溶胶光学厚度，无量纲）进一步验证 $PM_{2.5}$ 模拟结果的空间分布特征。NASA 目前共有 2 颗在轨卫星 TERRA、AQUA 分别搭载了 MODIS 探测器，其中 TERRA 卫星过境时间为 10:30，AQUA 卫星过境时间为 13:30，模型验证数据采用 TERRA 和 AQUA 两颗卫星观测值的平均值。113 个国控重点城市的 $PM_{2.5}$ 年均柱浓度（指 9 个垂直层的平均模拟值）与卫星观测的年均 AOD 数据对比表明，$PM_{2.5}$ 柱浓度与 AOD 数据具有较高的相关性，相关系数 R 达到 0.83。地面观测数据和卫星遥测数据验证结果表明，本章所选空气质量模型及模拟参数可较好地模拟我国区域性、复合型 $PM_{2.5}$ 污染问题。

12.3　2013—2017 年大气污染防治措施与减排效果

《大气十条》实施以来，我国各级政府下大力气落实各项大气污染防治措施，取得了显著成效，但也面临后续减排潜力不足的问题。根据生态环境部的统计与分析，2013—2017 年，74 个重点城市 $PM_{2.5}$ 年均浓度下降了 25 $\mu g/m^3$，重大减排工程、能源结构调整和产业结构调整各自贡献了 40%、27% 和 17%。其中，燃煤锅炉整治、工业提标改造、电厂超低排放改造和扬尘综合治理是对 $PM_{2.5}$ 浓度改善效果较为显著的措施。

①产业结构调整。2013—2017 年，全国淘汰落后产能和化解过剩产能钢铁约 2 亿 t、水泥 2.5 亿 t、平板玻璃 1.1 亿重量箱、煤电机组 2 500 万 kW 等；2017 年 1.4 亿 t 地条钢全部清零；清理整顿"2+26"城市涉气"散乱污"企业 6.2 万余家。

②能源结构调整。全国煤炭消费总量下降约 3 亿 t，占一次能源消费比重由 67.4% 下降到 60.3%；2013—2017 年，3 100 亿 kW·h 电力替代煤炭和油品，200 亿 m^3 天然气替代燃煤；建设完成 10 项特高压输电工程，增加中东部地区受电能力 8 000 万 kW；淘汰治理无望的小型燃煤锅炉 20 多万台。

③交通结构调整。推进"公转铁"，2019 年全国铁路货运量同比增长 7.2%，其中，京津冀增长 26.2%。

④重大减排工程。截至 2019 年，全国实现超低排放的煤电机组累计约 8.9 亿 kW，占总装机容量的 86%；23 个省份 324 家钢铁企业 7.8 亿 t 粗钢产能开展超低排放改造。重点行业开展提标改造，烟气排放达标率由 52% 提高到 90% 以上。截至 2019 年，北方地区清洁取暖试点城市实现京津冀及周边地区和汾渭平原全覆盖，完成散煤治理 700 余万户。淘汰黄标车 2 000 多万辆，油品质量连续升级。

根据历年中国环境统计年报数据，2010 年以来我国 SO_2、NO_x 排放总量持续下降（图 12-1），烟粉尘排放量由于统计口径变化有一些波动。2015 年，全国废气中二氧化硫排放量为 1 859.1 万 t，其中工业二氧化硫排放量为 1 556.7 万 t、城镇生活二氧化硫排放量为 296.9 万 t。全国废气中氮氧化物排放量 1 851.9 万 t，其中工业氮氧化物排放量为 1 180.9 万 t、城镇生活氮氧化物排放量为 65.1 万 t、机动车氮氧化物排放量为 585.9 万 t。全国废气中烟粉尘排放量 1 538.0 万 t，其中工业烟粉尘排放量为 1 232.6 万 t、城镇生活烟粉尘排放量为 249.7 万 t、机动车烟粉尘排放量为 55.5 万 t。电力热力生产和供应业、非金属矿物制品业、黑色金属冶炼和压延加工业、有色金属冶炼和压延加工业、化学原料和化学品制造业、机动车等是二氧化硫及氮氧化物的主要排放源。

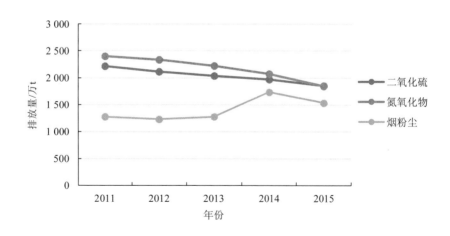

图 12-1　2011—2015 年全国主要污染物排放变化趋势

根据宏观估算，我国人为源 VOCs 排放量约为 2 000 万 t，在人为源 VOCs 排放构成中，工业、交通、生活、农业源排放量分别占 43%、28%、15%、14%，涉及经济社会发展的各个领域。工业源中，石化、化工、工业涂装和包装印刷是主要排放行业，其中石化行业 VOCs 排放占 VOCs 排放总量的 9.0%，化工行业占

9.9%；工业涂装行业占 9.0%。交通源 VOCs 排放 90%以上来自机动车排放和油品储运销过程，其中机动车排放占 VOCs 排放总量的 20.7%。

目前，我国以 $PM_{2.5}$ 和 O_3 为特征污染物的大气复合型污染形势严峻。SO_2、NO_x、一次颗粒物、VOCs 等是形成 $PM_{2.5}$ 的重要前体物，其中 NO_x、VOCs 还对 O_3 形成具有重要贡献。目前全国 SO_2、NO_x、烟粉尘排放控制取得了明显进展，但 VOCs 排放量仍呈现增长趋势，对大气环境影响日益突出。

12.4　低碳发展情景的环境效应分析

基于第 6 章的能源发展及排放情景设置，在 2℃升温情景下，我国能源需求和结构将在未来发生重大变化，同时通过不断强化大气污染控制措施，将显著削减各种大气污染物排放；1.5℃升温情景相较于 2℃升温情景减排更多。各类污染物减排量如图 12-2 所示。

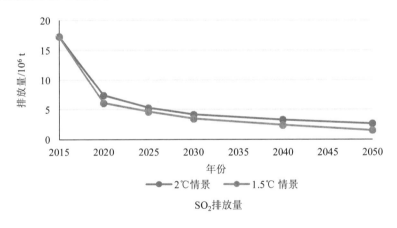

SO$_2$排放量

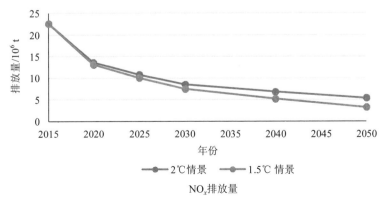

NO$_x$排放量

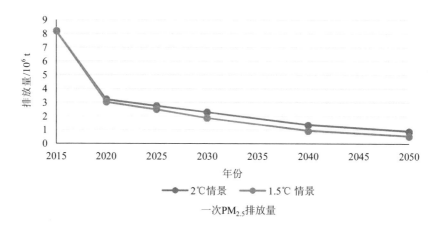

图 12-2　低碳发展情景下的大气污染物排放情况

　　根据以上减排情景，以 2015 年的气象条件及大气污染物排放量作为基准，经过 WRF-CAMx 模型模拟，得到 2℃情景下 2030 年、2040 年、2050 年的全国 $PM_{2.5}$ 年均浓度分别为 21.6 μg/m³、17.1 μg/m³、14.4 μg/m³；1.5℃情景下全国 $PM_{2.5}$ 年均浓度分别为 20.7 μg/m³、14.9 μg/m³、12.1 μg/m³。模拟结果表明，通过一系列能源结构调整和大气污染物减排措施，在以上两种情景下，中国大部分地区在 2025 年之前 $PM_{2.5}$ 年均浓度将会达标（下降到 35 μg/m³ 以下），但同时也可以看出，在经过初期较大幅度的浓度下降后，未来的 $PM_{2.5}$ 年均浓度下降幅度逐步减小，减排难度增大。在 2050 年，2℃情景及 1.5℃情景下，全国 $PM_{2.5}$ 年均浓度均能达到 15 μg/m³ 以下，空气质量较 2015 年都有较大幅度改善，温室气体减排与空气质量改善有着良好的协同效果（图 12-3）。

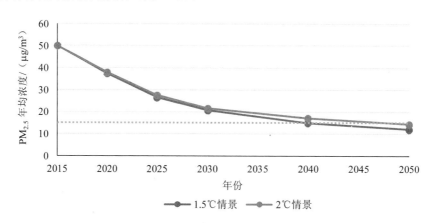

图 12-3　低碳发展情景下的 $PM_{2.5}$ 年均浓度

12.5　低碳绿色协调发展路径分析

为实现温室气体与大气污染物协同减排目标，关键是降低化石能源消费总量，从根本上推动经济转型和产业结构战略性调整，加快发展第三产业和战略性新兴产业，从源头上减少温室气体和大气污染物排放。同时要强化节能措施，持续提升能效，降低能源消费需求总量。在能源利用方式上，要提高清洁高效低碳的能源利用方式占比。在工业、建筑、交通运输等部门加快电气化、智能化发展，提高终端用能部门电气化比例，优先使用可再生能源电力。

在大气污染物排放控制方面，要加强重点行业源头控制与全流程污染控制，采用先进生产工艺和环境影响小的原料与燃料，实施多污染物协同减排。在源头控制与全流程控制基础上，推进工业行业提标改造，深挖污染治理设施减排潜力。稳步拓展受控污染源范围，加强多污染源、多污染物协同控制。

参考文献

[1] United States Environmental Protection Agency，Particulate Matter（$PM_{2.5}$）Trends [EB/OL].[2019-03-10]. https://www.epa.gov/air-trends/particulate-matter-pm25-trends.

[2] European Environment Agency. Air quality in Europe—2018 report [R]. Denmark，2018.

[3] Ministry of the Environment Government of Japan. Annual Report on Environmental Statistics 2017 [EB/OL]. [2019-03-10]. http://www.env.go.jp/en/statistics/e2017.html.

[4] WANG S，HAO J. Air quality management in China：Issues，challenges，and options[J]. Journal of Environmental Sciences，2012，24（1）：2-13.

[5] 许艳玲，薛文博，雷宇. 气象和排放变化对 $PM_{2.5}$ 污染的定量影响[J]. 中国环境科学，2019，39（11）：4546-4551.

[6] 王圣，雷宇. 新时代我国区域协调发展与环保联防联控协同性分析[J]. 环境保护，2018，46（16）：39-41.

[7] 王彦超，蒋春来，贺晋瑜，等. 京津冀大气污染传输通道城市燃煤大气污染减排潜力[J]. 中国环境科学，2018，38（7）：2401-2405.

[8] 唐倩，陈潇君，黄宇，等. 城市空气质量达标路线图制定技术方法研究——以武汉市为

例[J]. 环境污染与防治，2019，41（12）：1512-1516，1522.

[9]　宋弘，孙雅洁，陈登科. 政府空气污染治理效应评估——来自中国"低碳城市"建设的经验研究[J]. 管理世界，2019，35（6）：95-108，195.

第 13 章
2050 愿景下气候变化的风险评价①

13.1　引言

　　自工业化革命以来，人类活动导致的温室气体排放增加已引起全球气候变暖。IPCC（Intergovernmental Panel on Climate Change，联合国政府间气候变化专门委员会）第五次评估报告指出近百年来的气候变暖已是一个毋庸置疑的事实。对于当前温度升高、冰川融化、降水异常等已经发生的气候变化，全球各界已形成共识，认为主要是由于人类活动排放过多的温室气体造成的，并且意识到即使现在采取减排措施，温室气体的影响依然会持续相当长的时间，因此如何科学地认识气候变化的影响，充分认识适应的重要性，采取适应措施应对气候变化已经成为气候变化科学领域的重要课题之一。

　　随着应对气候变化进程的不断深入，世界各国政府有必要从整体上考虑如何制定有助于形成和实现宏观低排放发展战略（Low Emission Development Strategy, LEDS）的应对气候变化政策和制度，以实现向低碳发展方式的转变。低排放发展战略是将经济社会发展和减少碳排放有机结合起来的国家整体发展战略，其目标一般是长期、量化的减排目标，基于该目标，对一国的减排潜力及完成中长期减排目标的可能性进行评估，对不同经济部门和项目成本及潜力进行分析，识别出减排潜力大、成本低的部门及项目，评估气候变化对一国造成的影响，借此确定国家需要采取的适应行动并评估行动成本，在上述一系列工作的基础上，低排放发展战略确定重点领域、项目和政策，组织管理机构和资金以支持和保障低排放发展战略的执行。

　　其中，"评估气候变化对一国造成的影响"需要明晰低排放情景下的气候变化

---

① 本章作者：潘婕、李阔。

状态，从而为能源环境经济的分析提供气候约束条件和气候科学参考信息。因此，分析低排放情景下的气候平均状况和极端事件的变化，探讨不同温升/目标情景与环境健康的关系，对于低排放发展战略的制定和执行具有参考意义。

13.2　模型及方法学介绍

13.2.1　模式和资料

13.2.1.1　观测资料

（1）站点数据

从国家气象信息中心获取了中国地面气候资料日值数据集（V3.0），包含了中国（除中国台湾地区外）824 个基准、基本气象站 1951 年 1 月—2000 年 12 月的日平均气温、日最高气温、日最低气温等多个气温要素的日值数据。该数据基于地面基础气象资料建设项目归档的"1951—2010 年中国国家级地面站数据更正后的月报数据文件（A0/A1/A）基础资料集"研制，国家气象信息中心对此月报数据文件中的观测数据进行了反复质量检测与控制，纠正了错误数据，并对数字化遗漏数据进行了补录，使数据质量得到明显提升。另外，在数据集制作过程中，对数据集内的要素进行了质量控制，对发现的可疑和错误数据普遍给予了人工核查与更正，并最终对所有要素数据标注质量控制码。数据经过质量控制后，各要素数据的质量及完整性相对于以往发布的地面同类数据产品明显提高，各要素项数据的实有率普遍在 99% 以上，数据的正确率均接近 100%。

（2）格点化数据

从国家气候中心获取了 CN05 格点化观测数据集，该数据集基于国家气象信息中心 751 个全国气象观测台站的日观测数据，使用距平逼近法，由气候场和距平场分别插值后叠加得到。该数据集包含了 1961 年 1 月 1 日—2005 年 12 月 31 日的日平均气温、日最高气温、日最低气温等多个气温要素的日值数据，水平分辨率为 0.5°×0.5°。

13.2.1.2　模拟数据

（1）气候情景数据

气候情景模拟数据来源于选自第五次耦合模式比较计划（Coupled Model Intercomparison Project Phase 5，CMIP5）的 5 套全球气候模式（Global Climate

Model，GCM），在典型浓度路径（Representative Concentration Pathways，RCPs）RCP 2.6 和 RCP 45 情景下模拟 1951—2099 年气候情景，ISI-MIP（Inter-Sectoral Impact Model Intercomparison Project，多领域间影响模型比较计划）选取气候变化影响评估工作常用的变量如气温、降水等，对其利用双线性插值方法将水平分辨率插值为 $0.5° \times 0.5°$，并采用基于概率分布的统计偏差订正法对插值结果进行逐一订正。5 个 GCM 分别为 GFDL-ESM2M、HadGEM2-ES、IPSL-CM5A-LR、MIROC-ESM-CHEM、NorESM1-M。本项目组采用了 ISI-MIP 插值、订正后的1961—2000 年及 2020—2059 年的逐日平均气温、最高气温和最低气温。

（2）全球大气浓度数据

全球温室气体浓度数据来源于国际应用系统分析研究所（International Institute for Applied Systems Analysis，IIASA）的 RCP 数据库（http://www.iiasa.ac.at/web-apps/tnt/RcpDb），其中历史大气浓度及 RCP 情景下的大气包含以下气体：二氧化碳（CO_2）、甲烷（CH_4）、氧化亚氮（N_2O）、《京都议定书》规定控制的所有含氟气体（HFCs、PFCs 和 SF_6），以及《蒙特利尔议定书》规定的臭氧消耗物质（CFCs、HCFCs、Halons、CCl_4、CH_3Br、CH_3Cl）。

（3）中国气溶胶浓度数据

历史和未来的气溶胶浓度也来源于 IIASA 的 RCP 数据库，包含以下气溶胶浓度：硫酸盐、硝酸铵、疏水性黑碳、亲水黑碳、疏水性有机碳、亲水有机碳、次生有机气溶胶、多种尺寸的粉尘颗粒物和海盐，同时给出了相应的全球格点气温数据。粒径在 10 μm 以下的颗粒物（PM_{10}）为可吸入颗粒物，其在环境空气中持续的时间很长，对人体健康和大气能见度的影响都很大。而粒径在 2.5 μm 以下的颗粒物（$PM_{2.5}$）与较粗的大气颗粒物相比，粒径小、面积大、易附带有毒有害物质，且在大气中的停留时间长、输送距离远，因而对人体健康和大气环境质量的影响更大。因此，我们分别选择了 RCP 2.6 和 RCP 4.5 情景下 10 μm 以下和2.5 μm 以下粒径的粉尘颗粒物来初步探讨未来温升和环境污染物的关系。

13.2.2　情景简介

IPCC 于 2007 年提出了温室气体的稳定情景，建议用典型浓度路径来表示新情景。2011 年，Climatic Change 出版了专号介绍了新一代情景。典型浓度路径的名字 RCP 比起原来的排放情景更强调气候变暖的基本原理，"representative"表示这只是多种可能性中的一种，"concentration"强调以浓度为目标，"pathways"则不仅指某一个量，而且包含达到该量的过程。它根据辐射强迫水平和路径形态定义了 4 类 RCPs 情景，分别为 RCP 2.6、RCP 4.5、RCP 6.0、RCP 8.5，其中 RCP 2.6 是把全球平均温度上升限制在 2℃之内的情景，为严格减排低稳定情景，RCP 4.5 是 2100 年辐射强迫稳定在 4.5 W/m^2。

RCP 2.6 是把全球平均温度上升限制在 2℃之内的情景，为严格减排低稳定情景，辐射强迫在 2100 年之前达到峰值，到 2100 年下降到 2.6 W/m^2。无论从温室气体排放值还是从辐射强迫值看，它都是排放最低的情景。在 21 世纪后半叶能源应用为负排放，应用的是全球环境评估综合模式（IMAGE），采用中等排放基准，假定所有国家均参加。2010—2100 年累计全球温室气体排放比基准年减少 70%。为此要彻底改变能源结构及二氧化碳外的温室气体排放，特别倡导应用生物质能、恢复森林。但是，仍有许多工作要做，例如研究气候系统对辐射强迫峰值的反应，社会削减排放率的能力，以及进一步减排非二氧化碳温室气体的能力等。

RCP 4.5 是 2100 年辐射强迫稳定在 4.5 W/m^2，2100 年之后二氧化碳当量浓度稳定在约 650 ppm（parts per million，百万比浓度，现多用 10^{-6}，即 0.001‰表示）。用全球变化评估模式（GCAM）模拟，考虑了与全球经济框架相适应的生存期短的物质和长期存在的全球温室气体排放，以及土地利用和陆面变化。模式在历史排放及陆面覆盖信息方面得到改进，并遵循用最低代价达到辐射强迫目标的途径。为了限制温室气体排放，要改变能源体系，多用电能、低排放能源技术，开展碳捕获及地质储藏技术。通过降尺度得到模拟的排放及土地利用的区域信息。

这两种情景设定的温室气体排放水平相当于中—低排放水平，因此本书采用了这两种情景作为低排放发展战略下的气候变化研究情景。

13.2.3　研究方法

利用 1961—2000 年的观测资料和模拟值订正结果，分析中国区域 1961—2000 年的气温平均态（空间分布特征、时间趋势、波动幅度等）和极端态（夏季日数、极端高温阈值、冰冻日数、极端低温阈值等指标）状况，检验各模式对中国区域过去气温的再现能力。

利用检验后的气温模拟资料，预估中国区域在低排放情景（RCP 2.6 和 RCP 4.5）下 2020—2059 年的气温平均态和极端态变化趋势和时空分布特征（相对于 1961—2000 年）。

获取过去（1960—2000）和未来（2020—2059）RCP 2.6 和 RCP 4.5 情景下的

全球温室气体和气溶胶排放数据、大气污染物数据，分析低排放情景下二氧化碳排放路径，评估二氧化碳排放和全球升温、中国区域升温的关系；分析低排放情景下大气污染物排放变化，初步探讨大气污染物排放和全球升温的关系。

结合极端气候事件和大气污染物、二氧化碳的分析结果，总结分析低排放情景下气候变化对环境健康的影响。

13.3　气候与环境风险评价

13.3.1　气候模拟效果检验

利用质量控制后的 1961—2000 年气温站点/格点化观测资料，与 5 套全球气候模式在中国区域的同期气温模拟结果订正值进行比较，分析模式对气温平均态（空间分布特征、时间趋势、波动幅度等）和极端态（夏季日数、极端高温阈值、冰冻日数、极端低温阈值等指标）的再现能力，检验各种模式对中国区域过去气温的模拟效果。

13.3.1.1　气温平均态

由于观测资料其站点分布疏密不均，东部观测站点较多，而西部尤其是青藏高原受各种条件所限，观测站点分布较稀疏，如图 13-1 所示，观测资料的水平分辨率明显小于模拟值的网格点分辨率，因此如果将站点资料插值后得到的空间分布图在某些区域不一定能反映真实情况，如在观测站点稀疏的区域，插值后描绘的空间分布图假若与模拟值的空间分布有明显差别，我们并不能确认是模拟结果出现问题，因此，为了更好地考察模拟值反映真实气候的能力，我们首先取中国地面气候资料日值数据集（V3.0）的 824 个气象观测站点 1961—2000 年的日平均气温资料，采用邻近点相比较的方法与 5 个模式的同期平均温模拟值相比较，即选取距离所要考察的气象站点最近的模式网格点，取气象站点上的观测值和相应模式网格点上的模拟值，分别从空间平均和时间平均的角度开展模拟值与观测值之间的一一比较。

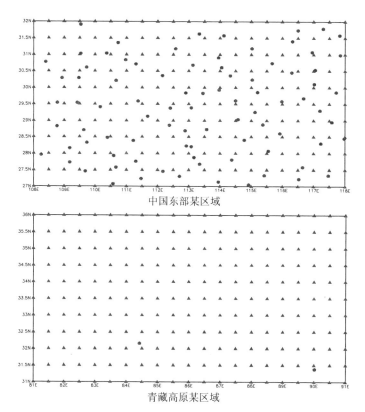

图 13-1　不同区域的模拟值（蓝点）与观测值（红点）数据格点分布

由于气象站点资料可能存在部分缺测、未经质量控制等问题，我们定义非缺测值、非奇异值并且通过质量控制的观测值为"有效值"，有效值所处日期或站点称为"有效日"或"有效站"。无论是计算多年平均值或是多站点平均值，样本数量越多计算结果越具有代表性。考虑要分别从时空角度进行比较分析，因此需要从以下两个方面考察气象站点资料的可用性。

首先统计中国地面气候资料日值数据集 V3.0 中 1961—2000 年（后文简称"考察时段"）日平均气温、最高气温、最低气温的各站有效年数，其中"有效年"定义为该年有效日数达 95% 以上，结果显示，日平均气温、最高气温、最低气温有 778 个站点的有效年数达到 36 年及以上，也就是超过 94% 的站点有效年数达到 90% 以上，可取这些站点为"考察站点"。其次为了计算每年的多站点平均，还需考虑每年这些站点中有效站点数是否足够多，为此我们进一步统计了各年有效站数，结果显示，40 年中日平均气温、最高气温、最低气温的各年有效站数最小值为 751 个，超过其考察站点数（778）的 96.5%，可满足计算每年的多站平均值需求。因此，根据"有效年达到 90%（36 年）"的标准选择了日平均气温和日降水量的考察站点。

　　图 13-2 为各考察站点日平均温观测值与 5 套模拟值的多年（1961—2000 年）平均值折线图。可见，从时间平均态上看，观测值与模拟值的折线几乎吻合，反映出了这些数据的相近程度。换言之，模拟值能很好地描述出实际气温的气候平均态空间分布特征。图 13-3 为 GFDL-ESM2M 模式结果分别与其他 4 套数据 40 年平均气温的散点图，散点图的相关系数 R^2 均非常接近 1.0，同样反映了这 5 套数据空间分布高度相似。

观测值与5套GCM模拟值的各站点40年（1961—2000年）平均温

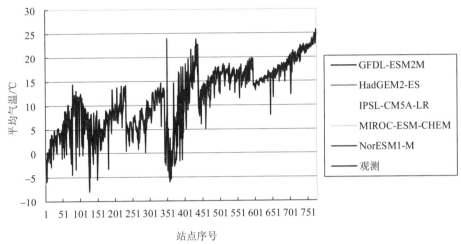

图 13-2　各考察站点多年平均气温的观测值与模拟值对比

注：其中模拟值分别为 5 套全球气候模式结果，平均气温为 1961—2000 年平均气温。

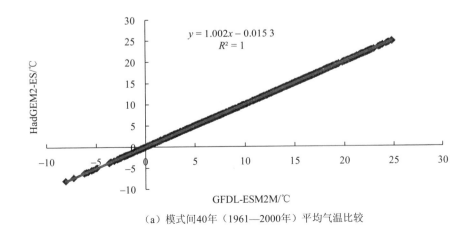

（a）模式间40年（1961—2000年）平均气温比较

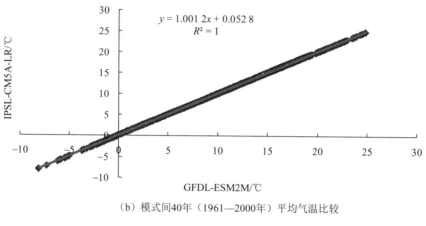

（b）模式间40年（1961—2000年）平均气温比较

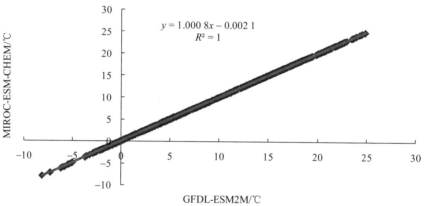

（c）模式间40年（1961—2000年）平均气温比较

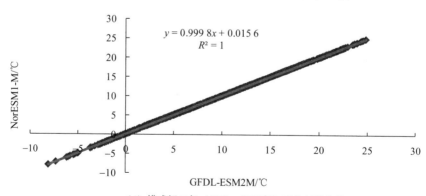

（d）模式间40年（1961—2000年）平均气温比较

图 13-3　模式间平均气温散点图

注：横坐标为模式 GFDL-ESM2M 的气温，（a）、（b）、（c）、（d）图的纵坐标分别为模式 HadGEM2-ES、
IPSL-CM5A-LR、MIROC-ESM-CHEM、NorESM1-M 的气温。

　　分别对观测值和模拟值每年日平均气温的所有考察站点进行平均，得到 40 年空间平均值，再对此时间序列进行 11 年滑动平均，如图 13-4 所示，模拟值与观测值的 11 年滑动平均线也较为接近，且均呈上升趋势。

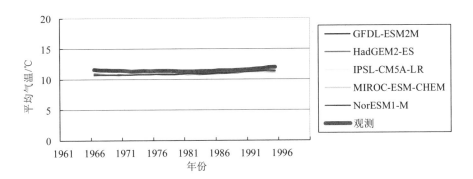

图 13-4　多站点平均的观测值与 5 个 GCM 模拟值的 11 年滑动平均气温

注：其中横坐标为滑动窗区中间年份，如 1996 年则代表该年对应的值为 1961—1971 年的均值。

　　通过点对点的比较分析得知，这 5 套模式的日平均气温数据不管是气候平均态的空间分布还是空间平均的气候趋势，均再现了 1961—2000 年的实际气候状况，日最高气温和最低气温同理可证。在此基础上我们利用 CN05 格点化观测数据开展进一步的模式模拟效果检验。

　　图 13-5、图 13-6、图 13-7 为观测资料和模拟数据 1961—2000 年中国陆地平均的日平均气温、最高气温、最低气温的多年平均值，可以看到，各模式平均值与观测值相当接近，模拟平均值均略高于观测平均值。

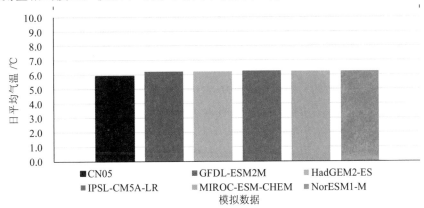

图 13-5　1961—2000 年中国陆地平均的日平均气温

注：黑色柱体代表观测数据，其余柱体分别代表 5 个 GCM 的模拟数据。

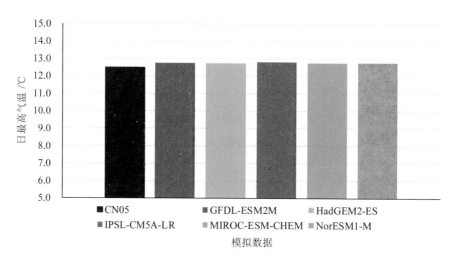

图 13-6　1961—2000 年中国陆地平均的日最高气温

注：黑色柱体代表观测数据，其余柱体分别代表 5 个 GCM 的模拟数据。

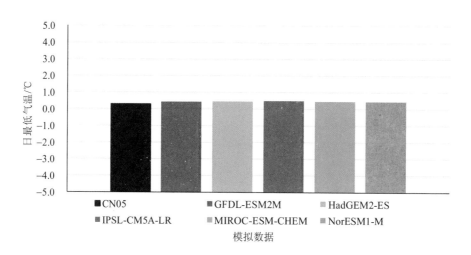

图 13-7　1961—2000 年中国陆地平均的日最低气温

注：黑色柱体代表观测数据，其余柱体分别代表 5 个 GCM 的模拟数据。

　　图 13-8、图 13-9、图 13-10 给出了 1961—2000 年中国陆地平均的日平均气温、最高气温、最低气温年平均时间趋势线，各模式基本都模拟出了 1961—2000 年气温随时间上升的趋势，但各模式之间的升温速率有微小差异，其中模拟最低温的升温速率均小于观测到的升温速率。

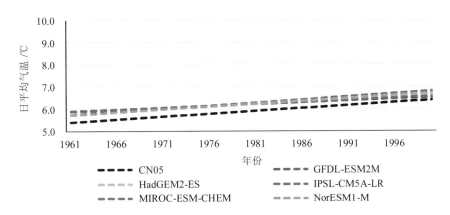

图 13-8　1961—2000 年中国陆地平均的日平均气温时间趋势

注：黑线代表观测数据，其余线条分别代表 5 个 GCM 的模拟数据。

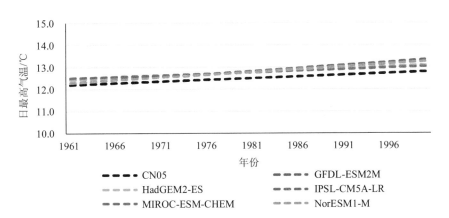

图 13-9　1961—2000 年中国陆地平均的日最高气温时间趋势

注：黑线代表观测数据，其余线条分别代表 5 个 GCM 的模拟数据。

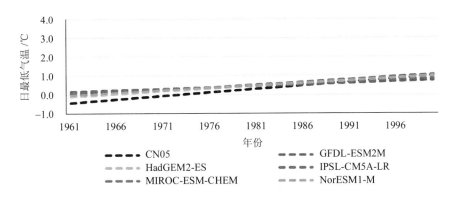

图 13-10　1961—2000 年中国陆地平均的日最低气温时间趋势

注：黑线代表观测数据，其余线条分别代表 5 个 GCM 的模拟数据。

图 13-11、图 13-12、图 13-13 分别为观测资料和模拟数据 1961—2000 年中国陆地平均的日平均气温、最高气温、最低气温的年平均值标准差。可以看到，无论是日平均气温还是最高、最低气温，5 个模式中的标准差最大者均为 IPSL-CM5A-LR，表明 IPSL-CM5A-LR 模拟的气温年际波动最大。日平均气温的标准差模拟值与观测值相比，两个模式（IPSL-CM5A-LR、MIROC0ESM-CHEM）偏大、两个模式（GFDL-ESM2M、HadGEM2-ES）偏小，NorESM1-M 与观测基本接近，总的差异均不超过 0.1℃；日最高气温的标准差模拟值则都大于观测值，最大差异（IPSL-CM5A-LR）达 0.13℃，其余 4 个模式与观测值的年际波动幅度差异在 0.1℃内；而日最低气温的标准差则相反，如图 13-13 所示，模拟值的年际波动均小于观测值的年际波动幅度，但除了模式 GFDL-ESM2M，其余 4 个模式与观测值的年际波动幅度差异也都在 0.1℃内。

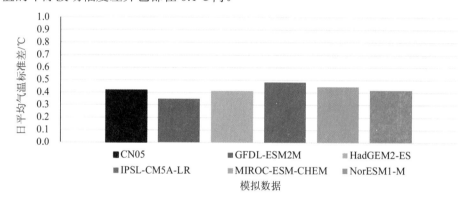

图 13-11   1961—2000 年中国陆地平均的日平均气温标准差

注：黑色柱体代表观测数据，其余柱体分别代表 5 个 GCM 的模拟数据。

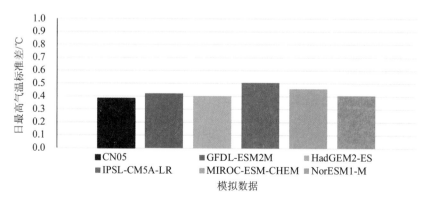

图 13-12   1961—2000 年中国陆地平均的日最高气温标准差

注：黑色柱体代表观测数据，其余柱体分别代表 5 个 GCM 的模拟数据。

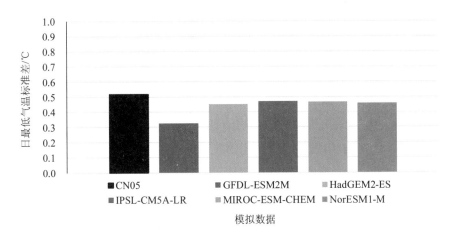

图 13-13　1961—2000 年中国陆地平均的日最低气温标准差

注：黑色柱体代表观测数据，其余柱体分别代表 5 个 GCM 的模拟数据。

【小结】

（1）各模式能很好地模拟中国区域气温的气候平均态空间分布特征，其分布形势与观测几乎一致。

（2）全国气温平均值的多年平均与观测值非常接近。

（3）气温全国平均值的时间趋势也模拟良好，但各模式之间有微小差异。

（4）各模式的气温年际波动与观测值有差异，模式间的年际波动亦存在差异。

13.3.1.2　气温极端态

高温、寒冷天气会给人体健康、交通、用水、用电、农业生产等方面带来严重影响。本章从冷、热事件两个方面考察极端气温事件，选择了夏季日数、极端高温阈值、冰冻日数、极端低温阈值共 4 个极端气温事件指标进行分析。指标定义如下所示。

①夏季日数——每年日最高气温＞25℃的天数。

极端高温阈值——将研究时段中每年的逐日最高温度资料按升序排列，将最高温度的第 95 个百分位值定义为该年的极端高温值，研究时段内极端高温值的多年平均即为极端高温阈值。

②冰冻日数——日最高气温＜0℃的天数。

极端低温阈值——将研究时段中每年的逐日最低温度资料按升序排列，将最低温度的第 5 个百分位值定义为该年的极端低温值，研究时段内极端低温值的多年平均即为极端低温阈值。

格点化观测值和模拟值 1961—2000 年夏季日数的空间分布情况（图略）表明，各模式对夏季日数多年平均值在空间上的总体分布特征模拟良好，青藏高原和大兴安岭大部分地区夏季日数在 40 天以下，而胡焕庸线以东的平原地区（除东北）、四川盆地、塔里木盆地、准格尔盆地大部分地区夏季日数则在 120 天以上。

1961—2000 年极端高温阈值的空间分布（图略）与夏季日数大致相似，同样，各模式能模拟出极端高温阈值在空间上的总体分布特征，但对于胡焕庸线东南侧的 35℃以上极端高温阈值，模式 GFDL-ESM2M 和 MIROC0ESM-CHEM 的区域较大，IPSL-CM5A-LR 的区域则很小。

1961—2000 年冰冻日数和极端低温阈值的空间分布情况（图略）也表明，各模式对冰冻日数和极端低温阈值的空间分布特征模拟良好，但各模式对我国中南部的冰冻日数空间分布特征描述存在一定差异。

【小结】

（1）各模式能很好地模拟极端气温事件的空间分布形势；

（2）各模式的极端气温事件空间分布在细节上存在一定差异。

总之，从多年均值、空间分布、时间趋势、年际波动等角度分析气温平均态和极端态，将模拟值与观测值进行比较可知，5 个模式的模拟效果良好，可用于未来的气温变化分析，但时间趋势及年际波动模拟值之间存在差异，极端气温事件的空间分布在细节描述上也存在一定差异，这将可能导致各模式模拟的未来气候存在较明显的差异，故有必要进行多模式比较和分析，获取模式确定的气候信息和共性特征。

13.3.2   预估低排放情景下中国区域的气温变化趋势

我们利用 RCP 2.6 和 RCP 4.5 情景下的 5 套气候情景模拟数据订正值，将 2020—2059 年与 1961—2000 年模拟结果进行比较，预估低排放情景下中国区域的气温平均态和极端态变化趋势和时空分布特征。

13.3.2.1   平均态

图 13-14、图 13-15 给出了 RCP 2.6 和 RCP 4.5 情景下 2020—2059 年日最低气温、平均气温、最高气温相对于 1961—2000 年的中国陆地区域平均变化。

中国区域呈现明显增温趋势，最小的模拟结果也达到了全国平均增温 1℃以上（GFDL-ESM2M 在 RCP 2.6 情景下的日最低气温），且空间分布（图略）显示，北方增温普遍大于南方，升温幅度从北往南递减，因此南北温度差异将缩小；
MIROC-ESM-CHEM 模拟的增温最强，GFDL-ESM2M 增温最弱；除了模式
GFDL-ESM2M 为最低气温增温＜平均气温增温＜最高气温增温，其他 4 个模式均
为最低气温增温≥平均气温增温≥最高气温增温；除了模式 MIROC-ESM-CHEM，
均为 RCP 4.5 情景下的增温高于 RCP 2.6 情景下的增温，其中有 3 个模式的 RCP 4.5
情景升温比 RCP 2.6 情景的升温高 0.25℃以上。

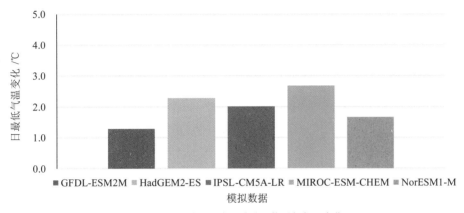

RCP 2.6 情景下中国陆地平均最低气温变化

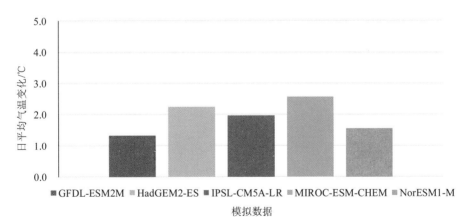

RCP 2.6 情景下中国陆地平均气温变化

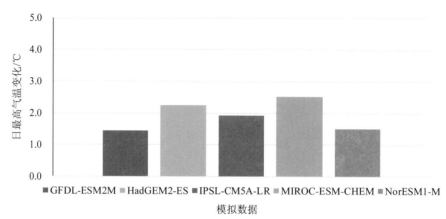

RCP 2.6情景下中国陆地平均最高气温变化

图 13-14　RCP 2.6 情景下 2020—2059 年相对于 1961—2000 年中国陆地平均气温变化

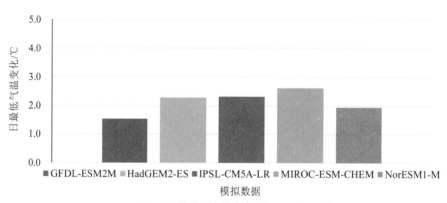

RCP 4.5情景下中国陆地平均最低气温变化

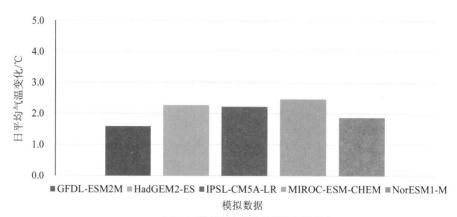

RCP 4.5情景下中国陆地平均气温变化

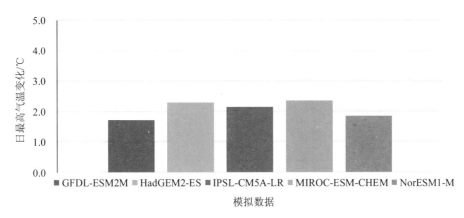

RCP 4.5情景下中国陆地平均最高气温变化

图 13-15　RCP 4.5 情景下 2020—2059 年相对于 1961—2000 年中国陆地平均气温变化

图 13-16、图 13-17 分别为 RCP 2.6 和 RCP 4.5 情景下 2020—2059 年中国陆地区域平均升温的变化趋势。显然，2020—2059 年，无论是最低气温、平均气温还是最高气温，中国区域平均升温的幅度基本上都随着时间逐渐加大，只有 GFDL-ESM2M 模拟的最低气温的升温幅度略有下降。此外也可以看出，大多数模式均为最低气温升温≥平均气温升温≥最高气温升温，而 RCP 4.5 情景下的升温速率明显高于 RCP 2.6 情景下的升温速率。

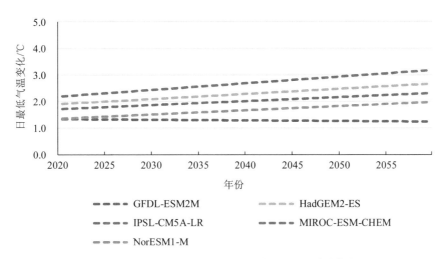

RCP 2.6情景下中国陆地平均最低气温变化趋势

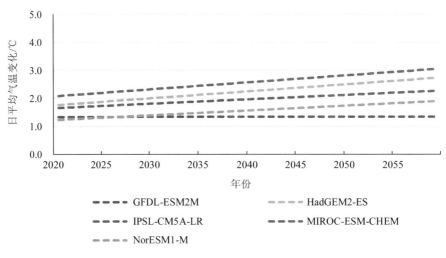

RCP 2.6情景下中国陆地平均气温变化趋势

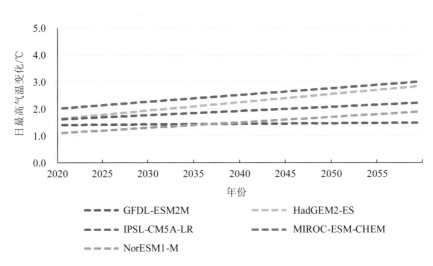

RCP 2.6情景下中国陆地平均最高气温变化趋势

图 13-16　RCP 2.6 情景下 2020—2059 年相对 1961—2000 年中国陆地平均
气温变化趋势

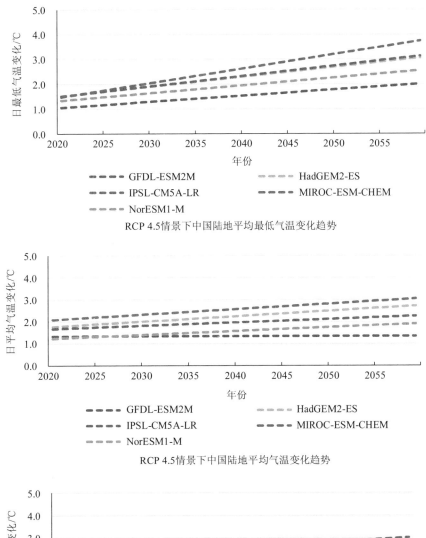

RCP 4.5情景下中国陆地平均最低气温变化趋势

RCP 4.5情景下中国陆地平均气温变化趋势

RCP 4.5情景下中国陆地平均最高气温变化趋势

图 13-17　RCP 4.5 情景下 2020—2059 年相对 1961—2000 年中国陆地平均气温变化趋势

图 13-18、图 13-19 分别为 RCP 2.6 和 RCP 4.5 情景下 2020—2059 年中国陆地区域平均的气温年标准差相对于 1961—2000 年的变化情况。由图 13-18 可以看出，在 RCP 2.6 情景下，日最低气温的未来年际波动普遍变小（4 个模式减小，1 个模式微增），日平均气温的未来年际波动可能变小（3 个模式减小，2 个模式微增），日最高气温的未来年际波动则有可能增大（2 个模式减小，3 个模式增大）。图 13-20 显示了在 RCP 4.5 情景下，气温的未来年际波动呈现出一致增大，意味着在 RCP 4.5 情景下冷、热事件的频率和强度可能增大。

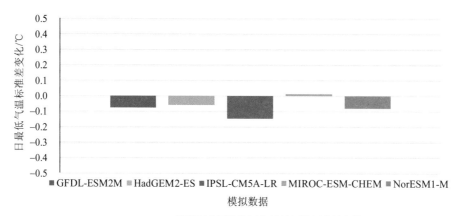

RCP 2.6 情景下中国陆地平均最低气温标准差变化

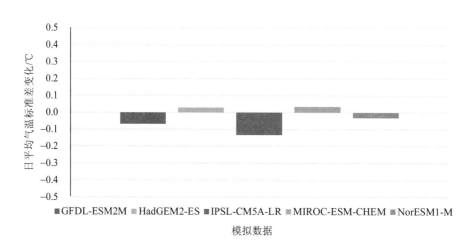

RCP 2.6 情景下中国陆地平均气温标准差变化

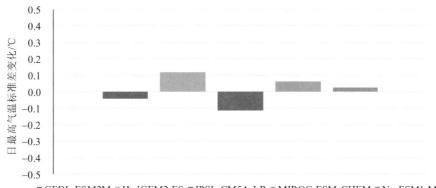

RCP 2.6情景下中国陆地平均最高气温标准差变化

图 13-18　RCP 2.6 情景下 2020—2059 年相对 1961—2000 年中国陆地

平均气温标准差变化

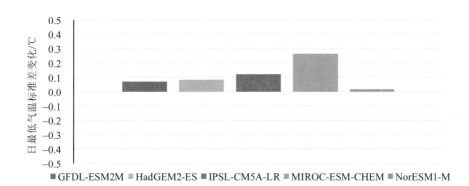

RCP 4.5情景下中国陆地平均最低气温标准差变化

RCP 4.5情景下中国陆地平均气温标准差变化

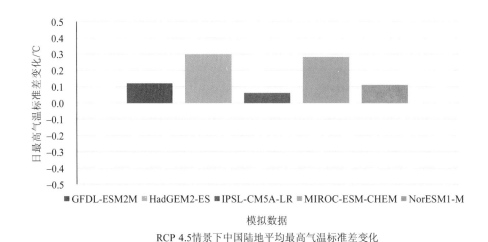

模拟数据

RCP 4.5 情景下中国陆地平均最高气温标准差变化

图 13-19　RCP 4.5 情景下 2020—2059 年相对 1961—2000 年中国陆地

平均气温标准差变化

【小结】

在 RCP 2.6/4.5 情景下，2020—2059 年与 1961—2000 年相比：

（1）全国均呈现升温趋势。

（2）升温为北高南低，南北温差将缩小。

（3）RCP 4.5 情景升温幅度普遍大于 RCP 2.6 情景。

（4）大体而言，最低气温升温≥平均气温升温≥最高气温升温。

（5）RCP 2.6 情景下，日最低气温和平均气温的未来年际波动有可能变小，日最高气温则反之；RCP 4.5 情景下的气温年际波动均增大，需关注冷热事件频率和强度增大的可能性。

13.3.2.2　极端态

在 RCP 2.6 和 RCP 4.5 情景下，与 1961—2000 年相比，除了青藏高原部分地区，2020—2059 年全国各地的平均夏季日数在普遍增多，尤其在盆地或者平原地区，夏季日数增加显著，而云贵高原不同于青藏高原，夏季日数增多也极为显著，最高甚至每年平均增加了 70 天以上。其中 RCP 4.5 情景增多的夏季日数多于 RCP 2.6 情景。

中国的盆地及平原地区特别是 110°E 以东为我国经济发达、人口稠密的地区，这些地区在当代已为夏季日数高值区，而未来这些地区的夏季日数有增无减，多数增加达 20 天/年以上，将会给这些区域的人民生产生活带来不同程度的影响，并增加能源供应的压力。

同样在 RCP 2.6 和 RCP 4.5 情景下，各模式极端高温阈值的增高更为明显，与 1961—2000 年相比，2020—2059 年极端高温阈值几乎在整个中国陆地区域均有所增高，多数增加 1～2℃。总体来看，RCP 4.5 情景下极端高温阈值比 RCP 2.6 情景下增高更多。不同于夏季日数的是，极端高温阈值在北方增加更多。极端高温阈值的增加，也同样会带来能源供应的压力。

在全球以及中国区域变暖趋势明显的背景下，2020—2059 年相比 1961—2000 年，RCP 2.6 和 RCP 4.5 情景下全国各地冰冻日数明显减少，其中青藏高原冰冻日数下降幅度最大，多数减少达 20 天/年以上。北方霜冻日数减少幅度普遍大于南方，这与北方平均增温大于南方以及南方原有霜冻日数较少有关，在 RCP 4.5 情景下长江以南地区甚至出现少部分冰冻日数增加区域，而这些地区又恰好对应了夏季日数增多高值区（图略），这在一定程度上反映了这些地区的年内气温波动幅度大，冷热不均，要警惕寒冷和炎热天气的不良影响。

与极端高温阈值变化相同，RCP 2.6 和 RCP 4.5 情景下，未来极端低温阈值几乎在全境增高，大部分区域增加 1～2℃。总的来说，RCP 4.5 情景下极端低温阈值比 RCP 2.6 情景下增高更多，且普遍在北方增加更多。

【小结】

（1）RCP 2.6/4.5 情景下全国大部分地区夏季日数增多，多数人口密集地区每年增加 20 天以上，部分地区增加多达 70 天以上，由此带来的能源压力不可忽视。

（2）低排放情景下极端高、低温阈值均升高。

（3）RCP 4.5 情景下的夏季日数、极端高/低温阈值增加幅度大于 RCP 2.6 情景。

（4）冰冻日数大部分地区减少，但在 RCP 4.5 情景下也有少部分地区反而增加，反映了这些地区年内温差变大、冷热不均，需警惕寒冷和炎热天气的不良影响。

13.3.3　探讨不同温升/目标情景与环境健康的关系

利用过去（1960—2000 年）和未来（2020—2059 年）RCP 2.6 和 RCP 4.5 情景的温室气体排放和大气污染物浓度排放，分析低排放情景下温室气体及气溶胶排放路径，评估其与全球升温、中国区域升温的关系；选择 10 μm 以下和 2.5 μm

以下粒径的粉尘颗粒物，分析低排放情景下大气污染物排放变化，初步探讨大气污染物排放和未来升温的关系。

13.3.3.1 未来升温和 CO_2

图 13-20、图 13-21 分别为 RCP 2.6 和 RCP 4.5 情景下升温和温室气体浓度的 10 年滑动平均线，其中红色实线为全球平均气温变化值（相对于 1961—2000 年均值，后同），红色虚线为中国陆地平均的气温变化值，蓝色实线代表全球 CO_2 浓度，蓝色虚线代表全球温室气体和气溶胶浓度。

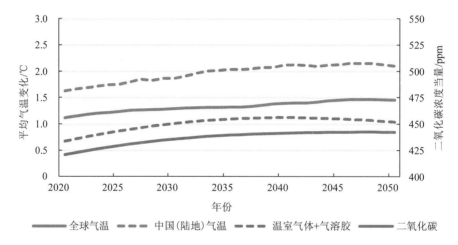

图 13-20　RCP 2.6 情景下 2020—2059 年相对于 1961—2000 年的升温和
温室气体浓度 10 年滑动平均线

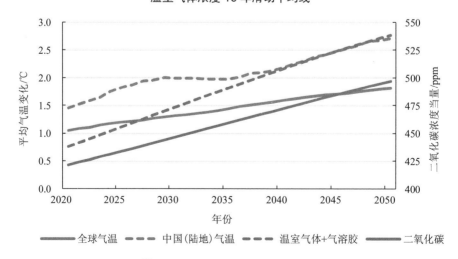

图 13-21　RCP 4.5 情景下 2020—2059 年相对于 1961—2000 年的升温和
温室气体浓度 10 年滑动平均线

由图 13-20 可以看到，RCP 2.6 情景下，全球温室气体+气溶胶浓度在 2040—2050 年达到峰值，然后逐渐下降，CO_2 也在 2050 年前后达到平衡，相应的，全球和中国的增暖也在 2050 年前后开始放缓甚至增幅降低。由图 13-21 可以看出，RCP 4.5 情景的温室气体浓度上升速率明显大于 RCP 2.6 情景，这也导致了 13.3.2 节所提到的 RCP 4.5 情景下的升温速率大于 RCP 2.6 情景的结果。到 2050—2059 年，RCP 4.5 情景下的中国升温比 RCP 2.6 情景下高 0.6℃，而全球升温则高 0.4℃。

【小结】

二氧化碳及所有温室气体和气溶胶的排放与全球/中国升温变化曲线趋势相似，排放浓度越高，未来升温越明显，严格减排的低稳定情景（RCP 2.6）下，升温速率较缓慢甚至有速率降低的趋势。

13.3.3.2　未来升温和环境污染物

在 RCP 2.6 情景下，从 2020 年到 2059 年每 10 年的全球平均气温分别比 1960—1999 年的平均温增高 0.59℃、0.70℃、0.67℃、0.75℃，RCP 4.5 情景下则分别增温 0.90℃、0.93℃、1.14℃、1.18℃，而每 10 年平均的尘粒浓度也在发生相应变化。

中国的尘粒高浓度区主要在塔里木盆地到柴达木盆地一带，$PM_{2.5}$ 的浓度在该区域超过 40×10^{-9} kg/kg 干物质，而 PM_{10} 在该区域浓度则达 100×10^{-9} kg/kg 干物质以上。PM_{10} 浓度的空间分布形势与 $PM_{2.5}$ 相似，且其随时间变化的趋势也相同，在 RCP 2.6 情景下，$PM_{2.5/10}$ 的高浓度区域先扩大后缩小，与全球升温幅度的先升高后降低的趋势吻合，而 RCP 4.5 情景下，$PM_{2.5/10}$ 的浓度空间随时间变化没有 RCP 2.6 情景下明显，高浓度区域先缩小后扩大，而低浓度区域则一直在扩大。

【小结】

随着全球平均气温的升高，中国陆地区域的 $PM_{2.5}$ 和 PM_{10} 以下颗粒物的浓度有所升高、区域扩大。

13.4　主要结论与建议

通过比较分析，5 套全球气候模式的气温模拟结果不管是气候平均态的空间分布还是空间平均的气候趋势，均再现了 1961—2000 年的实际气候状况，5 个模式的模拟效果良好，可用于未来的气温变化分析，但时间趋势及年际波动模拟值之间存在差异，极端气温事件的空间分布在细节描述上也存在一定差异，这可能导致各模式模拟的未来气候存在较明显差异，故有必要进行多模式比较和分析，从模式差异中获取确定的气候信息和共性特征。

在低排放情景（RCP 2.6/4.5）下，2020—2059 年与 1961—2000 年相比，全国均呈现升温趋势，北方升温大于南方，我国的南北温差将缩小，其中 RCP 4.5 情景升温幅度普遍大于 RCP 2.6 情景，且大体上最低气温升温≥平均气温升温≥最高气温升温。此外，在 RCP 2.6 情景下，日最低气温和平均气温的未来年际波动有可能变小，日最高气温则反之；RCP 4.5 情景下的气温年际波动均增大，需关注冷热事件频率和强度增大的可能性。

在低排放情景下，全国大部分地区夏季日数增多，多数人口密集地区每年增加 20 天以上，部分地区增加多达 70 天以上，极端高温阈值也普遍升高，由此带来的能源压力不可忽视。RCP 4.5 情景下的夏季日数、极端高/低温阈值增加幅度大于 RCP 2.6 情景。冰冻日数在大部分地区呈减少趋势，但在 RCP 4.5 情景下也有少部分地区反而增加，反映了这些地区年内温差变大、冷热不均，需警惕寒冷和炎热天气的不良影响。

二氧化碳及所有温室气体和气溶胶的排放与全球/中国升温变化曲线趋势相似，排放浓度越高，未来升温越明显，严格减排的低稳定情景（RCP 2.6）下，升温速率较缓慢甚至有速率降低的趋势。

随着全球平均气温的升高，中国陆地区域的 $PM_{2.5}$ 和 PM_{10} 以下颗粒物的浓度有所升高、区域扩大。

由上述结果可知，全球温室气体排放的增加导致全球/中国升温，即使在低排放情景下，仍然存在极端气候事件增多、能源压力增大的风险，同时环境污染物浓度升高、区域扩大也不容忽视，因此需要控制温室气体排放，采取合理措施应对气温升高带来的影响。

参考文献

[1]   Stocker T F, Oin D, Plattner G-K, et al. IPCC 2013. Climate Change: The Physical Science Basis. Contribution of Working Group to the Fifth Assessment Report of the Intergovernmental Panel on Climate Change[M]. Cambridge: Cambridge University Press, 2013.

[2]   李艳芳, 曹炜. 低排放发展战略: 国际法上的演变与制度框架[J]. 中国人民大学学报,

2014，28（2）：89-99.

[3]　Xu Y，Gao X J，Shen Y，et al. A daily temperature dataset over China and its application in validating a RCM simulation[J]. Advances in Atmospheric Sciences，2009，26（4），763-772.

[4]　Piani C，Weedon G P，Best M，et al. Statistical bias correction of global simulated daily precipitation and temperature for the application of hydrological models[J]. J. Hydrol.，2010，395：199-215.

[5]　Hagemann S，Chen C，Haerter J O，et al. Impact of a Statistical Bias Correction on the Projected Hydrological Changes Obtained from Three GCMs and two Hydrology Models[J]. Journal of Hydrometeorology，2011，12：556-578.

[6]　Meinshausen M.，S. J. Smith，K. V. Calvin，et al. The RCP Greenhouse Gas Concentrations and their Extension from 1765 to 2300[J]. Climatic Change（Special Issue），2011，109（1）：213-241.

[7]　van Vuuren D P，Edmonds J A，Kainuma M，el al. A special issue on the RCPs[J]. Climatic Change，2011，109：1-4.

[8]　van Vuuren D P，Edmonds J A，Kainuma M，et al. The representative concentration pathways：An overview[J]. Climatic Change，2011，109：5-31.

[9]　Moss R H，Edmonds J A，Hibbard K A，et al. The next generation of scenarios for climate change research and assessment[J]. Nature，2010，463：747-756.

[10]　王绍武，罗勇，赵宗慈，等. 新一代温室气体排放情景[J]. 气候变化研究进展，2012，8（4）：305-307.

[11]　van Vuuren D P，Stehfest E，den Elzen M G J，et al. RCP 2.6：exploring the possibility to keep global mean temperature increase below 2℃[J]. Climatic Change，2011，109：95-116.

[12]　Thomson A M，Calvin K V，Smith S J，et al. RCP 4.5：a pathway for stabilization of radiative forcing by 2100[J]. Climatic Change，2011，109：77-94.